Jens Ludwig

Energieeffizienz durch Planung betriebsübergreifender Prozessintegration mit der Pinch-Analyse

Energieeffizienz durch Planung betriebsübergreifender Prozessintegration mit der Pinch-Analyse

von
Jens Ludwig

Dissertation, Karlsruher Institut für Technologie (KIT)
Fakultät für Wirtschaftswissenschaften
Tag der mündlichen Prüfung: 27. Juni 2012
Referenten: Prof. Dr. Otto Rentz, Prof. Dr. Michael Hiete

Impressum

Karlsruher Institut für Technologie (KIT)
KIT Scientific Publishing
Straße am Forum 2
D-76131 Karlsruhe
www.ksp.kit.edu

KIT – Universität des Landes Baden-Württemberg und
nationales Forschungszentrum in der Helmholtz-Gemeinschaft

KIT Scientific Publishing 2012
Print on Demand

ISBN 978-3-86644-883-4

Energieeffizienz durch Planung betriebsübergreifender Prozessintegration mit der Pinch-Analyse

Zur Erlangung des akademischen Grades eines

Doktors der Wirtschaftswissenschaften

(Dr. rer. pol.)

bei der Fakultät für Wirtschaftswissenschaften

des Karlsruher Instituts für Technologie (KIT)

genehmigte

DISSERTATION

von

Dipl.-Wi.-Ing. Jens Michael Ludwig

Tag der mündlichen Prüfung: 27.06.2012

Referent: Prof. Dr. rer. nat. Otto Rentz

Korreferent: Prof. Dr. rer. nat. Michael Hiete

Karlsruhe 2012

Vorwort

Die vorliegende Arbeit entstand während meiner Tätigkeit am Institut für Industriebetriebslehre und Industrielle Produktion (IIP) und am Deutsch-Französischen Institut für Umweltforschung (DFIU) des Karlsruher Instituts für Technologie (KIT, zu Beginn meiner Tätigkeit Universität Karlsruhe (TH)). Die Grundlage der Arbeit lieferte unter anderem ein Forschungsprojekt zum integrierten Anlagendesign, welches von der VolkswagenStiftung gefördert wurde.

Mit Freude nutze ich an dieser Stelle die Gelegenheit, all jenen zu danken, die mich bei der Erstellung dieser Arbeit unterstützt haben. Besonderer Dank gilt meinem Doktorvater Prof. Dr. Otto Rentz für die Betreuung dieser Arbeit. Beim ehemaligen Leiter meiner Arbeitsgruppe „Technikbewertung und Risikomanagement" Prof. Dr. Michael Hiete (jetzt Universität Kassel) möchte ich mich ganz herzlich für die fachliche und persönliche Unterstützung sowie für die Übernahme des Korreferats bedanken.

Weiterhin haben die sehr gute Arbeitsatmosphäre im Allgemeinen sowie unzählige Diskussionen in Kaffepausen im Besonderen zum Gelingen der Arbeit beigetragen. Insbesondere möchte ich mich hier bei meinen ehemaligen Kollegen Dr. Martin Treitz für die wertvollen Vorarbeiten zur Pinch-Analyse und bei Julian Stengel für den intensiven fachlichen Austausch und zahlreiche Expertendiskussionen bedanken. Meinen ehemaligen Gruppenleitern Prof. Jutta Geldermann (jetzt Universität Göttingen), Prof. Michael Hiete und Dr. Magnus Fröhling danke ich für die Unterstützung bei dieser Arbeit und bei zahlreichen anderen Herausforderungen. Weiterhin möchte ich mich bei den Mitgliedern meiner ehemaligen Arbeitsgruppe Dr. Hannes Schollenberger, Dr. Valentin Bertsch, Dr. Mirjam Merz, Dr. Tina Comes, Christian Trinks, Dr. Sonja Cypra, Simon Schulte Beerbühl und Christian Bidart für die gute Zusammenarbeit und den fachlichen Austausch bedanken. Gleiches gilt für alle ehemaligen Kollegen des Instituts und für meine Diplomanden, die insgesamt einen wichtigen Beitrag geleistet haben.

Nicht zuletzt danke ich meiner Verlobten Martina, meiner Familie und allen anderen, die mich stets unterstützt und mir zur Seite gestanden haben.

Karlsruhe, im Juli 2012   Jens Ludwig

Inhaltsverzeichnis

Abbildungsverzeichnis

Tabellenverzeichnis

Abkürzungsverzeichnis

atro	Absolut trocken (für Biomasse, im Gegensatz zu lufttrocken)
BVT	Beste Verfügbare Technik
BImSchG	Bundesimmissionsschutzgesetz
EMAS	Gemeinschaftssystem für das Umweltmanagement und die Betriebsprüfung der Europäischen Union
EIP	Eco-Industrial Park
FZ	Fortschrittszahl
GE	Geldeinheit
GEMIS	Globales Emissions-Modell Integrierter Systeme
INES	INdustrial EcoSystems-Projekt in den Niederlanden
IVU-Richtlinie	Richtlinie 2008/1/EG des Europäischen Parlaments [...] über die integrierte Vermeidung und Verminderung der Umweltverschmutzung
kJ	Kilojoule
KMU	Kleine und mittlere Unternehmen
kW	Kilowatt
kWh	Kilowattstunden
kW_{el}	Kilowatt elektrische Leistung
kW_{th}	Kilowatt thermische Leistung
KWK	Kraft-Wärme-Kopplung
LCA	Life Cycle Assessment (Ökobilanzierung)
LMTD	Mittlere logarithmische Temperaturdifferenz (bei Wärmeübertragern)

ME	Mengeneinheit
MT	Megatonnen
MW	Megawatt
MWh	Megawattstunden
MW_{el}	Megawatt elektrische Leistung
NP-schwer	Zur Komplexitätsklasse gehörend, deren obere Schranke die nicht in Polynomialzeit lösbaren Probleme darstellen
OECD	Organisation für wirtschaftliche Zusammenarbeit und Entwicklung
ORC	Organic Rankine Cycle (Verfahren des Betriebs von Dampfturbinen mit einem anderen Arbeitsmittel als Wasserdampf)
PROMETHEE	Preference Ranking Organisation METHod for Enrichment Evaluations
ΔT_{min}	Mindestens benötigte Temperaturdifferenz in Wärmeübertragern
TWh	Terawattstunden
VOC	Volatile Organic Compound, flüchtige organische Verbindung

1 Einleitung

1.1 Ausgangslage und Problemstellung

Eine nachhaltige Entwicklung zielt darauf ab, bei der Befriedigung aktueller Bedürfnisse nicht die Möglichkeiten zukünftiger Generationen einzuschränken. Dies kann im Bereich der Industrie vor allem durch einen effizienten Umgang mit begrenzten Ressourcen erreicht werden. Die Effizienz bei der Nutzung nicht erneuerbarer Ressourcen in industriellen Prozessen konnte in den letzten Jahrzehnten durch eine Vielzahl von Maßnahmen deutlich erhöht werden. Dennoch bleibt der Ressourcenverbrauch durch steigende Rohstoff- und Energiepreise, durch strengere gesetzliche Rahmenbedingungen und nicht zuletzt durch die sich aus dem Ressourcenverbrauch ergebenden negativen Folgen für die Umwelt eine der wichtigsten Herausforderungen für die Industrie. Von besonderer Relevanz und gleichzeitig ein weites Feld für Verbesserungsansätze ist der Verbrauch fossiler Energieträger und die damit verbundenen negativen Auswirkungen wie Emissionen von Treibhausgasen und Schadstoffen.

Den größten Anteil am industriellen Endenergiebedarf hat die Bereitstellung von Prozesswärme für die verschiedensten Produktionsprozesse. Zur Verringerung des hiermit verbundenen Energiebedarfs stehen diverse Ansatzpunkte zur Verfügung. Zu diesen zählen neben der Vermeidung unnötigen Bedarfs und der Verbesserung der Nutzungsgrade auch die Weiterverwendung von im betreffenden Prozess nicht weiter benötigter Prozesswärme an anderer Stelle. Da für eine effiziente Weiternutzung von Prozesswärme auf möglichst hochwertige Weise eine entsprechende Anzahl von Wärme abgebenden und Wärme benötigenden Prozessen vorhanden sein muss, können Potentiale hier bisher vor allem in Großunternehmen genutzt werden. Für kleine und mittlere Unternehmen (KMU) ist ein derartiges Vorgehen nur wirtschaftlich realisierbar bei einer bisher seltenen zwischenbetrieblichen Zusammenarbeit und entsprechender räumlicher Nähe zwischen den Beteiligten an einem Standort.

Derartige Standorte mit zwischenbetrieblichen Stoff- und Energieströmen als symbiotischen Austauschbeziehungen werden Eco-Industrial Parks (EIPs) genannt und im Forschungsbereich Industrial Ecology als Ansatzpunkt zur

Verbesserung der industriellen Nachhaltigkeit untersucht. Da solche Austauschbeziehungen aus Gründen der Wirtschaftlichkeit meist eine räumliche Nähe der Partner untereinander verlangen, sind sie vor allem an (gewachsenen oder geplanten) gemeinsamen Standorten möglich. In der Forschung zu solchen symbiotischen lokalen Netzwerken von Stoff- und Energieströmen werden gegenwärtig eher deskriptive Studien einiger bekannter EIP-Beispiele durchgeführt, wobei selbst die Frage nach der grundsätzlichen ex ante Planbarkeit kontrovers diskutiert wird. Insbesondere Aussagen über monetäre Folgen und technische Restriktionen sind hier noch selten. Der ökonomische Kontext ist jedoch entscheidend für die praktische Verbreitung solcher industrieller Symbiosen. Dies gilt insbesondere beim Austausch von Prozesswärme, für den ein höherer Aufwand zur Abstimmung der Prozesse und für nötige Verbindungen besteht als bei der Weiterverwendung von Stoffströmen, die in der Regel ökonomisch und energetisch weiter transportierbar und zudem lagerfähig sind. Daher wird in dieser Arbeit untersucht, welches Vorgehen hier eine Planung unterstützen kann. Dafür wird zunächst eine systematische Untersuchung möglichst geeigneter Kombinationen von Unternehmen vorgeschlagen und danach eine realistische Bestimmung des ökonomischen Einsparpotentials bei einer überbetrieblichen Weiternutzung von Prozesswärme. Insgesamt kann ein solches Vorgehen einen wesentlichen Beitrag zur Erzielung von Energieeinsparungen leisten.

Eine Methode zur systematischen Planung der möglichst effizienten Wärmenutzung ist die in dieser Arbeit im Fokus stehende Pinch-Analyse. Diese befasst sich mit einem wichtigen Problem der Industrie: der Untersuchung und Minimierung des Bedarfs an Prozesswasser- und Hilfsenergieströmen.[1] Dies wird erreicht durch eine geeignete Weiterverwendung der Ressourcen (Wärme oder Wasser unterschiedlicher Qualitätsstufen) mittels der Vernetzung von Prozessen. Basierend auf thermodynamischen Prinzipien liefert die in dieser Arbeit relevante Wärme-Pinch-Analyse vor dem eigentlichen Design theoretisch erreichbare Zielwerte für den minimalen Hilfsenergiebedarf und eine Verschaltung der Prozesse, mit welcher diese Zielwerte erreicht werden können. Für eine optimierte Nutzung von Wärmeenergie hilft eine solche Wärmeintegration

---

[1] Hilfsenergieströme oder Utilities werden in Kapitel 3.1.1 beschrieben.

dabei, „Abwärme" effizient weiterzunutzen und die Abwertung der Energie durch ungenutzte Temperaturverringerung zu minimieren.

Wenn eine Verschaltung von Abwärmequellen und -senken in optimierten Netzwerken von Wärmeübertragern erfolgt, kann in vielen Fällen eine große Leistung an zu- und abzuführender Wärmeenergie eingespart werden. Nach Linnhoff (2004) liegen die durch innerbetriebliche Prozessintegration erreichbaren Utilityeinsparungen[2] in der Regel zwischen 15 % und 40 % mit Amortisationsdauern zwischen einem und vier Jahren. Die größten mit diesem systematischen Ansatz aufdeckbaren Einsparpotentiale finden sich in komplexen Anlagen mit entsprechendem Bedarf an Wärme unterschiedlicher Temperaturniveaus. Während die zur Verfügung stehenden formalen Methoden in den letzten Jahren immer komplexer wurden, wurde eine Erweiterung der Systemgrenzen auf überbetriebliche Kooperationen noch nicht als eigenständige Fragestellung untersucht. Daher wird in dieser Arbeit die Frage gestellt, inwieweit ein solches Vorgehen auch auf überbetriebliche Planungsprobleme anwendbar ist. Neben zusätzlich bei der Planung zu berücksichtigenden technischen Hindernissen stellt sich auch die Frage nach der individuellen Vorteilhaftigkeit eines solchen Vorgehens für die Beteiligten sowie nach allgemeinen Hemmnissen in der Praxis und nach Möglichkeiten, diese zu überwinden.

---

[2] Dies gilt für entsprechend geeignete Unternehmen etwa der Prozessindustrie mit ausreichender Anzahl an Prozessen und ausreichendem Wärmebedarf.

1.2 Zielsetzung und Vorgehensweise der Arbeit

Im Rahmen dieser Arbeit wird ein Ansatz zur Planung und Bewertung der Nutzung von Prozesswärme über Betriebsgrenzen hinweg entwickelt. Dazu werden aufbauend auf existierenden Modellierungsansätzen zur Abschätzung möglicher Einsparungen (Targeting) für diese besondere Anwendung zusätzlich relevante Faktoren in den gewählten Planungsansatz integriert. Dieser Planungsansatz verwendet thermodynamische und anlagenabhängige Daten, ist jedoch als vereinfachendes Modell der Realität abstrakter als eine konkrete verfahrenstechnische Auslegung, welche der nächste Planungsschritt wäre.

Neben der Auswahl und Erweiterung eines geeigneten Modellierungsansatzes für die Planung der Wärmeintegration selbst sollen außerdem Maßnahmen zur Unterstützung einer stabilen Kooperation untersucht werden, zu denen die Bestimmung einer für alle Teilnehmer motivierenden Aufteilung des Kooperationserfolgs gehört. Neben diesen formalen Aspekten werden auch der Stand des Konzepts zwischenbetrieblicher symbiotischer Netzwerke in der industriellen Praxis sowie Hemmnisse und Fördermaßnahmen für diese allgemein und insbesondere für einen Austausch von Prozesswärme untersucht. Damit sollen die geringe Verbreitung solcher Kooperationen einerseits erklärt werden und andererseits Ansatzpunkte zur Förderung aufgezeigt werden. Zur Demonstration der Operationalität des entwickelten Planungsansatzes wird er exemplarisch auf eine beispielhafte Standortgemeinschaft angewendet.

Eine schematische Struktur der Arbeit ist in Abbildung 1-1 dargestellt, die einzelnen Bestandteile werden im Folgenden kurz beschrieben. Insbesondere die Kombination von Elementen einer eher technischen Ebene und von Elementen der ebenso relevanten organisatorischen Ebene bei der Untersuchung der Idee einer überbetrieblichen Wärmeintegration wird dabei deutlich.

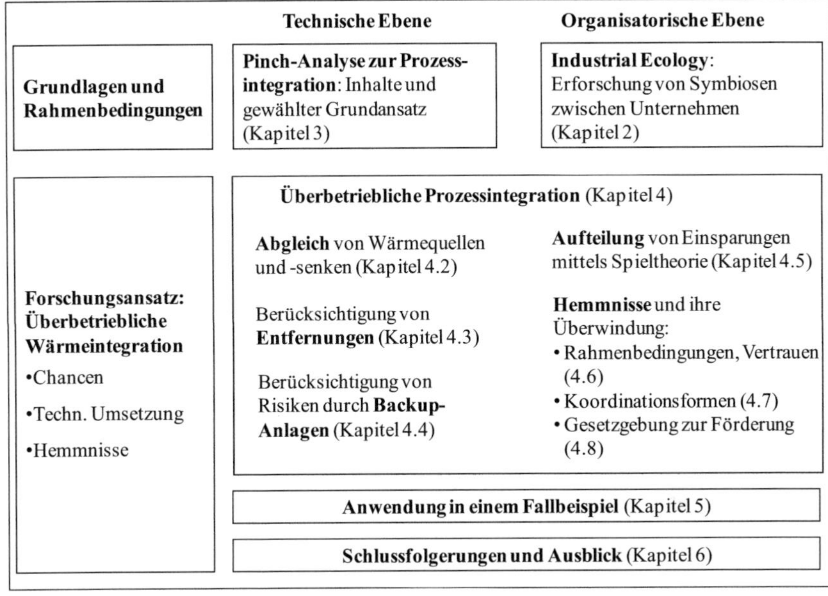

Abbildung 1-1: Struktur der Arbeit

In Kapitel 2 wird zunächst generell auf die Thematik der Nachhaltigkeit durch effiziente Wärmenutzung eingegangen. Außerdem werden hier die Konzepte Industrial Ecology und industrielle Symbiosen erläutert, welche in Form von Eco-Industrial Parks realisierbar sind. Diese Standorte können als Rahmen für eine überbetriebliche Wärmeintegration dienen. Die Formen dieser Parks, ihre Chancen und der Stand der Umsetzung solcher Konzepte werden untersucht.

Gegenstand von Kapitel 3 ist die Pinch-Analyse, deren Grundlagen als Basis für das zu entwickelnde Planungsmodell aufgeführt werden. Neben der im Fokus stehenden thermischen Pinch-Analyse werden andere Einsatzgebiete, darunter ein graphisches Vorgehen zur Produktionsplanung bei saisonaler Nachfrage, diskutiert. Das wichtigste Ergebnis dieses Kapitels ist ein Ansatz zur Minimierung der jährlichen Gesamtkosten der Wärmebereitstellung (und Wärmeabführung),[3] welcher die Grundlage für Erweiterungen zum Einsatz für überbetriebliche Planungsaufgaben darstellt.

Die erstmalige gezielte Betrachtung der Planung einer überbetrieblichen Weiterverwendung von Wärme als Kern der Arbeit steht in Kapitel 4 im Vordergrund. Zunächst werden hier relevante bisherige Forschungsansätze sowie ähnliche Praxiserfahrungen und Informationen zu Potentialen zusammengestellt. Für den vereinfachten Abgleich von potentiellen einzelnen Wärmequellen mit einer Wärmesenke als möglichem ersten Schritt wird hier ein multikriterielles Vorgehen vorgeschlagen.

Als Erweiterung des zentralen Planungsansatzes mittels der Pinch-Analyse werden zunächst die Bedeutung von zu überbrückenden Entfernungen zwischen den Unternehmen und ihre Integration in den Ansatz behandelt. Analog werden die Thematik von Schwankungen und Ausfällen einzelner Ströme bei der Prozessintegration und ihre Berücksichtigung im entwickelten Planungsansatz über redundante Backup-Anlagen dargestellt. Diese vollständige Absicherung einzelner als kritisch eingeschätzter überbetrieblicher Verbindungen wird als am besten geeignet für die Verhinderung aller Arten von Störungen eingeschätzt. Als Ergänzung zu diesen Erweiterungen des die Gesamtkosten minimierenden Planungsansatzes werden Möglichkeiten zur Aufteilung des Kooperationserfolgs mit klassischen betriebswirtschaftlichen Methoden und mit Ansätzen der kooperativen Spieltheorie diskutiert.

Schließlich werden in Kapitel 4 noch die weniger formal quantifizierbaren, aber in der Praxis sehr relevanten verschiedenen Arten von Hemmnissen für solche Kooperationen analysiert. Als Maßnahmen zur Überwindung dieser Hemmnisse werden insbesondere organisatorische Aspekte wie die Wahl eines Betreibermodells und Möglichkeiten der organisatorischen Unterstützung für die Realisierung von Projekten zur überbetrieblichen Wärmenutzung dargestellt. Abschließend werden Handlungsmöglichkeiten des Staates zur Förderung der betriebsexternen Wärmenutzung diskutiert.

In Kapitel 5 wird die Anwendung des entwickelten Vorgehens zur Bestimmung eines gesamtkostenminimalen Netzwerks der überbetrieblichen Wärmeübertra-

---

[3] Hierbei handelt es sich um einen Ansatz zur Bestimmung des theoretischen Einsparpotentials, welchem für eine konkrete Auslegung der Anlagen noch eine detailliertere Auslegung zum Beispiel anhand von Design-Regeln aus dem Bereich der Pinch-Analyse folgen muss.

gung anhand eines konzeptionellen Fallbeispiels dargestellt. Hierfür dienen als Anwendungsbeispiel fünf Holz und Holzreste verarbeitende Unternehmen mit einem Zellstoffwerk als zentralem Ausgangspunkt der Kooperation. Für diese Fallstudie werden die Auswirkungen der Einbeziehung von Entfernungen zwischen den einzelnen Unternehmen und Absicherungen gegen Ausfallrisiken untersucht. Daneben wird allgemein die Robustheit der kostenminimalen Lösung bei veränderten Rahmenbedingungen analysiert.

Wesentliche Schlussfolgerungen sowohl des formalen Vorgehens als auch der generellen Thematik der betriebsübergreifenden Prozessintegration und Abwärmenutzung werden in Kapitel 6 dargestellt. Hier findet sich daneben ein Ausblick auf die weitere Entwicklung des Ansatzes sowie seine Grenzen und auf die allgemeinen Herausforderungen bei der weiteren Umsetzung der betriebsübergreifenden Prozessintegration. Eine abschließende Zusammenfassung dieser Arbeit erfolgt in Kapitel 7.

2 Effizientere Ressourcennutzung durch Eco-Industrial Parks

2.1 Nachhaltigkeit als Ziel von Industrieunternehmen

Das Ziel einer nachhaltigen Entwicklung spielt nicht nur für die gesellschaftliche Lebensweise, sondern auch für die Wirtschaft eine zunehmend wichtige Rolle. Eine solche nachhaltige Entwicklung soll nach der Definition im sogenannten Brundtland-Bericht (WCED 1987) bei der Befriedigung aktueller Bedürfnisse nicht die Möglichkeiten zukünftiger Generationen einschränken, ebenfalls ihre Bedürfnisse zu befriedigen. Nach der gleichen Definition wird Nachhaltigkeit in drei Dimensionen unterteilt: den Schutz der natürlichen Umwelt, die Wahrung der wirtschaftlichen Wettbewerbsfähigkeit und die Berücksichtigung sozialer Aspekte. Im Fall der in dieser Arbeit betrachteten Konzepte zur Ressourceneinsparung bei Produktionsprozessen sind insbesondere der ökologische Aspekt relevant sowie im Idealfall auch die ökonomischen Konsequenzen, etwa reduzierte Kosten für die Versorgung mit Produktionsmitteln und für die Entsorgung von Reststoffen sowie unter Umständen eine erhöhte Versorgungssicherheit.

Als Leitbilder zur Erreichung von Nachhaltigkeit wurden die beiden Ziele Effizienz und Suffizienz vorgeschlagen (Loske 1997). Das Ziel der Suffizienz betrifft dabei eher die Seite der Verbraucher, welche durch ein maßvolles Konsumverhalten zur gesellschaftlichen Nachhaltigkeit beitragen können. Im Folgenden relevanter ist das Ziel der Effizienz, welches sich in der industriellen Produktion als Verringerung des outputspezifischen Ressourceneinsatzes durch verbesserte Verfahren und Techniken konkretisieren lässt. Insgesamt ist das Konzept der Nachhaltigkeit ein eher abstraktes, welches meist eher als Leitidee dient denn als konkretes Zielsystem für ein Unternehmen mit messbaren Kriterien.[4]

---

[4] Als solche Kriterien können aber Nachhaltigkeitsindikatoren eingesetzt werden, wobei die Auswahl passender Indikatoren, die Datenlage und die Zuordnung zu konkreten Entscheidungen im Umweltmanagement eines Unternehmens sich aber als schwierig erweisen kann (Bauer 2008). Einer dieser Ansätze ist der Pressure-State-Response-Ansatz der

Auf der Ebene konkreter Produkte ist die (Produkt-)Ökobilanzierung[5] (Life Cycle Assessment, LCA) ein Ansatz zur Quantifizierung der ökologischen Belastung.[6]

Die Umweltverträglichkeit des Produktionsunternehmens selbst kann anhand mehr oder weniger konkreter Umweltziele beurteilt werden (Günther u. a. 2006), was etwa im Rahmen eines Umweltmanagementsystems nach EMAS[7] oder DIN EN ISO 14001 geschehen kann (Schaltegger und Sturm 1995). Dabei entsteht das Gesamtbild aus der Summe von Bewertungen einzelner Prozesse und deren Vergleich im Sinne eines Benchmarking mit Wettbewerbern. Damit

---

OECD, der die Beziehungen zwischen Belastungen (Pressure), aktuellem Umweltzustand (State) und gesellschaftlichen Reaktionen für eine nachhaltigere Entwicklung (Response) abdeckt (Pfister und Renn 1996). Wie bei ähnlichen Ansätzen wird hier aber meist mit nationalen Durchschnittswerten gearbeitet, wobei zwar eine sektorale Disaggregation vorgesehen ist, nicht jedoch eine räumliche.

[5] Diese richtet sich meist nach den ISO-Normen 14040 zu „Grundsätzen und Rahmenbedingungen" (ISO 2009) und 14044 zu „Anforderungen und Anleitungen" (ISO 2006).

[6] Diese gewinnt mit zunehmender Verbreitung an Genauigkeit und damit an Aussagekraft für die Nachhaltigkeit von Konsummöglichkeiten (Kytzia 1995; Dold und Wörner 1996; Klöpffer und Grahl 2009). Allerdings wird hierfür nicht der Produktionsprozess eines Unternehmens sondern der gesamte Lebenszyklus von Vorketten über Herstellung und Nutzung bis zum Lebenszyklusende (Recycling oder Entsorgung) konkreter Produkte betrachtet. Außerdem ist die Genauigkeit des hierbei erhaltenen Ergebnisses durch verschiedene Schwierigkeiten begrenzt: zum einen ist die Abgrenzung des Produkts vom restlichen Wirtschaftskreislauf ein Unsicherheitsfaktor, zum anderen sind verwendete Daten etwa der Vorprodukte ebenfalls unsicher und schließlich ist die Aggregation verschiedener Umweltaspekte zu Umweltauswirkungen und letztlich zu Kennzahlen unsicherheitsbehaftet. Ebenso kann bei allen Methoden zur Analyse der Nachhaltigkeit nicht von rein linearen Ursache-Wirkungs-Zusammenhängen ausgegangen werden, da etwa Wechselwirkungen zwischen den einzelnen Dimensionen auftreten. So kann beispielsweise eine erhöhte (Öko-)Effizienz bei der Herstellung eines Produkts zu einer Preisreduktion führen, aus der wiederum höhere Absatz- und Produktionsmengen folgen (Rebound-Effekt) (Klöpffer und Grahl 2009). Bei der Beurteilung konkreter Prozesse bzw. Prozessveränderungen erscheint eine aggregierte Betrachtung der Umweltauswirkungen daher weniger sinnvoll als eine Einzelbetrachtung der konkreten Kriterien wie etwa der Einsatz fossiler Energien, die Menge anfallender Abwässer etc.

[7] Das „Eco Management and Audit Scheme" (EMAS) ist ein freiwilliges Gemeinschaftssystem der EU aus Umweltmanagement und Umweltbetriebsprüfung für Organisationen, die ihre Umweltleistung verbessern wollen.

können dann konkrete Kennzahlen einzelner Prozesse oder Anlagen verglichen werden, für welche es auch allgemein anerkannte, dokumentierte Vergleichswerte gibt: etwa für Großanlagen die sogenannten „Besten Verfügbaren Techniken" (BVT) (EIPPCB 2000), für ein Umweltmanagement nach EMAS in zukünftigen Sektor-Referenzdokumenten (Schultmann u. a. 2010) oder insbesondere für innovative Technologien Informationen aus Verifkationssystemen für Umwelttechnologien (Hiete und Ludwig 2009).

Neben der techno-ökonomischen Optimierung einzelner Prozesse können unter geeigneten Voraussetzungen weitere Effizienzsteigerungen durch Realisierung einer Weiterverwendung von Neben- und Überschussprodukten aus anderen Prozessen oder gar Unternehmen erzielt werden. Dieses steht in dieser Arbeit bei einer prozessbezogenen Betrachtung im Vordergrund, bei der Effizienz durch minimalen Ressourceneinsatz für vorgegebene Produktionsprozesse realisiert werden soll. Die Steigerung der Ressourceneffizienz, insbesondere der Energieeffizienz, soll dabei durch eine gezielte energetische Kopplung von Produktionsprozessen erreicht werden. Dabei ist die effiziente Verwendung der Produktionsfaktoren zwar seit jeher eine Grundvoraussetzung wirtschaftlichen Handelns in der Industrie, das Ziel der Ressourceneffizienz kann jedoch auch etwa durch mit ihm verbundene Investitionen in spezielle Anlagen oder durch organisatorische Anforderungen in einem Zielkonflikt mit rein ökonomischem Handeln stehen.

Nicht nur die ökonomische Dimension einer nachhaltigkeitsorientierten Unternehmenspolitik etwa in Form einer Teilnahme an einem Eco-Industrial Park (s. Kapitel 2.6.2) bietet betriebswirtschaftliche Chancen, wie etwa eine erhöhte (Energie-/Material-)Effizienz. Neben rein ethischen Gründen der Stakeholder des Unternehmens können auch strategische Überlegungen für nachhaltigeres Produzieren sprechen, beispielsweise eine Verbesserung der Wahrnehmung des Unternehmens in der Öffentlichkeit und damit der Akzeptanz und Legitimation des Unternehmens oder neue Marktchancen durch Innovationen und verringerte Risiken für den Produktionsprozess und das Geschäftsmodell. Trotz dieser möglichen Chancen besteht bei allen gewinnorientierten Unternehmen aber die permanente Gefahr, dass diese ökonomische Hauptorientierung (Unternehmenserfolg, Existenzsicherung) den zusätzlichen Nachhaltigkeitszielen widerspricht. Daher ist die Herausforderung bei der Nachhaltigkeitsorientierung, die ökologischen (und sozialen) Auswirkungen der Unternehmenstätigkeit zu verringern und hierbei möglichst (kosten-)effizient vorzugehen, damit dies im

Idealfall gleichzeitig mit dem Kernziel verbesserter ökonomischer Effizienz geschieht (Posch und Perl 2005). Dieser Idealfall kann in Bereichen auftreten, in denen Umweltauswirkungen direkt mit Kosten verbunden sind, etwa beim Verbrauch knapper und teurer werdender fossiler Energieträger.

2.2 Industrieller Prozesswärmebedarf

Der Verbrauch fossiler Energieträger und damit einhergehende CO_2-Emissionen zählen zu den wichtigsten Auswirkungen industrieller Tätigkeit. In vielen Industriesektoren ist die Versorgung mit Prozesswärme ein unabdingbarer Bestandteil des Produktionsprozesses. Insgesamt machte der industrielle Bedarf an Prozesswärme im Jahr 2005 etwa 26 % des gesamten Endenergiebedarfs aller Sektoren aus, wobei etwa zur Hälfte Gas genutzt wurde und zu je einem Fünftel elektrische Energie und feste Brennstoffe (Rudolph und Wagner 2008). Reduktionen sind hier durch unzählige technische und organisatorische Maßnahmen möglich, wobei sich die Maßnahmen in folgende Grundtypen[8] aufteilen lassen (Schäfer 1990; Bressler u. a. 1994):

- Vermeidung von unnötigem Bedarf, der weder zu zusätzlicher Produktion oder Dienstleistung noch zu einer Komfortsteigerung führt (z. B. Leerverbrauch von Maschinen). Diese Maßnahmen sind im Allgemeinen mit dem geringsten Aufwand verbunden.

- Senkung des spezifischen Nutzenergiebedarfs, zum Beispiel durch Wärmedämmung und energetisch optimale Techniken (z. B. mechanische anstelle thermischer Trocknung).

- Verbessern der energetischen Nutzungsgrade bei Umwandlung und Anwendung, um Abweichungen vom Nennwirkungsgrad der Anlagen zu vermeiden. Solche Abweichungen können zum Beispiel entstehen durch mangelnde Auslastung, fehlende Regelungseinrichtungen und mangelhafte Wartung.

---

[8] Die Reihenfolge kann gleichzeitig als Priorisierung angesehen werden, da eine Vermeidung von Energieumwandlung zu Abwärme einer ebenfalls verlustbehafteten Abwärmenutzung vorzuziehen ist. Allerdings kann eine Abweichung von der Reihenfolge sinnvoll sein, insbesondere bei bestehenden Anlagen, deren technische Eigenschaften nicht verändert werden können (Bressler u. a. 1994).

- *Energierückgewinnung, um Abwärme nicht zu verlieren, sondern wieder- oder weiterzuverwenden.*
- Nutzung regenerativer Energiequellen.

Der im Rahmen dieser Arbeit betrachtete Ansatz ist die Optimierung der Energierückgewinnung durch Weiternutzung von Prozessabwärme auch über Betriebsgrenzen hinweg. Dies kann eine sinnvolle Maßnahme zur Steigerung der Energieeffizienz sein, wenn der Abwärmeanfall nicht weiter durch konstruktive Maßnahmen reduziert werden kann und es für die Wärme weder im gleichen Prozess noch im gleichen Unternehmen Verwendung gibt. Wie Abbildung 2-1 zeigt, entfällt in der Industrie in Deutschland ein Großteil (66 %) des Endenergiebedarfs der Industrie auf Prozesswärme, welche im Fokus dieser Arbeit steht. Wärmprozesse sind die zentralen Produktionsschritte etwa in der metallverarbeitenden Industrie, bei der Glas-, Keramik- und Baustoffherstellung sowie in Teilen der Lebensmittelbranche (BINE 2009). Während der Energiebedarf für Prozesswärme in der Industrie in absoluten Zahlen im dargestellten Zeitraum konstant blieb, konnte nach BMWi (2010) der spezifische[9] Brennstoffeinsatz in der Industrie im Zeitraum von 1991 bis 2009 jährlich um 2,2 % gesenkt werden, der spezifische Verbrauch elektrischer Energie um durchschnittlich 0,5 % pro Jahr.

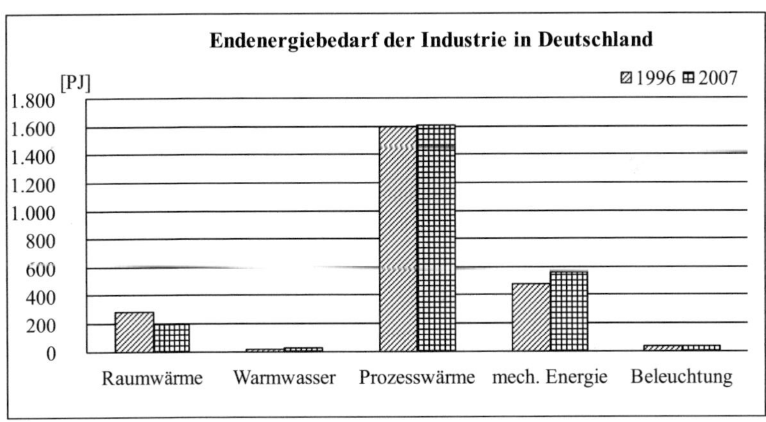

Abbildung 2-1: Endenergiebedarf der Industrie in Deutschland nach Anwendungsbereichen (BMWi 2008)

---

[9] Energiebedarf je Einheit Bruttoproduktionswert (BPW) in Preisen von 2005.

Grundlage dieser Effizienzverbesserungen waren nach BMWi (2010) Prozess-veränderungen in energieintensiven Großindustrien (z. B. Zement, Stahl). Daneben ist ein allgemeiner Druck zu verbesserter Energieeffizienz durch gestiegene Energiepreise zu erwarten, welche bei Erdgas (für Tarifabnehmer) von 1990 bis 2009 um 170 % zunahmen, bei Heizöl (schwer) um 209 %. Allerdings wird für Deutschland davon ausgegangen, dass mit den in den letzten Dekaden (insbesondere in den 90er-Jahren) erreichten Verbesserungen der Energieeffizienz bzw. Verringerungen der Treibhausgasemissionen die vergleichsweise kostengünstigen Maßnahmen größtenteils ausgeschöpft sind, weitere Verbesserungen also nur unter Inkaufnahme zusätzlicher Kosten erreicht werden können (BMWi 2010). Hierbei können neuartige (bzw. noch nicht weit verbreitete) Maßnahmen wie eine verstärkte überbetriebliche Zu-sammenarbeit bei der Ressourcennutzung ansetzen, um weitere ökonomisch vertretbare Effizienzverbesserungen zu erreichen.

In industriellen Schwellenländern wie Chile, dem Ursprungsland der in dieser Arbeit betrachteten Firmen einer beispielhaften Fallstudie, spielt der Energiebe-darf der Industrie eine noch kritischere Rolle als in Industrieländern. Zum einen ist in diesen wirtschaftlich sehr dynamischen Regionen mit einem weiteren Anstieg der industriellen Tätigkeit und damit des Energiebedarfs zu rechnen, zum anderen sind diese Regionen größeren wirtschaftlichen Schwankungen unterworfen. Außerdem hat bei einem geringeren allgemeinen Kostenniveau (z. B. Lohnkosten) die Energie eine größere ökonomische Bedeutung für die Industrie. Der spezifische Energiebedarf der Industrie konnte im Gegensatz zu Deutschland in den letzten Jahren nicht gesenkt werden, sondern blieb von 1990 bis 2005 bei großen zwischenzeitlichen Schwankungen konstant (APEC 2009). Die große Importabhängigkeit des Landes bei fossilen Energieträgern (100 % bei Kohle, 61 % bei Erdgas und 103 % bei Rohöl) führt dabei zu Unsicherheiten bei Versorgungssicherheit und Preis für die Industrie (APEC 2009).

2.3 Effiziente Nutzung von Prozess- und Abwärme

Für ungenutzt in die Umwelt emittierte Wärme aus beliebigen Systemen (hier insbesondere aus industriellen Prozessen) wird allgemein der Begriff Abwärme benutzt. In dieser Arbeit wird er in dieser Bedeutung verwendet, in Unterscheidung zu den neutraleren Begriffen Wärme oder Prozesswärme, obwohl er als eher problematisch angesehen werden kann: Zum einen ist er eher negativ belegt,[10] zum anderen ist die Grenze zwischen wertvoller (Nutz-)Wärme und unerwünschter Abwärme oft sehr vage.[11] Die Entstehung von Abwärme ist bei allen Prozessen, die Energie nutzen oder umwandeln, nicht vollständig vermeidbar. Während bei der Betrachtung gesamter Produktlebenszyklen letztlich die gesamte in Prozessen genutzte Energie in Wärme umgewandelt und als sekundäre Abwärme an die Umwelt abgegeben wird, bestehen bei Produktionsprozessen teils beträchtliche Einsparpotentiale durch geeignete Weiternutzung der direkten primären Abwärme.

Die Temperatur von Prozessströmen wird in dieser Arbeit allgemein als innerhalb einzelner Prozessschritte erwünschte Eigenschaft betrachtet, welche aber sonst keine zusätzliche Funktion (zum Beispiel Sicherstellen der Transportierbarkeit einer viskosen Flüssigkeit wie Schweröl) besitzt. Während solche Aspekte in der Praxis relevant sein können, enthalten die Systemgrenzen des Wärmebedarfs und -angebots in dieser Arbeit nur die jeweiligen zu Wärmeströmen abstrahierten Prozesse.

Diese Nutzung von Abwärme kann durch Wärmeübertragung auf geeignete Prozesse ohne Zuführung weiterer Wärme geschehen, was in dieser Arbeit betrachtet wird, jedoch auch nach gezielter Aufwertung durch Temperaturerhöhung oder in Prozessen, die speziell an die vorhandene Abwärmetemperatur angepasst wurden. In der Praxis existieren zudem durchaus Fälle, in denen

---

[10] Teilweise wird auch von Abfallenergie als Oberbegriff für Abwärme und Energie aus stofflichen Abfällen gesprochen (Fratzscher 1995).

[11] Mit der zunehmenden Sichtweise, Abfall als verschwendete Ressourcen wahrzunehmen, relativiert sich diese künstliche Begriffsabgrenzung allerdings wieder etwas.

Prozesse so gestaltet werden, dass Wärme (aufgrund höherer Vergütung) eher abgegeben als intern genutzt wird (vgl. Grönkvist und Sandberg 2006).[12]

Bei Abwärme ist zwischen diffuser (direkte Umgebungsverluste) und gefasster Abwärme zu unterscheiden. Erstere ist zwar teilweise durch technische Maßnahmen (z. B. Wärmerückgewinnung von Hallenabluft) nutzbar, für die Prozessintegration jedoch in der Regel nicht von praktischer Relevanz. Allerdings kann diese meist über Strahlung und Konvektion diffus abgegebene Energie durch konstruktive Maßnahmen (Isolierung) in der Regel stark verringert werden. Die nutzbare gefasste Abwärme ist in fühlbarer oder latenter Form (z. B. Verdampfungswärme) an diskrete Stoffströme gebunden und hängt auch von der Definition der Systemgrenzen ab. Tabelle 2-1 stellt eine Übersicht der in einen industriellen Prozess ein- und ausgehenden Wärmeströme als Wärmequellen und -senken dar.

Tabelle 2-1: Typen von (Ab-)Wärmeströmen in industriellen Prozessen (in Anlehnung an Briké 1983)

Wärmequellen	Wärmesenken
Brennstoffe Dampf Elektrische Energie Wärme eingehender Produkte Exotherme Reaktionsenergie	Produktwärme für nachfolgende Prozesse Energie zur Aufbereitung der Produkte Energie endothermer Reaktionen

	Diffuse Abwärme
	  Direkte Umgebungsverluste
	  Ungefasste Gase (fühlbare/latente Wärme)

	Gefasste Abwärme (fühlbare/latente Wärme)
	  Gase
	  Flüssigkeiten
	  Feststoffe

Vorhandene Wärmerückgewinnung	Vorhandene Wärmerückgewinnung

---

[12] Grönkvist und Sandberg (2006) berichten hier etwa aus Schweden, dass eine solche Praxis zwar durch unterschiedliche Steuersätze auf den Energiebedarf für die Industrie und für Raumheizung begründet sein kann, durch eine höhere Effizienz der industriellen Wärmeerzeugung aber trotz nicht optimierter Prozesse eine höhere Energieeffizienz des Gesamtsystems erreicht werden kann.

Die Emission von Abwärme ist nicht nur in Bezug auf Energieeffizienz neben der stofflichen Belastung eine weitere Auswirkung industrieller Tätigkeit auf die Umwelt. Während global die emittierte Abwärme dem Primärenergieeinsatz (und damit nach Schikarski (1980) etwa 0,1 % der mittleren Sonneneinstrahlung) entspricht, können lokal negative Wirkungen auftreten, etwa bei Nutzung von Flusswasser zu Kühlzwecken oder in Großstädten, in denen die anthropogene Wärmeabgabe 30 % der mittleren Sonneneinstrahlung entsprechen kann (Schikarski 1980).

Bei der Nutzung von Prozesswärme ist zum einen zwischen der Anzahl von Wärmeströmen und zum anderen zwischen einer innerbetrieblichen und einer überbetrieblichen Nutzung zu unterscheiden, Abbildung 2-2 stellt die verschiedenen Fälle dar. Unter Abwärmenutzung wird in dieser Arbeit eine eher einfache Form der Nutzung eines einzelnen oder aus mehreren Quellen zusammengeführten Wärmestroms verstanden. Diese steht im Gegensatz zum Begriff der Prozessintegration, welcher eine engere Austauschbeziehung verschiedener Prozesse durch mehrere Flüsse von Ressourcen (Wärme, Wasser, …) beschreibt. Dabei geht es um die optimierte Weiterverwendung von Ressourcen in einem Netzwerk auf jeweils niedrigerem Qualitätsniveau. Das Konzept der Abwärmenutzung ist bisher bei betriebsübergreifenden Kooperationen das verbreitetere Konzept, da es weniger komplexe Schnittstellen zwischen den Unternehmen verlangt.

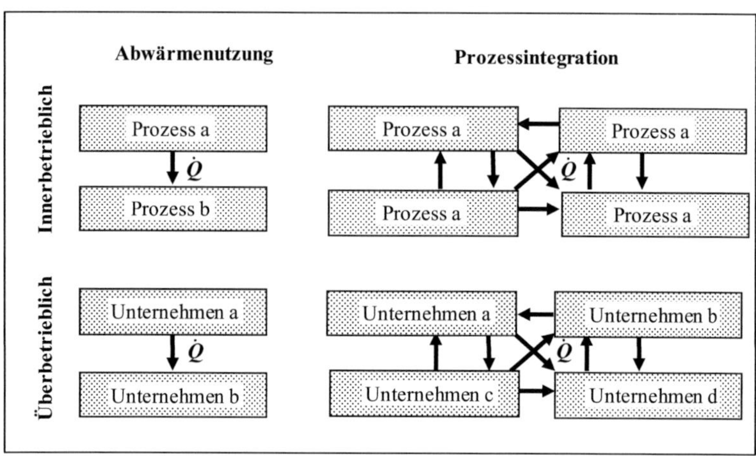

Abbildung 2-2: Unterteilung von Prozesswärmenutzung nach Umfang und Rahmen (eigene Darstellung)

Bei der außerbetrieblichen Abwärmenutzung wird Abwärme meist in einem einzelnen Strom an einen Abnehmer abgegeben, zum Beispiel an ein Fernwärmenetz. Obwohl dies noch eine eher lose Kopplung darstellt, ist eine systematische Planung zur Nutzung der Potentiale schon eine Herausforderung. Diese einfache und schon vermehrt in der Praxis anzutreffende Form der Wärmenutzung ist vor allem bei der Analyse der aktuellen Situation, Potentiale und Fördermöglichkeiten relevant. Eine umfangreichere Prozessintegration (hier: Wärmeintegration) ist eine Weiterentwicklung einer solchen Abwärmenutzung auf einem komplexeren Niveau, welches in der Vergangenheit vor allem innerbetrieblichen Effizienzsteigerungsmaßnahmen vorbehalten war. Während solche Methoden aufgrund der benötigten Anzahl an Prozessen und Weiternutzungsmöglichkeiten traditionell nur in großen Unternehmen (Chemie, Nahrungsmittel) eingesetzt wurden, erlaubt ein Einsatz über Betriebsgrenzen hinweg eine Anwendung auch für kleinere Unternehmen. Hierbei müssen jedoch die Voraussetzungen räumlicher Nähe und der offenen Zusammenarbeit in Netzwerken erfüllt sein, welche im Folgenden näher betrachtet werden.

2.4 Nachhaltigkeitsorientierte Unternehmenskooperationen und Netzwerke

Die Umsetzung des in den nächsten Abschnitten beschriebenen Konzepts der Industrial Ecology (s. Kapitel 2.5) innerhalb von Eco-Industrial Parks (EIPS, s. Kapitel 2.6) genannten Standortgemeinschaften ist ein Weg zur Steigerung der Nachhaltigkeit in der Industrie. Diese stellen spezielle Formen von Unternehmenskooperationen dar, welche durch Zusammenarbeit in Netzwerken[13] nachhaltiger produzieren sollen. Unter dem Begriff Kooperation werden alle hybriden Organisationsformen zusammengefasst, die zwischen den Extremen des Marktes[14] und der Hierarchie[15] liegen und Elemente dieser beiden Grundformen vereinen. Dabei kann die Abgrenzung zum Markt über die gezielte Koordination des Verhaltens der Partner und die Abgrenzung zur Hierarchie über den Aspekt der rechtlichen und wirtschaftlichen Selbständigkeit erfolgen.[16] Der Begriff der Kooperation wird je nach Zusammenhang für die verschiedensten Arten der Zusammenarbeit verwendet. Er enthält aber immer die Dimensionen Autonomie und Interdependenz, d. h. gegenseitige Abhängigkeit der Partner. Dieser scheinbare Widerspruch entsteht unter anderem dadurch, dass einerseits die Entscheidung zu einem Beitritt oder Austritt freiwillig getroffen

---

[13] Ein Netzwerk ist eine materielle oder immaterielle Struktur, mathematisch gesehen ein Graph, dessen Elemente (Knoten) durch Verbindungen (Kanten) miteinander verbunden sind. Während der über Knoten und Kanten symbolisierte Inhalt damit noch offen ist, haben Netzwerke grundsätzliche Eigenschaften, die auch für die Verwendung im Folgenden den Idealfall darstellen: Zum einen sind die Knoten nicht hierarchisch, sondern auf der gleichen Ebene angeordnet, zum anderen sind sie grundsätzlich erweiterbar, ohne ihre Eigenschaft als Netzwerke zu verlieren. Im Fall von Unternehmensnetzwerken sind die Elemente die rechtlich selbständigen Unternehmen (bzw. deren einzelne Mitarbeiter, wenn die Ebene sozialer Beziehungen betrachtet wird) und die Verbindungen eine oder mehrere Formen einer koordinierten, kooperativen Zusammenarbeit.

[14] Der Begriff Markt steht hier für einen Austauschmechanismus über den freien Wettbewerb mit dem Preis als dominantem Kommunikationsmedium (Semlinger 2001).

[15] In Hierarchien erfolgen Transaktionen nach expliziten Anweisungen oder eingespielten Routinen (vgl. Semlinger 2001).

[16] Nach Rotering (1993) ist die Grenze zwischen Kooperation und Hierarchie durch die Möglichkeit, die Zusammenarbeit jederzeit zu kündigen, festgelegt. Dieser Aspekt zeigt, dass die im Folgenden behandelte überbetriebliche Prozessintegration mit umfangreichen Investitionen in Rohrleitungen eine spezielle Form der Kooperation darstellt.

wird und die Unternehmen rechtlich (und in weiten Bereichen auch wirtschaftlich) selbständig bleiben (Lutz 1993; Rotering 1993). Auf der anderen Seite besteht eine gegenseitige Abhängigkeit dadurch, dass das Verhalten der Kooperationspartner in den von der Kooperation betroffenen Bereichen durch gemeinsame Entscheidungen ex ante koordiniert wird. Daneben entsteht eine Abhängigkeit durch spezifische Investitionen, die nur im Rahmen der Zusammenarbeit genutzt werden können. Zwar schränken die Unternehmen ihre wirtschaftliche Selbständigkeit durch die Abstimmung innerhalb der Kooperation ein, jedoch bleiben sie auf Gebieten außerhalb der Kooperation weiterhin autonom. Die Freiwilligkeit der Zusammenarbeit unterscheidet Kooperationen von hierarchischen Koordinationsformen wie der Akquisition oder der Beteiligung (Kabst 2000; Weder 1989).

Kooperationen lassen sich allgemein durch ihre Orientierung in der Wertschöpfungskette in horizontale, vertikale und diagonale Kooperationen unterteilen. Bei einer horizontalen Kooperation stehen alle Partnerunternehmen auf der gleichen Wertschöpfungsstufe und sind in gleichen oder verwandten Branchen tätig, unter Umständen handelt es sich also um aktuelle oder potentielle Wettbewerber.[17] Der Begriff vertikale Kooperation beschreibt eine Zusammenarbeit von Unternehmen auf verschiedenen bzw. aufeinander folgenden Wertschöpfungsstufen, wobei oft ein Lieferanten-Kunden-Verhältnis vorliegt.[18] Im Fall einer diagonalen Kooperation arbeiten Unternehmen unterschiedlicher Branchen und Marktstufen zusammen. Die beteiligten Unternehmen stehen oft weder in einem Leistungs- noch in einem Konkurrenzverhältnis. In diesen Bündnissen sich gegenseitig ergänzender Betriebe ist durch Wissens- oder

---

[17] Bei der Kooperation zwischen Betrieben derselben Produktions- oder Marktstufe bietet sich aufgrund des ähnlichen Tätigkeitsbereichs eine Vielzahl von Möglichkeiten zur gemeinschaftlichen Aufgabenerfüllung. Das Ziel ist dabei, über Mengen- und Spezialisierungseffekte zu Kostensenkungen zu gelangen. Ein Beispiel hierfür wäre ein gemeinsames Distributionszentrum mehrerer Unternehmen einer Branche (Gudszend und Spath 2003; Jehle und Stüllenberg 2001).

[18] Vertikale Kooperationen werden eingegangen, um die Zulieferung zu sichern, den Absatz zu verbessern, Know-how auszutauschen sowie um Produktionsprozesse besser zu koordinieren und dadurch eine rationelle Produktion zu erreichen. Außerdem lassen sich durch diese Art der Kooperation umfassende Leistungsangebote und gleichzeitig eine reduzierte Wertschöpfungstiefe des einzelnen Unternehmens realisieren.

Leistungskombination die Schaffung neuer Produkte oder Dienstleistungen, z. B. individueller Problemlösungen, möglich (Gudszend und Spath 2003; Jehle und Stüllenberg 2001).

Bei einem Eco-Industrial Park (s. Abschnitt 2.6) werden gemeinsame Infrastruktureinrichtungen oder Verrohrungen zur Kopplung der Stoff- und Energieströme zwischen den Produktionswerken installiert. Dabei stehen die Prozesse und ihre Energieintensität sowie die Wärmeprofile und -bedarfe der einzelnen Unternehmen im Vordergrund und nicht die jeweiligen Wertschöpfungsketten. Somit lässt das Konzept Eco-Industrial Park zunächst diagonale, also branchenübergreifende Kooperationen erwarten, wobei eine Zugehörigkeit mehrerer Teilnehmer zu einer gemeinsamen Wertschöpfungskette zusätzliche Synergien bieten kann, wie etwa die Verwendung derselben Rohstoffe (Holz bei Unternehmen der Papierherstellung und der Herstellung biologischer Brenn- und Kraftstoffe, vgl. Kapitel 5) oder der Weiterverwendung von Nebenprodukten benachbarter Kooperationspartner.

Grundlage für diese freiwillige Verknüpfung der weitgehend unabhängigen Unternehmen ist dabei ein übergeordnetes gemeinsames Ziel, für das ein Teil des bisherigen autonomen Handelns aufgegeben wird. Daraus folgen aber nicht zwangsläufig in allen Bereichen kooperative Beziehungen, da eine Kooperation beispielsweise in Fragen der gemeinsamen Minimierung des Ressourceneinsatzes durchaus mit einer Konkurrenzsituation auf dem Absatzmarkt einhergehen kann; die Unternehmensgrenzen können also in einzelnen Bereichen verschwimmen, während sie in anderen Bereichen unverändert bleiben (Posch und Perl 2005).

Sogenannte regionale Verwertungsnetzwerke existieren seit Langem in der chemischen und metallurgischen Industrie und sind mit ihrem Anliegen der Schließung von Stoffkreisläufen eine Variante der in dieser Arbeit zentralen (eher lokal zentrierten) direkten Integration von Produktionsprozessen (Wietschel u. a. 2000).[19] Diese regionalen Verwertungsnetzwerke können als tech-

---

[19] Da es sich bei diesen Netzwerken um sowohl inhaltlich als auch räumlich mehr oder weniger begrenzte Strukturen (bezogen auf die gesamte Industrie) handelt, wird hier bildlich auch von „Nachhaltigkeitsinseln" gesprochen, die aus dem Meer der größtenteils noch nicht sehr nachhaltigen ökonomischen Entwicklung herausragen (Wallner und Narodoslawsky 1994).

nisch determinierte Netzwerke beschrieben werden, die mit einer begrenzten Zahl von Teilnehmern in räumlicher Nähe eine enge Kooperation eingehen. Diese Kooperation umfasst oft den Austausch großer Mengen von Flüssigkeiten oder Wärme, wodurch sie mit beträchtlichen Investitionen für Neuanlagen zur Verbindung der Prozesse einhergeht. Im Vergleich dazu sind eher regional ausgerichtete Verwertungsnetzwerke für meist feste und flüssige Nebenprodukte durch Marktmechanismen bestimmt und damit weniger eng und eher flexibel in der Entwicklung (Wietschel u. a. 2000).[20] Eine Übersicht über die unterschiedlichen Charakteristika der Typen von Verwertungsnetzwerken ist in Tabelle 2-2 dargestellt.

Tabelle 2-2: Vergleich technisch determinierter und marktorientierter Verwertungsnetzwerke (geändert nach Wietschel u. a. 2000)

	Technisch determinierte Netzwerke	**Marktorientierte Netzwerke**
Koordination	Kooperation (zwischen den Extremen des Markts und der Hierarchie)	Marktbasierte Zusammenarbeit (vertragliche Lieferbeziehung)
Abhängigkeit	Hoch	Gering
Anzahl Teilnehmer	Gering	Gering bis hoch
Räumliche Entfernung	Gering	Hoch
Investition	Hoch	Gering
Verbindungswege	Leitungsgebunden	Logistikkonzepte, Austausch zwischen mehreren Anbietern und Nachfragern

Die im Folgenden betrachteten Kooperationen lassen sich je nach Einzelfall beliebig zwischen den beiden in Tabelle 2-2 dargestellten Netzwerktypen einordnen. Die in der Praxis häufigere Form öffentlich geförderter gemischter Eco-Industrial Parks (vgl. Tabelle 2-8 auf Seite 44) ist dabei eher auf Recyclingbeziehungen ausgerichtet und damit oft ein marktorientiertes Netzwerk. Die in dieser Arbeit im Fokus stehende überbetriebliche Prozessintegration ist hingegen eindeutig ein technisch determiniertes Netzwerk.

---

[20] Dabei soll die Marktorientierung nur im Sinne einer weniger engen Kooperation verstanden werden. Technisch determinierte Netzwerke finden sich seit vielen Jahren als spontan aus ökonomischen Gründen entstandene Kooperationen (vgl. Kapitel 2.6).

2.5 Industrial Ecology und Industrielle Symbiosen

2.5.1 Cleaner Production und Industrial Ecology

Umweltschutztechnologien im Bereich der Industrie beschränkten sich anfangs hauptsächlich auf additive Maßnahmen, sogenannte End-of-Pipe-Technologien wie etwa Abgasfilter und Kläranlagen. Damit wurde zwar eine Emission der Schadstoffe in die Umwelt vermieden, nicht jedoch der Anfall der Schadstoffe selbst, welche nun in konzentrierter Form etwa in Filterstäuben und Klärschlamm aufgefangen wurden (Erkman 1997). Mit der Zeit wurde dieser additive Umweltschutz durch einen produkt- und prozessintegrierten Umweltschutz ergänzt, für den oft die Bezeichnung Cleaner Production verwendet wird. Ziel hierbei sind emissionsarme Prozesse und integrierte Umweltschutztechnologien sowie weitgehende Abfallvermeidung durch innerbetriebliche Rückführung von Reststoffen in den Produktionskreislauf (van Berkel u. a. 1997).

Wird das Thema der umweltfreundlichen beziehungsweise nachhaltigen Gestaltung industrieller Prozesse weiter gefasst und werden nicht nur konkrete Maßnahmen an einzelnen Prozessschritten, sondern auch ganze Unternehmen oder Regionen betreffende Maßnahmen betrachtet, wird anstelle von Cleaner Production vom Forschungsgebiet Industrial Ecology[21] gesprochen. Dieses Forschungsgebiet entstand in den USA Anfang der 1990er Jahre (vgl. Frosch und Gallapoulos 1989; Ayres 1989; Socolow 1994), allerdings wurde im Brundtland-Report zur nachhaltigen Entwicklung (Brundtland 1987) schon ohne Verwendung der Bezeichnung Industrial Ecology die Betrachtung der Wechselwirkungen zwischen verschiedenen Elementen des Industriesystems vorweggenommen. Ziel des interdisziplinären Untersuchungs- und Gestaltungsansatzes Industrial Ecology ist ein dauerhaft nachhaltiges Verhältnis von Natur und Gesellschaft mittels technischer Innovationen und Reorganisation der Industrie. Dabei sollen Analogien aus dem Bereich biologischer Ökosysteme als Vorbild und Hilfe für die Gestaltung industrieller Systeme dienen (s. Frosch und Gallapoulos 1989; Diemer und Labrune 2007). Das Hauptziel dieser Reorganisation ist die Wandlung von linearen Systemen mit einem Eingang von

---

[21] Der übersetzte Begriff „Industrielle Ökologie" ist eher ungebräuchlich; ein ähnlicher, weniger von Ingenieuren geprägter Ansatz aus dem deutschsprachigen Raum ist das Konzept der ökologischen Modernisierung (Fischer-Kowalski 1997).

Rohstoffen und Kapital und einem Ausgang von Abfällen zu einem geschlossenen Kreislaufsystem, bei dem Reststoffe als Rohstoffe für andere Prozesse dienen. Da nach der Analogie eines Ökosystems kein Akteur oder System (wie ein Unternehmen, eine Region oder eine Volkswirtschaft) getrennt ist von der umgebenden Biosphäre, existiert in diesem Idealbild kein Verbrauch von Naturkapital und kein ungenutzter Abfall. Im angestrebten Idealfall wären also die In- und Outputs eines industriellen Systems vernachlässigbar, es würde nur noch (Solar-)Energie als externer Zufluss benötigt (Graedel und Allenby 1993). Der Energie als einzigem Inputfaktor wird aber andererseits Wärme als einziger Outputfaktor dieses Idealsystems gegenübergestellt, was die Sonderstellung von Energie bei Fragen der Schließung von Kreisläufen und Recycling unterstreicht (Richards u. a. 1994). Da dieser Idealzustand in der Realität nur schwer umzusetzen wäre, wird in einer abgeschwächten Form ein industrielles System angestrebt, bei dem der Materialzu- und -abfluss stark eingeschränkt ist und welches im Inneren so weit wie möglich mit Materialzyklen arbeitet (vgl. Abbildung 2-3).

Es wird allerdings auch kritisch angemerkt, dass diese Übertragung von Vorgängen in der Natur auf die Industrie auch schnell an ihre Grenzen stoßen kann. So lässt sich zur Charakterisierung der Natur durch reine „Null-Emissions"-Prozesse einwenden, dass viele für die Industrie bedeutende Ressourcen nur als unrecycelte Reststoffe natürlicher Prozesse entstanden sind (fossile Energieträger, Kalkgestein) (Ayres 2004). Analog zu industriellen Prozessen lässt sich hier feststellen, dass Reststoffe in der Natur auch nur weiterverwendet werden, wenn sie als begrenzt vorhandenes Gut einen Wert für den Nutzer haben. Außerdem finden in der Natur stoffliche Nutzungen oft unfreiwillig statt (Raubtiere, Parasiten) (Ayres 2004). Trotz dieser Grenzen der Analogien liefert das Konzept viele Anhaltspunkte zur nachhaltigeren Gestaltung von industriellen Prozessen.

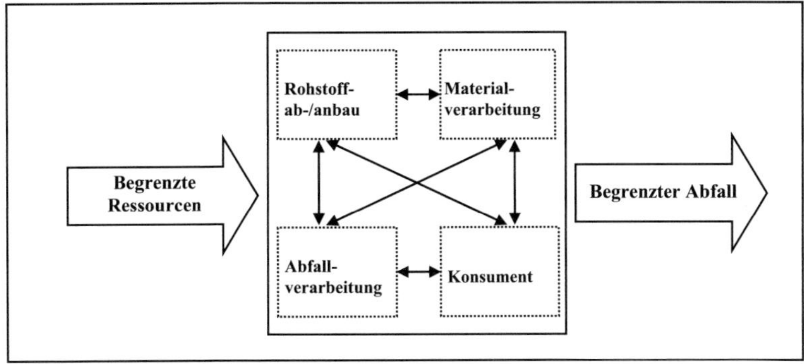

Abbildung 2-3: Modell eines zyklischen Industriesystems mit begrenzten Inputs und Outputs (in Anlehnung an Jelinski u. a. 1992)

Die Hauptinhalte der Forschungsrichtung Industrial Ecology sind Material- und Energieflussanalysen von Industriesektoren oder Regionen, technologischer Wandel und Erhöhung der Materialeffizienz (Dematerialization), Lebenszyklusanalysen und Ökodesign sowie industrielle Symbiosen etwa in Form von Standortgemeinschaften wie Eco-Industrial Parks (s. Abschnitt 2.6). Tabelle 2-3 zeigt Beispiele für die von den Anhängern des Industrial-Ecology-Konzepts postulierten Analogien zwischen natürlichen und industriellen Ökosystemen.

Tabelle 2-3: Vergleich zwischen natürlichen und industriellen Ökosystemen (in Anlehnung an Korhonen 2001b)

	Natürliches Ökosystem	Industrielles Ökosystem
Reststoffverwertung	Verwertung von Stoffen und Energie in Nahrungsketten	Verwertungsketten für Stoffe, (Wärme-)Energiekaskaden
Diversität	Gleichgewicht von Produzenten (Pflanzen), Konsumenten (Tiere) und Zersetzern (Mikroben) Vielfalt an Spezies und Genetik	Größe und Branche von Unternehmen, Verbrauchern, öffentliche Einrichtungen, Kommunen Vielfalt an Inputs und Outputs
Interdependenz	Organismen passen sich an Umgebung an	Kooperation beim Energie- und Stoffstrommanagement
Lokalität	Nutzung lokal verfügbarer Ressourcen Erzeugung für lokalen Verbrauch Respektierung lokaler Kapazitätsbeschränkungen	Nutzung lokal verfügbarer Ressourcen Produktion für lokale Kunden Respektierung lokaler Aufnahmefähigkeit

Roberts (2004) schlägt zur Gliederung der Anwendungsfelder der Industrial Ecology eine hierarchische Struktur vor: Die Mikro-Ebene befasst sich mit einzelnen Unternehmen, die Meso-Ebene mit Unternehmensverbünden in Eco-Industrial Parks (s. Abschnitt 2.6) und die Makro-Ebene mit regionalen bis globalen Industrienetzwerken. Auf der Makro-Ebene können aber die Transport- und Transaktionskosten für eine Weiterverwendung von Stoff- und Energieströmen in Kreisläufen oder Kaskaden die Wirtschaftlichkeit stark beeinflussen, sodass hier nur Stoffe mit ausreichendem ökonomischen Wert oder gesetzlichen Verpflichtungen für eine Kreislaufführung interessant sind. Die aussichtsreichsten Gelegenheiten für eine Anwendung der Industrial Ecology finden sich daher auf der Meso-Ebene, auf der eine Bündelung von Firmen in räumlicher Nähe die geeigneten Größenordnungen und Komplexitäten für Prinzipien der Industrial Ecology bieten kann (Roberts 2004).

2.5.2 Industrielle Symbiosen

Ein Ansatz zur Verwirklichung der Ziele industrieller Ökologie sind sogenannte industrielle Symbiosen, bei denen kooperierende Industrieunternehmen mit in Symbiose, also in einem partnerschaftlichen Nutzenverhältnis, lebenden Organismen verglichen werden (Lowe 1997; Chertow 2004; Chertow 2007; Bansal und McKnight 2009). Traditionell getrennte Industrien sollen danach in einer Weise vereint werden, die sowohl ökonomische als auch ökologische Vorteile bietet. Der Fokus liegt dabei auf dem Austausch von Stoff- und Energieströmen zum gegenseitigen Nutzen, welcher aber gleichzeitig auch zu entsprechender gegenseitiger Abhängigkeit führt. Weiter gefasst enthält das Konzept industrieller Symbiosen allgemein den Austausch von Informationen, Hilfsstoffen und Nebenprodukten mit dem Ziel von Synergien und damit verbesserten ökonomischen und ökologischen Auswirkungen der Unternehmenstätigkeit (Agarwal und Strachan 2008). Der Kern dieser Symbiosen ist die meist durch räumliche Nähe ermöglichte Zusammenarbeit und Kreislaufführung von Stoffströmen und die daraus entstehenden ökologischen Vorteile und ökonomischen Synergien (Chertow 2000). Diese können dazu beitragen, gemeinsam den Material- und Energiebedarf in einem Maß zu reduzieren, welches für die Firmen alleine nicht erreichbar wäre. Die räumliche Nähe als Grundvoraussetzung für industrielle Symbiosen kann dabei eine zufällig gegebene Ausgangssituation darstellen oder durch eine geplante Ansiedlung erreicht werden. Während die Nähe verschiedener Unternehmen meist als Kern des Konzepts betrachtet wird, sind auch hier grundsätzlich mehrere Ebenen und Typen möglich (Chertow 2000):

- Allgemeiner Austausch von Abfallstoffen,
- Symbiosen innerhalb einer Firma oder Organisation,
- Symbiosen zwischen benachbarten Firmen (Eco-Industrial Park),
- Symbiosen zwischen nicht gemeinsam angesiedelten Firmen,
- Symbiosen zwischen virtuell organisierten Firmen innerhalb einer größeren Region.

Das bekannteste Beispiel für eine industrielle Symbiose ist das Netzwerk von Unternehmen in Kalundborg (DK), welches als erste und erfolgreichste Umsetzung eines solchen Konzepts gilt (Ehrenfeld und Gertler 1997; Jacobsen 2006). Tabelle 2-4 zeigt beispielhaft, welche jährlichen Einsparungen von diesem Netzwerk berichtet werden. Eine Abschätzung der finanziellen Auswirkungen der Kooperation durch Ehrenfeld und Gertler (1997) nennt als Investitionen für den Ausbau der Infrastruktur der Kooperationen 90 Mio. US$. Diesen stellen die Autoren jährliche Einsparungen von 15 Mio. US$ gegenüber, woraus sich eine durchschnittliche Amortisationszeit von sechs Jahren ergibt.

Tabelle 2-4: Einsparungen durch symbiotische Beziehungen im EIP Kalundborg, DK (nach Strebel und Schwarz 1994; Ehrenfeld und Gertler 1997)

Stoffe / Emissionen	Jährliche Einsparung	
Kohle	30.000 t	2 %
Wasser	600.000 m	20 %
Öl	19.000 m	47,5 %
Gips	80.000 t	60 %
Schwefel	2.800 t	unbekannt
CO_2	130.000 t	3,3 %
SO_2	3.700 t	12,8 %

Die Kooperation in Kalundborg (DK) hat sich im Lauf der Zeit eigenständig[22] aus einer Reihe rein ökonomisch motivierter paarweiser Kooperationen entwi-

---

[22] Dennoch gilt ihre Entdeckung durch die Wissenschaft als Beginn der Untersuchung industrieller Symbiosen und sie dient seither als Musterbeispiel solcher Projekte (Jacobsen 2008).

ckelt (Ehrenfeld und Gertler 1997). Versuche zur zentralen Planung ähnlicher Projekte sind oft nicht über die Planungsphase hinausgekommen und wenn sie realisiert wurden, finden sich oft nicht mehr als die normalen Austauschbeziehungen zwischen den beteiligten Firmen wie etwa Recycling von Glas und Papier (zur Planbarkeit industrieller Symbiosen siehe Kapitel 4.7.1).

Ein kritischer Aspekt bei der Umsetzung industrieller Ökologie kann aus dem Gegensatz der Ziele entstehen, einerseits immer effizientere Produkte und Prozesse zu gestalten und andererseits eine auf Weiterverarbeitung von Reststoffen basierende Zusammenarbeit von Unternehmen zu fordern. Wenn letztere realisiert wurde, besteht für solche Recyclingnetzwerke die Gefahr, dass sie sich aufgrund von Innovationen bei ressourceneffizienteren Produkten oder Prozessen und damit abnehmenden Strömen von unerwünschten Reststoffen als Fehlinvestition erweisen (Korhonen 2001c). Dies gilt insbesondere auch für die in dieser Arbeit zentrale Nutzung von industrieller Abwärme. Bei dieser ist analog zwischen technisch vermeidbarer und aus thermodynamischen oder technischen Gründen unvermeidbarer Abwärme zu unterscheiden (Briké 1983). Bei dem Teil an Abwärme, der zwar technisch vermeidbar wäre, aber bis jetzt aus betriebstechnischen, wirtschaftlichen oder organisatorischen Gründen nicht vermieden wurde, ist ebenfalls eine solche Vermeidung oder Verringerung als Konkurrenz zur Weiternutzung in Zukunft möglich.

Gegenwärtig wird das Forschungsfeld der Industrial Ecology vor allem von deskriptiven Studien geprägt, und häufig fehlt noch die für das reale Zustandekommen solcher Kooperationen unabdingbare Analyse der ökonomischen Konsequenzen für die beteiligten Firmen (Van den Bergh und Janssen 2004). Die systematische Planung solcher Projekte mit dem Anspruch, umfassende symbiotische Beziehungen in den (im Folgenden beschriebenen) Eco-Industrial Parks zu entwickeln, bleibt daher eine Herausforderung. Die systematische Analyse von Einsparpotentialen durch eine Integration der Prozesse (vgl. Kapitel 3) kann hierbei notwendige Informationen zum theoretischen Einsparpotential durch die Wärme- oder Wasserintegration in solchen industriellen Symbiosen liefern.

2.6 Eco-Industrial Parks zur Realisierung industrieller Symbiosen

2.6.1 Formen und Ziele von Industrieparks

Der Begriff des Industrieparks ist ein Oberbegriff für eine Vielzahl industrieller Standortgemeinschaften, unter anderem in der im weiteren Verlauf der Arbeit relevanten speziellen Ausprägung als Eco-Industrial Park (dieses spezielle Konzept wird in Kapitel 2.6.2 definiert). Bei einem Industriepark handelt es sich um eine gewerblich und/oder industriell nutzbare Fläche, die der gemeinsamen Nutzung durch mehrere Betriebe dient (Schorer 1994). Ein öffentlicher oder privater Träger plant und errichtet diese Parks und vermietet Flächen an Unternehmen. Dazu wird den Unternehmen meist die Nutzung gemeinschaftlicher Einrichtungen wie Kantine, Werkschutz, Feuerwehr etc. angeboten (Hüttermann 1985). Als Motivation für den Bau dient bei einem öffentlichen Träger die Förderung der strukturellen Entwicklung, bei einem kommerziellen Betreiber hingegen stehen Mieteinnahmen aus dem für grundsätzlich alle interessierten Unternehmen offenen Projekt im Vordergrund. Die Bezeichnung „Park" deutet an, dass die Erschließung und Belegung gewissen Vorgaben folgt, allerdings ist eine vollständige Vorabplanung der Belegung eher selten. In Stadtgebieten finden sich Industrieparks als gemischte Standorte für Gewerbe und Industrie, in der Chemieindustrie werden derartige Standortgemeinschaften aus Synergiegründen auf dem Gelände ehemaliger Großanlagen geschaffen. Auch hier können sich die Unternehmen gegenseitig mit chemischen Produkten beliefern, Hauptgrund für die Ansiedlung ist jedoch oft die gemeinsame Nutzung branchenspezifischer Infrastruktur (Reiß und Präuer 2002).

Allgemein lassen sich bei Industrieparks drei Zeitabschnitte unterscheiden. In der Planungsphase wird das Parkkonzept entworfen und über die Bereitstellung von Dienstleistungen entschieden. In der Rekrutierungsphase sollte der Park vollständig mit Mietern belegt werden. In der Betriebsphase müssen schließlich die Funktionen des Parks aufrecht erhalten und gegebenenfalls Ersatzmieter gefunden werden (Lowe u. a. 1996). Teilweise findet sich bei Industrieparks ein fokales Unternehmen als Initiator und zentraler Nutzer des Standorts, möglich ist aber auch ein gemeinsamer Standort mehrerer Industrieunternehmen ohne zentralen Teilnehmer. Daneben finden sich in Industrieparks oft Handels- und

Dienstleistungsunternehmen, für welche die räumliche Nähe zu industriellen Kunden Vorteile bietet (Lambert und Boons 2002).

Zu den Hauptvorteilen solcher Parkkonzepte für Unternehmen gehören zum einen eine schnelle Produktionsaufnahme durch ein infrastrukturell voll erschlossenes Gelände, wobei die gemieteten Betriebsflächen und gemeinsamen Einrichtungen die unproduktive Kapitalbindung verringern (Hüttermann 1985). Daneben kann die Konzentration von Betrieben einer oder verwandter Branchen vielfältige Synergiemöglichkeiten bieten. Schließlich kann die Bereitstellung solcher Parks durch öffentliche oder private Betreiber besonders in strukturschwachen Regionen wirtschafts- und raumpolitische Vorteile wie eine Schwerpunktbildung und Attraktivitätssteigerung für die Industrie mit sich bringen. Andererseits ist eine solche Standortgemeinschaft unter Umständen mit hohen Organisations- und Koordinationskosten verbunden, daneben kann ein Konflikt zwischen einer schnellen Belegung und einer bestmöglichen Kompatibilität der Mieter untereinander bestehen (Schorer 1994).

Neben den im Folgenden relevanten klassischen Industrieparks existieren verschiedene hier nur kurz beschriebene ähnliche Konzepte mit jeweils eigenen Charakteristika. Bei Industrieclustern handelt es sich um geographische Konzentrationen von miteinander verbundenen Unternehmen und Institutionen eines bestimmten Wirtschaftszweigs; ein Beispiel für einen Industriecluster ist etwa der Stafford Industrial Park in Kalifornien (bekannter als Silicon Valley) (Porter 1998a). Hier gruppieren sich Unternehmen mit in der Wertschöpfungskette vor- und nachgelagerten Tätigkeiten um eine regional bedeutende Schlüsselindustrie. Die Vorteile solcher Konzentrationen an einem Standort oder in einer Region wurden schon früh beschrieben (Weber 1929; Marshall 1938), wobei zunächst technische Aspekte wie Transportkosten im Vordergrund der Argumentation standen. Erst später kam die aktive Beeinflussung der industriellen Geographie mit Aspekten wie der Schaffung eines regionalen Arbeitsmarkts hinzu (Storper 1989). Im Unterschied zum klassischen Industriepark handelt es sich bei Clustern aber nicht um eine von einem einzelnen Akteur in ihrer Gesamtheit geplante Standortgemeinschaft mit gemeinsam betriebenen Einrichtungen, sondern um eine großräumigere regionale Konzentration einer Vielzahl von Unternehmen aus derselben oder ähnlichen Branchen (Porter 1998a). Einzelne Autoren (z. B. Reiß und Präuer 2003) fassen den Begriff des Clusters jedoch weiter und sprechen bei Industrieparks von privatwirtschaftlichem Cluster-Management.

Bei Industrie- und Gewerbegebieten handelt es sich um durch die Baunutzungsverordnung festgelegte Klassen von Baugebieten. Industriegebiete dienen der Unterbringung von Gewerbebetrieben, vorwiegend solcher, die in anderen Baugebieten unzulässig sind. Bei Industrie- und Gewerbegebieten findet sich kein zentraler Betreiber, der Einrichtungen und Dienstleistungen zur Verfügung stellt. Sie sind lediglich ein Instrument der Raumwirtschaftspolitik, jedoch ist in bestimmten Fällen aufgrund der Anreicherung um unternehmensspezifische Infrastruktur die Grenze zu Industrie- und Gewerbeparks fließend (Schorer 1994). Eine weitere Form von Standortgemeinschaften stellt das Logistikzentrum dar, z. B. in der Ausprägung als Güterverkehrszentrum oder Distributionszentrum (Gareis 2003). Bei Güterverkehrszentren handelt es sich um Standortgemeinschaften, die durch die Ansiedlung mehrerer logistischer Dienstleister als überregionale und multimodale logistische Knotenpunkte dienen. Sie werden mit dem Ziel gegründet, als Schnittstelle zwischen Nah- und Fernverkehr und zwischen verschiedenen Transportmitteln, meist Straße und Schiene, zu dienen, und dadurch insgesamt das Verkehrsaufkommen zu verringern (Fohrmann 2000). Eine weitere spezielle Form von Industrieparks sind sogenannte Lieferantenparks, bei denen etwa in der Automobilindustrie Zulieferer in einem Industriepark beim Werk des fokalen Automobilherstellers angesiedelt werden. Dadurch sollen Transportkosten verringert und eine Just-in-time Versorgung trotz hoher Variantenvielfalt ermöglicht werden. Analog gibt es Konzepte für Entsorgerparks, bei denen Effizienzsteigerungen dadurch erreicht werden sollen, dass Entsorgungsdienstleistungen für eine bestehende Standortgemeinschaft in einem Industriepark gebündelt angeboten werden (Rentz und Tietze-Stöckinger 2003). Tabelle 2-5 stellt die verschiedenen Formen von Industrieparks und Netzwerkkonzepten mit ihren Haupteigenschaften in einer Übersicht dar.

In der Chemieindustrie werden traditionell die Vorteile einer räumlich konzentrierten Unternehmensansiedlung genutzt. Häufig entwickelten sich Industrieparks mit mehreren Unternehmen, sogenannte Verbundstandorte, auf dem Gelände ehemaliger Großunternehmen (Höchst, Leuna). Der Übergang zwischen integrierten Standorten (integrated chemical production sites) einzelner Unternehmen der Großchemie und Parkkonzepten mit mehreren Teilnehmern ist hierbei fließend.

Tabelle 2-5: Übersicht über verschiedene Typen von Industrieparks (eigene Zusammenstellung)

Park- / Netzwerkkonzept	Beschreibung
Industriepark	Abgeschlossenes Gebiet mit Ansiedlung mehrerer unabhängiger Unternehmen einer oder mehrerer Branchen mit gemeinsam genutzter Infrastruktur
Integrierter Standort, Verbundstandort	Industriekomplex der Chemieindustrie mit einem oder mehreren fokalen Unternehmen und nachgelagerten Unternehmen, zwischen denen ein intensiver Produkt- und Energieaustausch stattfindet
Eco-Industrial Park	Industriepark mit Fokus auf der Verringerung von Umweltauswirkungen durch Weiternutzung von Reststoffen und allgemein gemeinsamem Energie- und Stoffstrommanagement (im folgenden Kapitel 2.6.2 beschrieben)
Gewerbepark, Gründerpark, Technologie- und Forschungspark	Speziell auf den jeweiligen Nutzertyp zugeschnittenes Parkkonzept mit Bereitstellung von typischerweise benötigter Infrastruktur und Serviceleistungen
Lieferantenpark	Ansiedlung mehrerer Automobilzulieferer und Dienstleister bei einem fokalen Unternehmen (meist Automobilwerk) mit dem Ziel einer Integration logistischer Prozesse
Güterverkehrszentrum	Logistikzentrum als Knotenpunkt für Transportdienstleister und als Schnittstelle für multimodalen Transport
Industriecluster	Regionales, großflächiges Netzwerk aus Industriebetrieben, Dienstleistern, Institutionen einer Industrie oder entlang einer Wertschöpfungskette
Industriegebiet	Durch Baunutzungsverordnung ausgewiesener Gebietstyp, in dem vorwiegend Produktionsbetriebe zulässig sind

Ebenso ist die Motivation für solche Standorte, die Bündelung bedeutender Ströme von Zwischen- und Nebenprodukten und Energien an einem Standort, in beiden Fällen ähnlich. Integrierte Standorte (sowohl einzelner Großunternehmen als auch Verbundstandorte mit mehreren Unternehmen) haben typischerweise nur eine geringe Zahl von eingehenden Rohstoffen, insbesondere Kohlenstoffquellen wie Rohöl, Erdgas oder Kohle, welche in mehreren Schritten zu einer Vielzahl von Zwischen- und Endprodukten verarbeitet werden (EIPPCB 2003). Diese Rohstoffe und daraus hergestellte Basischemikalien (Dutzende) werden in großen Mengen in meist kontinuierlichen Prozessen zu Zwischenprodukten und Industriechemikalien (Hunderte) weiterverarbeitet, aus welchen dann Spezialchemikalien (Tausende) hergestellt werden (Kimm 2008).

Der Kern solcher Standorte ist dabei meist eine Raffinerie und ein Cracker, welche aus Rohöl und Naphtha oder Ethan die Ausgangsprodukte für weitere Prozessschritte herstellen. An solchen Standorten ist insbesondere die Materialintegration stark ausgeprägt, sowohl vertikal über eine Herstellungskette als auch horizontal mit der Weiterverwendung von Nebenprodukten in anderen Prozessketten, was zu Materialeffizienz und geringen Transportkosten führt. Ein weiterer wichtiger Aspekt bei diesen Standorten ist die Möglichkeit der Wärmeintegration ebenso wie die zentrale Wärmebereitstellung. Ein Netz aus Dampfleitungen versorgt in der Regel den ganzen Standort mit Prozesswärme aus Dampferzeugern sowie Überschusswärme aus exothermen Prozessen und der Verbrennung von Reststoffen. Schließlich ergeben sich bei diesen Standorten Einsparungen bei der Logistik und der Infrastruktur.[23]

In Analogie zu diesen klassischen integrierten Standorten wurde das im Folgenden beschriebene Konzept der Eco-Industrial Parks entwickelt, bei denen ähnliche synergetische Vorteile und Stoffkreisläufe in abgeschlossenen Standorten von unterschiedlichen Unternehmen genutzt werden.

2.6.2 Eco-Industrial Parks als umweltorientierte Standortgemeinschaften

Im Gegensatz zu den theoretischen Konzepten des Forschungsbereichs Industrial Ecology werden aktuell in der Praxis Produktionsstätten oft nach rein auf die Produkte ausgerichtetem wirtschaftlichen Kalkül geplant, ohne dabei die externen Wirkungen der Stoff- und Energieströme zu berücksichtigen (Peck u. a. 1999). Hieraus können logistisch oder zum Beispiel nach Agarwal und Strachan (2008) auch thermodynamisch vollkommen irrationale Handlungsweisen[24] entstehen, da die Preise, welche die global verflochtenen Produktionssysteme steuern, diese Irrationalitäten nicht widerspiegeln. Dies gilt auch für die hergestellten Produkte, welche mit zunehmender Spezialisierung geographisch weit voneinander entfernte Fertigungsschritte durchlaufen können.

---

[23] Eine detaillierte Beschreibung der möglichen Einsparungen solcher Standorte findet sich bei Kimm (2008).

[24] Als Beispiele seien hier durch geringe Transportkosten weit voneinander entfernte Produktionsschritte mit ökologischem Synergiepotential bei Zusammenlegung genannt.

Ein Ansatz zur Umsetzung der Konzepte Industrial Ecology und Industrieller Symbiosen ist die Errichtung sogenannter ökoindustrieller Parks (meist als Eco-Industrial Parks, kurz EIP bezeichnet). Zwar gibt es sowohl unterschiedliche Begriffe für solche oder ähnliche Konzepte (Zero Emission Park, Energiepark, Eco-Park, Ökocluster, Eco-Industrial Network, Verwertungsnetzwerk) als auch Unterschiede in der praktischen Ausgestaltung (zum Beispiel weiträumige Nachhaltigkeitsnetzwerke als sogenannte virtuelle Eco-Industrial Parks (Wietschel und Rentz 2000; Brown u. a. 2002)), dennoch kann der Kern des Konzepts in folgenden Punkten zusammengefasst werden:

Ein Eco-Industrial Park ist eine Gemeinschaft von produzierenden und Dienstleistungsunternehmen, die an einem gemeinsamen Standort angesiedelt sind. Die Mitglieder streben eine Verbesserung ihrer Leistung in Umweltfragen, Wirtschaftlichkeit und sozialen Aspekten durch Zusammenarbeit bei Fragen von Ressourcen und Umweltauswirkungen an. Die Wirtschaftlichkeit soll verbessert und die Umweltauswirkungen verringert werden, beides in einem größeren Maß als es für die Unternehmen durch Optimierung der eigenen Leistung alleine möglich wäre. Erreicht werden soll dies unter anderem durch ein „grünes" Design des Parks und der Produktionsprozesse, Energieeffizienz und saubere Produktion (Cleaner Production) in einzelnen Unternehmen sowie (hauptsächlich) durch die Partnerschaft und den Ressourcenaustausch zwischen den Firmen (Lowe 2001; Chertow 2004; Côté 2004; Martin u. a. 1996).

Als Abgrenzung zu ähnlichen Konzepten liefern Lowe u. a. (1995) eine Sammlung von Eigenschaften, bei deren Zutreffen nicht von einem Eco-Industrial Park gesprochen werden sollte. Dazu gehören unter anderem Fälle, in denen nur wenige Unternehmen und nur in nebensächlichen Stoffströmen vernetzt sind, nur Recycling- oder Umwelttechnologiefirmen oder Produzenten umweltfreundlicher Produkte angesiedelt sind oder nur ein spezielles Umweltthema den Park bestimmt (Solarparks oder auch nur eine umweltfreundliche Bauweise). Inhaltlich ist das Konzept der Eco-Industrial Parks keine eigenständige Neuentwicklung, die meisten Prinzipien werden etwa in der Großchemie seit vielen Jahren bei integrierten Standorten und bei der Kuppelproduktion angewendet. Dabei werden Synergien durch eine vertikale Integration der Produktion, gemeinsame Versorgungseinrichtungen und Stoff- und Wärmeaustausch zwischen verschiedenen Prozessen erreicht (Kimm 2008). Die Anwendung ist dort aber erleichtert durch die Beschränkung auf Unternehmen einer Branche oder oft auf ein einzelnes Großunternehmen (Lowe u. a. 2005). Die Übertragung auf Eco-Industrial Parks erfolgte erst in den letzten zwei Dekaden.

Zum Konzept Eco-Industrial Park können also alle Industrieparks gezählt werden, bei denen die Schaffung von Synergieeffekten zwischen den angesiedelten Unternehmen eine große Bedeutung hat. Folglich stellen Eco-Industrial Parks einen typischen Rahmen für die in dieser Arbeit betrachtete überbetriebliche Prozessintegration zur Weiternutzung thermischer Energie dar. Die Methoden der Prozessintegration mittels der Pinch-Analyse stellen ein wichtiges Werkzeug zur Planung solcher Standortgemeinschaften dar, werden aber in der Praxis in der Regel nicht gezielt dafür eingesetzt, was auch an der in der Praxis allgemein schwierigen Planbarkeit solcher Standorte liegen kann.

Als wichtigstes Werkzeug für die Planung von Eco-Industrial Parks kann das Energie- und Stoffstrommanagement angesehen werden, welches in gleicher Weise auf der Ebene eines einzelnen Unternehmens angewendet werden kann. Energie- und Stoffstrommanagement zielt vor allem auf eine effizientere Gestaltung von Energie- und Stoffströmen sowohl innerhalb eines Unternehmens als auch zwischen mehreren Unternehmen. Dadurch lassen sich Material- und Energiebedarf reduzieren, welche neben der Verringerung von Personalkosten in der Industrie durch Rationalisierungsmaßnahmen in den letzten Jahren ein immer wichtigerer Kostenfaktor wurden. Ein besseres Management der Energie- und Stoffströme kann dabei durch Effizienzsteigerungen und bessere Ressourcenproduktivität sowohl zu ökonomischen als auch zu ökologischen Vorteilen führen (Staudt u. a. 2000). Das Erschließen von Einsparpotentialen an Roh-, Hilfs- und Betriebsstoffen und Energien soll dabei zum einen durch die Erfassung und Analyse der Daten aller ein- und ausgehenden Energie- und Stoffströme und anschließend durch das Schließen von Kreisläufen durch Wieder- oder Weiterverwertung geschehen. Dabei hängt die genaue Ausgestaltung von Faktoren wie der Betriebsgröße, -struktur, Prozessen und Anlagen ab. Ebenso können der Detaillierungsgrad und damit die finanziellen Auswirkungen variieren (Striegel u. a. 2003).

In Eco-Industrial Parks können sich bei geeigneter Belegung große Potentiale für eine Wärmeintegration (das Thema der folgenden Kapitel der Arbeit), Wasserintegration (s. Kapitel 3.5.1) und einen allgemeinen Austausch von Neben- und Abfallprodukten ergeben. Als Voraussetzung hierfür wird oft das Vorhandensein von mindestens zwei größeren Unternehmen der Prozessindustrie genannt (Ehrenfeld und Gertler 1997), wobei aber auch eine Struktur kleinerer Betriebe um ein fokales Unternehmen (zum Beispiel bei Abwärmenutzung eines Kraftwerks) eine Form von EIP darstellt (typische Formen von EIPs werden im nächsten Abschnitt 2.6.3 vorgestellt). Die Weiternutzung von Nebenprodukten in der Fertigungsindustrie ist ebenfalls theoretisch möglich, allerdings fallen hier Stoffströme wie Verschnitt und Ausschussprodukte in geringeren und weniger konstanten Mengen sowie in heterogenerer Form als in der Prozessindustrie an. Bei Wasser- und Wärmeintegration gilt dies weniger, da hier auch in der Fertigungsindustrie große und relativ kontinuierliche Ströme etwa aus Wasch- oder Trocknungsprozessen anfallen können.

Eine weitere Gruppe von austauschbaren Stoffströmen sind solche aus Verbrennungsprozessen (Aschen) und der Abgasreinigung (Gips) sowie betriebliche Abfälle durch Wartungsarbeiten (gebrauchte Schmier-, Kühl- und Lösungsmittel), die entweder direkt oder nach zentraler Aufbereitung als Rohstoff weitergenutzt werden. Viele Nutzungsformen von Abfällen, die ohne Aufbereitung auskommen, sind direkt wirtschaftlich umsetzbar. Dazu gehört zum Beispiel auch die zentrale thermische Verwertung von Ölen, Lösemitteln, Altreifen etc. sowie die Kompostierung oder Vergärung von organischen Abfällen (Bennett u. a. 1999). Geringe Stoffkonzentrationen und Verunreinigungen führen in der Praxis aber oft zu einer eingeschränkten Weiternutzung als Sekundärrohstoff oder zum kompletten Verzicht darauf, obwohl die Technologien zum Abtrennen und Umwandeln in brauchbare Stoffe verfügbar sind (Bossilkov u. a. 2005). Auch im Fall von externer Abfallentsorgung können durch standortweite Kooperationen ökonomische und ökologische Vorteile entstehen (s. Entsorgerparks Kapitel 2.6.1, (Lambert und Boons 2002; Rentz und Tietze-Stöckinger 2003; Tietze-Stöckinger 2005)).

In vielen Industrien fallen große Mengen an Abwasser an, welches je nach Einsatz entweder relativ unbelastet (Kühlwasser) sein kann, oder aber eine umfangreiche Aufbereitung benötigt aufgrund von Verschmutzungen mit organischen Verbindungen (Papierindustrie), Ölen und Fetten (Raffinerien, Metallindustrie), Schwermetallen, Säuren, toxischen Stoffen (Chemische Industrie), alkalische Stoffe und Detergentien (Textilindustrie), Schwebstoffen (Papier-, Holzindustrie) (Bennett u. a. 1999). Hierfür bietet sich eine kooperativ betriebene Abwasserbehandlung an, welche zum einen ökonomische Vorteile bieten und zum anderen weitreichendere Reinigungsmaßnahmen erlauben als

Kleinanlagen (z. B. zusätzliche Reinigungsstufen). In Leitfäden für Eco-Industrial Parks werden darüber hinaus Abwasserbiotope, belüftete oder unbelüftete Abwasserteiche mit oder ohne Bepflanzung als kostengünstige Alternative empfohlen (Hahn u. a. 1998; Lowe 2001; Lowe u. a. 2005).

Neben der gemeinsamen Aufbereitung oder Bereitstellung von Wasser bietet sich in einem EIP auch die überbetriebliche Kreislaufführung von Prozesswasser an. Dabei soll Frischwasser eingespart werden, indem belastetes Wasser in anderen Prozessen mit geringeren Ansprüchen an die Wasserqualität weiterverwendet wird. Dies kann direkt oder nach einer Aufbereitung (Feststoffentfernung, Entsalzung, Enthärtung, pH-Wert-Anpassung) geschehen. Nach Dhole u. a. (1996) sind dadurch Einsparungen bei Frischwasser und Abwasser von mehr als 50 % möglich. Neben der direkten Weiternutzung und der Aufbereitung vor der Weiternutzung ist das Mischen von Abwasser entweder mit anderem, weniger belastetem Abwasser oder mit Frischwasser vor der Weiternutzung ein weiterer Ansatz zur Einsparung von Frischwasser. Das methodische Vorgehen hierzu (Wasser-Pinch-Analyse) wird in Kapitel 3.5.1 beschrieben.

Die kooperative Bereitstellung von Druckluft (als Antrieb für Werkzeuge, Mechanisierung, für Zerstäubung und Stoffauftrag etc.) in einem parkweiten Rohrleitungsnetzwerk bietet eine weitere Möglichkeit zu Effizienzsteigerungen durch Einsatz einer zentralen Anlage (Größendegressionseffekte) (Ruppelt 2003).

Im Bereich der Energieversorgung besteht zum einen die Möglichkeit einer gemeinsamen Bereitstellung von Wärme (Dampf) und elektrischer Energie. Dies ist oft der Kern und die Hauptmotivation einer räumlich engen Kooperation in einem gemeinsamen Industriepark, während stoffliche Vernetzungen aufgrund der meist besseren Transportierbarkeit auch in großflächigeren Industrieclustern entstehen können. Die durch die Kooperation mehrerer Unternehmen entstehende gemeinsame Nachfrage nach Energie in Form von Prozessdampf kann den Einsatz größerer und damit effizienterer Anlagen mit Kraft-Wärme-Kopplung ermöglichen. Diese bietet nach Lowe (2005) in EIPs einen Gesamtwirkungsgrad von 60 % bis 90 %, wobei verschiedenste Brennstoffe (auch Ersatzbrennstoffe, Biomasse) eingesetzt werden können. Nach Lowe (2005) ermöglicht der gemeinsame Betrieb solcher Anlagen in Industrieparks meist Einsparungen von ca. 50 % des Primärenergiebedarfs. Neben der bereitgestellten Wärme ist die Nutzung der elektrischen Energie im EIP ein weiterer Grund für Anlagen zur Kraft-Wärme-Kopplung (KWK) und muss bei Planungen berücksichtigt werden (Frank u. a. 2000), allerdings ist hier eine Einspeisung ins öffentliche Netz einfacher zu realisieren als im Fall von Wärme. Eine solche KWK-Anlage innerhalb eines EIP kann auch von einem Energieversorgungsunternehmen betrieben werden, ein Beispiel hierfür ist etwa der Industriepark Gersthofen, in dem vier Chemieunternehmen von einem von MVV Energiedienstleistungen betriebenen Ersatzbrennstoff-Kraftwerk (Brennstoff hier: Gewerbeabfälle) mit Prozessdampf versorgt werden (Gandert 2008). Im bekanntesten Stoffstrom-Netzwerk Kalundborg wird ebenfalls der Prozessdampf für eine Raffinerie, ein pharmazeutisches Unternehmen und weitere Unternehmen zentral von einem Kraftwerk erzeugt (Lowe und Evans 1995).

Die Nutzung von Abwärme aus Kraftwerken und Industrieanlagen bietet große theoretische Einsparungsmöglichkeiten für Wärme, ist aber dadurch erschwert, dass Angebot und Nachfrage nicht nur hinsichtlich der Leistung, sondern auch in Bezug auf das Temperaturniveau als qualitatives Merkmal aufeinander abgestimmt werden müssen. Bei vorliegenden Daten zum Angebot an Überschusswärme und Nachfrage an Prozesswärme kann mit Hilfe der Pinch-Analyse eine theoretisch optimale Prozessintegration ermittelt werden (vgl. Kapitel 3). Daneben lässt sich aus Abwärme mit Hilfe von Absorptionskälteanlagen effizient Kälte erzeugen, was insbesondere bei Anlagen zur Kraft-Wärme-Kälte-Kopplung oft genutzt wird (Pouraghaie u. a. 2010). Die Nutzung von Abwärme aus Industrieparks oder -clustern zur Raumwärmebereitstellung ist insbesondere für sonst nur schwer nutzbare Wärme auf niedrigen Temperaturniveaus (ab etwa 70 °C[25]) eine sinnvolle Option (Korhonen 2001c). Der Umfang der Nutzung von Abwärme zu Heizzwecken reicht dabei von der parkinternen Nutzung bis zur Einspeisung in großflächige (auch schon bestehende) Fernwärmenetze. In den letzten Jahren wurde weiterhin das Abwasser von Industrieunternehmen als Quelle zur Erzeugung von Wärme oder Kälte (direkt oder mittels Wärmepumpen) erschlossen, welche insbesondere zu Klimatisierungszwecken eingesetzt werden kann (Schinnerl u. a. 2007; Bucar und Schinnerl 2007). Wärme mit eher niedrigem Temperaturniveau (<60 °C) ist direkt nur in

---

[25] Zur Vereinfachung wird in dieser Arbeit bei absoluten Temperaturen, wie in der ingenieurwissenschaftlichen Praxis üblich, auch die Einheit Grad Celsius verwendet und die wissenschaftliche Schreibweise der Temperatur in Kelvin nur für Temperaturdifferenzen verwendet.

wenigen Bereichen sinnvoll einsetzbar, etwa in der Landwirtschaft oder Fischzucht. Aktuelle Konzepte und Beispiele zur Umsetzung von Wärmeintegration in EIPs finden sich in Kapitel 4.1.

Weitere mögliche Vorteile von Eco-Industrial Parks neben dem Energie- und Stoffstrommanagement können allgemeine Synergien und Skaleneffekte sein wie etwa im Bereich der Infrastruktur in Form eines gemeinsamen Gebäudemanagements, eines gemeinsamen Transport- und Logistikkonzepts, gemeinsam betriebenen Kläranlagen, Wachdienst, Kantine etc. (Hennicke und Tengler 1986). Schließlich werden für eng kooperierende Standortgemeinschaften noch Vorteile durch informelle Kontakte und den Austausch von Erfahrungen und Kompetenzen berichtet, unter anderem auch zum Thema Energieeffizienz (Roberts 2004; Jochem u. a. 2007). Insbesondere die möglichen Verringerungen der Umweltauswirkungen können im Hinblick auf Öffentlichkeitsarbeit und Unternehmensbild zusätzlich für eine Ansiedlung in einem EIP sprechen. Dies gilt ebenso für die gesamte Region, was zusammen mit einer erhofften Schaffung von Arbeitsplätzen eine Motivation für die Planung und den Betrieb solcher Parks durch öffentliche Träger sein kann. Tabelle 2-6 stellt die wichtigsten oft postulierten Vorteile der Standortgemeinschaft EIP dar.

Zu den Herausforderungen für das Energie- und Stoffstrommanagement gehören zum einen komplexe Akteursketten mit einer Vielzahl von Beteiligten mit eigenen Verfügungsrechten über Stoffe sowie eigenen Interessen und Entscheidungsstrukturen. Daneben stehen unterschiedliche Zielsetzungen (Ertragsziele, ökologische Ziele, technische Qualitätsziele) häufig in Konkurrenz zueinander (De Man und Flatz 1994). Außerdem können Vorteile des Konzepts unerkannt bleiben, weil traditionelle Prozess- und Entsorgungswege aus wirtschaftlicher und rechtlicher Sicht akzeptabel sind und kurzfristig nur geringe Anreize für Effizienzsteigerungen bestehen (Chiu und Yong 2004).

Tabelle 2-6: Vorteile durch Ansiedlung in Eco Industrial Parks (eigene Zusammenstellung)

Ökologische und ökonomische Effizienzsteigerungen durch Energiestrommanagement und Energiesymbiosen	• Wärmeintegration/Abwärmenutzung: Wärmeübertragernetzwerke innerhalb des EIP, Integration in Fernwärmenetze • Gemeinsame Energieversorgung: gemeinschaftliche Bereitstellung von elektrischer Energie und Wärme (Kraft-Wärme-Kopplung), gemeinsame Erzeugung von Druckluft
Ökologische und ökonomische Effizienzsteigerungen durch Stoffstrommanagement und Stoffsymbiosen	• Wasserintegration/Abwassernutzung: Weiterverwertung von Prozesswasser • Gemeinsame Wasserversorgung: gemeinschaftliche Bereitstellung von Wasser (Brunnen), zentrale Aufbereitung von Abwasser • Gemeinsame Versorgung mit Betriebsstoffen (Rohrleitungsnetze für Gase) • Zwischenbetrieblicher Austausch von Abfällen und Nebenprodukten • Zentrale Sammlung und Aufbereitung von Reststoffen (Entsorgerpark)
Ökologische und ökonomische Effizienzsteigerungen durch andere Synergien	• Gemeinsame Infrastruktur und Dienstleistungen (Wachdienst, Kantine, Werkstätten) • Gemeinsame Transportkonzepte (Logistikdienstleister, Anschluss an öffentlichen Nahverkehr) • Austausch von Kompetenzen und Wissen, Imageverbesserung

Ein mögliches Problem bei der Weiternutzung von Abfällen ist die Gesetzgebung, welche oft strenge Vorgaben zum Umgang mit Abfällen (Gefahrstoffen) macht und insbesondere den Übergang mehrerer Betriebsgrenzen und die Umwandlung in Sekundärrohstoffe nicht explizit vorsieht. Unter Umständen kann es für eine Weiternutzung von Abfällen als Sekundärrohstoffe in einem anderen Prozess notwendig sein, sie mit Hilfe von additiven Technologien zu konditionieren (oder den ursprünglichen Prozess zu verändern), damit sie überhaupt als Sekundärrohstoff genutzt werden können (Chertow 2000). Schließlich ist durch die Komplexität des Konzepts eine Abschätzung des direkten wirtschaftlichen Gewinns im Voraus oft schwierig, weshalb insbesondere in KMU mit geringen personellen Ressourcen große Potentiale für Effizienzsteigerungen ungenutzt bleiben (Striegel u. a. 2003). Weitere Hemmnisse für symbiotische Netzwerke werden in Kapitel 4.6 untersucht.

2.6.3 Ausgestaltungsformen von Eco-Industrial Parks

Während sich als Eco-Industrial Parks bezeichnete Standorte in vielen eigenständigen Formen und über verschiedene Industrie- und Schwellenländer verteilt finden, werden als Beispiel für praktisch funktionierende Realisierungen meist wenige Beispiele, allen voran das Netzwerk in Kalundborg (DK), genannt. Obwohl es sich hierbei nicht um einen klassischen oder gar gezielt geplanten Eco-Industrial Park handelt, sondern um ein aus bilateralen Beziehungen während 40 Jahren gewachsenes Netzwerk (vgl. Bauer 2008), finden sich bei diesem Prototyp viele Eigenschaften, die auch bei anderen Realisierungen anzutreffen sind. So stammen die Teilnehmer aus typischen Industrien für solche Standortnetzwerke, darunter Chemische Industrie (inklusive petrochemischer und agrochemischer Industrie), Pharmazeutische Industrie, Lebensmittelindustrie, Papierindustrie, Elektrizitätsindustrie, Baustoffindustrie, Recyclingindustrie. Tabelle 2-7 zeigt typische Kombinationen für die Weiternutzung von Nebenprodukten in Eco-Industrial Parks.

Tabelle 2-7: Typische Kombinationen bei der Weiternutzung von Nebenprodukten in EIPs (teilweise nach Ehrenfeld und Gertler 1997)

Gegenstand der Weiterverwendung		Typische Quelle	Typische Senke
Abwärme	hohes Temperatur-niveau, Dampf	Kraftwerk Stahlwerke, Alumini-umhütten	Chemi-sche/Pharmazeutische Industrie, Papierindustrie
	niedriges Tempera-turniveau	Kraftwerk Raffinerie Kunststoffverarbeitung	Fern-/Nahwärme Agro-Industrie (Gewächshäuser, Fischzucht)
Stoffe aus Abgasreini-gung	Gips	Kraftwerk	Baustoffindustrie
	CO_2	Kraftwerk	Agro-Industrie (Gewächshäuser)
Raffinerie-(Neben-) Produkte	Schwefel	Raffinerie	Chemische Industrie
	(Raffinerie-)Gas	Raffinerie	Kraftwerk, Industrie
	Basischemikalien	Raffinerie	Chemische Industrie
Abfälle	Organische Abfälle	Pharmazeutische Industrie Forstindustrie und Holz verarbeitende Industrie Lösemittelanwendung	Düngemittelherstellung Kraftwerke, Papierindustrie
	Schlämme, Asche	Kläranlagen, Papierher-stellung, Kraftwerke	Ersatzbrennstoff Baustoffindustrie
Wasser	Prozesswasser	Raffinerie (vorgewärmt)	Kraftwerk

Allgemein hat dieses Beispiel das Konzept des EIP erst in der Forschung bekannt gemacht und gilt seither als „Navigationspunkt" für die Gestaltung solcher Konzepte (vgl. Jacobsen 2008).

Nach Lambert und Boons (2002) lassen sich EIPs wie in Tabelle 2-8 dargestellt nach ihrer Belegung und ihrem Entstehungsort einteilen. Nach der Art der beteiligten Firmen lassen sich klassische Industriekomplexe, gemischte EIPs und regionale Synergienetzwerke unterscheiden. Industriekomplexe, in der Prozessindustrie auch integrierte Standorte genannt (vgl. Abschnitt 2.6.1), bestehen aus material- und energieintensiven Großunternehmen, welche oft aus ökonomischen Gründen Stoffströme austauschen und Hilfsstoffe gemeinsam nutzen. Außerdem haben sie oft umweltrelevante Prozesse und sichtbare Umweltauswirkungen, weshalb sie schon längere Zeit auf deren Reduzierung achten und in vielen Bereichen als Vorbild für ähnliche Konzepte gelten können. Die zwischen solchen Unternehmen ausgetauschten Ströme werden mit der Zeit von hochwertigen Nebenprodukten auf weniger hochwertige, wie etwa Wärmeströme erweitert. Im Gegensatz dazu bestehen gemischte EIPs eher aus KMUs, für welche Material- und Energiekosten oft weniger bedeutend sind und die in ihren Produktionsprozessen und damit im Ressourcenverbrauch eine größere Dynamik haben (Lambert und Boons 2002). Daher sind feste Austauschbeziehungen hier schwieriger, können aber etwa im Bereich Recycling durch öffentliche Unterstützung verbessert werden (Kincaid und Overcash 2001). Insgesamt sind diese Standorte nach Lambert und Boons (2002) aber trotz ihrer oft bei der Planung betonten Umweltziele eher zufällig belegte Standorte. Weiterhin zeichnen sie sich durch weniger enge Kooperationen aus als die meist spontan entstandenen Standorte vom Typ Industriekomplex. Regionale Verwertungsnetzwerke (auch Recycling- oder Synergienetzwerke genannt) schließlich sind nicht auf einen Standort begrenzt, sondern bezeichnen gewachsene oder geplante Weiterverarbeitungs- und Recyclingbeziehungen in einer größeren Region (Wietschel u. a. 2000; Sterr und Ott 2004).

Zur Frage nach einer idealen Zusammensetzung bei EIPs berichtet Mirata (2005), dass eine Beschränkung der Diversität der beteiligten Unternehmen auf einen oder wenige Industriezweige die Entstehung von industriellen Symbiosen fördert. Dies wird insbesondere bei Unternehmen der Chemiebranche festgestellt, deren Unternehmen vielfältige Verbindungen untereinander pflegen. Allerdings ließe sich hierbei als Gegenargument anführen, dass gegenseitiges Vertrauen und Offenheit bezüglich der Weitergabe interner, für eine Prozessintegration benötigter Daten eher bei Unternehmen zu finden sein sollte, welche keine direkte Konkurrenten sind (Tudor u. a. 2007).

Tabelle 2-8: Typologie von Eco-Industrial Parks nach Beteiligten und Startpunkt (ergänzt nach Lambert und Boons 2002)

Startpunkt	Neuplanung (Greenfield)	Neuentwurf eines Standorts mit engen physischen Verbindungen (Industriekomplex) oder Einbeziehung ökologischer Aspekte, hauptsächlich Synergien in allen Planungsphasen; Beispiel: Port of Cape Charles Sustainable Technologies Park (US)[26]
	Revitalisierung (Brownfield)	Umgestaltung eines existierenden Standorts (Industriebrache, ehemaliger Industriekomplex) mit dem Ziel der Verringerung der Umweltauswirkungen; Beispiel: ValuePark® Schkopau (D)[27]
Beteiligte und Umfang	Industriekomplexe	Geographisch konzentrierter Standort, hauptsächlich Unternehmen der Prozessindustrie mit engen physischen Verbindungen einer kleinen Anzahl von material- und energieintensiven Prozessen; Beispiel: Kalundborg (DK)[28], Guitang (CN)[29]
	Gemischte Eco-Industrial Parks	Geplante Konzentration von KMUs mit sehr unterschiedlichen Prozessen und einzelnen Austauschbeziehungen bzw. spezialisierten Recyclingunternehmen; Beispiel: Ecopark Hartberg (AT)[30]
	Regionale Verwertungsnetzwerke	Industrieaktivitäten in einer größeren Region, die Stoffe symbiotisch weiternutzen oder recyceln, oft mit Fokus auf einen Industriebereich; Beispiel: Styria (AT)[31]

Ein den Eco-Industrial Parks ähnliches Konzept, welches allerdings zurzeit erst in Ansätzen realisiert wurde, ist das Konzept eines Agroparks, also eines Gebiets, in dem Landwirtschaft mit anderen Aktivitäten kombiniert auf engem

---

[26] Vgl. Côté und Cohen-Rosenthal (1998).

[27] Dieser wurde 1998 gegründet und entstand um das zentrale Unternehmen Dow Olefinverbund GmbH auf dem Gelände der ehemaligen VEB Chemische Werke Buna (Liwarska-Bizukojc u. a. 2009).

[28] Vgl. Ehrenfeld und Gertler (1997); Jacobsen (2006).

[29] Vgl. Zhu und Côté (2004).

[30] Vgl. Liwarska-Bizukojc u. a. (2009).

[31] Vgl. Schwarz und Steininger (1997).

Raum betrieben wird.[32] Die räumliche Konzentration steht auch hier im Zentrum und führt den Befürwortern solcher Konzepte zufolge zu vielfältigen ökonomischen, ökologischen und allgemeinen Vorteilen (Diemer und Labrune 2007). Der Hauptvorteil ist auch bei diesem Konzept die klassische Idee der Industrial Ecology, Kreisläufe zu schließen und durch die gegenseitige Weiternutzung von Nebenprodukten und Reststoffen negative Umweltauswirkungen der Prozesse abzumildern. Weiterhin wird die effizientere Nutzung von Umwelttechnologien wie etwa von Abluftwäschern im Fall von Schweineställen (Kok 2009) erst ermöglicht. Die Nutzung von Abwärme aus industriellen Prozessen ist der offensichtlichste Anknüpfungspunkt für landwirtschaftliche Aktivitäten an Eco-Industrial Parks. Wärme, die aufgrund eines relativ niedrigen Temperaturniveaus in klassischen Eco-Industrial Parks nicht genutzt werden kann (s. Kapitel 4.1.4), kann beispielsweise zum Heizen von Gewächshäusern weiterverwendet werden. Solche Nutzungsformen industrieller Abwärme finden sich gegenwärtig etwa bei dezentralen Biogaskraftwerken (hier allerdings auch durch höhere staatliche Einspeisetarife bei Nutzung der Abwärme motiviert).

2.6.4 Beispiele für Eco-Industrial Parks in der Praxis

Weltweit finden sich viele dem Konzept EIP zurecht oder zu Unrecht zugerechnete Standorte. So wird der Begriff EIP oft auch als reines Marketinginstrument verwendet (vgl. Peck 2001), und selbst Standorte mit wissenschaftlich begleiteter Planung (bei vielen Veröffentlichungen zu EIP-Projekten handelt es sich um Potentialstudien) entwickeln sich in der Realität aus Mangel an umgesetzten Symbiosen teilweise zu „normalen" Industrieparks. Für solche Industrieparks mit einem gewissen Umweltschutzanspruch, aber ohne synergetische Vernetzung schlägt Roberts (2004) die alternative Bezeichnung „grüne Industrieparks" vor, welche sich aber noch nicht durchsetzen konnte.

Allgemein lässt sich feststellen, dass die Erfolgsgeschichten einzelner EIPs eher noch anekdotischen Charakter haben, aber kein einheitliches oder auch nur auf mehrere Anwendungsfälle übertragenes Konzept heraussticht (Chertow u. a.

---

[32] http://www.agroparks.wur.nl/UK/

2004). Teilweise wird sogar festgestellt, dass weltweit bisher kein einziger voll entwickelter EIP in Betrieb ist (Sakr u. a. 2011).

Eine Website der TU-Delft (TU-Delft 2010) listet 59 EIPs auf, die bestimmte Kriterien[33] erfüllen. Ihre nationale Verteilung lässt aber auf eine eher stichprobenartige Auswahl schließen. Nach ähnlichen Zusammenstellungen von Gibbs (2003) und Chiu und Yong (2004) findet sich folgende Anzahl von eröffneten, fehlgeschlagenen oder verschobenen und geplanten EIPs in verschiedenen Regionen (s. Tabelle 2-9).

Tabelle 2-9: Übersicht über EIP-Projekte nach Region (nach Gibbs 2003; Chiu und Yong 2004)

Region	Anzahl geplanter EIPs	Anzahl eröffneter EIPs	Anzahl fehlgeschlagener oder verschobener EIPs
USA	20	7	6
Kanada	-	4	-
Europa	10	23	1
Asien	-	13	-
Australien	-	2	-

In den USA und Kanada wurden ab 1995 erste EIP-Projekte initiiert, dies gilt als erste gezielte Betrachtung solcher vernetzter Standortgemeinschaften. So wurde zum Beispiel der Burnside Industrial Park in Nova Scotia gemeinsam mit einer Universität als energetisches und stoffliches Netzwerk geplant (Heeres u. a. 2004). Weitere Parks wurden zu Demonstrationszwecken errichtet, wobei aber die Symbiosen zwischen den Unternehmen nicht sehr weit fortgeschritten sind. Heeres u. a. (2004) führen dies darauf zurück, dass EIP-Initiativen in den USA oft als Mittel zur Erlangung staatlicher Förderung betrachtet werden und dass öffentliche Akteure eine zentrale Stellung in den EIPs behalten, was die Motivation der Unternehmen zu Symbiosen nicht fördert. So liege bei vielen US-amerikanischen EIPs der Fokus auf wirtschaftlichen Restrukturierungs- und Stabilisierungsmaßnahmen, wobei auch für die initiierenden staatlichen Stellen die energetische und stoffliche Vernetzung weniger im Fokus liegt als die

---

[33] Dazu gehören: Eine industrielle Ausrichtung des Parks, Umweltschutz wird explizit als Ziel genannt, die Anwesenheit von Unternehmen aus mehr als zwei Industriesektoren, mehr als eine Art symbiotischer Beziehungen (Energie, Wasser, Nebenprodukte, Infrastruktur).

Schaffung von Arbeitsplätzen. Als positives Beispiel für eine symbiotische Beziehung im Bereich der pharmazeutischen Industrie gilt das industrielle Netzwerk in Barceloneta, Puerto Rico (Ashton 2008). Aktuell werden hier vor allem Lösemittel und Nebenprodukte ausgetauscht.

In Europa findet sich das bekannteste Beispiel eines symbiotischen Netzwerks, welches auch zur Entdeckung des Konzepts durch die Forschung führte, das schon in Abschnitt 0 und Abschnitt 2.6.2 beschriebene Netzwerk im dänischen Kalundborg. Dieses wird auch im Folgenden als in der Forschung ausführlich analysiertes Idealziel solcher Projekte (Ehrenfeld und Gertler 1997; Jacobsen 2006) noch als Referenz dienen.

Ein aktuelles Beispiel aus Deutschland für gezielte Ansiedlungen zur Nutzung von Überschusswärme ist der Gewerbepark Breisgau, für den mit günstiger Wärmeversorgung aus der „Thermischen Restabfallbehandlungs- und Energieerzeugungsanlage" geworben wird.[34] In Deutschland wurden weiterhin zur Weiternutzung von Abfällen Potentialstudien zum Beispiel im Industriepark Pfaffengrund (Heidelberg) durchgeführt (Wietschel und Rentz 2000).[35]

In Österreich gilt das steirische regionale Verwertungsnetzwerk (Styria) als Beispiel für ein gewachsenes regionales Netzwerk industrieller Symbiosen (Schwarz und Steininger 1997). Hier findet in einem Industriecluster ein komplexer Stoffaustausch von Rückständen und Abfällen zwischen Kraftwerken, Papier-, Zement-, Metall-, Chemie- und Textilindustrie sowie Recyclingunternehmen statt. Da dieses Netzwerk ohne zentrale Koordination und ohne Parkstruktur entstand, kann es als Beispiel für die Umsetzbarkeit industrieller Symbiosen im industriellen Alltag angesehen werden.

In den Niederlanden wurden Energieeinsparpotentiale durch Vernetzung von Unternehmen im Rotterdamer Hafen (INES-Projekt) in mehreren Stufen untersucht (Boons und Baas 1997; Baas 1998; Baas und Boons 2004; Baas 2008; Baas und Huisingh 2008). Aus einer Analyse potentieller Austauschbe-

---

[34] Quelle: http://www.tbe-waerme.de/

[35] Eine weitere Untersuchung fand für die Kooperation mehrerer Unternehmen bei der Energieversorgung im Umfeld des Karlsruher Rheinhafens statt (Frank u. a. 2000; Fichtner u. a. 2003), allerdings wurde dieses Konzept nicht umgesetzt (bzw. in stark reduzierter Form als Nutzung von Abwärme einer Raffinerie für Fernwärme (Schneider und Rink 2010)).

ziehungen zwischen den Unternehmen entwickelten sich 15 Teilprojekte (unter anderem zu Frischwasser, Abwasser, Druckluft, Bioabfällen), welche in einer zweiten Phase mit Industrie und Verwaltung weiter entwickelt wurden, insbesondere die Nutzung industrieller Abwärme und die Weiterverwendung von Industrieabwässern (Baas 2000). Dieses Projekt zeichnet sich vor allem durch die hauptsächlich wissenschaftliche Betreuung bei der Planung von Konzepten für bereits existierende Unternehmen („Revitalisierung" von Industriegebieten) aus, bei der öffentliche Stellen sich auf eine Unterstützung der privaten Initiativen beschränkten.

In Großbritannien wird die Anbahnung von Industriellen Symbiosen durch das National Industrial Symbiosis Programme[36] von offizieller Seite gefördert und Marketing für die Idee mit Berichten erfolgreicher Fallstudien (meist Nutzung von Reststoffen) betrieben.

In Finnland bildeten sich EIPs im Bereich der Forstindustrie heraus (vgl. Ausführungen zur Fallstudie in Kapitel 5.1), welche ein wichtiger Industriezweig ist und einen Anteil am gesamten finnischen Energiebedarf von 25 % hat (Sokka u. a. 2011). Nach Korhonen u. a. (2004) ist ein großer Teil der finnischen Holzindustrie in elf solcher Standorte organisiert, die meist aus einem zentralen Kraftwerk (mit Wärmeeinspeisung in Fernwärmenetze, sofern stadtnah), einer Zellstoff- oder Papierfabrik und einer Sägemühle bestehen (beispielsweise das bekannteste Netzwerk in Jyväskylä) (Korhonen 2001d; Pakarinen u. a. 2010).

Nach Agarwal und Strachan (2008) wurden industrielle Symbiosen in der Praxis bisher vor allem in Industrieländern umgesetzt. In Schwellenländern ist nach ihrer Einschätzung Ressourceneffizienz insgesamt noch nicht im Fokus der Akteure, da dort die oft relativ geringen Preise der Ressourcen ihren wahren Wert nicht widerspiegeln. Um in diesem Umfeld industrielle Symbiosen in großem Maßstab umzusetzen, fehlen darüber hinaus oft noch die gesetzlichen, finanziellen und planerischen Rahmenbedingungen (Agarwal und Strachan 2008). Ein weiterer Grund könnte die hier oft größere Dynamik der Wirtschaft kombiniert mit einer eher schwierigeren Versorgung mit Kapital für solche Investitionen sein. Andererseits besteht bei einer Industriestruktur mit eher großem industriellen Wachstum und wenigen gewachsenen Strukturen auch ein

---

[36] http://www.nisp.org.uk/

höheres Potential, durch gezielte Planung ökologische und ökonomische Effizienz zu fördern. Damit kann durch Bereitstellung von Industriepark-Infrastruktur zum einen die Entwicklung von KMUs unterstützt werden und andererseits ein Rahmen geschaffen werden, innerhalb dessen sich Synergien und Umweltschutzkonzepte besser entwickeln können als bei ungeordneter Ansiedlung (Shi u. a. 2010). Aus diesen Gründen und aus den aus Asien berichteten Erfahrungen mit staatlich koordinierten (ökoindustriellen) Industrieparks erscheint das Konzept des ex ante geplanten EIP für aufstrebende Schwellenländer sogar als besser geeignet, als für bereits hoch industrialisierte (oder sogar sich im Prozess der Desindustrialisierung befindende) Industrieländer.

In Asien finden sich EIPs in vielen Ländern (Japan, China, Indien, Thailand, Philippinen, Sri Lanka, Indonesien), deren Umsetzung oft durch einen zentralen Planungsträger und nach Chiu (2001) sogar mit dem expliziten Ziel einer bestmöglichen Nutzung von Synergien erfolgt. In China werden Industrieparks oft von staatlichen Stellen aus Gründen der Raumordnung geplant, wobei Umweltaspekte sowie die besseren Kontrollmöglichkeiten in gebündelten Industriestandorten aber oft nur eine Nebenrolle spielen (Geng und Yi 2005). Als gesetzlicher Rahmen wurde 2003 in China das „Cleaner Production Promotion Law" verabschiedet. Hierin wird eine Kreislaufwirtschaft nach dem Vorbild deutscher und japanischer Gesetzgebung als neues wirtschaftliches Modell angestrebt. Diese Kreislaufwirtschaft beruht auf den Prinzipien der Industrial Ecology, wobei sowohl die Ebene einzelner Unternehmen betrachtet wird als auch Netzwerke und Lieferketten sowie regionale Kooperationen (Yuan u. a. 2006; Zeng u. a. 2005). Diese Konzepte sollen in einem Top-Down-Vorgehen durchgesetzt werden, was in der Praxis aber am Unwissen lokaler Stellen scheitern kann (Chertow u. a. 2004). Außerdem wird zwar von vielen EIPs berichtet, jedoch existiert nach Chiu und Yong (2004) in Asien kein einheitliches Verständnis über die Eigenschaften eines solchen Standortes im Vergleich zu einem normalen Industriepark. Ein Beispiel aus China für symbiotische Vernetzungen ist der Guitang-Zucker-Komplex, bei dem Großbetriebe der Zucker-, Papier- und Zementherstellung kooperieren und unter anderem Zellstoffe aus der Zuckerproduktion weiterverarbeitet werden (Zhu u. a. 2007).

Nach Chertow u. a. (2004) spielen für Indien Recycling- und Kreislaufkonzepte eine wichtige Rolle, allerdings werden sie eher auf einer Mikro-Ebene umgesetzt, was durch den großen Anteil „informeller" Kleinbetriebe begründet ist.

In Chile, dem Land der später vorgestellten Fallstudie für ein EIP-Konzept, ist das Konzept wie in allen Ländern Lateinamerikas noch nicht weit verbreitet (Ruz 2003; Chertow 2004).

3 Pinch-Analyse zur Erhöhung der Energieeffizienz in Industrieunternehmen

Als Basis für die Erweiterung und Anwendung auf überbetriebliche Fragestellungen werden im Folgenden die Grundlagen der Pinch-Analyse sowie ihre Umsetzung in graphischer Form und in einem analytischen Ansatz (mit und ohne Berücksichtigung von Kosten) betrachtet. Im Kern beschäftigt sich die Wärme-Pinch-Analyse mit der effizienten Nutzung von Prozesswärme durch eine Optimierung ihrer Weiterverwendung an anderer Stelle. Geschieht dies nicht nur wie seit vielen Jahren üblich innerhalb eines Betriebes, sondern über Unternehmensgrenzen hinweg, so handelt es sich um eine spezielle Ausprägung einer industriellen Symbiose. Hierbei kann eine Anwendung der im Folgenden vorgestellten Pinch-Analyse eine Abschätzung theoretischer Einsparmöglichkeiten bieten. Dazu wird in diesem Kapitel ein auf klassischen Elementen der Pinch-Analyse aufbauender Optimierungsansatz entwickelt. Dieser wird dann in Kapitel 4 um Fragestellungen mit besonderer Relevanz bei überbetrieblichen Anwendungen erweitert, um auch in diesen Fällen ein adäquates Design zu unterstützen. Daneben werden im Folgenden die Grundlagen der Pinch-Analyse erläutert sowie kurz weitere Einsatzgebiete und in einem Exkurs eine spezielle Übertragung auf Fragen der Produktionsplanung bei saisonaler Nachfrage.

Es existiert im Bereich der Pinch-Analyse eine Vielzahl an wissenschaftlicher Literatur zu thermodynamischen Grundlagen, allgemeinen und an spezielle Probleme angepassten Methoden sowie Berichten über den konkreten Einsatz in Unternehmen. Furman und Sahinidis (2002) etwa berichten von über 400 Fachartikeln zur Theorie der Pinch-Analyse. Die Entstehung und Grundlagen der Theorie finden sich insbesondere in Linnhoff und Flower (1978); Umeda u. a. (1979); Linnhoff und Hindmarsh (1983); Peters u. a. (2003a); Linnhoff und Sahdev (2005). Strukturierte Übersichten über die Fülle von in diesem Bereich behandelten Fragestellungen finden sich in Gundersen und Naess (1988); Furman und Sahinidis (2002); Dunn und El-Halwagi (2003); Foo (2009); Morar und Agachi (2010).

3.1 Grundlagen der Prozessintegration mit der Pinch-Analyse

3.1.1 Energieeinsparung durch Wärmeübertragung und Wärmeweiterverwendung

Bei chemischen und physikalischen Prozessen in Industrieunternehmen wird Energie in Form von Arbeit (Mischen, Zerkleinern etc., hier nicht weiter betrachtet) und Wärme etwa zum Betrieb von Reaktoren oder der nachgeschalteten thermischen Trennung der Reaktionsprodukte benötigt. Dabei muss sowohl der Wärmebedarf von aufzuwärmenden Prozessströmen gedeckt werden als auch das Wärmeangebot von abzukühlenden Prozessströmen abgeführt werden. Nach Meyer (1989) ist die Definition von Wärme hierbei „Energie, die an der Grenze zwischen Systemen verschiedener Temperatur auftritt und die allein aufgrund des Temperaturunterschieds zwischen Systemen übertragen wird." Diese Energie kann entweder vollständig mit Hilfe von Hilfsstoffen/-aggregaten – im Folgenden, wie allgemein in der Literatur üblich, Hilfsenergien oder „Utilities" genannt, wie etwa Dampf, aufgeheiztes Wasser, Verbrennungsgase sowie Kühlwasser oder Kühlsystemen (Das 2005) – aufgebracht werden, oder aber aus vorhandener (Ab-)Wärme und Kälte der Prozessströme selbst. Soll dies möglichst effizient geschehen, ist nicht nur jeder Prozess einzeln zu optimieren, sondern die Gesamtheit aller Prozesse, welche Wärme (bzw. Kälte) erzeugen oder benötigen. Oft findet beides gleichzeitig statt, ein Prozess muss also Wärme bei einer bestimmten Temperatur beziehen und kann dafür Wärme bei einer anderen Temperatur abgeben. Bei dieser Wärmeaufnahme oder -abgabe werden Wärmeübertrager[37] zwischen den Wärme tragenden Stoffströmen eingesetzt, die die physikalische Wärmeübertragung, also den Transport thermischer Energie infolge eines Temperaturunterschieds (ΔT) über eine thermodynamische Systemgrenze hinweg ermöglichen. Die physikalische Größe der Wärmeübertragung, welche immer in Richtung kälterer Bereiche

---

[37] Der VDI empfiehlt die alleinige Verwendung des Begriffs Wärmeübertrager, anstelle des stark verbreiteten Begriffs Wärme(aus)tauscher (analog zum engl. heat exchanger). Für Wärmeübertrager, bei denen ein Strom ein Utility ist, werden in Abgrenzung zu reinen Prozessstromverbindungen auch die Begriffe Heizer und Kühler verwendet (VDI 2004). Auch im Englischen wird der Begriff „heat exchanger" als technisch unpräzise kritisiert, Alternativen wie „heat transferrer" konnten sich aber bisher nicht durchsetzen (Das 2005).

erfolgt, ist der Wärmestrom[38] $\dot{Q}$. Technisch geschieht die Wärmeübertragung in Wärmeübertragern, durch die nach VDI (2004) mindestens ein Stoffstrom fließt, der Wärme abgibt, und ein Stoffstrom, der Wärme aufnimmt. Wird ein solcher Wärmeübertrager als offenes, von der Umgebung isoliertes System betrachtet (Das 2005), durch das je ein warmer und kalter Strom stationär, ohne chemische Reaktionen und mit vernachlässigbaren Änderungen der kinetischen und potentiellen Energie (Meyer 1989) fließt, so kann die energetische Betrachtung auf den Wärmestrom beschränkt werden. Dabei muss in der Praxis jedoch beachtet werden, dass nur die durch technische Gründe (Verdünnung durch Vermischung des Prozessstroms, Wärmeverluste durch mangelnde thermische Isolierung, etc.) möglicherweise verringerte reale Ausgangstemperatur des Prozessstroms und nicht die Spitzentemperatur (oder Tiefsttemperatur bei kalten Strömen) zur Verfügung steht.

Es existieren verschiedene Bauformen von Wärmeübertragern. Zunächst wird zwischen rekuperativen und regenerativen Wärmeübertragern unterschieden. Bei regenerativer Wärmeübertragung wird die Wärme nicht direkt zwischen den Strömen übertragen, sondern vom kontinuierlich (Rotations-Wärmeübertrager) oder periodisch (Mehrkammer-Wärmeübertrager) erhitzten Wärmeübertrager-material nach einer Zwischenspeicherung. Diese Form wird insbesondere bei Gasen mit großem Durchflussvolumen eingesetzt (Schnell 1991). Bei den verbreiteteren rekuperativen Wärmeübertragern wird die Wärme direkt über eine möglichst große Trennfläche zwischen den Strömen ohne Stoffaustausch übertragen. Unterscheidungsmerkmale hierbei sind zum einen mögliche Änderungen von Aggregatzuständen (Verdampfer, Kondensator) und weiterhin die Führung der Stoffströme (Gleichstrom-, Gegenstrom- und Kreuzstromwärme-übertrager, vgl. Kapitel 3.4.2) (Annaratone 2010). Hinsichtlich der Bauform wird zwischen Rohrbündel-, Platten- und Spiralwärmeübertragern unterschieden. Erstere sind universell einsetzbar, Plattenwärmeübertrager sind, wenn einsetzbar (Druck bis 10 bar, Temperatur bis 150 °C, keine Feststoffe), oft die kompakteste und preisgünstigste Variante (große Flächen zwischen den zu-sammengelegten Platten mit eingepressten Kanälen). Spiralwärmeübertrager sind besonders für stark verschmutzte oder aggressive Fluide geeignet (Schnell 1991; Kakaç 2002). Innerhalb der rohrförmigen Wärmeübertrager lassen sich

---

[38] Zur Äquivalenz der Begriffe Wärmestrom und Enthalpiestromdifferenz in diesem Kontext siehe Kapitel 3.2.3.

nach der Typisierung von Chauvel (1976) dargestellt verschiedene Bauformen unterscheiden, so etwa nach Anzahl der Rohre (Doppelrohr-Wärmeübertrager oder Bauformen aus einer Hülle und mehreren innen liegenden Rohren (Tube and Shell)) oder nach Art des Anschlusses (einseitig/beidseitig).

Bei mehreren Strömen mit verschiedenen Start- und Endtemperaturen entstehen ganze Netzwerke von Wärmeübertragern, in denen jeweils möglichst „passende"[39] Verbindungen gewählt werden sollten, um die zusätzlich notwendige Energie aus Utilities (und je nach Betrachtung auch die gesamten jährlichen Kosten inklusive der investitionsabhängigen Kosten) minimieren zu können. Mit Hilfe von Wärmeübertragern kann somit Wärme von abzukühlenden an aufzuheizende Stoffströme übertragen und auf diese Weise im Prozess bestmöglich genutzt werden.

Historisch wurde Wärmeintegration zuerst in der petrochemischen Industrie genutzt, um bei der Destillation ein Abkühlen der Outputströme und ein Vorwärmen des Rohöls zu erreichen. Auch in der Chemieindustrie wird die Methode seit Langem angewandt, nach Beyene (2005) entfallen hier 25 - 30 % der Kosten in Produktionsprozessen auf die Energieversorgung, wovon ein Großteil in Form von Dampf benötigt wird. So wurden beispielsweise Mitte der 80er Jahre für den Standort der BASF AG[40] in Ludwigshafen Einsparungen von 790 MW durch Prozessintegration und verbundene Prozessmodifikationen berichtet (Henßen 2004). Allgemein wird die Methode der Prozessintegration in allen energieintensiven Industrien wie etwa Stahl-, Papier-, aber auch der Lebensmittelindustrie angewandt (Henßen 2004).

Tabelle 3-1 zeigt eine Übersicht über berichtete Einsparungen in Beispielfällen aus verschiedenen Industrien. Neben der aufgeführten meist extrem kurzen Amortisationszeit wird für die Beispiele von (hier nicht einbezogenen) Prozessverbesserungen durch die Beseitigung von Engpässen im Produktionsprozess berichtet (EIPPCB 2009).

---

[39] Eine höhere nutzbare Temperaturdifferenz erlaubt kleinere Wärmeübertrager und damit geringere investitionsabhängige Kosten.

[40] Seit 2008 BASF SE.

Tabelle 3-1: Berichtete Einsparungen durch Wärmeintegration in verschiedenen Industrien (EIPPCB 2009)

Anwendungsbereich	Berichtetes Einsparpotential bei den Energiekosten [Mio. US$/a]	Berichtete Amortisationszeit [a]
Erdöl-Raffinerien	1,75	1,6
Petrochemie-Komplex (Ethylen, Polypropylen, ...)	7	1 - 1,7
Chemische Industrie (30 Batch-Prozesse, 300 Produkte)	0,45	0,25
Chemische Industrie (schwefelbasiert)	0,18 (30 %)	0,75 - 1,3
Speisefettraffinerie	0,8 (70 %)	1 - 1,5
Herstellung von Milchprodukten	0,2 (30 %)	< 1
Brauerei	k. A. (10 % - 25 %)	0,75 - 2
Spirituosendestillerie	0,35	1,5 - 2
Papierfabrik	k. A. (8 % - 20 %)	1 - 3

3.1.2 Prozessintegration mit Hilfe der Pinch-Analyse

Der Begriff der Pinch-Analyse bezeichnet einen formalen Ansatz der Verfahrenstechnik zur systematischen Minimierung (unter Einhaltung der vorgegebenen Prozessparameter) des Ressourcenverbrauchs von Prozessen durch eine optimierte Verschaltung von Prozessströmen mit dem Ziel der bestmöglichen Weiterverwendung von Ressourcen in anderen Prozessen. Ressourcen sind hierbei in der Regel thermische Energie (Wärme-Pinch-Analyse), in abgewandelter Form der Methode auch (Frisch-)Wasser (s. Kapitel 3.5.1) oder sonstige Massenströme (s. Kapitel 3.5.2). Bei dieser Minimierung werden die Mindestanforderungen einzelner Prozessschritte, etwa an Wärme, Kühlung oder Frischwasser als vorgegeben betrachtet. Sie stellen die Rahmenbedingungen für die Bestimmung des minimalen Ressourceneinsatzes oder der minimalen Gesamtkosten und des zugehörigen aus Wärme- oder Massentauschern bestehenden Gesamtsystems dar. Anstelle der Untersuchung einzelner Energie umwandelnder Prozesse (z. B. Wärmeübertrager) widmet sich die Pinch-Analyse der Untersuchung und Optimierung der energetischen Kopplung mehrerer Prozesse auf der Grundlage thermodynamischer oder ökonomischer Kriterien. Sie zielt also auf die Optimierung der Integration der Prozesse ab, welcher entweder nur technische Grenzen gesetzt sind, etwa dass Wärmeübertragung nur in Richtung des kälteren Systems funktioniert,[41] oder auch ökonomische Grenzen durch notwendige Investitionen. Die Prozesse selbst sind mit ihrem Durchsatz, ihrer Produktqualität etc. dabei vorgegeben. Diese geforderten Rahmenbedingungen sollen möglichst effizient erreicht werden. Die Bezeichnung Pinch-Analyse stammt dabei aus einer graphischen Darstellung des Planungsproblems (s. Kapitel 3.2), bei der der kleinste Abstand (Pinch-Punkt, zu Deutsch etwa Engpass) der aggregierten Kurven aller kalten und aller heißen Prozessströme eine zentrale Bedeutung hat (Linnhoff und Hindmarsh 1983).

Der Begriff der Prozessintegration oder auch Wärme-, Energie- und Wasserintegration, integriertes Prozessdesign oder Prozesssynthese wird häufig als Ziel des konkreten Instruments Pinch-Analyse und damit fast synonym zu dieser gebraucht. Im weiteren Sinn kann der Begriff Prozessintegration aber auch allgemeiner für ein Prozessdesign verwendet werden, welches die Wechselwirkungen einzelner Grundoperationen (Unit Operations) der Verfahrenstechnik von Beginn an beim Design berücksichtigt (Smith 2005). Dabei steht die Gesamtoptimierung von Systemen aus der Prozess-, Verfahrens- und Energietechnik im Gegensatz zur Betrachtung einzelner Verfahrensschritte im Vordergrund (Dunn und Bush 2001). Teilweise wird bei der Verwendung der Begriffe nach der eher technischen oder der eher theoretischen Ebene unterschieden, sodass von einer Prozessintegration mit Hilfe der Pinch-Analyse gesprochen werden kann. Eine weitere Bezeichnung für die Bestimmung eines möglichst geeigneten Wärmeübertragernetzwerks als Teil der Prozessintegration und als Ergebnis einer Pinch-Analyse ist die Wärmeübertragernetzwerksynthese (Heat Exchanger Network Synthesis, HENS) (Shenoy 1995).

In der Literatur werden die Begriffe Prozessintegration und Pinch-Analyse wie auch in dieser Arbeit quasi synonym verwandt. Der Begriff Pinch-Analyse wird, wenn nicht anders angegeben in seiner engeren Definition nach Linnhoff (2004) als thermodynamisches Analyseverfahren verwendet mit der Ausrichtung auf die Minimierung des Wärmeverbrauchs. Nach Mann und Liu (1999) ist die Gemeinsamkeit aller Ansätze zur Prozessintegration die systemorientierte, auf thermodynamischen oder allgemein physikalischen und chemischen Zusammenhängen basierende integrierte Analyse, Synthese und Veränderung

---

[41] Für eine praktisch nutzbare, zeitnahe Wärmeübertragung kommt hierzu noch das Vorhandensein eines minimalen Temperaturgradienten hinzu.

(Retrofit) von Prozessen mit dem Ziel, durch Integration Abfallströme oder Gesamtkosten zu minimieren. Die folgenden drei Hauptprinzipien dienen dabei nach Mann und Liu (1999) zur Beschreibung der Prozessintegration:

- Die möglichst umfassende Betrachtung aller Prozesse als integriertes System verbundener Einheiten, in dem alle Prozess-, Hilfs- und Abfallströme mit dem Ziel eines effizienteren Design untersucht werden,
- die Anwendung von Methoden der Verfahrenstechnik wie zum Beispiel Massen- und Energiebilanzen auf die relevanten Prozessschritte, um a priori erreichbare Zielwerte für den Verbrauch von Ressourcen und die Erzeugung von Emissionen und Abfällen zu erhalten sowie
- die darauf aufbauende detaillierte Gestaltung der Prozesse, um sich den bestimmten Zielwerten möglichst gut anzunähern.

Einordnung der Prozessintegration im Prozessdesign

Die Prozessintegration ist ein Teil des Designs neuer Prozesse oder der Modifikation bestehender Prozesse (Retrofit). Nach J. Douglas (1988) kann das sogenannte Prozessdesign für chemische Prozesse in vier Ebenen unterteilt werden (vgl. Abbildung 3-1). Zuerst werden die Reaktionen aufgestellt und mit ihnen die jeweiligen Reaktoren und ihre zugehörigen Stoffströme (Produkte und Edukte mit jeweiligen Massenströmen und -konzentrationen). Die zweite Ebene stellen die Separatoren für diese Stoffströme dar. Aufbauend auf den damit festgelegten Massen- und Energiebilanzen wird in einer dritten Stufe das Wärmeübertragernetzwerk festgelegt, wobei die Pinch-Analyse ihre Anwendung findet. In einer letzten Stufe werden schließlich die benötigten Kraft- (Pumpen, Aktoren) und Wärmesysteme festgelegt, welche die zusätzlich abzudeckenden Heiz- und Kühlanforderungen und mechanische Energie zur Verfügung stellen. Auch wenn die Pinch-Analyse der dritten Ebene zugeordnet werden kann, ist für Gesamtlösungen mit minimalem Energieverbrauch oder minimalen Kosten immer eine Betrachtung des Gesamtsystems notwendig, da insbesondere bei der dritten und vierten Ebene umfangreiche Wechselwirkungen bestehen (Linnhoff 1998; Kemp 2007; Tuomaala 2007).

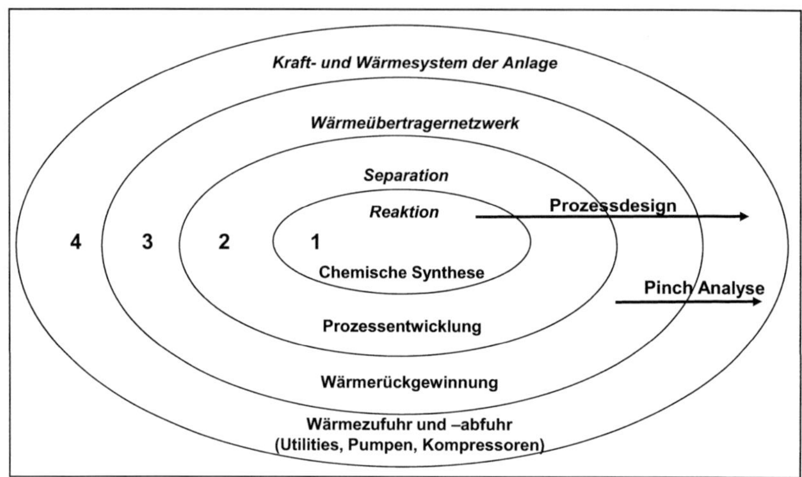

Abbildung 3-1: Ebenen des Prozessdesigns (in Anlehnung an Linnhoff 1998)

Als erste Abstraktionsebene für die Konzeption optimaler Wärmeübertrager-Netzwerke erfreut sich die Darstellung in einem sogenannten Summen-Q/T-Diagramm (später meist Summenkurven oder Kompositkurven genannt) seit den 50er Jahren großer Beliebtheit. Insbesondere in der Tieftemperaturtechnik wurden mit diesen Diagrammen ΔT-Engstellen (Pinch-Punkte in der heutigen Terminologie) identifiziert und diese zusammen mit den Summenkurven als Basis für Verbesserungen verwendet (Streich u. a. 1991). Der Schritt von der Analyse zur Synthese von Wärmeübertragernetzwerken wurde erstmals von B. Linnhoff unternommen, wobei die von ihm aufgestellten Designregeln (s. Kapitel 3.2.4) für die effiziente Gestaltung solcher Netzwerke und die Vermeidung von Verfahrensverstößen in komplizierten Netzwerken zum großen Erfolg der Pinch-Analyse beigetragen haben (Linnhoff und Flower 1978; Linnhoff und Turner 1981; Linnhoff und Hindmarsh 1983). Bei diesen ersten Designregeln und Analysen wurden Kosten noch nicht explizit berücksichtigt.

Ihren Ursprung hat die Einbeziehung von Kostendaten in der Pinch-Analyse in der Exergoökonomie, bei der die in einem Prozessschritt auftretenden Kosten dem Exergieverlust (vgl. Kapitel 3.2.1) dieses Prozessschrittes zugeordnet werden (Tsatsaronis u. a. 1990). Dadurch, dass exergetische Analyse und Kostenanalyse in der Exergoökonomie gemeinsam betrachtet werden, soll eine energetische und wirtschaftliche Optimierung erreicht werden. Heutige Berechnungspakete bieten meist eine iterative oder simultane Bearbeitung der grundlegenden Prozessberechnung und aufbauend darauf eine Grobauslegung und Kostenschätzung (Streich u. a. 1991).

Ziele der Pinch-Analyse

Mit der Pinch-Analyse kann eine optimale Verschaltung von Wärmeströmen über Wärmeübertrager realisiert werden. Dabei wird der Prozess in eine Anzahl von Stoffströmen aufgeteilt, die aufgeheizt (sog. kalten Ströme, Erhöhung des Enthalpiestromes) oder abgekühlt werden müssen (sog. heiße Ströme, Verringerung des Enthalpiestromes). Zur weiteren Analyse und Lösung des Designproblems stehen verschiedene grundlegende Herangehensweisen der Pinch-Analyse im weiteren Sinn zur Verfügung, welche im folgenden Teilkapitel klassifiziert werden.

Die thermodynamische Wärme-Pinch-Analyse liefert theoretische und bei hinreichend genauer Modellierung und Planung auch praktisch annähernd erreichbare Zielwerte für den minimalen externen Energiebedarf von Prozessen bei bestmöglicher Nutzung von Wärmerückgewinnung. Dies wird erreicht durch eine systematische Untersuchung und das Schließen von Wärmekreisläufen, in denen (Ab-)Wärme im jeweils möglichst gut passenden Prozess weiterverwendet wird (Linnhoff u. a. 1979; Linnhoff und Turner 1981; Zhang u. a. 2000). Bei einem Optimierungsansatz mit Berücksichtigung der Kosten (für Energie einerseits und Anlageninvestitionen andererseits) in einer ökonomischen Wärme-Pinch-Analyse wird nach dem ökonomisch vorteilhaftesten Kompromiss zwischen Energiekosten und investitionsabhängigen Kosten gesucht. Nach Realisierung dieser thermodynamisch oder ökonomisch optimalen Wärmerückgewinnung wäre eine weitere Verbesserung nur durch Prozessmodifikationen oder die Veränderung von Prozessbedingungen (z. B. Flussraten, Temperaturen etc.) möglich (Umeda u. a. 1979). Durch den Vergleich der errechneten Zielwerte mit den aktuellen Verbrauchswerten kann das Potenzial für Prozessverbesserungen, das durch den Konflikt zwischen höheren investitionsabhängigen Kosten (beispielsweise für Wärmeübertrager) und reduzierten Betriebskosten (Energiekosten) charakterisiert ist, bestimmt werden (Kobayashi u. a. 1971). Im Vergleich zur reinen Stoff- und Energieflussanalyse können in der Pinch-Analyse thermodynamische Gesetzmäßigkeiten berücksichtigt werden (Linnhoff 2004). Diese Einbeziehung von thermodynamischen Prinzipien in den 70er Jahren anstelle der reinen Betrachtung als kombinatorisches

Problem kann als Ursprung der Pinch-Analyse bezeichnet werden (Linnhoff und Flower 1978; Linnhoff und Hindmarsh 1983; Douglas 1988; El-Halwagi 1997).

Als Ausgangslage für die Anwendung einer Pinch-Analyse sind folgende Randbedingungen für die Suche nach einem Wärmeübertragernetzwerk mit minimalen jährlichen Gesamtkosten gegeben (Furman und Sahinidis 2002):

- Eine Energie- und Massenbilanz der Prozesse (Schicht 1 und 2) ist einzuhalten, wobei jeder zu einer Menge H heißer Prozessströme gehörende Strom i mit Massenstrom m_i [kg/s] und spezifischer Wärmekapazität $c_{p,i}$ [$\frac{kJ}{kg \cdot K}$] von einer Eintrittstemperatur $T_{ein,i}$ [K] auf eine Austrittstemperatur $T_{aus,i}$ [K] gekühlt werden muss. Ebenso muss jeder zu einer Menge K kalter Prozessströme gehörende Strom j mit Massenstrom m_j [kg/s] und spezifischer Wärmekapazität $c_{p,j}$ [$\frac{kJ}{kg \cdot K}$] von einer Eintrittstemperatur $T_{ein,j}$ [K] auf eine Austrittstemperatur $T_{aus,j}$ [K] aufgeheizt werden.

- Als externe Wärmezufuhr oder zur Abführung von Wärme stehen heiße und kalte Utilities zur Verfügung.

- Kostendaten für Utilities und Wärmeübertrager sind gegeben bzw. über Schätzformeln quantifizierbar.

Bei der praktischen Umsetzung der Prozessintegration existieren vielfältige erstrebenswerte Ziele, neben der reinen Einsparung externer Energiezufuhr oder dem Abwägen zwischen investitionsabhängigen Kosten und Betriebskosten. So sind zum Beispiel die Robustheit eines Systems verschalteter Prozesse und seine Flexibilität sicherzustellen, ebenso seine Steuerbarkeit und Sicherheit (Alexander u. a. 2000). Diese Aspekte müssen durch die Bewertung verschiedener Designoptionen einbezogen werden, wodurch der Charakter der Pinch-Analyse als unterstützender und nicht zu automatischen Lösungen führender Ansatz unterstrichen wird.

3.1.3 Klassifizierung der Ansätze zur Pinch-Analyse

Innerhalb der Ansätze der Systemverfahrenstechnik, dem methodisch-strukturierten Vorgehen bei der Gesamtprozessbetrachtung und -optimierung, wurden früher zwei voneinander abgegrenzte Hauptrichtungen unterschieden. Zum einen waren dies die mathematischen Ansätze, welche auf Modellierungen, Prozesssimulationen und formalen Optimierungsmethoden beruhen. Zum anderen wurden unter dem Begriff der konzeptionellen Ansätze solche zusammengefasst, die auf thermodynamischen Prinzipien, Heuristiken und Ingenieurserfahrung beruhen. Die graphische, ursprüngliche Pinch-Analyse (vgl. Kapitel 3.2) gehört als aus thermodynamischen Zusammenhängen abgeleitete Heuristik zu den konzeptionellen Ansätzen. Durch die graphische Pinch-Analyse ist ein grobes Ablesen der Lösung aus einer Graphik möglich, was auch eine gute Übersicht über das Designproblem bietet. Diese ursprüngliche Form der Pinch-Analyse wurde mit der Zeit durch mathematische Methoden ergänzt und verlor an Bedeutung für die Praxis. Aktuell wird meist eine Kombination beider Methoden angewendet, wobei konzeptionelle Ansätze (insbesondere graphische Darstellungen) Zusammenhänge darstellen und Approximationen der Lösungen bieten. Auf deren Grundlage können mit mathematischer Modellierung detailliertere und gegebenenfalls in großer Anzahl berechenbare Szenarien bestimmt werden (Furman und Sahinidis 2002; Zhelev 2007). Dadurch wurde die oben beschriebene Trennung der Ansätze immer mehr aufgehoben, sodass neuere Ansätze sich in der Regel der Methoden beider klassischer Richtungen bedienen. Die konzeptionellen Designmethoden werden dabei für graphische Darstellungen, erste Approximationen sowie die praktische Umsetzung der Optimierungslösungen in Prozessdesigns verwendet. Mathematische Methoden stellen heute meist den Kern der Lösungsansätze dar, können bei eher konzeptionellen Methoden aber auch dazu verwendet werden, eine große Anzahl von Designalternativen automatisch zu erzeugen (Furman und Sahinidis 2001; Zhelev 2007).

Die Mehrzahl der verschiedenen mathematischen Methoden zur Wärmeübertragernetzwerksynthese lässt sich weiter in die zwei Kategorien der simultanen und der sequentiellen Analyse einteilen. Bei der simultanen Analyse werden mehrere Kosten bestimmende Faktoren eines Wärmeübertragernetzwerks gleichzeitig minimiert, neben der Gesamt-Wärmeübertragerfläche und den Energiekosten ist dies vor allem die Anzahl der Wärmeübertrager. Dieses

Problem ist aufwendig zu modellieren und zu lösen, weshalb es erst in den letzten Jahren genauer erforscht wurde. Dies ist durch die Komplexität des Grundproblems begründet, welches formuliert als gemischt-ganzzahliges nichtlineares Optimierungsproblem selbst bei stark vereinfachenden Annahmen durch Nichtlinearitäten in Zielfunktion und Nebenbedingungen zu einer großen Anzahl möglicher Lösungen führt (Furman und Sahinidis 2001). Da, wie Furman und Sahinidis (2001) zeigen, diese Problemstellung NP-schwer, also im Allgemeinen nicht in polynomialer Zeit lösbar ist, liegt der Fokus der Forschung auf heuristischen Lösungsmethoden. So wurde das Problem der Wärmeübertragernetzwerksynthese unter anderem mit Hilfe der stochastischen Optimierung (Lewin 1998), genetischer Algorithmen (Ravagnani u. a. 2005; Gosselin 2009; Ma 2008) oder der Partikel-Schwarm-Optimierung (Silva u. a. 2009) untersucht. Trotz der Komplexität der Suche nach einer Lösung ist deren Optimalität nicht garantiert, da es sich zum einen um ein lokales Optimum handeln kann und zum anderen bei der Modellierung selbst (wie auch im Folgenden) von vereinfachenden Annahmen ausgegangen werden muss.

In der Praxis und der langjährigen Forschung zur Pinch-Analyse dominiert aus den angeführten Gründen der Komplexität und der Lösbarkeit noch die auch in dieser Arbeit in Teilen eingesetzte sequentielle Analyse, bei der das Problem durch Vorgabe von Designzielen schrittweise als Folge von Teilproblemen gelöst wird (Papoulias und Grossmann 1983). Die Teilprobleme Minimierung der Energiekosten, Minimierung der Wärmeübertrageranzahl, Minimierung der Wärmeübertragerfläche werden in der Reihenfolge ihres Einflusses auf die jährlichen Gesamtkosten nacheinander gelöst (Furman und Sahinidis 2002). Dabei sind die Utilitykosten mit steigenden Energiepreisen zunehmend in den Mittelpunkt der Betrachtung gerückt, weshalb ein ökonomisch optimales Netzwerk diese zunächst möglichst minimal halten sollte und diese Aufgabe oft den ersten Schritt der sequentiellen Analyse darstellt. Diese Bestimmung der minimalen Utilitykosten mit Hilfe eines linearen Optimierungsansatzes ist in Kapitel 3.3.4 erläutert.

Danach können, was in dieser Arbeit nicht durchgeführt wird, unter den Netzwerken mit möglichst geringen Utilitykosten solche Netzwerke (im Allgemeinen mehrere Lösungen) gesucht werden, welche die Anzahl der Wärmeübertrager minimieren. Für die Bestimmung dieser minimalen Anzahl der Wärmeübertrager muss ein gemischt-ganzzahliges lineares Optimierungsproblem gelöst werden (Papoulias und Grossmann 1983). Nach Floudas u. a. (1986) lassen sich mit einem solchen Verfahren, welches einen minimalen Utilityverbrauch sicherstellt und eine geringe Wärmeübertrageranzahl anstrebt, hinsichtlich der Gesamtkosten nahezu optimale Netzwerke bestimmen. Als nächster Schritt kann darauf aufbauend die sogenannte Superstructure als Netzwerk der benötigten Verbindungen für eine utilityverbrauchsminimale Lösung (ohne Flussmengen) für jeden Wärmeübertrager einzeln konstruiert und anschließend zu einem Gesamtnetzwerk kombiniert werden (vgl. Floudas u. a. 1986). Dieses dient dann wiederum als Lösungsraum für die Bestimmung eines zulässigen Netzwerks mit minimalen Wärmeübertragerkosten. Dieses Endergebnis wird aus den in der Superstructure enthaltenen möglichen Netzwerkdesigns durch eine Formulierung als nichtkonvexes, nichtlineares Optimierungsproblem bestimmt (vgl. Floudas u. a. 1986).

Insgesamt kann als Kritik an diesem sequentiellen Ansatz zum einen die aufwendige Implementierung und große Rechenzeiten des letzten Schritts angeführt werden, bei dem auch nicht sichergestellt werden kann, dass ein globales Optimum gefunden wurde. Zum anderen muss das weitere Vorgehen (Superstructure, Minimierung der Wärmeübertragerkosten) für jede Lösung des Problems der Minimierung der Wärmeübertrageranzahl wiederholt werden. Das schrittweise Verringern des Lösungsraums führt oft zu nahezu optimalen Netzwerken, kann aber wie die simultane Analyse keine Optimalität der Lösungen garantieren (Papoulias und Grossmann 1983).

Eine Erweiterung der sequentiellen Analyse stellt das sogenannte Supertargeting dar (Linnhoff und Ahmad 1986). Während bei klassischen Ansätzen die minimale Temperaturdifferenz ΔT_{min} zwischen den Strömen vorab festgelegt werden muss, wird hier dieser Parameter selbst durch iterative Berechnungen der sequentiellen Analyse optimiert. Damit soll die Optimierung flexibel werden (Furman und Sahinidis 2002), da zusätzliche Freiheitsgrade bei diesem für den Kern der Optimierung, dem Trade-off zwischen Energiekosten und Investitionen (Linnhoff und Ahmad 1990), kritischen Parameter entstehen. Ein hoher Wert für ΔT_{min} führt zwar einerseits zu höheren Triebkräften beim Wärmeübergang und damit zu einem geringeren Bedarf an Wärmeübertragerfläche, andererseits aber zu höheren Utilitykosten, da der wiederverwendbare Wärmestrom verkleinert wird; analog tritt bei verkleinertem ΔT_{min} jeweils das Gegenteil ein. Nach Kemp (2007) können für ΔT_{min} aber für ein nahezu optimales Netzwerkdesign auch Erfahrungswerte (in der Regel 10 K bis 20 K) verwendet werden, da die Summe aus Utility- und investitionsabhängigen Kosten oft ein flaches Optimum besitzt.

Im Rahmen dieser Arbeit wurde ein mathematischer Ansatz basierend auf der Betrachtung des Problems als lineares Optimierungsmodell zur Minimierung der Gesamtkosten nach Cerda u. a. (1983) und Cerda und Westerberg (1983) verwendet. Da aber einige grundsätzliche Zusammenhänge in gleicher Weise wie in den klassischen graphischen Analysen gelten, werden diese im Folgenden zunächst als Basis vorgestellt. Die daraufhin erläuterten Zusammenhänge zur mathematischen Betrachtung einer rein thermodynamischen Pinch-Analyse (also ohne Kosten) sind ebenfalls zum einen zum Verständnis und zum anderen als Vergleich zum letztendlich weiter verwendeten ökonomischen Ansatz (Kapitel 3.4) von Bedeutung.

3.2 Konzeptioneller und graphischer Ansatz der Wärme-Pinch-Analyse

Die Beschreibung des Planungsproblems der thermodynamischen Wärme-Pinch-Analyse in einer graphischen Darstellung und das anschließende Ablesen des theoretisch minimalen Energiebedarfs war die ursprüngliche und namensgebende Form der Pinch-Analyse. Auf den im Folgenden beschriebenen Grundlagen der thermodynamischen Beschreibung und Abbildung von Wärmeströmen beruhen aber grundsätzlich alle Formen der Wärmeübertragernetzwerksynthese. Das grundsätzliche Vorgehen dieses konzeptionellen Ansatzes besteht darin, die Prozesse des gesamten Netzwerks datentechnisch zu erfassen und sie nach einem graphisch durchgeführtem Optimierungsschritt (bzw. Verbesserungsschritt) durch Verbindungen untereinander neu zu strukturieren (Linnhoff und Turner 1981). Aus der in den folgenden Kapiteln beschriebenen graphischen Pinch-Analyse kann ein theoretischer Minimalverbrauch von Utilities bestimmt werden. Mit diesen Erkenntnissen aus dem graphischen Ansatz kann anschließend das eigentliche Design des Wärmeübertragernetzwerks anhand der ursprünglichen Pinch-Design-Methode, einer Sammlung von Regeln und Heuristiken (Linnhoff und Hindmarsh 1983), bestimmt werden. Zu diesem hier nur kurz beschriebenen vollständigen Netzwerkdesign wird das Problem in einer Gitterdarstellung (Linnhoff und Flower 1978) wiedergegeben, in welcher dann auch Wärmeübertrager und die aus ihnen folgenden Änderungen der Temperaturen und Energiebedarfe eingezeichnet werden können. Als Richtwert für ein möglichst einfach strukturiertes Netzwerk kann die minimale Anzahl von Wärmeübertragern abgeschätzt werden (Hohmann 1971) und anhand von Zuordnungsregeln[42] verschiedene zulässige Netzwerktopologien entworfen werden (Linnhoff und Hindmarsh 1983).

3.2.1 Thermodynamische Grundlagen der Wärme-Pinch-Analyse

Alle Methoden, die unter dem Begriff Pinch-Analyse zusammengefasst werden, beruhen auf dem Ausgleich von Angebot vorhandener und dem Bedarf an Prozessenergie, wobei nicht nur die Verfügbarkeit der Wärme wichtig ist, sondern auch die erforderliche und vorhandene Qualität. Bei der Wärme-Pinch-Analyse ist diese Qualität in Anlehnung an den zweiten Hauptsatz der Thermodynamik durch die jeweiligen Temperaturniveaus der Ströme definiert: Eine im Vergleich zu den anderen Strömen hohe Temperatur kann vielfältig eingesetzt werden, da dieser Strom über Wärmeübertrager andere Ströme bis (annähernd) zu seiner eigenen hohen Temperatur aufwärmen kann. Ein warmer (also abzukühlender) Strom geringerer Temperatur ist andererseits weniger vielseitig einsetzbar, da er Wärme nur bis zu seiner eigenen, niedrigeren Temperatur abgeben kann. Diese thermodynamische Qualität ist aber kein rein formal-physikalisches Konzept, sondern ist bereits verbunden mit wirtschaftlichen Aspekten. Dadurch, dass der Einsatz thermodynamisch hochwertigerer Wärme für einen bestimmten Zweck mit niedrigerem technischen Aufwand möglich ist als bei thermodynamisch niederwertigerer Wärme, hat sie auch (etwa bei Abgabe von Abwärme an Dritte) einen höheren ökonomischen Wert. Dieser Zusammenhang zwischen thermodynamischer Wertigkeit und wirtschaftlichem Wert ist jedoch von der konkreten Nutzung und Technik abhängig und keinesfalls in allgemeiner Weise oder als direkte Proportionalität quantifizierbar (Briké 1983).

---

[42] Zu diesen zählen etwa: „Pinch Design Method" und „Tick Off-Heuristik" (Linnhoff und Hindmarsh 1983), „CP-Regeln", „Driving Force Plot" und „Remaining Problem Analysis" (Linnhoff und Ahmad 1990).

Während bei der technischen Anwendung der Pinch-Analyse meist von Wärmeenergie oder kurz Wärme (Q) gesprochen wird, wird bei der graphischen Pinch-Analyse meist der Begriff Enthalpie (H von heat content, gemessen in Joule) verwendet (Stephan u. a. 2009). Sie setzt sich aus den zwei Summanden innerer Energie (U) und Volumenarbeit ($p \cdot V$) zusammen, letztere ist aber im Folgenden (und generell im Bereich der Prozessintegration mit Fokus auf Wärmeströmen) nicht relevant, da weder Änderungen von Drücken (p) noch von Volumen der Ströme (V) betrachtet werden. Die innere Energie eines Systems setzt sich zusammen aus der thermischen Energie (Q, ungerichtete Bewegungen auf Molekülebene), der chemischen Bindungsenergie der Stoffe sowie der potentiellen Energie und Wechselwirkungen zwischen magnetischen und chemischen Dipolen. Bis auf die thermische Energie werden alle anderen Anteile beim Durchlaufen eines Wärmeübertragers als konstant betrachtet, sodass für die folgenden Betrachtungen der Begriff Enthalpie in synonymer Bedeutung mit thermischer Energie, kurz Wärme, verwendet werden kann. In beiden Fällen interessiert bei der Pinch-Analyse die auf eine Zeiteinheit bezogene Flussgröße, weshalb entweder von der Enthalpiestromdifferenz ($\Delta \dot{H}$, meist in eher theoretischem Zusammenhang) der in den Wärmeübertrager ein- und ausfließenden Materialströme oder synonym vom übertragenen Wärmestrom oder auch Wärmeleistung $\dot{Q}$ gesprochen wird.

Der in einem Wärmeübertrager abgegebene Wärmestrom $\dot{Q}$ [kW] (die Enthalpiestromdifferenz $\Delta \dot{H}$) eines Fluids kann nach Gregorig (1973) folgendermaßen aus Massenstrom $\dot{m}$ [kg/s], Eintrittstemperatur Tein [K], Austrittstemperatur Taus [K], spezifischer Wärmekapazität (s.u.) cp [$\frac{kJ}{kg \cdot K}$] beziehungsweise mittlerer spezifischer Wärmekapazität $\bar{c}$p [$\frac{kJ}{kg \cdot K}$] im betrachteten Temperaturintervall berechnet werden:

$$\bar{c}_p = \frac{1}{T_{aus} - T_{ein}} \cdot \int_{T_{ein}}^{T_{aus}} c_p(T) \cdot dT \tag{3-1}$$

$$\dot{Q} = \Delta \dot{H} = \bar{c}_p \cdot \dot{m} \cdot (T_{aus} - T_{ein}) \tag{3-2}$$

(bei konstantem Druck und Volumen)

Die temperaturabhängige spezifische Wärmekapazität kann dabei entweder aus Diagrammen (etwa in VDI 2004) abgelesen oder mit beliebiger Genauigkeit durch eine stückweise lineare Funktion angenähert werden. Bei Flüssigkeiten und idealen Gasen kann hierbei als Vereinfachung angenommen werden, dass die spezifische Wärmekapazität unabhängig vom Druck ist. Bei idealen Gasen berechnet sich die spezifische Wärmekapazität $\tilde{c}_p$ [$\frac{kJ}{kmol \cdot K}$] näherungsweise als Polynom vierten Grades aus der Temperatur und tabellierten Parametern A, B, C, D, E [$\frac{kJ}{kmol \cdot K}$], bei Flüssigkeiten als Polynom dritten Grades aus der Temperatur und tabellierten Parametern A, B, C, D [$\frac{kJ}{kmol \cdot K}$], (CHERIC 2010):

$$\text{Gase: } \tilde{c}_p(T) = A + B \cdot T + C \cdot T^2 + D \cdot T^3 + E \cdot T^4$$

$$\text{Flüssigkeiten: } \tilde{c}_p(T) = A + B \cdot T + C \cdot T^2 + D \cdot T^3 \tag{3-3}$$

Bei Mehrstoffströmen wird in der Regel vereinfachend von einer idealen Mischung ausgegangen, bei der sich jede Komponente wie ein reiner Stoff verhält. In diesem Fall kann die spezifische Wärmekapazität der Mischung durch eine Gewichtung mit den Molenbrüchen der Komponenten linear gemittelt werden (Stephan u. a. 2009).[43]

Finden Phasenwechsel statt, muss die massenbezogene Verdampfungsenthalpie Δh_v [J/kg] zusätzlich berücksichtigt werden. Diese lässt sich anhand der kritischen Temperatur T_C [K], der Verdampfungstemperatur T [K] sowie der in (VDI 2004) tabellierten Parameter A [J/kg], B [-], C [-], D [-] und E [-] näherungsweise mit der erweiterten Watson-Gleichung berechnen:

$$\Delta h_v = A \cdot \left(1 - \frac{T}{T_C}\right)^{B + C \cdot \frac{T}{T_C} + D \cdot \left(\frac{T}{T_C}\right)^2 + E \cdot \left(\frac{T}{T_C}\right)^3} \tag{3-4}$$

Die massenbezogene Verdampfungsenthalpie von Gemischen kann bei Annahme isothermer Verdampfung näherungsweise durch Gewichtung der Einzelstoff-Verdampfungsenthalpien mit den Molenbrüchen der Komponenten linear gemittelt werden (VDI 2004).

Ein weiterer Parameter, der für die Weiternutzung von Prozesswärme relevant ist, ist die Exergie der Wärme. Diese steht dabei für den Anteil der Gesamtenergie eines Systems, der Arbeit verrichten kann, wenn er mit seiner Umgebung in das thermodynamische, also thermische, mechanische oder chemische Gleich-

---

[43] Bei Gasen liefert diese Berechnung über eine Gewichtung der Werte anhand der Molenbrüche exakte Werte, bei Flüssigkeiten nur eine Näherung aufgrund der Vernachlässigung der Exzess-Wärmekapazität (VDI 2004).

gewicht gebracht wird. Die Exergie eines Systems lässt sich ausdrücken als Funktion der inneren Energie U, des Drucks p und des Volumens V sowie der Temperatur T und der Entropie S (Index Null für Werte der Umgebung):[44]

$$E_{sys} = (U - U_0) + p_0 \cdot (V - V_0) - T_0 \cdot (S - S_0)$$

(3-5 a)

Exergie stellt also ein Potential dar zwischen einem System oder Stoffstrom und dem Umgebungszustand, über den auch der Betrag der Exergie mit definiert ist. Das Konzept der Exergie wird dann relevant, wenn Wärme aufgrund ihrer Nutzbarkeit für Prozesse bewertet werden soll und zum Beispiel als Abwärme mit einer Temperatur nahe der Umgebungstemperatur trotz möglicher großer Enthalpieströme keinen praktischen Wert besitzt. Hier kann nach Groscurth (1991) die Qualität der Enthalpie bestimmt werden als Verhältnis von Exergie zu Enthalpie eines Systems (3-5b). Bei Annahme der bestmöglichen Nutzung der Exergie (Carnot-Prozess) ergibt sich (3-5c).

$$\textit{Qualität einer Enthalpiedifferenz} = \frac{\Delta \textit{ Exergie } E_Q}{\Delta \textit{ Enthalpie } H}$$

(3-5 b)

$$\textit{Qualität eine Enthalpiedifferenz} = 1 - \frac{T_0}{T} \text{ (für Carnot-Prozess)}$$

(3-5 c)

Während die Energie eines Systems eine Erhaltungsgröße ist, kann Exergie vernichtet werden, etwa wenn Stoffe verschiedener Temperaturniveaus gemischt werden.

3.2.2 Energie- und Massenbilanz

Die Grundlage für die Untersuchung einer Prozessintegration ist eine Wärme- und Massenbilanz der zugrundeliegenden Prozesse. Dabei werden nur die austretenden Wärme abgebenden (heiße Ströme, bilden die Menge H) und Wärme aufnehmenden Prozessströme (kalte Ströme, bilden die Menge C) betrachtet, nicht aber die eigentlichen Vorgänge in den einzelnen Unit Operations (Prozessschritte). Jeder Wärme abgebende Prozessstrom $i \in H$ mit Mas-

---

[44] Zusätzlich können Konzentrationsunterschiede einzelner Stoffe zwischen System und Umgebung relevant sein.

senstrom $\dot{m}_i$ [kg/h] soll dabei von Temperatur $T_{i,ein}$ [°C] (bei einem Druck $p_{i,ein}$ [bar]) auf eine Temperatur $T_{i,aus}$ [°C] (bei einem Druck $p_{i,aus}$ [bar]) gekühlt werden und jeder Wärme aufnehmende Prozessstrom $j \in C$ mit Massenstrom $\dot{m}_j$ [kg/h] soll von Temperatur $T_{j,ein}$ [°C] bei einem Druck $p_{j,ein}$ [bar] auf eine Temperatur $T_{j,aus}$ [°C] bei einem Druck $p_{j,aus}$ [bar] erwärmt werden. Tabelle 3-2 stellt ein Beispiel einer solchen Energie- und Massenbilanz (ohne Veränderungen der Drücke) dar.

Tabelle 3-2: Beispiel einer Wärme- und Massenbilanz (gekürzt nach Cerda u. a. 1983)

Prozess-strom i	$\dot{m}_\iota$ [kg/s]	Temperatur-intervall i,k	$T_{i,k,Start}$ [°C]	$T_{i,k,Ende}$ [°C]	$c_{p,ik}$ [kJ/(kg·K)]	$\dot{m}_\iota\, c_{p,ik}$ [kW/K]	$\dot{Q}_{ik}$
C1	3	C1,1	140	180	1,3	3,9	156
		C1,2	180	225	1,5	4,5	202,5
H1	1	H1,1	300	200^+	0,6	0,6	-60
		H1,2	200^+	200^-	∞ (Phasen-wechsel)	-	-100
		H1,3	200^-	140	1,2	1,2	-72
H2	4	H2,1	280	100	0,8	3,2	-576

In der in Tabelle 3-2 beispielhaft dargestellten Wärme- und Massenbilanz sind die für eine Pinch-Analyse notwendigen Ausgangsdaten gegeben. Dazu gehören (für jeden Prozessstrom $i \in H \cup C$):

- Der Massenstrom $\dot{m}$ [$\frac{kg}{s}$],

- Die Start- und Endtemperatur der Temperaturintervalle i, k (i: Nummer des Stroms, k: Nummer eines Temperaturintervalls von Strom i, vgl. Kapitel 3.3.1),

- Die mittlere spezifische Wärmekapazität[45] $\bar{c}_p$ [$\frac{kJ}{kg·K}$] und aus diesen Daten mit Gleichung (3-2) und den explizit anzugebenden Energieströ-

---

[45] Die Temperaturabhängigkeit der spezifischen Wärmekapazität kann bei den folgenden Berechnungen nicht vollständig berücksichtigt werden, da sie in gewissen Grenzen als konstant angenommen werden muss. Durch eine Aufteilung der Ströme in einzelne Temperaturintervalle (vgl. Tabelle 3-2 und die Ausführungen in Kapitel 3.3.1) wird die Temperaturabhängigkeit der spezifischen Wärmekapazität aber (begrenzt) berücksichtigt. Zugleich kann aber für die grundsätzlichen Überlegungen zur Wärmebilanz im Folgenden von einer stückweise linearen Abhängigkeit des Temperaturverlaufs eines Stoffstroms vom abgegebenen oder aufgenommenen Wärmestrom ausgegangen werden.

men für einen eventuellen Phasenwechsel (im Beispiel im Temperatur-intervall H1,2),

- Der Wärmestrom $\dot{Q}_{i,k}$ [kW].

Die genauen Zustände der Prozessströme bei einer Wärmeabgabe oder Wärme-aufnahme im Wärmeübertrager und damit verbunden ihr Temperaturverlauf in Abhängigkeit der abgegebenen oder aufgenommenen Wärme sind nicht immer eindeutig, da sie von der Prozessführung abhängen. Hier muss ein wahrschein-licher Druckverlauf bei den Temperaturänderungen der Ströme angenommen werden, um den Temperaturverlauf in Abhängigkeit von der Enthalpiestrom-änderung eindeutig bestimmen zu können (Cerda und Westerberg 1983). Bei den Berechnungen in dieser Arbeit wird bei der Wärmeabgabe und -aufnahme eines Mehrstoffstroms eine isobare Zustandsänderung unterstellt. Bei als ideal angenommenen Gasen oder deren Mischungen ist eine solche Annahme durch die dann vorliegende Druckunabhängigkeit der Enthalpie nicht notwendig. Damit im Folgenden die Enthalpiestromänderung nach Gleichung (3-2) berech-net und Enthalpieveränderungen aufgrund von Druckveränderungen vernach-lässigt werden können, muss vereinfachend bei Gasen entweder eine isobare Temperaturveränderung oder eine Mischung idealer Gase angenommen werden.

3.2.3 Bildung und Auswertung von heißen und kalten Summenkurven

Ein Prozess wird dargestellt über seine technisch notwendigen Energieflüsse in einem Diagramm mit dem quantitativen Parameter Wärmestrom (auch Enthal-piestromdifferenz), gemessen in kJ/h oder kWh/h (kW) auf der Abszisse und dem qualitativen Parameter Temperatur (in K oder im angewandten ingenieur-wissenschaftlichen Kontext auch in °C) auf der Ordinate (s. Abbildung 3-2). Da in diesem Zusammenhang nur Enthalpiestromdifferenzen und nicht die absolu-ten Enthalpie-Werte interessieren, können die Linien der einzelnen Prozesse horizontal verschoben werden, um sie nach den von ihnen abgedeckten Tempe-raturintervallen zu sortieren.

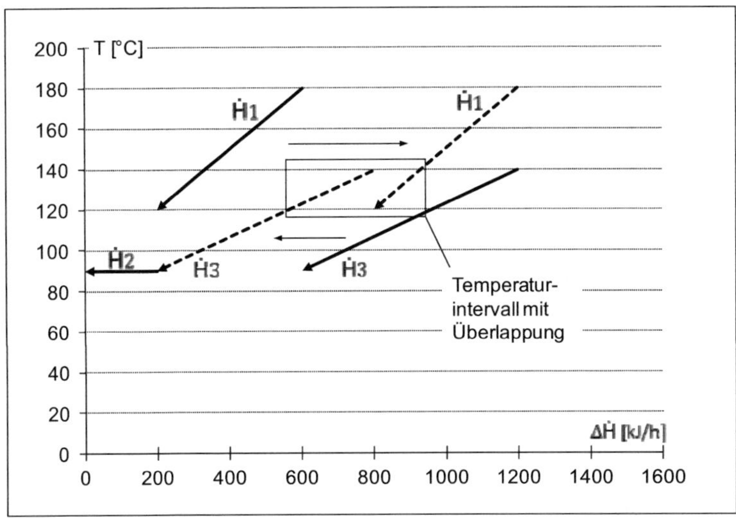

Abbildung 3-2: Abbildung von Wärmeströmen im H/T-Diagramm (geändert nach Linnhoff und Flower 1978)

Die Daten der einzelnen Ströme werden in einem nächsten Schritt für alle kalten (Wärme benötigenden) bzw. warmen (Wärme abgebenden) Ströme nach aufsteigender Temperatur zusammengefasst, sodass sich eine kalte Summenkurve (auch Kompositkurve, engl. Composite Curve) und eine heiße Summenkurve ergeben. Die einzelnen kalten und heißen Ströme werden in Temperaturintervalle aufgeteilt, deren Grenzen jede Eingangs- und Ausgangstemperatur aller Ströme abdecken. Eine Änderung der Steigung der Summenkurven kann nur an diesen Intervallgrenzen stattfinden, also am Anfang oder Ende eines Prozessstroms sowie im Fall eines Phasenwechsels (Peters u. a. 2003a). Bei dieser Kombination der Prozessströme des Systems zu Summenkurven muss deren Überlappung in Temperaturintervallen berücksichtigt und die Enthalpiestromdifferenzen in diesen Fällen wie in Abbildung 3-3 dargestellt addiert werden (Linnhoff und Flower 1978).

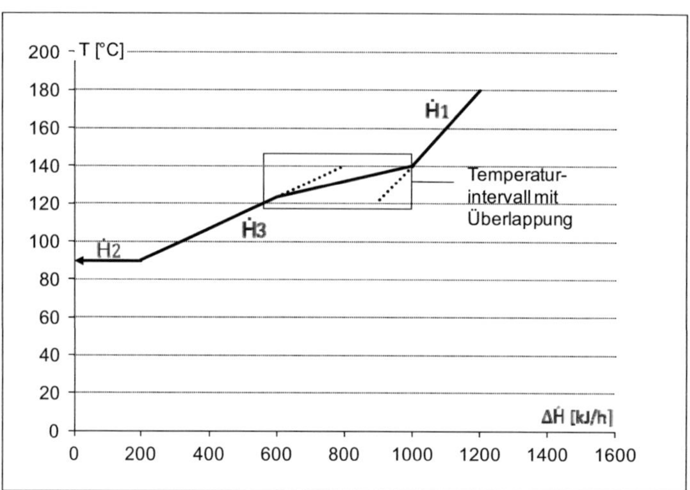

Abbildung 3-3: Kombination von Wärmeströmen zu Summenkurven (geändert nach Linnhoff und Flower 1978)

Die aus einem solchen Vorgehen entstehenden Summenkurven sind in Abbildung 3-4 schematisch dargestellt. Die kalte Summenkurve muss nun für einen Energietransfer unterhalb der warmen Summenkurve liegen. Dafür wird sie so weit horizontal verschoben,[46] bis der minimale vertikale Abstand zwischen den Summenkurven der minimalen Temperaturdifferenz $\Delta T_{min} > 0$ entspricht (Linnhoff und Flower 1978).

---

[46] Wie schon bei der Kombination der einzelnen Ströme zu Summenkurven sind nur die Differenzen von Enthalpieströmen von Interesse.

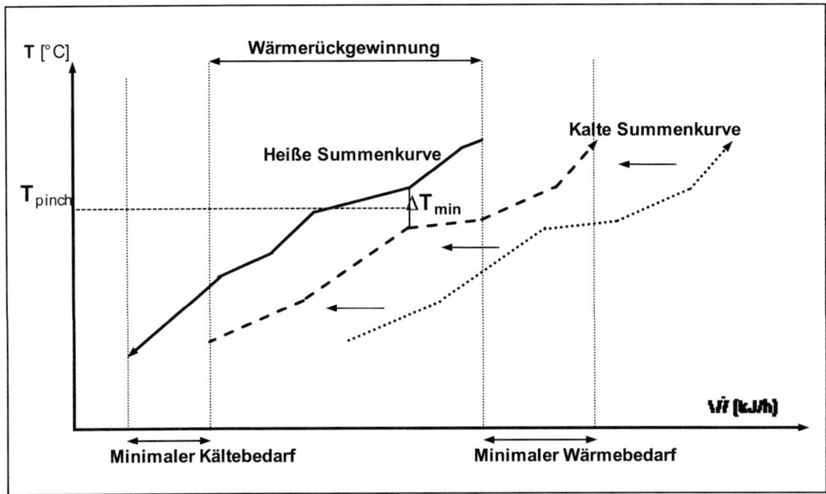

Abbildung 3-4: Summenkurven im H/T-Diagramm und Gesamtsummenkurve (geändert nach Linnhoff und Flower 1978)

Diese etwa durch Auslegung der Wärmeübertrager oder Art der Stoffströme technisch und ökonomisch festgelegte Temperaturdifferenz dient als mindestens notwendige „treibende Kraft" für den Wärmeübergang zwischen heißen und kalten Strömen[47]. Dabei bedeutet ein hoher Wert der minimalen Temperaturdifferenz, dass eher geringe Investitionen in Wärmeübertrager notwendig sind und sich eher geringe Einsparungen an Hilfsenergie ergeben, umgekehrt für geringe Werte. Während die minimale Temperaturdifferenz auch gezielt ökonomisch optimiert werden kann,[48] wird in der Praxis oft mit den in Tabelle 3-3 dargestellten Erfahrungswerten gerechnet (Linnhoff 1998):

---

[47] Dieses Vorgehen gilt für den Idealfall von Gegenstromwärmeübertragern.

[48] Zum Beispiel ist dies der Fall beim in 3.1.3 angeführten Supertargeting.

Tabelle 3-3: Standardwerte für die minimale Temperaturdifferenz ΔT_{min} bei der Pinch-Analyse (Linnhoff 1998)

Anwendungsbereich	$\Delta Tmin$ [K]
Erdölraffinerien	20 - 40
Petrochemie	10 - 20
Chemische Industrie	10 - 20
Niedertemperaturprozesse	3 - 5

Der Punkt der größten vertikalen Annäherung der zwei Summenkurven wird als Pinch-Punkt (Engstellen-Punkt) bezeichnet.[49] Die zugehörige Temperatur T_{pinch} sowie seine Lage sind für das optimale Design des Netzwerks relevant.[50]

An der verschobenen kalten Summenkurve und der warmen Summenkurve können nun in dieser Endposition diverse Ergebnisse abgelesen werden. Zum einen kann der maximal durch Wärmerückgewinnung einsparbare Wärmestrom (und der gleiche Strom an einsparbarer durch Kühlung abgeführte Energie) durch den Bereich der Überlappung der beiden Summenkurven abgelesen werden. Analog kann an den Bereichen ohne Überlappung der mindestens notwendige (Utility-)Wärmestrom $\dot{Q}_{H,min}$ [kW] und der durch Utility-Kühlung abzuführende Energiestrom $\dot{Q}_{C,min}$ [kW] abgelesen werden. Mit den Summenkurven kann also eine Abschätzung der minimalen Utilitybedarfe als Summe über alle Temperaturen erfolgen. Wenn Kosten der Utilities in die Überlegungen einbezogen werden, so stellt sich die Frage nach dem Wärme- und Kühlbedarf bei verschiedenen Temperaturniveaus, was durch einen weiteren Schritt graphisch analysiert werden kann.

In Abbildung 3-5 ist die Bildung der sogenannten Gesamtsummenkurve (Grand Composite Curve) skizziert. Diese stellt als Enthalpiedifferenz der beiden Summenkurven die beim jeweiligen Temperaturniveau noch mindestens

---

[49] Allerdings können Designprobleme unter gewissen Voraussetzungen auch keinen oder mehrere Pinch-Punkte besitzen, beispielsweise wenn diskontinuierliche Summenkurven vorliegen (Lakshmanan und Fraga 2002).

[50] Genauer ausgeführt existieren durch den Abstand ΔT_{min} der beiden Summenkurven je eine Pinch-Temperatur für die heiße Summenkurve und eine für die kalte Summenkurve. Vereinfachend wird hier aber oft von einer Pinch-Temperatur gesprochen, für welche in der Regel der Mittelwert aus den zwei Temperaturen der Kurven an dieser Stelle herangezogen wird.

benötigte Wärme- und Kühlenergie dar. Da der Parameter ΔT_{min} den nicht (ökonomisch sinnvoll) nutzbaren Anteil der Temperaturdifferenzen darstellt, wird die kalte Summenkurve für diese Darstellung um $\frac{1}{2} \cdot \Delta T_{min}$ erhöht und die warme Summenkurve um $\frac{1}{2} \cdot \Delta T_{min}$ gesenkt, wodurch der Pinch-Punkt zu einem Berührungspunkt der Kurven wird (linkes Diagramm von Abbildung 3-5). Für jedes Temperaturniveau unterhalb des Pinch-Punkts kann nun die Enthalpie-stromdifferenz der beiden Summenkurven $\Delta \dot{Q}$ aus dem jeweiligen Abstand $\Delta \dot{Q}_{kalt}$ bzw. $\Delta \dot{Q}_{heiß}$ zum Pinch-Punkt berechnet werden, analog für jedes Temperaturniveau oberhalb des Pinch-Punkts. Die resultierende Gesamtsum-menkurve zeigt an, wie viel (Utility-)Wärme- und Kühlbedarf bei welcher Temperatur gedeckt werden muss. Dieser kann durch je ein heißes und ein kaltes Utility[51] bei den jeweiligen Extremen der Temperaturniveaus gedeckt werden, wie im mittleren Diagramm von Abbildung 3-5 dargestellt.

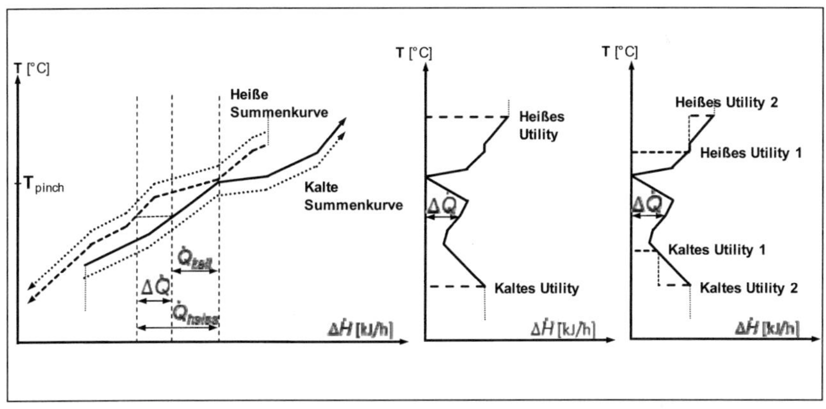

Abbildung 3-5: Gesamtsummenkurve und Utilitybedarf (geändert nach Linnhoff und Flower 1978)

Werden Kosten berücksichtigt, ist es jedoch meist günstiger, mehrere heiße Utilities, etwa Hochdruckdampf nur für Prozesse oberhalb eines bestimmten Temperaturniveaus und Mitteldruckdampf mit geringeren Erzeugungskosten für Prozesse darunter und analog mehrere Kühl-Utilities zu verwenden. Dies ist im

---

[51] Hierbei wird von Utilities mit konstanten Temperaturen ausgegangen, andernfalls ist ein leicht verändertes Verfahren anzuwenden, bei dem aus einer Summenkurve der Utilities ein Utility-Pinch-Punkt ermittelt wird. Für diesen gelten ähnliche Pinch-Regeln, wie im Folgenden beschrieben.

rechten Diagramm von Abbildung 3-5 dargestellt, die mit „2" nummerierten Utilities mit höheren Kosten müssen nun nicht mehr den gesamten externen Heiz- und Kühlbedarf decken. Ein Teil kann jeweils von solchen mit gemäßigteren Temperaturen (mit „1" nummeriert) gedeckt werden, wobei die theoretischen Mindestleistungen dieser Utilities aus der Gesamtsummenkurve abgelesen werden können (Linnhoff 2004).

3.2.4 Pinch-Design-Regeln als Ergebnis der graphischen Darstellung

Der in Abbildung 3-5 links dargestellte Gesamtprozess kann am Pinch-Punkt in zwei Teile geteilt werden. Im Bereich oberhalb des Pinch-Punkts (auch heißes Ende genannt) besteht ein Wärmedefizit und unterhalb des Pinch-Punkts (auch kaltes Ende genannt) besteht ein Wärmeüberschuss. Im Bereich des Wärmedefizits steht nicht genügend Wärme der heißen Prozessströme zur Verfügung, um die kalten Ströme mit Wärme zu versorgen, sodass mittels eines Heiz-Utilities Wärme bereitgestellt werden muss. Analog besteht im Bereich des Wärmeüberschusses nicht ausreichend Wärmebedarf der kalten Ströme um die Wärme aufzunehmen, weshalb mittels eines Kühl-Utilities ein Ausgleich geschaffen werden muss (Linnhoff und Turner 1981). Über Utilities zugeführte Wärmeenergie, die den in Abbildung 3-4 ablesbaren minimalen Wärmebedarf $\dot{Q}_{H,min}$[kW] übersteigt, bedeutet andererseits auch eine gleichzeitige Erhöhung des minimalen Kühlbedarfs $\dot{Q}_{C,min}$[kW] und ist damit ein Zeichen für Suboptimalität.[52]

Aus diesen Zusammenhängen ergeben sich drei grundlegende Designregeln, die bei minimalem Utilityeinsatz unter Einhaltung der thermischen Anforderungen der Prozessströme erfüllt sein müssen (Linnhoff u. a. 1979; Linnhoff und Turner 1981; Dunn und Bush 2001):

---

[52] Weiterhin kann ein Wärmeüberschuss im Bereich unterhalb des Pinch-Punkts nicht mit einem Wärmedefizit oberhalb des Pinch-Punkts ausgeglichen werden, da diese Energie entgegen des Temperaturgradienten transportiert werden müsste.

- Wärme darf nicht über den Pinch-Punkt hinweg übertragen werden. Eine Verletzung der ersten Designregel, eine Übertragung eines Wärmestroms von X [kW] von der Region oberhalb des Pinch-Punkts in die Region unterhalb würde bedeuten, dass dieser Betrag X [kW] einerseits oberhalb des Pinch-Punkts zusätzlich durch heiße Utilities zugeführt werden muss, und andererseits unterhalb des Pinch-Punkts X [kW] über kalte Utilities abgeführt werden müssen.

- Oberhalb des Pinch-Punkts dürfen keine Kühl-Utilities verwendet werden, da in diesem Bereich ein Wärmedefizit herrscht und keine Wärme abgegeben wird. Ein Einsatz von Y [kW] kaltem Utility würde hier den gleichzeitigen Einsatz von Y [kW] heißem Utility in der Region oberhalb des Pinch-Punkts erfordern.

- Unterhalb des Pinch-Punkts dürfen keine heißen Utilities verwendet werden, da hier bereits ein Wärmeüberschuss besteht. Eine zusätzliche Leistung Z [kW] an heißem Utility hätten zur Folge, dass der gleiche Wärmestrom Z [kW] über kalte Utilities in dieser Region wieder entzogen werden müsste.

Anhand dieser und weiterer Regeln kann ein bestehendes Netzwerk verbessert oder ein neues Netzwerk gestaltet werden. Weitere konzeptionelle Vorgehensweisen wurden für das schrittweise Verbinden von kalten und heißen Strömen und die Reduzierung der Anzahl von Wärmeübertragern entwickelt. Eine Minimierung der Wärmeübertragerfläche kann dabei etwa durch einen vollständig gegenströmigen Wärmeübergang, was sich in der Graphik der Summenkurven durch einen vertikalen Wärmeübergang darstellt, erreicht werden (Nishimura 1980). Dies wird beispielsweise durch die isolierte Betrachtung von Enthalpiestromintervallen umgesetzt, welche durch Knickstellen der warmen und kalten Summenkurve begrenzt werden. Durch diese Intervallgrenzen werden die heißen und kalten Prozessströme aufgeteilt und es entsteht eine große Zahl von Teilströmen und damit eine große Zahl einzelner Verbindungen in Wärmeübertragern. Da dies trotz minimaler Gesamtfläche zu hohen realen Investitionen führt, wird anschließend diese Anzahl durch Zusammenfassung von Verbindungen reduziert (Linnhoff und Ahmad 1990).

Durch diese schnelle Einschätzung des maximal thermodynamisch möglichen Einsparpotentials und die einfach anzuwendenden Design-Regeln erfreut sich diese ältere Form der Pinch-Analyse mittels Graphiken weiterhin großer

Beliebtheit als Teil einer umfassenderen Analyse. Der Nachteil dieser Methode ist jedoch die Beschränkung auf thermodynamische Zusammenhänge ohne ökonomische Daten. Da das Einrichten eines Netzwerkes aus Wärmeübertragern aber mit erheblichen Investitionen verbunden ist, reicht in der Praxis eine solche konzeptionelle Lösung meist nicht für praktische Designentscheidungen aus. Daher entstanden Ansätze, die nicht das thermodynamisch, sondern ökonomisch optimale Prozessdesign mit einer mathematischen Optimierung identifizieren sollen.

3.3 Thermodynamische Pinch-Analyse als lineares Optimierungsproblem

Während der Begriff der Pinch-Analyse ursprünglich nur die graphische Methode bezeichnete, wird er heute meist im weiteren Sinn als Bezeichnung für alle graphischen und mathematischen Optimierungsansätze der Prozessintegration verwendet. Die eigentlichen Ergebnisse werden heute in der Regel anhand mathematischer Optimierungen oder Heuristiken ermittelt, wobei die klassischen Abbildungen und Designregeln meist zur Unterstützung zusätzlich beachtet werden (Kemp 2007). Für die betriebswirtschaftliche Optimierung technischer Systeme wird eine Transformation in einen ökonomischen Raum durch ausgewählte Parameter durchgeführt, die in einer Zielfunktion (Schätzungsbeziehung) verwendet werden (Rentz 1981). Die im Folgenden dargestellten Ansätze lassen sich nach dem (linear) optimierten Parameter unterscheiden. In vielen Fällen werden für eine Abschätzung der Einsparmöglichkeiten durch Wärmeintegration die Kosten des gesamten Hilfsenergiebedarfs und die investitionsbedingten Kosten der gesamten Wärmeübertragerfläche minimiert. Vereinfachungen hiervon sind Methoden, die nur den Hilfsenergieeinsatz minimieren (3.3.3) und solche, die zusätzlich die Utilitykosten bei mehreren verfügbaren Utilities minimieren (3.3.4). Diese vereinfachten Ansätze dienen im Folgenden als Grundlage für die Herleitung der Minimierung der Gesamtkosten (3.4) mit einem linearen Optimierungsproblem, was in dieser Arbeit die Basis für spätere Erweiterungen bildet. Die Modellierung als lineares Optimierungsproblem bietet dabei den Vorteil, dass die Bestimmbarkeit eines globalen Optimums auch bei großen Ausgangsproblemen sichergestellt ist (Jezowski u. a. 2000b).

Neben diesen linearen Optimierungen existieren Ansätze, welche die technische Ausgestaltung des Wärmeübertragernetzwerks genauer betrachten und Lösungen mit einer minimalen Anzahl der Wärmeübertrager (Zhu u. a. 1995) oder einer optimierten minimalen Temperaturdifferenz suchen. Diese Alternativen zur in dieser Arbeit verwendeten Betrachtungsweise als mathematisches (lineares) Optimierungsproblem wurden in Kapitel 3.1.3 bereits kurz erläutert.

Diverse Software für die Durchführung von Pinch-Analysen wird kommerziell angeboten, etwa von AspenTech[53] oder Linnhoff March[54]. Ebenso finden sich spezialisierte Unternehmen, die Pinch-Analysen als Dienstleistung anbieten. Dabei ist oft eine Kombination von eher unterstützenden Expertensystemen (Computer Aided Process Synthesis, CAPS) und Optimierungstools für die Anlagenauslegung im Einsatz (Streich u. a. 1991). Diese Software und Dienste zeichnen sich allerdings oft durch eine spezielle Ausrichtung auf einzelne Prozesse (z. B. Destillation) oder Industrien (z. B. Petrochemie) aus und enthalten meist zusätzlich umfangreiche Datenbestände zu technischen Anlagen, mit denen Ergebnisse der Pinch-Analyse direkt simuliert werden können. Daneben existieren nicht-kommerzielle Software-Tools für die Grundfunktionen einer Pinch-Analyse, beispielsweise die für die akademische Lehre bestimmte Software HINT (Martín und Mato 2008). Im Rahmen dieser Arbeit wurde eine eigene Implementierung basierend auf der Betrachtung des Problems als lineares Optimierungsmodell zur Minimierung der Gesamtkosten nach Cerda u. a. (1983) und Cerda und Westerberg (1983) gewählt, dessen Grundlagen im Folgenden beschrieben werden und das als Basis für die Erweiterungen zur überbetrieblichen Prozessintegration (Kapitel 4) dient.

3.3.1 Intervallzerlegung des Temperaturbereichs

Aus der graphischen Form der Pinch-Analyse und den zugehörigen Designregeln entwickelte sich mit der „Temperature Interval Method" (Linnhoff und Flower 1978) ein rechnerisches Vorgehen zur Bestimmung der Lage des Pinch und des minimalen Ressourcenverbrauchs. Dabei ist die Zerlegung der Prozessströme in Temperaturintervalle mit innerhalb der Intervalle als konstant ange-

---

[53] www.aspentech.com

[54] www.linnhoffmarch.com

nommenen spezifischen Wärmekapazitäten[55] die Grundlage der Formulierung des Problems als lineares Optimierungsproblem nach Cerda u. a. (1983).

Um eine rechnerische Lösung des Wärmeübertragungsproblems einer Pinch-Analyse zu ermöglichen, müssen alle betrachteten Energieströme in eine diskrete Menge von Wärmequellen und eine diskrete Menge von Wärmesenken unterteilt werden.[56] Basis hierfür sind die warme und kalte Summenkurve, bei denen aus Start- und Endtemperatur und jedem Punkt einer Unstetigkeit (Knick) eine Intervallgrenze abgeleitet wird (vgl. Abbildung 3-3). Konkret setzt sich die Menge der Intervallgrenzen für den gesamten von Prozessströmen und Utilities abgedeckten Temperaturbereich also zusammen aus (in Klammern zur Verdeutlichung die Intervallgrenzen des Beispiels in Tabelle 3-2 auf Seite 69):

- Der Start- (100 °C) und Endtemperatur (300 °C) der warmen Summenkurve sowie den Temperaturen an Knickstellen (140 °C, 200 °C, 280 °C), wobei alle um ΔT_{min} verringert werden,

- der Start- (140 °C) und Endtemperatur (225 °C) der kalten Summenkurve sowie den Temperaturen an Knickstellen (180 °C),

- wobei abschließend alle doppelten Einträge entfernt und die verbleibenden in aufsteigender Reihenfolge sortiert werden.

- Das Ergebnis stellt die k+1 Intervallgrenzen der kalten Intervalle dar, durch Addition von ΔT_{min} ergeben sich die k+1 Intervallgrenzen der heißen Intervalle.

Die hieraus erhaltene Zerlegung des Temperaturbereichs des Beispiels aus Tabelle 3-2 in Intervalle bei einer minimalen Temperaturdifferenz von ΔT_{min}= 20 K ist in Tabelle 3-4 dargestellt.

---

[55] In der Softwareumsetzung können diese nach Gleichung (3-3) für Gase und Flüssigkeiten durch numerische Integration bestimmt oder als konstant innerhalb einzelner Temperaturintervalle eingegeben werden, für identische Ein- und Austrittstemperaturen (z. B. isobare Kondensation) muss der Wärmestrom direkt eingegeben werden.

[56] Hierdurch können geringe Unterschiede zwischen den zusammengeführten Prozessströmen und den realen Prozessströmen entstehen, wodurch es beim realen Prozessdesign zu Unterschreitungen von ΔT_{min} kommen kann. Dies wird im Folgenden jedoch nicht weiter berücksichtigt.

Tabelle 3-4: Beispiel für Temperaturintervalle nach Zerlegung (gekürzt nach Cerda u. a. 1983)

Intervallnummer i	1	2	3	4	5	6
$T_{unten,i,heiß}$ [°C]	100	140	160	200	245	280
$T_{oben,i,heiß}$ [°C]	140	160	200	245	280	300
$T_{unten,i,kalt}$ [°C]	80	120	140	180	225	260
$T_{oben,i,kalt}$ [°C]	120	140	180	225	260	280

Diese Zerlegung in Temperaturintervalle dient als Grundlage für die weiteren formalen Schritte, da die Wärmebilanz der kalten und heißen Ströme für jedes einzelne Temperaturintervall betrachtet wird. Dabei gelten nach Cerda u. a. (1983) durch die Reihenfolge der Intervalle nach aufsteigender Temperatur folgende Grundzusammenhänge für die Wärmeübertragung zwischen einem kalten Intervall m und einem heißen Intervall n (Cerda u. a. 1983):

- Für $m<n$ kann Wärme vom heißen Intervall n in das kalte Intervall m übertragen werden, da die Temperatur des heißen Intervalls n immer um mindestens ΔT_{min} höher ist, als die des kalten Intervalls m. Eine Wärmeübertragung kann stattfinden, bis entweder das Wärmeangebot des heißen Intervalls n erschöpft oder der Wärmebedarf des kalten Intervalls m gedeckt ist.

- Für $m>n$ kann keine Wärme vom heißen Intervall n zum kalten Intervall m übertragen werden, da die Temperatur des heißen Intervalls n um maximal ΔT_{min} höher[57] ist als die des kalten Intervalls m.

- Für $m=n$ kann Wärme von den heißen Strömen innerhalb des Intervalls zu den kalten Strömen innerhalb des Intervalls übertragen werden, bis entweder das Wärmeangebot erschöpft oder die Wärmenachfrage befriedigt ist.

Diese Aufteilung in Temperaturintervalle und die daraus folgenden Möglichkeiten für einen thermodynamisch zulässigen Wärmetransport wird im Folgenden für ein mathematisches Optimierungsproblem zum Wärmeübertragernetzwerkdesign genutzt.[58]

---

[57] Genau um ΔT_{min} höher kann es höchstens in einem Randpunkt sein und nur solange kein infinitesimaler Wärmestrom übertragen wurde.

[58] Diese Eigenschaften gelten auch bei einer Beschränkung der Betrachtung auf bestimmte Intervalle, wodurch eine Verkleinerung des Problems erreicht werden kann. Bei dieser

3.3.2 Transportalgorithmus

Die Modellierung des Wärmeübertragernetzwerks als lineares Optimierungsmodell erfolgt mit Hilfe des sogenannten Transportalgorithmus des Operations Research nach Cerda u. a. (1983).[59] Die hier zur Lösung herangezogene Modellierung als Transportproblem ist formuliert als lineares Optimierungsproblem.[60] Aus Sicht der Komplexitätstheorie ist die lineare Optimierung ein einfaches Problem, da sie sich z. B. mit Innere-Punkte-Verfahren in polynomialer Zeit lösen lässt. Dies wird oft als eine Grenze zwischen praktisch lösbaren und praktisch nicht lösbaren Problemen betrachtet (Neumann und Morlock 1993).[61] Der Aufwand für Probleme, die nicht in Polynomialzeit lösbar sind, steigt normalerweise so schnell an, dass schon relativ kleine Probleme nicht mehr in überschaubarer Zeit zu lösen sind.

In der Praxis hat sich zur Lösung solcher linearer Optimierungsprobleme das Simplex-Verfahren als einer der schnellsten Algorithmen herausgestellt, obwohl es im schlechtesten Fall exponentielle Laufzeit besitzt. Bei diesem von Dantzig (1966) beschriebenen Optimierungsverfahren der Numerik wird geometrisch gesehen auf der als konvexes Polyeder darstellbaren Lösungsmenge (von dem eine Lösung, wenn existent, mindestens einen Eckpunkt enthalten muss) die minimale Lösung durch eine schrittweise Annäherung auf den Kanten gesucht. Bei der mathematischen Lösung wird das Problem in die Form eines Simplex-Tableaus gebracht und in Simplex-Iterationen (Unger 2010; Dantzig und Jaeger 1966) unter Anwendung des Gaußschen Eliminationsverfahrens gelöst. Mit

---

Beschränkung werden nur solche Knickstellen der kalten Summenkurve betrachtet, bei denen sich die Steigung verringert und solche der heißen Summenkurve, bei denen sich die Steigung erhöht (Cerda u. a. 1983).

[59] Dieser Ansatz zur Pinch-Analyse wurde zuerst in den beiden unabhängigen Veröffentlichungen von Cerda und Westerberg (1983) sowie von Mason und Linnhoff (1979) beschrieben; gemeinsam verfassten sie 1983 einen wissenschaftlichen Beitrag (Cerda u. a. 1983), auf dem auch die im Folgenden bei der Implementierung in MATLAB® verwendete Methode beruht.

[60] Die Lineare Optimierung (oder auch Lineare Programmierung) ist eines der Hauptverfahren des Operations Research und beschäftigt sich mit der Optimierung linearer Zielfunktionen über einer durch lineare Gleichungen und Ungleichungen beschränkten Menge.

[61] Eine Übersicht der Anwendungen verschiedener Optimierungsverfahren beim Prozessdesign findet sich in (Grossmann und Guillén-Gosálbez 2010).

diesem Vorgehen kann jedes Problem nach endlich vielen Schritten exakt gelöst oder seine Unlösbarkeit oder Unbeschränktheit festgestellt werden. Somit ist bei Anwendung des Simplex-Verfahrens bei der Implementierung des Problems in MATLAB® die Optimalität[62] des Ergebnisses sichergestellt (Ferris u. a. 2007).

Die dem hier gewählten Ansatz zur Pinch-Analyse zugrunde liegende allgemeine Formulierung des Transportproblems beschäftigt sich mit der Suche nach den optimalen Transportwegen von einer Menge Produzenten P_1, ..., P_m zu einer Menge Verbraucher V_1, ..., V_n und wird als Netzwerkproblem formuliert (Neumann und Morlock 1993). Jedem Produzenten und Verbraucher wird ein Knoten zugeordnet, daneben für jeden möglichen direkten Transport von Produzent i zu Verbraucher j ein gerichteter Pfeil $\langle i, j \rangle$. Diese nummerierten Knoten bilden die Knotenmenge $V=\{1, ..., n\}$, und die Pfeile bilden die Pfeilmenge e. Jedem Knoten eines Produzenten P_i ($i=1$, ..., n) wird eine Größe a_i zugeordnet, welche die Produktionsmenge des Produzenten darstellt. Jedem Knoten eines Verbrauchers V_j ($j=1$, ..., n) wird eine Größe b_j zugeordnet, welche die Nachfrage des Verbrauchers j darstellt. Die $m \times n$-Matrix C mit den Elementen c_{ij} für die Kosten einer transportierten Einheit von Produzent P_i zu Verbraucher V_j wird Kostenmatrix genannt. Wenn nun x_{ij} die von Produzent P_i zu Verbraucher V_j transportierte Menge bezeichnet, so lautet das Transportproblem (Neumann und Morlock 1993):

$$Min. \sum_{i=1}^{m} \sum_{j=1}^{n} c_{ij} \cdot x_{ij}$$

$$u.d.N. \sum_{j=1}^{n} x_{ij} = a_i \; (i = 1, ..., m)$$

$$u.d.N. \sum_{i=1}^{m} x_{ij} = b_j \; (j = 1, ..., n)$$

$$u.d.N. \; x_{ij} \geq 0 \; (i = 1, ..., m), (j = 1, ..., n)$$

(3-6)

Da bei diesem Transportproblem die gesamte verbrauchte Menge $\sum_{j=1}^{n} b_j$ der gesamten produzierten Menge $\sum_{i=1}^{m} a_i$ entspricht, muss zusätzlich ein fiktiver Produzent oder Verbraucher eingeführt werden (Neumann und Morlock 1993).

---

[62] Dies gilt hier mit den Einschränkungen der vereinfachten Modellierung, insbesondere bei Berücksichtigung von Kostendaten.

3.3.3 Alternative Zielsetzung: Minimierung des Utilityverbrauchs

Bei der rein thermodynamischen mathematischen Pinch-Analyse wird wie bei der graphischen Lösungsmethode der Utilityverbrauch[63] minimiert, das heißt, es wird das thermodynamische Optimum ohne Betrachtung der Kosten gesucht. Wie bei der graphischen Pinch-Analyse stellt das Ergebnis also das theoretische Optimum aufgrund thermodynamischer Grenzen dar, welches insbesondere in komplexen Situationen mit einer großen Anzahl von Designalternativen als Benchmark dienen kann (Linnhoff 2004). Der Temperaturbereich muss zunächst wie in Kapitel 3.3.1 beschrieben in Intervalle zerlegt werden. Das Optimierungsproblem lautet damit (Cerda u. a. 1983):

a_{ik}: Wärmestrombedarf des kalten Stroms i im Intervall k [kJ/h]

b_{jl}: Vom heißen Strom j im Intervall l abzuführender Wärmestrom [kJ/h]

$c_{ik,jl}$: Jährliche Kosten pro übertragener Wärmestromeinheit vom heißen Strom j und Intervall l zum kalten Strom i und Intervall k $\left[\frac{\text{GE·h}}{\text{kJ·a}}\right]$

$g_{ik,jl}$: Wärmestrom vom heißen Strom j und Intervall l zum kalten Strom i und Intervall k [kJ/h]

C: Anzahl kalter Ströme (Prozessströme 1 bis (C-1); Utility C) [-]

H: Anzahl heißer Ströme (Prozessströme 1 bis (H-1); Utility H) [-]

L: Anzahl der Temperaturintervalle nach Aufteilung (beginnend mit 1 als kältestem) [-]

M: Hinreichend große Zahl $\left[\frac{\text{GE·h}}{\text{kJ·a}}\right]$ (zur Verhinderung thermodynamisch unmöglicher Verbindungen)

Dabei lässt sich der Wärmestrombedarf a_{ik} [kJ/h] für jeden kalten Strom und das Wärmestromangebot b_{jl} [kJ/h] für jeden heißen Strom aus der Energie- und Massenbilanz bestimmen. Die Nebenbedingung (3-7 a) garantiert, dass Utilities in ausreichender Leistung zur Verfügung stehen, (3-7 b) garantiert, dass das gesamte Wärmestromangebot inklusive des warmen Utilities dem gesamten Wärmestrombedarf inklusive des kalten Utilities entspricht.

---

[63] Hier wird zunächst nur von einem heißen und einem kalten Utility ausgegangen, eine Betrachtung mehrerer Utilities mit Auswahl nach den Utilitykosten wird im nächsten Unterkapitel beschrieben.

$$a_{C1} \geq \sum_{j=1}^{H-1} \sum_{l=1}^{L} b_{jl} \qquad b_{HL} \geq \sum_{i=1}^{C-1} \sum_{k=1}^{L} a_{ik}, \qquad \text{(3-7a)}$$

a_{C1}, b_{HL} mit:

$$a_{C1} + \sum_{j=1}^{H-1} \sum_{l=1}^{L} b_{jl} = b_{HL} + \sum_{i=1}^{C-1} \sum_{k=1}^{L} a_{ik} \qquad \text{(3-7 b)}$$

In der Zielfunktion (3-7 c) sind die Utilitykosten $c_{ik,jl}$ $\left[\frac{\text{GE·h}}{\text{kJ·a}}\right]$ enthalten, allerdings nur in qualitativer Form im Vergleich zu „kostenlosen" Verschaltungen zwischen Prozessströmen. Die Summe der Produkte aus diesen „Pseudokosten" und den jeweiligen übertragenen Wärmeströmen über alle Ströme und Temperaturintervalle wird hier minimiert. Die Nebenbedingungen (3-7 d) und (3-7 e) garantieren, dass der Wärmebedarf der kalten Prozessströme (und des kalten Utilities) gedeckt sowie das Wärmeangebot der warmen Prozessströme (und des heißen Utilities) abgeführt werden. In (3-7 f) wird festgelegt, dass der Wärmetransport nur von warmen zu kalten Strömen stattfinden kann. Ebenso wird durch (3-7 g) eine thermodynamisch nicht zulässige Wärmeübertragung durch hohe Kosten (M) pro übertragener Wärmestromeinheit verhindert. Die Nutzung heißer und kalter Utilities wird durch (3-7 h) mit Kosten belegt, wohingegen eine thermodynamisch zulässige Verschaltung von Prozessströmen nach (3-7 i) keine Kosten verursacht.

$$\min_{g_{ik,jl}} \sum_{i=1}^{C} \sum_{j=1}^{H} \sum_{k=1}^{L} \sum_{l=1}^{L} c_{ik,jl} \cdot g_{ik,jl} \qquad \text{(3-7c)}$$

$$u.\,d.\,N. \sum_{j=1}^{H} \sum_{l=1}^{L} g_{ik,jl} = a_{ik}; \ (i = 1, \dots, C; k = 1, \dots, L) \qquad \text{(3-7d)}$$

$$u.\,d.\,N. \sum_{i=1}^{C} \sum_{k=1}^{L} g_{ik,jl} = b_{jl}; \ (j = 1, \dots, H; l = 1, \dots, L) \qquad \text{(3-7e)}$$

$$g_{ik,jl} \geq 0; (i = 1, \dots, C; j = 1, \dots, H; k = 1, \dots, L; l = 1, \dots, L) \qquad \text{(3-7f)}$$

$$c_{ik,jl} = M; \ falls \ k > l \qquad \text{(3-7g)}$$

$$c_{ik,jl} = 1; \quad falls \ (j = H \ und \ i \neq C) \ oder \ (j \neq H \ und \ i = C) \tag{3-7h}$$

$$c_{ik,jl} = 0; \quad sonst \tag{3-7i}$$

Aus der Lösung dieses Optimierungsproblems ergibt sich für jedes Paar aus einem warmen Strom j im Intervall l und einem kalten Strom i im Intervall k der zu übertragende Wärmestrom $g_{ik,jl}$ [kJ/h]. Neben den zwischen Prozessströmen übertragenen Wärmeströmen wird auch der minimale Utilityverbrauch bestimmt. Der Pinch-Punkt kann sich aufgrund der Konstruktion der Intervallgrenzen nur an einer solchen Grenze befinden. Konkret bestimmt wird er etwa über die Eigenschaft, dass keine Wärme über ihn transportiert wird (Cerda u. a. 1983). Das eigentliche Netzwerkdesign ist durch dieses Ergebnis nur grob festgelegt, es kann zum Beispiel von Hand festgelegt werden, wobei die Vorteilhaftigkeit einzelner Verbindungen anhand von Expertenwissen abgewogen werden muss (Kemp 2007).

3.3.4 Minimierung der Utilitykosten bei mehreren Utilities

Solange nur ein heißes und ein kaltes Utility zur Verfügung stehen, besteht kein Unterschied zwischen einer Minimierung des Hilfsenergieeinsatzes durch Utilities und einer Minimierung der damit verbundenen Energiekosten. Für die Verwendung von mehr als einem heißen und kalten Utility (vgl. Abbildung 3-5 auf Seite 75) mit unterschiedlichen Temperaturniveaus können unterschiedliche Erzeugungskosten sprechen. In der Praxis stehen Utilities mit gemäßigteren Temperaturen (d. h. heiße Utilities mit niedrigeren Temperaturniveaus und kalte Utilities mit höheren Temperaturniveaus) meist zu geringeren Kosten zur Verfügung, als solche mit extremeren Temperaturen (Linnhoff und Hindmarsh 1983).

Bei einem graphischen Vorgehen kann eine Zuordnung der Prozessströme zu den nun vorhandenen Utility-Optionen durch die Bestimmung sogenannter Utility-Pinch-Punkte (im Gegensatz zu den bisher betrachteten Prozess-Pinch-Punkten) bestimmt werden (Grimes u. a. 1982). Hierbei wird etwa für ein zusätzliches (gemäßigter) heißes Utility eine Aufteilung des Bereichs oberhalb des Prozess-Pinch-Punkts auf zwei Unterregionen für die beiden heißen Utilities gesucht, wobei zwischen diesen die Pinch-Regeln aus Abschnitt 3.2.4 in modifizierter Form gelten. Eine Verletzung der Pinch-Regeln bedeutet hierbei nicht eine Erhöhung des Utilityeinsatzes, sondern nur eine Erhöhung der Utilitykosten, da ein teureres Utility anstelle eines thermodynamisch zulässigen weniger teuren Utilities verwendet wird (Linnhoff und Hindmarsh 1983).

Bei der Modellierung als Optimierungsproblem müssen die Utilitykosten anstelle der bisher rein thermodynamischen Betrachtung berücksichtigt werden, um die Aufteilung des zu- und abzuführenden Gesamtenergiestroms auf die Utilities festzulegen (Cerda u. a. 1983). Utilities können hierbei etwa Wasser, Dampf oder Thermoöle für heiße Ströme und Wasser, Sole oder andere Stoffe für kalte Ströme sein. Für die Modellierung interessieren nur ihre übertragenen Energieströme und die damit verbundenen (variablen) Kosten.[64] Dabei werden die Gleichungen (3-7) auf h heiße und s kalte Utilities erweitert, welche auch bei der Intervallzerlegung analog zu den Knickstellen der Summenkurven berücksichtigt werden. Für alle Utilities wird dabei angenommen, dass sie in ausreichender Leistung und bei konstanter Temperatur vorliegen. Die Zielfunktion (3-7 c) repräsentiert nun die jährlichen Utilitykosten, sie bleibt formal jedoch wie diverse Nebenbedingungen (3-7a, d, e, f) unverändert zum rein thermodynamischen Modell. Die Änderungen zum in (3-7) dargestellten Modell beziehen sich auf die Bestandteile der Kostenfaktoren $c_{ik,jl}\left[\frac{\text{GE}\cdot\text{h}}{\text{kJ}\cdot\text{a}}\right]$ in den verschiedenen Fällen von Verbindungen, dazu ersetzen die Gleichungen (3-8 g-m) die jeweiligen Gleichungen aus (3-7 f-g). Für die Nutzung von Utilities wird nun mit einem Kostenfaktor $\sigma_{CU,i}, \sigma_{HU,i}\left[\frac{\text{GE}\cdot\text{h}}{\text{kJ}\cdot\text{a}}\right]$ für das jeweilige Utility gerechnet (Cerda u. a. 1983):

$$\text{Prozessstrom-Prozessstrom} \quad \textit{für} \quad c_{ik,jl} = M$$

$$i = 1, \dots, C - s; \; j = 1, \dots, H - h; \quad l = 1, \dots, L; \; k = l + 1, \dots, L \tag{3-8 g}$$

---

[64] Durch den Bezug auf jährliche Kosten werden hier die jährlichen Kosten für jeden (als kontinuierlich angenommenen) Wärmestrom [kW] an Utility-Energie verwendet.

$$c_{ik,jl} = 0$$

für

$$i = 1, \dots, C - s; \; j = 1, \dots, H - h;$$
$$l = 1, \dots, L; k = 1, \dots, l$$

(3-8 h)

Prozessstrom - kaltes Utility

$$c_{ik,jl} = \sigma_{CU,i}$$

für

$$i = 1, \dots, C - s; \; j = 1, \dots, H - h;$$
$$k = k_i^{CU}; \; l = k_i^{CU}, \dots, L$$

(3-8 i)

$$c_{ik,jl} = M$$
für

$$i = C - s + 1, \dots, C; \; ; \; j = 1, \dots, H - h;$$
$$(k = 1, \dots, k_i^{CU} - 1, \; k_i^{CU} + 1, \dots, L)$$
$$und \; (l = 1, \dots, L) \; oder$$
$$(k = k_i^{CU}; l = 1, \dots, k_i^{CU} - 1)$$

(3-8 j)

Prozessstrom - heißes Utility

$$c_{ik,jl} = \sigma_{HU,i}$$

für

$$i = 1, \dots, C - s; \; j = H - h + 1, \dots, H;$$
$$l = l_j^{HU}, k = 1, \dots, l_j^{HU}$$

(3-8 k)

$$c_{ik,jl} = M;$$

für

$$i = 1, \dots, C - s; j = H - h + 1, \dots, H;$$
$$\left(l = 1, \dots, l_j^{HU} - 1, l_j^{HU} + 1, \dots, L\right) \; und \; \Big(k = 1, \dots, L\Big)$$
$$oder \left(l = l_j^{HU}; k = l_j^{HU} + 1, \dots, L\right)$$

(3-8 l)

Utility - Utility

$$c_{ik,jl} = M;$$

für

$$i = C - s + 1, \dots, C; \; ; \; j = H - h + 1, \dots, H;$$

$$k = 1, \dots, L; l = 1, \dots, L$$

(3-8 m)

Solange positive Kostenfaktoren gewählt werden, wird derselbe minimale Utilityverbrauch wie im rein thermodynamischen Modell berechnet. Die Kostenfaktoren der einzelnen Utilities müssen dabei nur die Reihenfolge der realen Kosten widerspiegeln. Damit wird das jeweils günstigste thermodynamisch zulässige Utility für jede Verbindung gewählt. (Cerda und Westerberg 1983). Für die Utilities werden außerdem neue Temperaturintervallgrenzen k_i^{CU} [-] und l_j^{HU} [-] eingeführt, mit denen die thermodynamische Zulässigkeit überprüft wird. Die thermodynamisch zulässige Nutzung von Utilities zum Kühlen (3-8 i) und Heizen (3-8 k) verursacht Utilitykosten $\sigma_{CU,i}, \sigma_{HU,i}$ $\left[\frac{\text{GE·h}}{\text{kJ·a}}\right]$. Die Bilanzgleichung (3-7 b) muss bei diesem Problem nicht gesondert betrachtet werden, da der verfügbare Utilitystrom hier nicht relevant ist. Eine Verbindung von einem heißen mit einem kalten Utility wird bei diesem Modell durch hinreichend hohe Kosten verhindert (Cerda u. a. 1983).

Die Lösung des Optimierungsproblems liefert die benötigten Leistungen der einzelnen Utilities und die zwischen den Prozessströmen übertragenen Wärmeströme bei minimalen Utilitykosten. Die Lagen des Prozess-Pinch-Punkts und der Utility-Pinch-Punkte werden analog zum thermodynamischen Modell bestimmt. Wie dort ist auch hier noch kein eindeutiges Design des Wärmeübertragernetzwerks durch die Lösung festgelegt.

3.4 Verwendeter Ansatz: ökonomische Pinch-Analyse als lineares Optimierungsproblem

Im Folgenden wird aufbauend auf Kapitel 3.3 ein Ansatz beschrieben, der die Basis der Erweiterungen für überbetriebliche Prozessintegration in Kapitel 4 und der Anwendung in Kapitel 5 bildet. Dieser Ansatz beruht auf der grundsätzlichen Betrachtung des Problems als lineares Optimierungsmodell zur Minimierung der jährlichen Gesamtkosten nach Cerda u. a. (1983), Cerda und Wester-Westerberg (1983). Dieser Ansatz wurde wie im Folgenden beschrieben in MATLAB® implementiert, wobei auf eine in Treitz (2006) und Geldermann u. a. (2007b) beschriebene Vorläuferversion aufgebaut wurde.[65] Eine beispielhafte Anwendung des implementierten Grundmodells der Pinch-Analyse findet sich als Referenzmodell für die erweiterten Modellvarianten in Kapitel 5.

3.4.1 Zusammensetzung der jährlichen Gesamtkosten

Im Unterschied zu den bisher eingeführten Ansätzen der reinen Minimierung von Utilitybedarf bzw. Utilitykosten werden im Folgenden in der hier als „ökonomische Pinch-Analyse" bezeichneten Betrachtung neben den betriebsmittelverbrauchsabhängigen (Energie-)Kosten K_E [GE] auch die investitionsabhängigen Kosten K_I [GE] in Abhängigkeit der Wärmeübertragerfläche betrachtet. Letztere haben in der Praxis einen gegenläufigen Verlauf zu den Energiekosten, da bei Verwendung von Utilities in der Regel hohe Temperaturdifferenzen zu einem geringen Bedarf an Wärmeübertragerfläche führen. Lösungen mit minimalen jährlichen Gesamtkosten K_{Ges} [GE] finden sich in der

---

[65] An der Erstellung der verschiedenen Versionen des Tools zur Pinch-Analyse von Wärme-, Wasser- und Lösemittelströmen im Rahmen des Forschungsprojekts PepOn waren unter anderem folgende Diplomanden des Instituts für Industriebetriebslehre und Industrielle Produktion (IIP) der Universität Karlsruhe beteiligt: J. Röder (2004): „Anwendung des Transportalgorithmus auf die Pinch Technologie zur Optimierung von Prozess- und Energieströmen"; S. Weiler (2005): „Optimierung der Stoff- und Energieströme am Beispiel eines Industrieparks in China". Weitere in dieser Arbeit nur teilweise dargestellte Änderungen an der Implementierung in MATLAB® sind beschrieben in der Diplomarbeit (unveröffentlicht): J. Stengel (2008): „Optimierung des Energieverbrauchs mit Hilfe der Pinch-Analyse in einer chilenischen Zellulosefabrik.

Regel als Kompromiss zwischen den zwei Extremlösungen der vollständigen Weiterverwendung von Wärme und der reinen Nutzung von Utilities. Dies ist damit zu erklären, dass ein gewisser Anteil der Prozesswärme (mit entsprechend „hohen" Temperaturdifferenzen zwischen heißen und kalten Prozessströmen) sich gut zur Weiternutzung eignet, bei kleiner werdenden Temperaturdifferenzen die Weiterverwendung zusätzlicher Prozesswärme aber immer größere Wärmeübertragerflächen verlangt und dadurch unwirtschaftlich wird.

Da es sich bei Wärmeübertragern nur um Teile technischer Anlagen handelt, wird bei dieser Potentialabschätzung mit den investitionsabhängigen und den betriebsmittelverbrauchsabhängigen Kosten nur ein Teil der Kostenarten für Vorkalkulationszwecke (Rentz 1979; Remmers 1991) verwendet, weitere Kostenarten wie Personalkosten und Folgekosten werden hierbei in der Regel nicht berücksichtigt. Die jährlichen investitionsabhängigen Kosten K_I [GE] lassen sich berechnen aus der Investition (inklusive Anschaffungsnebenkosten) I [GE], der Abschreibungsdauer (bei linearer Abschreibung) T_A [a] und dem kalkulatorischen linearen Zinssatz r [1/a]. Eventuelle zusätzliche Kostenfaktoren für Steuern, Versicherung, Verwaltung, Reparatur und Instandhaltung, zusammengefasst als Faktor w [1/a] werden hier ebenfalls vereinfachend als abhängig von der installierten Wärmeübertragerfläche und damit von der Investition einbezogen, da von einem kontinuierlichen Betrieb ausgegangen wird. Für diesen Kostenfaktor w [1/a] kann ein Wert von 1 % - 2 % für Wärmeübertrager mit geringem Wartungsaufwand angesetzt werden, also ohne Verschmutzungs- oder Korrosionsgefahr, 2 % - 5 % für mittleren Wartungsaufwand und 5 % - 10 % für hohen Wartungsaufwand (Schnell 1991).

$$K_{Ges} = K_E + K_I \qquad \text{(3-9 a)}$$

$$K_I = \left(\frac{1}{T_A} + \frac{r}{2} + w\right) \cdot I \qquad \text{(3-9 b)}$$

Die Investition I [GE] für Wärmeübertrager wird im Folgenden nach der Faktormethode mit differenzierten Zuschlagssätzen[66] aus dem Anschaffungspreis I_0 [GE] der Investition berechnet (Remmers 1991; Peters u. a. 2003a;

---

[66] Diese Zuschlagssätze werden im Allgemeinen für Gesamtanlagen verwendet, in dieser Arbeit aber auch als Näherung für die Gesamtinvestition eines Wärmeübertragernetzwerks.

Peters u. a. 2003b). Im implementierten Modell werden vor der Erweiterung auf überbetriebliche Fragestellungen keine zusätzlichen Investitionen für Pumpen und Kompressoren zur Förderung der Fluide durch das Wärmeübertragernetzwerk betrachtet. Diese müssten bei einer detaillierteren Planung des Designs mitberücksichtigt werden, obgleich die Investition insgesamt hauptsächlich von den Wärmeübertragern bestimmt wird (Taal u. a. 2003). Nach Peters et al. (2003a) wird im implementierten Modell ein Zuschlagssatz von 10 % des Anschaffungspreises für die Auslieferung (d) verwendet. Auf diesen Anschaffungspreis inklusive Auslieferung werden als weitere Anschaffungsnebenkosten noch 41 % für die Installation (c_1), 33 % für Engineering und Überwachung (c_2) sowie 47 % für Unvorhergesehenes (c_3) aufgeschlagen (vgl. (3-10)), um die Investition I zu bestimmen (Peters u. a. 2003a).

$$I = I_0 \cdot (1 + d) \cdot (1 + c_1 + c_2 + c_3) \qquad \text{(3-10)}$$

Die Bestimmung (Abschätzung) des Anschaffungspreises für die einzelnen Wärmeübertrager erfolgt durch technische Parameter (Bauform, Material) und anhand der Wärmeübertragerfläche, deren Ableitung aus den Prozessdaten der Ströme im folgenden Abschnitt dargestellt wird. Zur Berücksichtigung von Größendegressionseffekten beim Anschaffungspreis der Wärmeübertrager kann die sogenannte Six-Tenth-Methode verwendet werden (Chauvel 1976; Remmers 1991; Taal u. a. 2003). Nach dieser Methode wird der Anschaffungspreis $I_{0,i}$ eines neuen Wärmeübertragers i aus seiner Fläche A_i und den Daten eines bekannten Referenz-Wärmeübertragers derselben Bauart bestimmt. Der Anschaffungspreis $I_{0,0}$ dieses Referenz-Wärmeübertragers lässt sich über bestimmte Parameter[67] etwa mit Daten von Peters u. a. (2003a) abschätzen. Mit diesem geschätzten Anschaffungspreis des Referenzwärmeübertragers, seiner Fläche A_0 sowie dem typabhängigen Größendegressionskoeffizienten b_i wird der Anschaffungspreis $I_{0,i}$ eines neuen Wärmeübertragers bestimmt:

---

[67] In der ursprünglichen Schätzformel nach Chauvel (1976) sind dies für Rohr(bündel)wärmeübertrager die Parameter Bauform, Durchmesser, Länge, Rohranzahl, Druck und Temperatur. Die meisten aktuellen tabellierten Schätzwerte für Anschaffungspreise von Wärmeübertragern, wie auch die verwendeten von Peters u. a. (2003a), reduzieren diese Auswahlparameter auf die Bauform, das Material und die Wärmeübertragerfläche A_0.

$$I_{0,i} = I_{0,0} \cdot \left(\frac{A_i}{A_0}\right)^{b_i} \tag{3-11}$$

Dabei wird für eine Abschätzung oft ein b_i zwischen 0,6 und 1[68] (VDI 2004) gewählt, je nach Bauart des Wärmeübertragers. In der Praxis werden entweder tabellierte Werte oder Berechnungsformeln eingesetzt (Ahmad 1985). Eine Auflistung detaillierter Faktoren für verschiedene Wärmeübertragertypen findet sich etwa in Remer und Chai (1990). Eine weitere Möglichkeit der Abschätzung des Anschaffungspreises für einen Wärmeübertrager ist die Berechnung als Summe aus einem größenunabhängigen Kostenbestandteil und einem größen-abhängigen (VDI 2004). Dieser Ansatz wurde hier für die Implementierung der Pinch-Analyse nicht gewählt, da für die Lösung als lineares Optimierungsprob-lem eine lineare Abhängigkeit der Investition vom Größenparameter Wärmeü-bertragerfläche notwendig ist.

3.4.2 Bestimmung der Investition über den Parameter Wärmeübertragerfläche

Die Variable, die die Größe und damit auch den Preis eines Wärmeübertragers bestimmt, ist die von ihm insgesamt bereitgestellte Wärmeübertragerfläche, durch die der Wärmeübergang zwischen den zwei Stoffströmen stattfindet. Aus diesem charakteristischen Kapazitätsmaßstab (vgl. Remmers 1991) kann unter Berücksichtigung von Größendegressionseffekten, Bauart und Material der Preis eines Wärmeübertragers abgeschätzt werden. Bei den hier relevanten Bauformen können zwei oder mehr Stoffströme durch feste Trennwände separiert Wärme abgeben oder aufnehmen (VDI 2004). Aufgrund der Komple-xität des Wärmeübergangs in Wärmeübertragern ist eine Beschränkung auf solche technischen Dimensionierungsvariablen sinnvoll, die sich stark auf die Ökonomie auswirken (Variablenselektion, vgl. Rentz 1981). Dies sind im verwendeten Ansatz nur die Fläche eines Wärmeübertragers und ein typ- und materialabhängiger spezifischer Wärmeübertragerpreis. In einem alternativen Ansatz nach Chauvel (1976) kann bei Kenntnis der konkreten Auslegung des

---

[68] Ein Größendegressionskoeffizient nahe 1 findet sich beispielsweise bei Rohrbündelwär-meübertragern.

Wärmeübertragers sein Preis aus einem Basispreis und multiplikativen Korrekturfaktoren für Typ, Rohrdurchmesser, Rohrlänge, Rohranzahl, Druck, Temperatur und Material abgeschätzt werden.

Zur Beschreibung des Wärmeübergangs wird hier ein eindimensionaler Fluss, ein Wärmeübergang nur durch die Hauptfläche, vollständige Isolierung von der Umwelt und konstante thermophysikalische Eigenschaften der Fluide unterstellt. Der übertragene Wärmestrom $\dot{Q}$[kW] wird damit vereinfacht berechnet aus dem mittleren Wärmedurchgangskoeffizienten[69] $U_m = \frac{1}{A} \cdot \int_A U \, dA \, [\frac{kW}{m^2 \cdot K}]$, der Wärmeübertragerfläche (als Trennfläche zwischen den Medien) A [m] und der mittleren Temperaturdifferenz ΔT_m [K], welche wiederum von der Ein- und Austrittstemperatur der Fluide und der Flussanordnung des Wärmeübertragers abhängt (Chauvel 1976; VDI 2004; Das 2005):

$$\dot{Q} = U_m \cdot A \cdot \Delta T_m \qquad\qquad \textbf{(3-12 a)}$$

umgeformt zu $$A = \frac{\dot{Q}}{U_m \cdot \Delta T_m} \qquad\qquad \textbf{(3-12 b)}$$

Durch Umformung von Gleichung (3-12 a) zu (3-12 b) lässt sich die benötigte Fläche eines Wärmeübertragers und damit die geschätzte Investition bestimmen. Dazu werden als nächster Schritt der mittlere Wärmedurchgangskoeffizient U_m $[\frac{kW}{m^2 \cdot K}]$ und die mittlere Temperaturdifferenz ΔT_m [K] detaillierter betrachtet.

Der mittlere Wärmedurchgangskoeffizient U_m $\left[\frac{kW}{m^2 \cdot K}\right]$ setzt sich aus verschiedenen Komponenten zusammen. Bei Vernachlässigung von Verschmutzungen, einer hohen Wärmeleitfähigkeit der Trennwand zwischen den Fluiden und der Annahme, dass die innere Oberfläche der Trennwand annähernd gleich groß wie die äußere ist, sind nur zwei Größen bestimmend. Dies sind zum einen der Wärmeübergangskoeffizient α_{innen} $\left[\frac{kW}{m^2 \cdot K}\right]$ für den Wärmeübergang vom inneren Fluid zur Wand und zum anderen der Wärmeübergangskoeffizient $\alpha_{außen}$ $\left[\frac{kW}{m^2 \cdot K}\right]$ für den Wärmeübergang von der Wand zum äußeren Fluid (vgl. Gleichung

---

[69] An dieser Stelle wird (im Gegensatz zur Vereinfachung im Folgenden) der vollständige Wärmedurchgang im Wärmeübertrager, zusammengesetzt aus Wärmeübergängen zwischen Fluiden und Wand sowie aus der Wärmeleitung innerhalb der Trennwand betrachtet.

(3-13)). Die Wärmeleitung durch die Trennwand des Wärmeübertragers wird dabei in dieser Näherung vernachlässigt.

$$\frac{1}{U_m} \approx \frac{1}{\alpha_{innen}} + \frac{1}{\alpha_{außen}} \tag{3-13}$$

In der Implementierung in MATLAB® werden die spezifischen Wärmeübergangskoeffizienten für jeden einzelnen Strom nach Gleichung (3-13) verwendet, wobei diese sich für verschiedene Stoffe und Aggregatzustände etwa in VDI (2004) dokumentiert finden.

Die mittlere Temperaturdifferenz ΔT_m [K] kann anhand der Temperaturdifferenzen an beiden Enden des Wärmeübertragers entweder aus Diagrammen abgelesen[70] werden (Chauvel 1976) oder näherungsweise berechnet werden (VDI 2004; Das 2005). Für die Berechnung der mittleren Temperaturdifferenz ΔT_m [K] werden hier zur Vereinfachung zunächst nur Gleich- und Gegenstromwärmeübertrager betrachtet, durch die Einphasenfluide mit konstanten spezifischen Wärmekapazitäten fließen. Abbildung 3-6 zeigt schematisch einen Doppelrohr-Gegenstromwärmeübertrager, durch den im inneren und im äußeren Rohr je ein durch seine Eingangstemperatur $T_{i,ein}$ und seine Ausgangstemperatur $T_{i,aus}$ sowie seinen Massenstrom $\dot{m}_i$ und seine spezifische Wärmekapazität $c_{p,i}$ charakterisierter Strom fließt. Diese Darstellung und die eingezeichnete infinitesimalen Änderung der Länge (und damit Oberfläche) dient als Grundlage für die folgende Bestimmung der pro Flächeneinheit übertragenen Wärmemenge und damit umgekehrt auch der Bestimmung der Wärmeübertragerfläche aus der geforderten Wärmeübertragung.

---

[70] Genauer können die im Folgenden definierte mittlere logarithmische Temperaturdifferenz und ein Korrekturfaktor getrennt aus Diagrammen abgelesen werden.

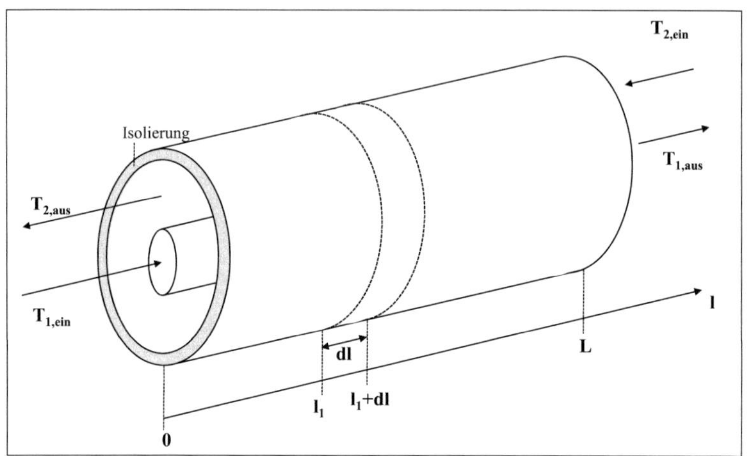

Abbildung 3-6: Schematische Darstellung eines Doppelrohr-Gegenstromwärme-übertragers (in Anlehnung an Reimann 1986)

In Abbildung 3-7 sind die Verläufe der Temperaturen für die beiden Grundtypen von Wärmeübertragern (Gleich- und Gegenstromwärmeübertrager) über die kumulierte Wärmeübertragerfläche schematisch dargestellt. Bei Gleichstromwärmeübertragern wird durch die anfänglich hohe Temperaturdifferenz eine schnelle Wärmeübertragung zu Beginn erreicht. Bei den Gegenstromwärmeübertragern liegt der Vorteil wiederum im großen insgesamt übertragbaren Wärmestrom, wobei die Temperatur des aufgewärmten Stroms nach Durchlaufen ($T_{k,aus}$) höher sein kann, als die Temperatur des abgekühlten Stroms nach Durchlaufen ($T_{h,aus}$) (VDI 2004).

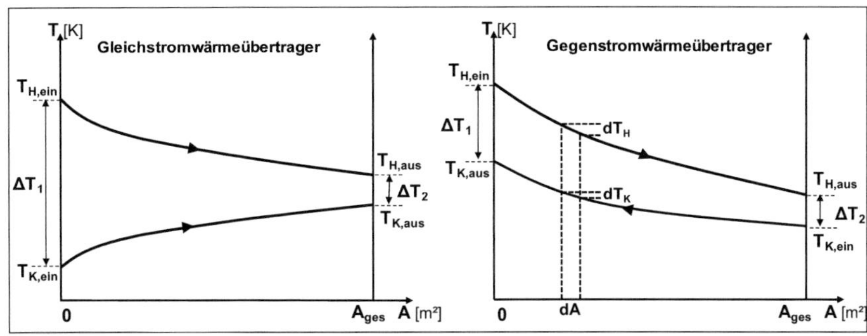

Abbildung 3-7: Verlauf des Temperaturen im Gleich- und Gegenstromwärmeübertrager (Eastop und McConkey 1969; Das 2005; Treitz 2006)

Die folgenden Berechnungen[71] erfolgen für die gebräuchlicheren Gegenstromwärmeübertrager (vgl. Abbildung 3-7 rechts), wobei das Ergebnis analog auch für Gleichstromwärmeübertrager gilt. Abweichungen von der jeweils theoretisch einfachsten Bauform (Doppelrohr-Wärmeübertrager) können, wie später dargestellt, durch einen Korrekturfaktor berücksichtigt werden. Der in einem infinitesimalen Flächenelement dA [m] des Wärmeübertragers (vgl. Abbildung 3-7 rechts) übertragene Wärmestrom $d\dot{Q}$ [kW] kann nach Gleichung (3-2) berechnet werden, wobei dT_H [K] dT_K [K] die Temperaturänderungen der Ströme über der Fläche dA [m] darstellen:

$$d\dot{Q} = -\dot{m}_H \cdot c_{p,H} \cdot dT_H = -\dot{m}_K \cdot c_{p,K} \cdot dT_K \qquad \text{(3-14 a)}$$

und damit
$$dT_H - dT_K = d(T_H - T_K)$$
$$= -d\dot{Q} \cdot \left[\frac{1}{\dot{m}_H \cdot c_{p,H}} - \frac{1}{\dot{m}_K \cdot c_{p,K}} \right] \qquad \text{(3-14 b)}$$

Mit dem konstanten[72] Wärmedurchgangskoeffizienten U $\left[\frac{kW}{m^2 \cdot K} \right]$ des Wärmeübertragers und Gleichung (3-12 a) ergibt sich in diesem Fall nach Das (2005):

---

[71] Hierbei wird die im Folgenden beschriebene sogenannte LMTD-F-Methode (mit Korrekturfaktor F für verschiedene Wärmeübertragertypen) angewendet, zu der verschiedene alternative Ansätze existieren (vgl. Das 2005).

[72] Diese Einschränkung bei der Herleitung entfällt im Folgenden wieder (s. u.).

$$d\dot{Q} = U \cdot (T_H - T_K) \cdot dA \qquad \text{(3-15 a)}$$

und damit

$$d(T_H - T_K) = -U \cdot (T_H - T_K) \cdot dA \cdot \left[\frac{1}{\dot{m}_H \cdot c_{p,H}} - \frac{1}{\dot{m}_K \cdot c_{p,K}}\right] \qquad \text{(3-15 b)}$$

umgeformt

$$\frac{d(T_H - T_K)}{(T_H - T_K)} = -U \cdot dA \cdot \left[\frac{1}{\dot{m}_H \cdot c_{p,H}} - \frac{1}{\dot{m}_K \cdot c_{p,K}}\right] \qquad \text{(3-15 c)}$$

integriert über die gesamte Wärmeübertragerfläche[73]

$$\int_{T_{H,ein}-T_{K,aus}}^{T_{H,aus}-T_{K,ein}} \frac{d(T_H - T_K)}{(T_H - T_K)} = -U \cdot \left[\frac{1}{\dot{m}_H \cdot c_{p,H}} - \frac{1}{\dot{m}_K \cdot c_{p,K}}\right] \cdot \int_0^{A_{ges}} dA \qquad \text{(3-15 d)}$$

ergibt

$$Ln\left[\frac{(T_{H,aus}-T_{K,ein})}{(T_{H,ein}-T_{K,aus})}\right] = -U \cdot A_{ges} \cdot \left[\frac{1}{\dot{m}_H \cdot c_{p,H}} - \frac{1}{\dot{m}_K \cdot c_{p,K}}\right] \qquad \text{(3-15 e)}$$

Dabei wird der Wärmedurchgangskoeffizient U $\left[\frac{kW}{m^2 \cdot K}\right]$ des Wärmeübertragers als konstant angenommen. Wenn dies nicht der Fall ist, steht in Gleichung (3-15 d) $\int_0^{A_{ges}} U dA$, was (nach der oben verwendeten Definition des mittleren Wärmedurchgangskoeffizienten U_m $\left[\frac{kW}{m^2 \cdot K}\right]$) dem Ausdruck $U_m \cdot A_{ges}$ $\left[\frac{kW}{K}\right]$ entspricht. Es kann also in jedem Fall im Ergebnis U_m anstelle von U verwendet werden.

Der gesamte übertragene Wärmestrom lässt sich wie folgt bestimmen:

---

[73] Bei dieser Herleitung wird zur Unterscheidung der Variablen A von der Gesamtfläche des Wärmeübertragers für diese die Bezeichnung A_{ges} verwendet.

$$\dot{Q} = \dot{m}_H \cdot c_{p,H} \cdot \left(T_{H,ein} - T_{H,aus}\right) =$$
$$\dot{m}_K \cdot c_{p,K} \cdot \left(T_{K,aus} - T_{K,ein}\right) \qquad \text{(3-16 a)}$$

und damit
$$-U \cdot A_{ges} \cdot \left[\frac{1}{\dot{m}_H \cdot c_{p,H}} - \frac{1}{\dot{m}_K \cdot c_{p,K}}\right] =$$
$$-\frac{U \cdot A_{ges}}{\dot{Q}} \cdot \left[\left(T_{H,ein} - T_{H,aus}\right) - \left(T_{K,aus} - T_{K,ein}\right)\right] \qquad \text{(3-16 b)}$$

aus
(3-16 a)
$$ln\left[\frac{\left(T_{H,aus}-T_{K,ein}\right)}{\left(T_{H,ein}-T_{K,aus}\right)}\right] =$$
und
(3-16 b)
$$-\frac{U \cdot A_{ges}}{\dot{Q}} \cdot \left[\left(T_{H,ein} - T_{H,aus}\right) - \left(T_{K,aus} - T_{K,ein}\right)\right] \qquad \text{(3-16 c)}$$

und damit
$$\frac{\dot{Q}}{U \cdot A_{ges}} = \frac{\left(T_{H,ein} - T_{K,aus}\right) - \left(T_{H,aus} - T_{K,ein}\right)}{ln\left[\frac{\left(T_{H,ein}-T_{K,aus}\right)}{\left(T_{H,aus}-T_{K,ein}\right)}\right]} \qquad \text{(3-16 d)}$$

Gleichung (3-16 d) stellt eine Beziehung dar, nach der sich wie in Gleichung (3-12 a) dargestellt der übertragene Wärmestrom aus der Fläche, dem (ggf. mittleren) Wärmedurchgangskoeffizienten und einem Ausdruck für die mittlere Temperaturdifferenz ΔT_m [K] berechnen lassen kann. Dieser Ausdruck wird als mittlere logarithmische Temperaturdifferenz (Log Mean Temperature Difference, LMTD) ΔT_{lm} [K] bezeichnet und entspricht dem logarithmischen Mittelwert aus den lokalen Temperaturdifferenzen an beiden Enden (vgl. Abbildung 3-7). Bei anderen Bauarten von Wärmeübertragern als dem Doppel-rohr-Gegenstromwärmeübertrager und zur genaueren Berücksichtigung der Bauform bei der detaillierten Auslegung kann ein tabellierter Korrekturfaktor (LMTD[74] correction factor) F [-] zur genaueren Anpassung von ΔT_m eingesetzt werden (Chauvel 1976; Das 2005).

allgemein
$$\Delta T_m = F \cdot \Delta T_{lm}$$
$$\text{(3-17 a)}$$

---

[74] Log Mean Temperature Difference: Mittlere logarithmische Temperaturdifferenz.

für Gegenstrom-
wärmeübertrager

$$\Delta T_{lm} = \frac{\Delta T_1 - \Delta T_2}{\ln\left(\frac{\Delta T_1}{\Delta T_2}\right)}$$

$$= \frac{\left(T_{H,ein} - T_{K,aus}\right) - \left(T_{H,aus} - T_{K,ein}\right)}{ln\left[\frac{\left(T_{H,ein}-T_{K,aus}\right)}{\left(T_{H,aus}-T_{K,ein}\right)}\right]}$$

(3-17 b)

für Gleichstrom-
wärmeübertrager
(Herleitung analog)

$$\Delta T_{lm} = \frac{\Delta T_1 - \Delta T_2}{\ln\left(\frac{\Delta T_1}{\Delta T_2}\right)}$$

$$= \frac{\left(T_{H,ein} - T_{K,ein}\right) - \left(T_{H,aus} - T_{K,aus}\right)}{ln\left[\frac{\left(T_{H,ein}-T_{K,ein}\right)}{\left(T_{H,aus}-T_{K,aus}\right)}\right]}$$

(3-17 c)

Sonderfall (bei
Gegenstrom-
Wärmeübertragern)

$$\text{für } \dot{m}_K \cdot c_{p,K} = \dot{m}_H \cdot c_{p,H}$$

$$\Delta T_1 = \Delta T_2 = \Delta T_{lm}$$

(3-17 d)

Aus Gleichungen (3-11) und (3-12 b) ergibt sich der Anschaffungspreis $I_{0,i}$ [GE] eines Wärmeübertragers aus dem zu übertragenen Wärmestrom $\dot{Q}$ [kW], dem mittleren Wärmedurchgangskoeffizient $U_m \left[\frac{\text{kW}}{\text{m}^2 \cdot \text{K}}\right]$, dem logarithmischen Mittelwert aus den lokalen Temperaturunterschieden (LMTD) ΔT_{ln} [K], aus dem Anschaffungspreis eines bekannten Referenz-Wärmeübertragers vom selben Typ $I_{0,0}$ und seiner Fläche A_0:

$$I_{0,i} = \left(\frac{\dot{Q}}{U \cdot \Delta T_{ln}}\right)^b \cdot \frac{I_{0,0}}{A_0^b}$$

(3-18)

Hieraus lassen sich die jährlichen investitionsabhängigen Kosten K_I [GE] berechnen, wobei eine lineare Abschreibung mit Abschreibungsdauer T_A [a], kalkulatorische Zinsen mit einem Zinssatz r $\left[\frac{1}{a}\right]$ und ein Instandhaltungsfaktor w $\left[\frac{1}{a}\right]$ verwendet werden. Das Verhältnis $\frac{I_{0,0}}{A_0^b}$ $\left[\frac{\text{GE}}{\text{m}^2}\right]$ wird im Folgenden spezifischer Wärmeübertragerpreis pw $\left[\frac{\text{GE}}{\text{m}^2}\right]$ genannt. Damit ergibt sich für die investitionsabhängigen Kosten K_I [GE]:

$$K_I = \left(\frac{\dot{Q}}{U \cdot \Delta T_{lm}}\right)^b \cdot pw \cdot \left(\frac{1}{T_A} + \frac{r}{2} + w\right) \qquad \text{(3-19)}$$

Und für die durch den Wärmeübertrager verursachten jährlichen investitionsabhängigen Kosten pro übertragener Wärmestromeinheit $\dot{Q}$ [kW] ergibt sich:

$$\frac{K_I}{\dot{Q}} = \left(\frac{1}{U * \Delta T_{lm}}\right)^b \cdot pw \cdot \left(\frac{1}{T_A} + \frac{r}{2} + w\right)$$
$$\cdot \dot{Q}^{b-1} \qquad \text{(3-20)}$$
$$\approx \frac{1}{U^b * \Delta T_{lm}{}^b} \cdot pw \cdot \left(\frac{1}{T_A} + \frac{r}{2} + w\right)$$

Dabei ist die Approximation in (3-20) gut für Werte von b nahe 1.[75] Diese Approximation ist deshalb notwendig, da bei der Optimierung der übertragene Wärmestrom noch unbekannt ist und andernfalls die Linearität des Optimierungsproblems nicht mehr gegeben wäre. Werte für ΔT_{lm} hingegen können vor der Optimierung für jede Temperaturintervallkombination bestimmt werden.

3.4.3 Gesamtübersicht des verwendeten Ansatzes

Mit den bis hier beschriebenen Vorüberlegungen ergibt sich das im Folgenden noch einmal insgesamt aufgeführte Modell zur Minimierung der Summe aus Utilitykosten und investitionsabhängigen Kosten für Wärmeübertrager. Hierbei können mehrere heiße und kalte Utilities eingesetzt werden. Dabei gilt mit folgenden Parametern:

a_{ik}:   Wärmestrombedarf des kalten Stroms i im Intervall k [kJ/h]

b_{jl}:   Vom heißen Strom j im Intervall l abzuführender Wärmestrom [kJ/h]

$c_{ik,jl}$:   Jährliche Kosten pro übertragener Wärmestromeinheit vom heißen Strom j und Intervall l zum kalten Strom i und Intervall k $\left[\frac{\text{GE/a}}{\text{kJ/h}} = \frac{\text{GE·h}}{\text{kJ·a}}\right]$

---

[75] Bei Annahme eines Wertes um 0,6 für b entsteht bei der Approximation ein Fehler, sodass die Größendegression bei diesem Ansatz nicht vollständig berücksichtigt ist. Als Abhilfe kann hier eine iteratives Verfahren zur Verbesserung der Lösung durchgeführt werden

$g_{ik,jl}$: Wärmestrom vom heißen Strom j und Intervall l zum kalten Strom i und Intervall k [kJ/h]

r: Kalkulationszinssatz (lineare Zinsrechnung) [1/a]

s: Anzahl kalter Utilities [-]

h: Anzahl heißer Utilities [-]

C: Anzahl kalter Ströme (Prozessströme 1 bis (C-s); Utilities (C-s+1) bis C) [-]

H: Anzahl heißer Ströme (Prozessströme 1 bis (H-h); Utilities $(H$-h+$1)$ bis H) [-]

L: Anzahl der Temperaturintervalle nach Aufteilung (beginnend mit 1 als kältestem) [-]

M: Hinreichend große Zahl $\left[\frac{\text{GE·h}}{\text{kJ·a}}\right]$ (zur Verhinderung thermodynamisch unmöglicher Verbindungen)

T_A: Abschreibungsdauer für das Wärmeübertragernetzwerk [a]

w: Faktor für jährliche Aufwendungen für Versicherung, Reparatur und Instandhaltung (vgl. Gleichung (3-9 a).

d: Zuschlagssatz für Kosten der Auslieferung der Anlagen [-] (vgl. (3-10))

c_1: Zuschlagssatz für Kosten der Installation der Anlagen [-] (vgl. (3-10))

c_2: Zuschlagssatz für Kosten des Engineerings und der Überwachung der Anlagen [-] (vgl. (3-10))

c_3: Zuschlagssatz für Kosten für Unvorhergesehenes [-] (vgl. (3-10))

T_k^C: Untere Temperaturgrenze des kalten Intervalls k [°C]

T_i^{CU}: Temperatur vom kalten Utility i [°C]

T_l^H: Untere Temperaturgrenze des heißen Intervalls l [°C]

T_j^{HU}: Temperatur vom heißen Utility j [°C]

$\Delta T_{k,l}^{lm}$:Mittlere logarithmische Temperaturdifferenz zwischen dem (kalten) Temperaturintervall k und dem (heißen) Temperaturintervall l [K]

α_i: Wärmeübergangskoeffizient vom heißen Strom i $\left[\frac{\text{kW}}{\text{m}^2\text{·K}}\right]$

α_j: Wärmeübergangskoeffizient vom kalten Strom j $\left[\frac{\text{kW}}{\text{m}^2\text{·K}}\right]$

$\alpha_{CU,i}$: Wärmeübergangskoeffizient bei Wärmeübergang vom kalten Utility i $\left[\dfrac{\text{kW}}{\text{m}^2\cdot\text{K}}\right]$

$\alpha_{HU,j}$: Wärmeübergangskoeffizient bei Wärmeübergang vom heißen Utility j $\left[\dfrac{\text{kW}}{\text{m}^2\cdot\text{K}}\right]$

e_{ij}: Größendegressionskoeffizient für Wärmeübertrager beim Wärmeübergang zwischen kaltem Strom i und heißem Strom j [1/a]

$e_{CUi,j}$: Größendegressionskoeffizient für Wärmeübertrager beim Wärmeübergang zwischen kaltem Utility i und heißem Strom j [1/a]

$e_{HUj,i}$: Größendegressionskoeffizient für Wärmeübertrager beim Wärmeübergang zwischen heißem Utility j und kaltem Strom i [1/a]

pw_{ij}: Spezifischer Wärmeübertragerpreis bei Wärmeübergang zwischen kaltem Strom i und heißem Strom j $\left[\dfrac{\text{GE}}{\text{m}^2}\right]$

$pw_{CUi,j}$: Spezifischer Wärmeübertragerpreis bei Wärmeübergang zwischen kaltem Utility i und heißem Strom j $\left[\dfrac{\text{GE}}{\text{m}^2}\right]$

$pw_{HUj,i}$: Spezifischer Wärmeübertragerpreis bei Wärmeübergang zwischen heißem Utility j und kaltem Strom i $\left[\dfrac{\text{GE}}{\text{m}^2}\right]$

$\sigma_{CU,i}$: Jährliche Kosten pro Einheit des kalten Utilitystroms i $\left[\dfrac{\text{GE}\cdot\text{h}}{\text{kJ}\cdot\text{a}}\right]$

$\sigma_{HU,j}$: Jährliche Kosten pro Einheit des heißen Utilitystroms j $\left[\dfrac{\text{GE}\cdot\text{h}}{\text{kJ}\cdot\text{a}}\right]$

$$\min_{g_{ik,jl}} \sum_{i=1}^{C}\sum_{j=1}^{H}\sum_{k=1}^{L}\sum_{l=1}^{L} c_{ik,jl}\cdot g_{ik,jl} \qquad \text{(3-21 a)}$$

$$u.\,d.\,N.$$

$$\sum_{j=1}^{H}\sum_{l=1}^{L} g_{ik,jl} = a_{ik}; \qquad \text{(3-21 b)}$$
$$(i = 1, \dots, C - s;\ k = 1, \dots, L)$$

$$\sum_{i=1}^{C}\sum_{k=1}^{L} g_{ik,jl} = b_{jl};\ (j = 1, \dots, H - h;\ l = 1, \dots, L) \qquad \text{(3-21 c)}$$

$$g_{ik,jl} \geq 0;\ (i = 1, \dots, C;\ j = 1, \dots, H;\ k = 1, \dots, L) \qquad \text{(3-21 d)}$$

Die Zielfunktion (3-21 a) stellt die Summe der jährlichen investitionsabhängigen Kosten (pro Jahr, bezogen auf eine übertragene Wärmestromeinheit) und Energiekosten (Aufschlüsselung im Folgenden) multipliziert mit den jeweiligen Energieströmen über alle kalten Ströme (C) und heißen Ströme (H) in allen Temperaturintervallen (L) dar. Dabei wird durch (3-21 b) sichergestellt, dass der gesamte Wärmestrombedarf aller kalten Ströme gedeckt wird und analog durch (3-21 d) sichergestellt, dass der gesamte Kühlbedarf aller heißen Ströme gedeckt wird.

Bei einer Verbindung von einem heißen mit einem kalten Prozessstrom gilt:

$$c_{ik,jl} = M;$$

für

$$i = 1, \dots, C - s; j = 1, \dots, H - h; l = 1, \dots, L; \\ k = l + 1, \dots, L;$$

(3-22 a)

$$c_{ik,jl} = \frac{1}{\left|\Delta T_{k,l}^{lm}\right|^{e_{ij}} \cdot \left(\dfrac{1}{\left(\frac{1}{\alpha_i}\right)+\left(\frac{1}{\alpha_j}\right)}\right)^{e_{ij}} \cdot 3600^{e_{ij}}} \cdot pw_{ij} \cdot \left(\frac{1}{T_A} + \frac{r}{2} + w\right) \\ \cdot (1 + d) \cdot (1 + c_1 + c_2 + c_3)$$

(3-22 b)

für

$$i = 1, \dots, C - s; j = 1, \dots, H - h; \\ l = 1, \dots, L; k = 1, \dots, l$$

mit

$$\Delta T_{k,l}^{lm} = \frac{\left(T_k^C - T_l^H\right) - \left(T_{k+1}^C - T_{l+1}^H\right)}{ln\left(\dfrac{T_k^C - T_l^H}{T_{k+1}^C - T_{l+1}^H}\right)}$$

(3-22 c)

für

$$T_k^C - T_l^H \neq T_{k+1}^C - T_{l+1}^H; l = 1, \dots, L; k = 1, \dots, l$$

$$\Delta T_{k,l}^{ln} = T_k^C - T_l^H$$

für $\qquad$ **(3-22 d)**

$$T_k^C - T_l^H = T_{k+1}^C - T_{l+1}^H; \; l = 1, \ldots, L; \; k = 1, \ldots, l$$

Durch (3-22 a) wird sichergestellt, dass kein Wärmestrom von einem kälteren in ein heißeres Temperaturintervall übertragen wird. (3-22 b) stellt die Kostenfunktion für die Übertragung eines Wärmestroms zwischen zwei Prozessströmen dar, bei denen eine Übertragung thermodynamisch zulässig ist. Diese Kosten bestehen hier nur aus den investitionsabhängigen Kosten für einen Wärmeübertrager, welche durch die schon beschriebenen Faktoren mittlere logarithmische Temperaturdifferenz, die Wärmeübergangskoeffizienten[76] der beiden Prozessströmen, einem spezifischen Kostenfaktor für den Wärmeübertrager sowie Faktoren für Berechnung von Abschreibungen und durchschnittlichen kalkulatorischen Zinsen aus der Investitionssumme und diverser Zuschlagfaktoren bestimmt werden. Gleichung (3-22 c) gibt für diesen Fall die Berechnungsweise der mittleren logarithmischen Temperaturdifferenz an, (3-22 d) analog für den Spezialfall einer konstanten Temperaturdifferenz (vgl. Gleichung (3-17 d). Bei diesem Ansatz wird implizit unterstellt, dass die Ströme bei der Wärmeabgabe bzw. -aufnahme das gesamte zugehörige Temperaturintervall durchlaufen, die mittlere logarithmische Temperaturdifferenz der Wärmeübertrager also der der Temperaturintervalle entspricht.

Bei einer Verbindung von einem heißen Prozessstrom mit einem kalten Utility gilt:

$$c_{ik,jl} = M;$$

für

$$i = C - s + 1, \ldots, C; j = 1, \ldots, H - h; \qquad \textbf{(3-23 a)}$$
$$k = 1, \ldots, L; \; l = 1, \ldots, L; \; T_i^{C,II} > T_l^H - \Delta T_{min}$$

---

[76] Mittlere logarithmische Temperaturdifferenz und Wärmeübergangskoeffizienten, sowie ein Faktor von 3600 zur Anpassung der Einheiten (kW und kJ/h) werden in dieser Formel wie vorher beschrieben noch um einen Größendegressionsfaktor e_{ij} ergänzt.

$$c_{ik,jl} = \frac{1}{\left|\Delta T_{CUi,l}^{lm}\right|^{e_{CUi,j}} \cdot \left(\dfrac{1}{\left(\frac{1}{\alpha_{CU,i}}\right)+\left(\frac{1}{\alpha_j}\right)}\right)^{e_{CUi,j}} \cdot 3600^{e_{CUi,j}}} \cdot pw_{CUi,j}$$

$$\cdot \left(\frac{1}{T_A}+\frac{r}{2}+w\right) \cdot (1+d) \cdot (1+c_1+c_2+c_3) + \sigma_{CUi}$$

(3-23 b)

für
$$i = C - s + 1, \dots, C;\, j = 1, \dots, H - h;\; k = 1, \dots, L;$$
$$l = 1, \dots, l\,;\; T_i^{CU} \leq T_l^H - \Delta T_{min}$$

mit

$$\Delta T_{CUi,l}^{lm} = \frac{\left(T_i^{CU}-T_l^H\right)-\left(T_i^{CU}-T_{l+1}^H\right)}{ln\left(\dfrac{T_i^{CU}-T_l^H}{T_i^{CU}-T_{l+1}^H}\right)}$$

(3-23 c)

für
$$T_l^H \neq T_{l+1}^H;\, i = C - s + 1, \dots, C;\; l = 1, \dots, L;$$

$$\Delta T_{i,l}^{lm.CU} = T_p^{CU} - T_l^H$$

(3-23 d)

für
$$T_l^H = T_{l+1}^H;\, i = C - s + 1, \dots, C;\; l = 1, \dots, L;$$

Für diesen Fall der Verbindung zwischen heißem Prozessstrom und kaltem Utility ist der wichtigste Unterschied zur Verbindung von Prozessströmen die Einbeziehung (vgl. (3-23 b)) von Energiekosten $\sigma_{CU,i}\left[\frac{GE\cdot h}{kJ\cdot a}\right]$ für jeden kalten Utilitystrom[77] CU_i. Thermodynamisch unmögliche Wärmeübertragung, hier wenn der kalte Utilitystrom CU_i zu warm für die Abkühlung des Prozessstroms im jeweiligen Temperaturintervall ist, ist nach (3-23 a) wiederum ausgeschlossen.

---

[77] In diesem Zusammenhang werden für die Utilities konstante Temperaturen angenommen.

Bei einer Verbindung von einem heißen Utility mit einem kalten Prozessstrom gilt:

$$c_{ik,jl} = M;$$

für

$$i = 1, \dots, C - s; \, j = H - h + 1, \dots, H;$$
$$k = 1, \dots, L; \, l = 1, \dots, L;$$
$$T_j^{HU} < T_{k+1}^C - \Delta T_{min}$$

(3-24 a)

$$c_{ik,jl} = \cfrac{1}{\left|\Delta T_{HUj,k}^{lm}\right|^{e_{HUj,i}} \cdot \left(\cfrac{1}{\left(\frac{1}{\alpha_{HUj}}\right)+\left(\frac{1}{\alpha_i}\right)}\right)^{e_{HUj,i}} \cdot 3600^{e_{HUj,i}}} \cdot pw_{HUj,i}$$

$$\cdot \left(\frac{1}{T_A} + \frac{r}{2} + w\right) \cdot (1 + d) \cdot (1 + c_1 + c_2 + c_3) + \sigma_{HU,j}$$

(3-24 b)

für

$$i = 1, \dots, C - s; \, j = H - h + 1, \dots, H;$$

mit

$$\Delta T_{HUj,k}^{lm} = \frac{\left(T_k^C - T_j^{HU}\right) - \left(T_{k+1}^C - T_j^{HU}\right)}{ln\left(\frac{T_k^C - T_j^{HU}}{T_{k+1}^C - T_j^{HU}}\right)}$$

(3-24 c)

für

$$T_k^C \neq T_{k+1}^C; \, j = H - h + 1, \dots, H; \, k = 1, \dots, L;$$

und mit

$$\Delta T_{k,j}^{lm.HU} = T_k^C - T_j^{HU}$$

(3-24 d)

für

$$T_k^C = T_{k+1}^C; \, j = H - h + 1, \dots, H; \, k = 1, \dots, L;$$

Hierbei sind die Formeln (3-24 a-d) analog zum Fall des kalten Utilitys. Der letzte Fall, die Verbindung von einem heißen mit einem kalten Utility ist wiederum unerwünscht, weshalb hier die Kosten je übertragene Einheit des Wärmestroms auf einen für die Auswahl der Verbindung prohibitiven Wert M gesetzt werden.

Bei einer Verbindung von einem heißen mit einem kalten Utility gilt daher:

$$c_{ik,jl} = M$$

$$f\ddot{u}r$$

$$i = C - s + 1, \dots, C; \; j = H - h + 1, \dots, H;$$
$$k = 1, \dots, L; \; l = 1, \dots, L;$$

(3-25)

Insgesamt ist das Ergebnis dieses Ansatzes neben einer Abschätzung der jährlichen Energiekosten und investitionsabhängigen Kosten auch die übertragene Wärmemenge zwischen allen im Optimum gewählten paarweisen Kombinationen von heißen und kalten Prozessströmen und Utilities. Das detaillierte Design des Wärmeübertragernetzwerks ist mit diesem Ansatz noch nicht festgelegt, da bei Verbindung eines Prozessstroms mit mehreren anderen zu überprüfen ist, ob er aufgeteilt werden soll oder mehrere Wärmeübertrager nacheinander durchlaufen soll (vgl. auch die Abgrenzung zu weiteren Auslegungsfragen im nächsten Abschnitt). Außerdem können ökonomisch unvorteilhafte weil zu kleine Wärmeströme manuell entfernt werden, sodass die Anzahl[78] der Wärmeübertrager verringert wird. Allerdings liefern die Lösungen der hier vorgestellten Optimierungsmodelle ausreichende Informationen, um das detaillierte Wärmeübertragernetzwerkdesign mit Hilfe von Methoden (Heuristiken) der konzeptionellen Pinch-Analyse (diese werden in Grundzügen in Kapitel 3.1.3 beschrieben) oder Softwaretools abzuleiten.

---

[78] Diese Anzahl ist nicht Gegenstand des Optimierungsansatzes, in dem der Zielkonflikt zwischen der Minimierung von Energiekosten einerseits und investitionsabhängige Kosten verursachenden Wärmeübertragerfläche andererseits im Vordergrund steht. Die hier im Ergebnis nur in Summe betrachtete Wärmeübertragung zwischen zwei Strömen kann in der Praxis den Einsatz mehrerer Wärmeübertrager erfordern.

3.4.4 Abgrenzung des Planungsansatzes zu weiteren Auslegungsfragen

Auf der detaillierteren Planungsebene der konkreten technischen Auslegung von Wärmeübertragern müssen neben einem allgemeinen Planungsansatz, wie dem vorgestellten, noch zusätzliche Aspekte berücksichtigt werden. Dazu gehören technische Rahmenbedingungen des Einzelfalls und Daten der verwendeten Anlagenteile sowie allgemeine Ingenieurserfahrung, welche in den mathematischen Planungsansätzen nicht direkt integrierbar sind. In dieser Arbeit steht eine Abschätzung der Kosten verschiedener Szenarien (engl. Targeting) und nicht die detaillierte Auslegung der technischen Komponenten eines konkreten Anwendungsproblems (engl. Design) im Mittelpunkt. Deshalb werden diese weiteren, für die praktische Umsetzung sehr wichtigen anschließenden Designfragen hier nur zur Vollständigkeit angesprochen. Die Abweichungen der Ergebnisse eines Targeting von denen eines konkreten Designs hängen bei der Prozessintegration stark vom Einzelfall und den verwendeten Planungsansätzen ab. Die beim Targeting systematisch unberücksichtigten Aspekte können aber teilweise durch Zuschlagssätze[79] berücksichtigt werden.

Detailliertes Design des Wärmeübertragernetzwerks

Der hier gewählte Ansatz zur Abschätzung der Gesamtkosten der Wärmeintegration beruht auf der Minimierung der Energiekosten und der investitionsabhängigen Kosten der Wärmeübertragerflächen. Die Anzahl der Wärmeübertrager als weiterer, die Wirtschaftlichkeit bestimmender, Faktor wird hierbei nicht explizit betrachtet. Dieses konkrete Design inklusive der Aufteilung von Strömen und Reihenschaltung von Wärmeübertragern ist mit dem verwendeten Optimierungsmodell noch nicht festgelegt. Für dieses konkrete Design können Heuristiken der konzeptionellen Pinch-Analyse oder spezialisierte Software verwendet werden. Dabei ist allerdings zu beachten, dass die klassischen heuristischen Vorgehensweisen von ihrer Konzeption her aber für den Fall der rein thermodynamischen Pinch-Analyse ohne Berücksichtigung von Kostendaten gedacht sind (Linnhoff und Hindmarsh 1983).

---

[79] Dazu gehört beispielsweise die Berücksichtigung der benötigten Pumpenergie durch einen Zuschlagfaktor bei der in Kapitel 4 betrachteten überbetrieblichen Prozessintegration.

Druckverluste im Wärmeübertragernetzwerk

Wärmeübertrager und zusätzliche Verbindungsrohre erhöhen den Druckverlust eines durch die Anlagen gepumpten Prozessstroms. Als Folge werden mehr Energie zum Pumpen und unter Umständen auch leistungsstärkere Pumpen benötigt, wobei insbesondere letzteres eine solche Veränderung unwirtschaftlich machen kann (Kemp 2007). Klassischerweise wird dieser Aspekt bei der Potentialabschätzung mit der Pinch-Analyse erst nach der Optimierung in einem zweiten Schritt betrachtet. Da dabei aber unter Umständen wieder größere Änderungen am zuvor „optimierten" Wärmeübertragernetzwerk nötig werden, wurden Erweiterungen der konzeptionellen (nicht-mathematischen) Pinch-Analyse als sogenanntes „dreidimensionales Supertargeting" mit dem Druckverlust als zusätzlicher Dimension entwickelt (Polley et al. 1990, Nie und Zhu 1999). Diese vor allem beim Retrofit bestehender Anlagen eingesetzten Methoden führen einen maximalen Druckverlust als zusätzliche Restriktion ein. Dieser ist in der Regel durch existierende Pumpen vorgegeben, sodass die Vermeidung zusätzlicher Investitionen und weniger der reine Pumpenenergiebedarf der Wärmeübertrager durch den Druckverlust im Vordergrund dieser Betrachtung steht. Diese Einbeziehung erfolgt aber noch nicht bei der mathematischen Optimierung, sondern erst bei der anschließenden konkreten Verschaltung der Wärmeübertrager anhand der Pinch-Design-Regeln (vgl. Abschnitt 3.2.4).

Weitere Faktoren bei der Auslegung einzelner Wärmeübertrager

Das Design des einzelnen Wärmeübertragers kann Gegenstand einer detaillierten technischen Optimierung (bzw. Auswahlentscheidung bei Standardtypen) sein. Dabei kann eine Vielzahl von Designparametern untersucht werden, zu denen folgende Aspekte gehören (Chauvel 1976, Fraas und Ozisik 1965, Das 2005):

- Auswahl spezieller Formen von Wärmeübertragern (Verdampfer, Kondensator, Kühler, Kühlturm, Radiator) oder auch der allgemeinen Bauform (vgl. Abschnitt 3.1.1)

- Art des Flusses durch den Wärmeübertrager: Gleich-, Gegen- und Kreuzstrom (ein- oder mehrfacher Kreuzstrom)

- Betrachtung von über die Wärmeübertragerfläche nicht-konstanten Wärmedurchgängen

- Vermeidung von Filmsieden (zu hohe Wärmestromdichten) und Film-kondensation

- Dynamisches Verhalten bei Lastwechseln und Steuerungsmöglichkeiten (vgl. Kapitel 4.4)

Im in dieser Arbeit verwendeten Ansatz zur Potentialabschätzung als Gesamt-kostenminimierungsproblem ist die durch die genannten und weitere Faktoren bestimmte konkrete technische Auslegung noch nicht festgelegt. Eine solche Betrachtung der genannten zusätzlichen technischen Aspekte kann erst im nächsten (hier nicht betrachteten) Schritt des konkreten Anlagendesigns berücksichtigt werden.

3.5 Weitere Anwendungsbereiche der Pinch-Analyse

3.5.1 Integration von Massenströmen

Grundlagen der Wasser-Pinch-Analyse

Die Wärme-Pinch-Analyse ist heute eine verbreitete Methode der Verfahrenstechnik. Daneben existieren ähnliche Verfahren der Prozessintegration mit dem Fokus auf Massenströmen, hauptsächlich Wasserströmen. Bei der Wasser-Pinch-Analyse wird vorwiegend Brauch- oder Betriebswasser (d. h. Wasserströme zum Reinigen, Kühlen, Transportieren etc.) betrachtet, für das meist geringere Anforderungen bestehen als für Wasser als Einsatzstoff (Gianadda u. a. 2002). Im Vergleich zur Wärme-Pinch-Analyse ergeben sich im Fall der Wasser-Pinch-Analyse weitere Optionen, wie etwa die des Aufbereitens belasteter Ströme, wodurch diese wieder ein hochwertigeres Niveau in Bezug auf den qualitativen Parameter erreichen.

Die Aufgabe einer Massenintegration ist es, zunächst einen Überblick über die betreffenden Massenströme in einem Unternehmen zu gewinnen und damit in einer umfassenden Analyse die Wege und Verwertungen von Massenströmen zu optimieren (El-Halwagi 1997). Dazu werden abgeänderte Formen der Pinch-Analyse mit dem Ziel der Verringerung des Verbrauchs von Frischwasser und des Anfalls von Abwässern angewandt (Wang und Smith 1994; Dhole u. a. 1996; Mann und Liu 1999; Brauns u. a. 2007).

Abwasser bezeichnet in diesem Zusammenhang durch menschliche Nutzung in seinen Eigenschaften verändertes Wasser.[80] Das in einem Unternehmen entstehende Abwasser kann einerseits durch die Gestaltung einzelner Prozesse reduziert werden, andererseits, wie im Folgenden relevant, durch eine Weiternutzung geeigneter Prozessabwässer in anderen Prozessen. Dazu soll nur teilweise „verschmutztes" Wasser so effektiv wie möglich, d. h. in möglichst „anspruchsvollen" Prozessen, wieder-/weiterverwendet werden, wobei wie bei der Wärme-Pinch-Analyse die Qualitätsanforderungen der einzelnen Prozessschritte eingehalten werden müssen. Analog der Temperatur, die ein Maß für

---

[80] Genauer nach AbwAG (2005) „das durch häuslichen, gewerblichen, landwirtschaftlichen oder sonstigen Gebrauch in seinen Eigenschaften veränderte […] Wasser (Schmutzwasser), sowie das von Niederschlägen aus dem Bereich von bebauten oder befestigten Flächen abfließende und gesammelte Wasser (Niederschlagswasser)".

den umwandelbaren Wärmegehalt eines Stroms liefert, kann für Masseströme die Reinheit eines Stroms als Qualitätsmerkmal definiert werden. Die Wasserqualität kann durch eine Vielfalt unterschiedlicher reiner und aggregierter Stoffparameter beschrieben werden.[81] Dementsprechend kann dabei zwischen Einzel- und Multiparameterproblemen unterschieden werden. Bei der Berücksichtigung nur eines Parameters ist das Vorgehen ähnlich dem bei der Wärmeintegration. Dabei wird der Stoffaustausch einer Substanz von einem stark zu einem weniger stark belasteten Strom analog der Wärmeübertragung von einem heißen zu einem kalten Strom bewertet (Wang und Smith 1994; Alva-Argáez u. a. 1998). Die grundsätzlichen Ideen der Wasser-Pinch-Analyse, einen Massenaustausch zwischen Strömen durch deren Mischen und das Aufbereiten von Massenströmen zu erzielen, lassen sich anwenden auf allgemeine Massenaustausch-Probleme. Je nach Qualitätsparameter (z. B. elektrischer Widerstand, Viskosität) muss bei der Analyse dann eine lineare oder nichtlineare Mischregel angewendet werden (Shelley und El-Halwagi 2000; Foo u. a. 2006).

Für die konkrete Analyse von Wassernetzen existieren verschiedene Methoden. Eine Übersicht über die wichtigsten Entwicklungen findet sich in Foo (2009). Eine auf der Wasserqualität beruhende Methode (Wang und Smith 1994) wird im Folgenden kurz erläutert, da sie die Grundlage für Analogien beim Transfer der Pinch Methodik auf Fragen der Produktionsplanung (s. Kapitel 3.6) bildet.

Wasser-Pinch-Analyse basierend auf der Wasserqualität

Bei diesem Ansatz werden die einzelnen Prozesse durch die Qualität (Schadstoff-, Störstoffkonzentration) des Stroms beim Eingang in den Prozess und beim Ausgang aus dem Prozess beschrieben. Es findet ein Massenaustausch zwischen der Menge von stark mit dem Schadstoff oder der Verunreinigung beladenen Strömen und der Menge der schwach beladenen Ströme (hier reines oder teilweise beladenes Frischwasser) statt (El-Halwagi und Manousiouthakis

---

[81] Solche als Qualitätsmerkmal verwendeten Stoffkenngrößen können etwa unterschiedliche Konzentrationen für Schadstoffe (z. B. Schwermetalle oder Phosphate) sein, ebenso Summenparameter wie die Konzentration von adsorbierbaren organisch gebundenen Halogenen (AOX), Kennwerte für Gesamtschwebstoffe oder der chemische Sauerstoffbedarf (CSB) bzw. der biochemische Sauerstoffbedarf (BSB) oder aber Kennwerte wie der pH-Wert oder die elektrische Leitfähigkeit.

1989). Da die benötigte Wassermenge (pro Zeiteinheit) des schwach beladenen Stroms von den Qualitäten des stark und des schwach beladenen Stroms abhängen, ist die Wasserqualität bezeichnend für die Methode (Polley und Polley 2000). Die Prozesse selbst werden hier nicht verändert, sondern nur die minimale Frischwassermenge (pro Zeiteinheit) bei seiner optimalen Nutzung (Reihenfolge des Durchflusses, gegebenenfalls mischen oder aufbereiten von Teilströmen).

Analog zu den Temperatur-Enthalpie-Diagrammen der Wärme-Pinch-Analyse können Summenkurven des Frischwassers und der Prozesse in einem Diagramm mit dem Verschmutzungsgrad als Qualitätsparameter und dem Massenstrom des Schadstoffs als Quantitätsparameter graphisch dargestellt und Lösun-Lösungen abgelesen werden. Abbildung 3-8 zeigt beispielhaft die Charakteristik eines Prozesses mit Wasserbedarf und Wasserversorgungslinien. Bei diesem Prozess soll die Konzentration des Schadstoffs vom Eingangs- auf den Ausgangswert gesenkt werden, womit auch der Massentransfer festgelegt ist. Diese Konzentrationen hängen für einzelne Prozesse von diversen Parametern wie etwa Löslichkeit des Schadstoffs, Fouling, Korrosion oder Absetzen von Feststoffen ab und sind vorgegebene Daten für die Analyse. Für den Massentransfer $\Delta \dot{m}$ wird ein lineares Verhältnis angenommen, was nach Henßen (2004) für verdünnte Ströme wie etwa Waschwasser eine gute Näherung ist.

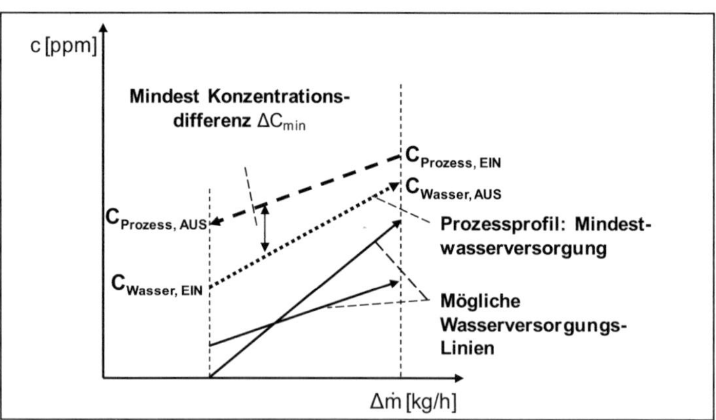

Abbildung 3-8: Darstellung der Prozesse im Konzentrations-Massenstrom-Diagramm (Wang und Smith 1994; Treitz 2006)

Aus den Daten des Prozesses und der für den Massenaustausch technisch vorgegebenen Mindestkonzentrationsdifferenz ΔC_{min} kann nun eine Mindest-Wasserversorgungs-Linie bestimmt werden, womit auch die maximale Eingangs-Beladung des in diesem Prozess verwendbaren Wassers festlegt ist.[82] Damit können die Weiterverwendungsmöglichkeiten bereits verwendeter Wasserströme geprüft werden. Bei mehreren Prozessen werden die einzelnen Mindest-Wasserversorgungs-Linien zu einer Summenkurve (Grenz- oder Konzentrations-Summenkurve) kombiniert, wobei für mehrere Kurven in einem Konzentrationsintervall die Massenströme addiert werden (s. Abbildung 3-9 links).

Der Mindest-Frischwasserbedarf (Frischwasserlinie, blaue Gerade in Abbildung 3-9 rechts) kann nun bestimmt werden als die Gerade mit der größten Steigung, welche (bei unbeladenem Frischwasser) durch den Ursprung führt und komplett unterhalb der Mindest-Wasserversorgungs-Linie bleibt. Diese Frischwasserlinie stellt also eine Tangente an die Mindest-Wasserversorgungs-Linie dar, der Berührpunkt wird auch hier Pinch-Punkt genannt. Allerdings existiert bei dieser Methode kein Mindestabstand der Kurven am Pinch-Punkt als treibende Kraft für den Massentransfer, da dieser schon bei der Ableitung der Mindest-Wasserversorgungs-Linie aus den Prozessprofilen (s. Abbildung 3-8) berücksichtigt wurde.

---

[82] Zur Verdeutlichung hier ein beispielhafter Prozess: Bei einer maximalen Eingangskonzentration von 50 ppm eines Kontaminants, einer maximalen Ausgangskonzentration von 100 ppm und einem Massentransfer von 5 kg/h wären also entweder $100 \cdot 10$ kg/h Frischwasser nötig oder alternativ $200 \cdot 10$ kg/h bereits gebrauchtes Wasser mit der maximalen Eingangskonzentration (beides bei vereinfachendem ΔC_{min} von 0).

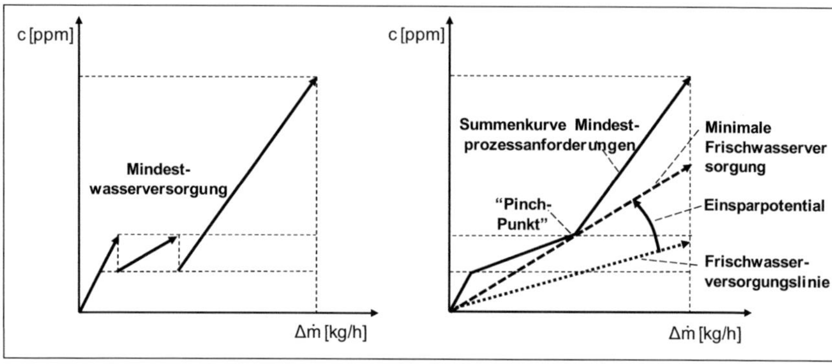

Abbildung 3-9: Abgleich von Mindest-Wasserversorgungs-Linie und Frischwasserlinie bei Weiterverwendung des Wassers (Wang und Smith 1994; Treitz 2006)

Die Frischwasserlinie gibt den Frischwasserbedarf durch ihre Steigung (genauer durch deren Kehrwert) an: Je steiler sie ist, desto höhere Schadstoffkonzentrationen werden bei gleichem Massenstrom des Schadstoffs erreicht, was einer geringeren Flussrate des Gesamtstroms entspricht. Somit entspricht die maximal mögliche Steigung dieser Kurve dem Mindestbedarf an Frischwasser und aus der Differenz in der Steigung zweier Frischwasserkurven lässt sich dessen Einsparpotential bestimmen.

In ähnlicher Form kann bei dieser Methode die Weiterverwendung von aufbereitetem (also behandeltem[83] oder mit weniger beladenen Strömen gemischtem) verbrauchtem Wasser in anderen Prozessen (Regeneration Re-Use) oder sein Recycling im selben Prozess (Regeneration Recycling) dargestellt werden. Dabei werden einzelne Schritte der Aufbereitung nicht betrachtet, sondern der Gesamtprozess nur durch eine Abbaurate oder eine Ausgangskonzentration beschrieben (Wang und Smith 1994; Henßen 2004). Der Wasserstrom wird wie in Abbildung 3-10 dargestellt auf eine niedrigere Konzentration C_0 aufbereitet, wenn er eine Schadstoffkonzentration C_A erreicht hat.

---

[83] Durch technische Maßnahmen wie Filtration oder biologische Aufbereitung des Abwassers kann dieses wieder ein besseres Qualitätsniveau erhalten.

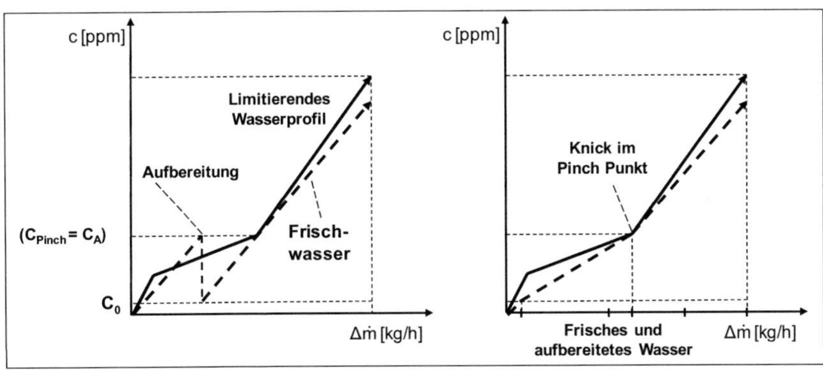

Abbildung 3-10: Abgleich von Mindest-Wasserversorgungs-Linie und Frischwasserlinie bei Aufbereitung (Wang und Smith 1994; Treitz 2006)

Zwischen diesen Konzentrationen werden die Teilstücke der Frischwasser-Versorgungs-Linie zu einer Summenkurve zusammengefasst. Die Wahl der Aufbereitungskonzentration bestimmt dabei den Frischwasserverbrauch; Wang und Smith (1994) zeigen, dass sie der Konzentration am Pinch-Punkt entspricht.[84] Da ab dieser Konzentration nun mehr Wasser (nämlich vor und nach Aufbereitung) zur Verfügung steht, kann die Frischwasser-Versorgungslinie hier mit einem Knick angepasst werden (je nach Mindest-Konzentrationsdifferenz bis an die Summenkurve des limitierenden Wasserprofils). Die Regeneration am Pinch-Punkt sorgt damit für den minimalen Aufwand, mit dem die minimale Flussrate erreichbar ist.

Mit dieser graphischen Methode lässt sich also durch Bildung einer Summenkurve der Prozessprofile und Angleichung der Frischwasserversorgungslinie im Fall von Aufbereitung auf schnellem Weg der minimale Frischwasserbedarf bestimmen. Ein leicht abgewandeltes Vorgehen ist für den Fall der Aufbereitung und Wiederverwendung im gleichen Prozess (meist bezeichnet als Regeneration Recycling) möglich (Wang und Smith 1994). Dieses Prinzip der Anpassung der Versorgungslinie im Pinch-Punkt (hier bei Vernachlässigung der Mindest-Konzentrationsdifferenz eine Tangente an der Summenkurve der

---

[84] Niedrigere Aufbereitungskonzentrationen (gepunktete Linien) bedeuten eine größere Differenz zum limitierenden Wasserprofil und damit einen größeren Wasserbedarf. Bei höheren Aufbereitungskonzentrationen (gestrichelte Linien) wäre zwar der Wasserbedarf gleich, der Aufwand für die Aufbereitung wäre jedoch höher.

Prozessprofile im Pinch-Punkt) wird auch als Basis für ein abgeleitetes Vorgehen im Bereich der Produktionsplanung verwendet (s. Kapitel 3.6).

Weitere Ansätze für die Wasser-Pinch-Analyse

Durch die zentrale Rolle des Massentransports bei dieser auf der Wasserqualität beruhenden Methode entstehen Einschränkungen in ihrer Anwendbarkeit. Da bestimmte Prozesse, etwa alle, bei denen sich die Schadstoffkonzentration nicht ändert (Abkühlen etc.) oder bei denen die Flussrate nicht konstant ist (Verdampfung), auf diese Weise nicht direkt dargestellt werden können, werden je nach Problem alternative Ansätze genutzt (Dhole u. a. 1996).

Ein alternativer Ansatz verwendet die **Flussrate** des Wassers als Hauptparameter und stellt sie anstelle des Schadstoffstroms als quantitativen Parameter dar (Dhole u. a. 1996; Sorin und Bedard 1999; Polley und Polley 2000). Dabei wird jeder Strom einerseits als Senke für eine bestimmte Wassermenge pro Zeiteinheit bei einer bestimmten Qualität betrachtet und eine aggregierte Nachfragekurve gebildet. Andererseits wird jeder Strom als Quelle für eine von der Nachfrage nicht direkt abhängige Wassermenge pro Zeiteinheit und Qualität betrachtet und eine Angebotskurve gebildet. Die beiden Kurven geben über ihren Berührpunkt Hinweise auf das zu konstruierende Netzwerk, wobei wiederum diverse Pinch-Regeln Anhaltspunkte für Verbesserungen liefern (Linnhoff und Hindmarsh 1983; Dhole u. a. 1996; Polley und Polley 2000). In enger Analogie zur Wärme-Pinch-Analyse können Prozesswasserströme im Bereich, in dem sich die Kurven überlappen, verknüpft werden. Weiterhin können durch die Bereiche, die nur durch eine Kurve abgedeckt werden, die minimalen Abwasser- bzw. minimalen Frischwasserströme berechnet werden (vergleichbar dem thermodynamisch minimalen Kühl- bzw. Heizbedarfs) (Wang und Smith 1994; Linnhoff 2004).

Ein etwas anderes Konzept ist das sogenannte „**Stream Mapping**", bei dem auf Summenkurven verzichtet wird und stattdessen in einem Qualitäts-Flussraten-Diagramm die Start- und Endpunkte der Ströme eingetragen werden, um einzelne Weiterverwendungs-Möglichkeiten zu identifizieren (Dunn und Bush 2001). Dieses Verfahren stellt also keine Pinch-Analyse dar, bietet aber gerade bei komplizierten Netzwerken eine übersichtliche Darstellung der Ströme und erlaubt das direkte Ablesen möglicher kombinierbarer Ströme. Ähnlich dazu sind Ansätze, bei denen optimale Kombinationen von Strömen über Simulationen möglicher Lösungen gesucht werden (Hallale 2002).

In der praktischen Anwendung ist oft die Berücksichtigung unterschiedlicher Substanzen bzw. Parameter erforderlich. Falls diese nicht in aggregierte Parameter (z. B. chemischer Sauerstoffbedarf) zusammengeführt werden können, liegt ein Multiparameterproblem vor (Tainsh und Rudman 1999). Für jeden relevanten Parameter können Qualitäts-Fluss-Diagramme erstellt werden, deren unterschiedliche Durchflusszielgrößen wiederum durch unterschiedliche Prozessdesigns realisiert werden können (Koufos und Retsina 2001). Eine Verbindung der einzelnen Lösungen zu einer Gesamtlösung kann entweder durch ein iteratives Vorgehen mit Berücksichtigung aller Anforderungen geschehen oder mit einer Gewichtung der Parameter eine Kompromisslösung gesucht werden, analog zu einer Mehrzielentscheidung. Im Fall einer iterativen Lösung oder komplizierter Netzwerke bieten sich eher mathematische Optimierungsansätze an als die graphische Darstellung (Alva-Argáez u. a. 1998; Mann und Liu 1999).

3.5.2 Destillations- und Kondensationsprozesse

Die Destillation (Rektifikation) von Flüssigkeitsgemischen in der Prozessindustrie verursacht bis zu 40 % des Gesamtenergiebedarfs typischer Chemieanlagen (Rix 1998). Die Wärme-Pinch-Analyse kann hier zum einen für das Design einzelner Destillationskolonnen und zum anderen für die Integration in den Gesamtprozess eingesetzt werden (Dhole und Linnhoff 1993b). Die Kolonnen werden dabei in Temperatur-Enthalpie-Profilen (Column Composite Curves und Column Grand Composite Curves) dargestellt, um den Einfluss von Veränderungen auf die Anzahl der Sektionen der Destillationskolonne und dadurch auf die Höhe der Investition einzuschätzen (Dhole und Linnhoff 1993b). Außerdem können sich bei einer Prozessintegration spezielle Anforderungen an das Design ergeben, etwa dass die Abwärme einer Hochdruck-Destillationssäule ein ausreichendes Temperaturniveau für die Nutzung in einer Niederdruck-Destillationssäule aufweisen soll (Lenhoff und Morari 1982).

Ein ähnlicher Anwendungsbereich für die Pinch-Analyse sind Prozesse, in denen Stoffe durch Abkühlen zum Kondensieren gebracht werden (Dunn und El-Halwagi 1994a; Dunn und El-Halwagi 1994b; Parthasarathy und El-Halwagi

2000). Ein Beispiel hierfür ist die Reinigung von Abluft, die mit flüchtigen organischen Verbindungen (VOC) beladen ist.[85] Da für die thermische Kondensation dieser flüchtigen Verbindungen mit niedrigen Siedepunkten auch entsprechend niedrige Temperaturen mit Hilfe von mechanischen Kälteanlagen (Linnhoff und Dhole 1992) oder flüssigem Stickstoff erzeugt werden müssen, kann der Einsatz eines optimierten Wärmeübertragernetzwerks hier ebenfalls zur Verringerung des Energiebedarfs und der mit ihm verbundenen Kosten führen.[86]

Diese Form der Pinch-Analyse beruht grundsätzlich auf der Betrachtung von Temperaturen und damit verbundenen maximalen Konzentrationen der Stoffe in der Abluft, welche auf dem stoffspezifischen Sättigungsdruck beruhen (Schollenberger und Treitz 2005). Durch diese in Phasendiagrammen darstellbare Abhängigkeit der Stoff-Konzentration von der Temperatur kann das Problem in die Standardform der Wärme-Pinch-Analyse, ein Temperatur-Enthalpie-Diagramm, überführt und entsprechend gelöst werden (Richburg und El-Halwagi 1995).[87] Je nach Qualitätsanforderungen können die zurückgewonnenen Lösemittel im Prozess wieder eingesetzt oder verkauft werden (z. B. zu Reinigungszwecken mit geringeren Qualitätsanforderungen) (Treitz 2006). Im ersten Schritt wird auch hier das Potenzial der Lösemittelrückgewinnung

---

[85] Diese Stoffe werden oft als Lösungsmittel zum Beispiel in Beschichtungsprozessen eingesetzt. Die thermische Kondensation ist hierfür ein mögliches Verfahren der Abluftreinigung, welches den Vorteil bietet, dass eine Lösemittelrückgewinnung von reinen und Mehrkomponentenlösemitteln und damit ein erneuter Gebrauch möglich ist. Neben der thermischen Kondensation ist eine Abscheidung des Lösemittels aus der Abluft mit Hilfsstoffen und den Prinzipien der Absorption oder Adsorption eine weitere Möglichkeit, bei der die Pinch-Analyse angewendet werden kann, hierbei aber in der Ausprägung einer Massenintegration (Dunn und El-Halwagi 1996).

[86] Auch für nicht-regenerative Verfahren der Abluftreinigung (z. B. thermische Nachverbrennung) kann die Pinch-Analyse genutzt werden, indem das Problem als Wärmeübertragerdesignproblem abgebildet wird (Geldermann und Rentz 2004; Geldermann u. a. 2006).

[87] Durch Abbildung in Temperatur-Enthalpie-Diagrammen unter Berücksichtigung der jeweils betrachteten Lösemittelkomponenten und deren Stoffeigenschaften (Wärmekapazitäten, Kondensationstemperatur, Verdunstungswärme etc.) und der angestrebten Lösemittelkonzentrationen können die für die Pinch-Analyse relevanten Temperaturintervalle identifiziert werden, wobei die Abluft durch das kalte Reingas für die Kondensation vorgekühlt werden kann.

bestimmt, indem die maximal mögliche Menge an technisch wiedergewinnbaren Lösemitteln berechnet wird. Der ökonomisch sinnvolle Anteil der wiederzugewinnenden Lösemittel kann dann in Abhängigkeit der weiteren Ressourcen, benötigten Investitionen und Betriebskosten in einer techno-ökonomischen Bewertung[88] bestimmt werden (Geldermann u. a. 2006; Treitz 2006; Geldermann u. a. 2007b).

3.5.3 Batch-Prozesse

Die klassischen Ansätze der Pinch-Analyse betrachten nur kontinuierliche Prozesse und gehen davon aus, dass alle Parameter von der Zeit unabhängig sind. Bei zeitlich begrenzten Batch-Prozessen kommt neben der Qualität und Quantität der Ströme als zusätzliche Restriktion für mögliche Verschaltungen die zeitliche Verfügbarkeit der Ströme hinzu (Kemp und Deakin 1989). Diese kann auf verschiedene Arten in die Analyse integriert werden, die meisten Arbeiten beziehen sich dabei auf die Wärme-Pinch-Analyse (Obeng und Ashton 1988; Linnhoff 1993; Wang und Smith 1995). Bei sogenannten „Time-Average"-Modellen werden für die diskontinuierlichen Ströme über einen bestimmten Zeitraum die Durchschnittswerte betrachtet, was aber durch den Informationsverlust der zeitlichen Charakteristiken nur eine näherungsweise Lösung erlaubt (Obeng und Ashton 1988). In „Time-Slice"-Modellen werden ähnlich den Temperaturintervallen globale Zeitintervalle definiert, in die einzelne Prozesse einsortiert werden. Eine Energiebilanz wird dann für jedes Zeitintervall einzeln aufgestellt, wobei der Transport von Energie in ein späteres Zeitintervall modelliert werden kann (Time Temperature Cascade Model). Allerdings müssen bei dieser Kaskadierung von Wärme die technischen Rahmenbedingungen (Umwandelbarkeit, Speicherbarkeit, Speicherkapazität, Wärmeverluste) als Restriktionen beachtet werden (Kemp 1991). Die Lösung kann dabei wie im kontinuierlichen Fall über einen konzeptionellen Ansatz oder mit Hilfe einer linearen Optimierung erfolgen; hierbei können auch Kombinati-

---

[88] Vor allem die technischen Parameter maximaler und minimaler Lösemittelkonzentrationen, Verdunstungsanteile in den unterschiedlichen Lackier- und Trocknungszonen sowie Qualitäts- und Sicherheitsaspekte (z. B. Sicherungsmaßnahmen gegen Explosionsgefahren) bestimmen dabei die Nebenbedingungen des Optimierungsproblems.

onsmöglichkeiten parallel durchführbarer Schritte untersucht werden (Pourali u. a. 2006). Bei sogenannten „Time-Event"-Modellen wird schließlich hauptsächlich die Ablaufplanung (Scheduling) der Prozesse selbst untersucht, wobei das Hauptziel die Vermeidung von Engpässen zu Zeiten maximaler Aktivitäten ist (Wang und Smith 1995). Die verwendeten Ansätze ähneln solchen zur Lastverschiebung (load shifting), wie sie im Bereich der Energiewirtschaft Anwendung finden (Fancher 1984; Stadler u. a. 2009). Für die Wasser-Pinch-Analyse sind ähnliche Ansätze entwickelt worden. Hierbei kann entweder mit oder ohne Speicherung sowie in einem oder mehreren Planungsschritten (Kaskadierung, Netzwerkdesign) vorgegangen werden (Foo u. a. 2005; Rabie und El-Halwagi 2008).

3.5.4 Neuere Erweiterungen der Pinch-Analyse

Ausgehend von der klassischen Pinch-Analyse wurden vielfältige Anwendungsfelder erschlossen und Erweiterungen entwickelt. Die Pinch-Analyse gehört heute zu den Standardverfahren der Optimierung in der Prozessindustrie, etwa in Raffinerien, der Papier- und Zellstoffindustrie, der Lebensmittel und Pharmaindustrie sowie in der Metallindustrie (Gundersen 2002; Smith 2005; Kemp 2007).

Zu den methodischen Erweiterungen der Wärme-Pinch-Analyse gehört unter anderem die Berücksichtigung von Druckverlusten (vgl. Linnhoff 1993 und Kapitel 3.4.4) und die Betrachtung von Gesamtanlagen (Total Sites, vgl. 4.1.2) (Dhole und Linnhoff 1993a). Außerdem wurde ein Abschwächen der Annahmen der klassischen Pinch-Analyse erforscht, etwa bei nicht-konstanten Wärmekapazitäten, individuellen Wärmeübergangskoeffizienten und Mindesttemperaturdifferenzen sowie die Aufteilung von Strömen (Zhelev 2007). Um einen Wärmeaustausch innerhalb von Reaktoren, etwa durch exotherme Reaktionen in der verbreiteten Pinch-Software zu berücksichtigen, wurde die Einführung virtueller Wärmeübertrager vorgeschlagen (De Ruyck u. a. 2003).

Bei der Wasser-Pinch-Analyse wurden vielfältige Qualitätsparameter oder deren Kombinationen betrachtet. Eine aktuelle Erweiterung ist die sogenannte Sauerstoff-Pinch-Analyse, welche beispielsweise bei der Abwasserbehandlung (Zhelev 2002) eingesetzt wird. Weiterhin wurden Ansätze für die kombinierte

Betrachtung mehrerer Ressourcen vorgestellt, wie etwa für Wasser und Energie (Savulescu u. a. 2005a; Savulescu u. a. 2005b; Kim u. a. 2009), für Wasser und Sauerstoff (Zhelev und Bhaw 2000) sowie für Kraft-Wärme-Kopplung und Kraft-Wärme-Kälte-Kopplung (Calva u. a. 2005; Zhelev 2007).

Neben Erweiterungen zum Anwendungsbereich und methodischen Ergänzungen wurde in den letzten Jahren die Lösung der Optimierungsprobleme der Wärmeübertragernetzwerksynthese mit neuen Ansätzen untersucht, darunter genetische Algorithmen (Ravagnani u. a. 2005) und Partikelschwarm-Optimierung (Silva u. a. 2009). Weiterhin wurde die Kombination verschiedener Lösungsmethoden (Tantimuratha u. a. 2000) einerseits und andererseits die schrittweise Annäherung der Lösung durch konzeptionelle und mathematische Ansätze untersucht (Briones und Kokossis 1999). Neben der globalen Optimierung von Wärmeübertragerflächen und gegebenenfalls der Anzahl der Wärmeübertrager finden sich auch heuristische Ansätze mit dem Ziel guter (nicht optimaler) Lösungen, etwa durch die schrittweise Auswahl der jeweils ökonomisch sinnvollsten Prozessstromkombination (Mikkelsen und Qvale 2001).

3.5.5 Verbesserung bestehender Anlagen

Während die beschriebenen Ansätze zur Pinch-Analyse den Neuentwurf eines Wärmeübertragernetzwerks betrachten, ist für die Praxis die Frage nach der Verbesserung eines bestehenden Netzwerks (Retrofit) ebenso relevant (Smith u. a. 2010). Hierbei muss ein Kompromiss zwischen der Weiterverwendung bestehender Wärmeübertrager und dem theoretisch optimalen Netzwerk gefunden werden. Abbildung 3-11 zeigt qualitativ den Zusammenhang von Wärmeübertragerfläche und Utilitybedarf im Idealfall von Gegenstromwärmeübertragern durch eine Linie möglichst effizienter Anlagen. Diese Linie stellt qualitativ den Zusammenhang (Trade-Off) zwischen gewählter Wärmeübertragerfläche und verbleibendem Utilitybedarf dar. Ein Retrofit einer bestehenden Anlage kann dabei in einer reinen Vergrößerung der Gesamtfläche der Wärmeübertrager bestehen (reine Vergrößerung der Fläche), im Idealfall nähert sich das System aber auch der theoretischen Ideallinie (Reoptimierung). Waagerechte Annäherungen an die Ideallinie (kein Flächenzuwachs) als reine Veränderung der Verschaltungen bestehender Wärmeübertrager sind dabei selten möglich (Michalek 1995).

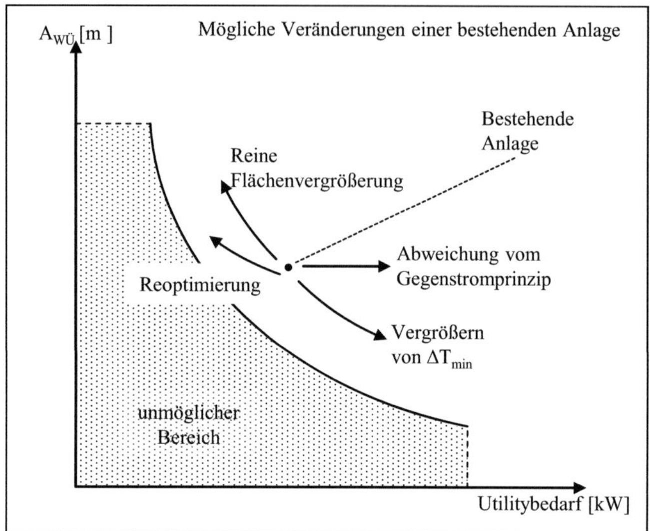

Abbildung 3-11: Qualitativer Zusammenhang zwischen Wärmeübertragerfläche und Hilfsenergiebedarf und Auswirkungen von Änderungen eines Wärmeübertragers bei Retrofitproblemen (in Anlehnung an Michalek 1995)

Für das konkrete Vorgehen einer solchen systematischen Verbesserung eines bestehenden Systems stehen mehrere Vorgehensweisen zur Verfügung. Zum einen kann dies dadurch geschehen, dass bei Methoden zum Neuentwurf im Fall von Wahlmöglichkeiten eine Netzwerkstruktur ähnlich der bestehenden gewählt wird (Kemp 2007). Zum anderen kann das bestehende Netzwerk zum Beispiel mit Hilfe der Pinch-Design-Regeln (vgl. Kapitel 3.2.4) durch Entfernen und Hinzufügen von Zuordnungen in Richtung eines optimalen Netzwerks verändert werden (Linnhoff und Tjoe 1986). Ein weiteres Vorgehen für Retrofit-Probleme orientiert sich an Engpässen im Netzwerk, an denen die geringste Temperaturdifferenz vorliegt, und versucht durch Veränderungen der Netzwerktopologie diese Engpässe zu beseitigen (Asante und Zhu 1996). Bei allen Verfahren sollten verschiedene Designalternativen bestimmt werden, welche anhand der investitionsabhängigen Kosten für zusätzliche Wärmeübertrager und für eine Umgestaltung des Netzwerks sowie der Kosten für den mit ihnen verbundenen Hilfsenergiebedarf verglichen werden.

3.5.6 Übertragungen von Methoden der Pinch-Analyse auf andere Einsatzbereiche

Einige der verschiedenen Vorgehensweisen klassischer Pinch-Analysen, insbesondere die graphischen Abbildungen, wurden auf thematisch völlig unterschiedliche Bereiche übertragen. Gemeinsam ist diesen von der Pinch-Analyse inspirierten Analogien meist ein ähnlich strukturiertes zu lösendes Problem, bei dem ein Abgleich zwischen einem Angebot und einer Nachfrage gesucht wird. Da diese auf andere Bereiche übertragenen Methoden im Gegensatz zur klassischen Pinch-Analyse in der Praxis keine große Bedeutung haben, werden sie im Folgenden nur kurz vorgestellt.

Die graphische Darstellung der (Wasser) Pinch-Analyse kann auf die Beurteilung von **Investitionsentscheidungen** übertragen werden (Zhelev 2005). Bei dieser Analogie wird die Investitionssumme in einem Diagramm über die damit verbundenen jährlichen Einsparungen gezeichnet, was zu Vektoren für einzelne Projekte ähnlich den einzelnen Strömen bei einer Wasser-Pinch-Analyse führt. Durch den Vergleich dieser Vektoren oder den Abgleich mit einer Budgetlinie soll damit die Investitionsentscheidung unterstützt werden.

Eine weitere Übertragungsmöglichkeit besteht in der Anwendung auf die Bestimmung von Anteilen zu verwendender Energieträger unter **Einhaltung von CO_2-Emissionsmengen** (Carbon Emission Pinch Analysis, CEPA) für einzelne Industriesektoren oder Regionen (Tan und Foo 2007; Foo u. a. 2008b; Crilly und Zhelev 2008; Lee u. a. 2009; Atkins u. a. 2010). Die Fragestellung ist dabei ähnlich, wie das seit Jahren diskutierte (Ballreich 1986), in der Anwendung aber schwierig umzusetzende (vgl. EIPPCB 2003) Konzept des „Bubbling", bei dem innerhalb eines oder zwischen mehreren Unternehmen Schadstoffemissionen nur als Summe betrachtet werden, um damit theoretisch bei gegebenen Gesamtemissionen Emissionsminderungsmaßnahmen an den wirtschaftlichsten Stellen anzuwenden. Bei dem von der Pinch-Analyse inspirierten Ansatz werden ähnlich der Darstellung bei der Wasser-Pinch-Analyse in einem Diagramm der Gesamt-Energiebedarf als quantitativer Parameter und die Emissionen an CO_2 als qualitativer Parameter dargestellt. Anhand einer Kurve der (nach spezifischen CO_2-Emissionsfaktoren aufsteigend sortiert dargestellten) Energieträger und einer Kurve der (insgesamt oder in einzelnen Regionen) festgelegten CO_2-Emissionsmengen kann auf diese Weise eine Aufteilung von zu verwendenden Energieträgern gefunden werden. Neben der graphischen

Darstellung kann auch hier eine Lösung durch Formulierung als lineares Optimierungsproblem gefunden werden (Tan und Foo 2007; Pekala u. a. 2010). Auch wenn diese Übertragungen eher von theoretischem Interesse zu sein scheinen, bietet die Art der Darstellung doch gewisse Einblicke in das jeweilige Planungsproblem.

In Anlehnung an die Überlegungen bei der Pinch-Analyse für Batch-Prozesse kann zeitliche Planung der einzelnen Schritte (**Scheduling**) mit einer durch die Pinch-Analyse inspirierten Darstellung erfolgen (Foo u. a. 2007). Dabei werden einzelne Prozesse als Vektoren in einem Diagramm mit „Reaktor-Tagen" (1 Reaktor einen Tag lang belegt) als quantitativem Parameter und „Tagen" als qualitativem Parameter dargestellt und zu einer Summenkurve zusammengefasst. Dies dient dann als Basis zur Bestimmung der minimalen Anzahl an Reaktoren und des optimalen zeitlichen Ablaufs anhand von Verschiebungen der Vektoren und Kurven im Diagramm.

Analogien zur für die Pinch-Analyse zentralen Kaskadennutzung von Stoffen oder Energien bei abnehmenden Qualitätsanforderungen finden sich auch im Bereich des Recyclings von Materialien, beispielsweise Baustoffrestmassen. Bei diesen ist ebenfalls eine möglichst hochwertige Verwendung anzustreben (Hiete u. a. 2011b), wodurch Weiternutzungskaskaden zu planen sind.

3.6 Exkurs: Übertragung der Pinch-Analyse auf die Produktionsplanung

Eine Übertragung der graphischen Darstellung der Wasser-Pinch-Analyse kann zur Planung der Produktionsrate eines Unternehmens bei saisonal schwankender Nachfrage verwendet werden (Singhvi und Shenoy 2002; Singhvi u. a. 2004). Während das Ziel der klassischen Pinch-Analyse das Auffinden optimaler Lösungen ist, steht bei der Übertragung zu einer Produktionsplanungsheuristik eher das schnelle Aufzeigen einer „vernünftigen" Lösung im Vordergrund, die die zugrunde liegenden Kostenfunktionen in ihrem Grundsatz berücksichtigt. Das Ziel der Planung ist dabei, anhand gegebener Prognosen für eine saisonale Produktnachfrage für jeden Monat (bzw. andere zur Unterteilung gewählte Zeiteinheit) der Planungsperiode, bei saisonalen Schwankungen, meist ein Jahr, eine Produktionsmenge und daraus folgend eine Lagermenge zu bestimmen.

Dabei steht die Produktionsrate (Einheiten pro Monat) als kurzfristig anpassbare Produktionskapazität[89] im Vordergrund, welche so festgelegt und angepasst werden soll, dass Fehlbestände (unbefriedigte Nachfrage) ausgeschlossen werden und die Kostenfaktoren Lagerhaltung, Überschusskapazität und Änderungen der Produktionsrate zu einer insgesamt kostengünstigen Lösung führen. Diese Methode wird hier kurz erläutert und auf ihre Vorteile, Nachteile und Einsatzgebiete hin untersucht.

---

[89] Nach Kern (1962) bezeichnet die Kapazität das Leistungsvermögen einer wirtschaftlichen oder technischen Einheit in einem Zeitabschnitt. Im betrieblichen Kontext ist dies insbesondere das Vermögen zur technischen oder wirtschaftlichen Leistungserbringung unter Verwendung eines durch Personal und Anlagen gebildeten Potentials (Vormbaum und Ebeling 1992). Je nach Problembereich wird nach Corsten (1994) weiter unterschieden zwischen beispielsweise quantitativer und qualitativer Kapazität, Personal- und Betriebsmittelkapazität, periodenbezogener oder Totalkapazität sowie Minimal-, Maximal- und (kostenbezogener) Optimalkapazität.

3.6.1 Kapazitätsplanung bei saisonaler Nachfrage

Für die Planung der zukünftigen Produktionskapazität eines Unternehmens wurden in den letzten Jahrzehnten zahlreiche Standardmethoden entwickelt (vgl. die Übersichten in Luss 1982; Van Mieghem 2003; Wu u. a. 2005; Mula u. a. 2006). Wie in vielen anderen Bereichen auch existieren für die Planung der Produktionskapazität einerseits exakte und andererseits heuristische Verfahren. Exakte Verfahren sind oft nur bei einer starken Beschränkung des Lösungsraums einsetzbar. Dadurch kann sich ihre Anwendbarkeit auf Spezialfälle oder durch Nebenbedingungen stark eingeschränkte Probleme verringern, weshalb als Alternative heuristische Verfahren entwickelt wurden.[90]

Wenn Unternehmen mit einer saisonalen Nachfrage von Produkten oder einer saisonalen Verfügbarkeit von Rohstoffen konfrontiert sind, kann das Problem der Kapazitätsanpassung besonders aufwendig zu lösen sein, da zusätzlich zu langfristigen Strategien eine ständige kurzfristige Anpassung der Produktion erforderlich ist. Dieser Aspekt ist zum Beispiel für die Nutzung von meist saisonal verfügbarer land- oder forstwirtschaftlicher Biomasse zur Bereitstellung von Energie oder zur Aufbereitung zu Treib- und Brennstoffen relevant. Die Prognose solcher saisonalen Angebots- oder Nachfrageschwankungen ist mit verschiedenen statistischen Methoden möglich, meist mit dem Ziel der Identifizierung von saisonalen Komponenten anhand historischer Daten (vgl. etwa Winters 1960; Herwartz 1995; Proietti 2000). Die sich daraus ergebende Vorhersage einer saisonal schwankenden Nachfrage muss anschließend in eine operative Produktionsplanung übertragen werden. Eine solche besteht etwa aus dem Aufbau von Lagerbeständen, Anpassungen der Produktionsrate, Überstun-

---

[90] Diese beruhen zum Beispiel auf dem Ansatz, eine Serie von Einzelperioden zu betrachten, diese zu optimieren und dann zu verknüpfen (Tempelmeier und Helber 1994; Tempelmeier und Derstroff 1996; Franca u. a. 1997) Andere Ansätze lösen ein unbeschränktes Optimierungsproblem, um im nächsten Schritt die Kapazitäten zu berücksichtigen. Bei der Überschreitung von Kapazitätsrestriktionen werden dann zum Beispiel Produktionsmengen auf vorherige oder spätere Perioden aufgeteilt (Clark und Armentano 1995; Alicke u. a. 2000). Weiterhin werden Heuristiken als Eröffnungsverfahren zur Generierung von guten aber nicht optimalen Startlösungen eingesetzt sowie gegebenenfalls als Verbesserungsverfahren zur schrittweisen Annäherung an eine optimale Lösung (Franck und Zimmermann 1997).

den oder Auslagerung der Produktion usw., mit dem Ziel, die Nachfrage zu befriedigen und gleichzeitig die Kapazität effektiv zu nutzen.

Solche Fragen der Produktion und Lagerhaltung wurden schon seit den Anfängen der wissenschaftlichen Forschung in den Bereichen Logistik und Operations Research betrachtet. Die schon von Schneider (1938) diskutierte hierbei zu beantwortende Frage lautet: Wie sollte die Produktion zeitlich aufgeteilt werden, wenn Nachfrageprognosen für zukünftige Zeiträume und der Anfangslagerbestand bekannt sind, damit gleichzeitig die Nachfrage bedient werden kann und die Kosten für Lagerhaltung und Produktion minimal sind? Die Antwort auf diese Frage, die Bestimmung von Lagerhaltung, Produktionsmengen und Personaleinsatz mit einem Planungshorizont von etwa einem Jahr (je nach Unternehmen von 3 - 18 Monaten) wird in der Literatur allgemein als aggregierte Produktionsplanung (Aggregate Production Planning oder Aggregate Planning, APP)[91] bezeichnet und bereits seit vielen Jahrzehnten formal untersucht (Simon und Holt 1954). Dabei wird nach Kompromissen gesucht zwischen den beiden Extremen eines reinen Ausgleichs von Schwankungen durch Lagerhaltung einerseits und einem ständigen Verfolgen der Angebots- oder Nachfrageschwankungen mit der Produktionsrate andererseits. Die Stellhebel sind dabei bei personalintensiver Produktion das Einstellen und Entlassen von Arbeitern, Überstunden, Auswärtsvergabe und Lagerhaltung (Dejonckheere u. a. 2003). Übersichten über die formalen Ansätze in diesem Bereich der zeitlichen Produktionsverteilung (oder auch Glättung der Produktion) finden sich zum Beispiel in Buffa (1967), Nam und Logendran (1992), Pan und Kleiner (1995), Sillekens (2008).[92] In der von Produktionsplanungssystemen (PPS) bestimmten Unternehmenspraxis konnten sich diese formalen Ansätze jedoch

---

[91] Teilweise wird für den im Englischen geläufigeren Begriff auch die Variante aggregierte Absatz- und Vertriebsplanung verwendet. Aggregiert bedeutet dabei, dass das gesamte Produktspektrum oder zumindest eine gesamte Produktlinie und nicht einzelne Varianten betrachtet werden.

[92] Zu den angewandten Methoden gehören etwa auf Differentialrechnung basierende lineare Entscheidungsregeln (z. B. Holt u. a. 1955), Heuristiken zum sogenannten „Production Switching" (Elmaleh und Eilon 1974) sowie verschiedenste Simulationen (Jones 1967) und Optimierungsansätze. In den neueren Forschungsarbeiten werden diese klassischen Problemstellungen mit aktuellen Herausforderungen kombiniert, wie etwa die Organisation zunehmend vernetzter und dadurch komplexer internationaler Lieferketten (Sarimveis u. a. 2008; Jung u. a. 2008).

noch nicht durchsetzen. Die in Enterprise-Ressource-Planning Systemen verfügbaren sogenannten Advanced Planning Module (APS) decken zwar verschiedenste praxisrelevante Funktionen ab (vgl. Günther u. a. 2005), die formale Prognose und die Betrachtung der Gesamtproduktion stehen hierbei aber weniger im Vordergrund. In der aktuellen Forschung finden sich derartige Fragestellungen zunehmend unter dem Titel „Sales and Operations Planning" (Dt.: Absatz- und Vertriebsplanung), wobei sich der Fokus aber von der Produktion zum Vertrieb verlagert. Gründe für die geringe Verbreitung formaler Ansätze in der Praxis sind der vergleichsweise hohe Aufwand bei der realitätsnahen formalen Abbildung betrieblicher Rahmenbedingungen und der hohe Aufwand bei der Beschaffung ausreichender Informationsgrundlagen. Außerdem sind viele Annahmen der Modelle wie lineare Kostenstrukturen so vereinfachend, dass komplexe Rechnungen damit nicht gerechtfertigt sind (Sillekens 2008).

Diese Gründe sowie der Trend zur Reduzierung der Bestände und des durch sie gebundenen Kapitals entlang der Wertschöpfungskette führen nach Buxey (2005) dazu, dass in der Praxis oft ein simples Anpassen der Produktionsrate in jeder Teilperiode an realisierte oder prognostizierte Nachfrageschwankungen (sogenannte „Chase"-Strategie, im Folgenden noch genauer betrachtet) gewählt wird. Daher besteht in diesem Bereich trotz umfassender existierender Forschungsarbeiten weiterhin Bedarf für real umsetzbare[93] Planungsmethoden.

---

[93] Nach Ackoff (1981) lassen sich die Lösungswege für viele Probleme in unterschiedliche Kategorien einteilen, wobei diese Einteilung auch auf den Vergleich einfacher Planungsheuristiken mit mathematischen Methoden zutrifft. Beim „sachlichen" Ansatz (clinical approach) wird anhand früherer Erfahrungen eine Vorgehensweise gewählt, die qualitativ als ausreichend für die Problemstellung eingeschätzt wird. In diese Kategorie fallen einfache Produktionsstrategien, wie die Übertragung der Pinch-Analyse auf die Produktionsplanung. Beim Forschungs-Ansatz hingegen wird nach einer detaillierten methodischen Lösung gesucht, welche das bestmögliche Ergebnis liefert. Hierzu zählen die zahlreichen Forschungsarbeiten zur Kapazitätsplanung. Beim Design-Ansatz schließlich wird versucht, die Problemstellung und die Rahmenbedingungen so zu ändern, dass das Problem gelöst wird oder nicht mehr auftritt. Eine solche Strategie kann etwa im Vorgehen eines im Rahmen von Fallstudien (Treitz 2006; Geldermann u. a. 2007b) untersuchten chilenischen Fahrradherstellers gesehen werden, welcher je nach saisonaler Nachfrage nach dem Hauptprodukt die Produktion auf ein alternatives Produkt (Bettgestelle) umstellt.

3.6.2 Einsatz der Pinch-Analyse zur Produktionsplanung

Im Gegensatz zu den klassischen formalen Planungsansätzen auf Basis periodischer Berechnungen werden im Folgenden allgemeine, vordefinierte Produktionsstrategien als eine einfache Alternative zu einzelfallbezogenen Kostenoptimierungsansätzen betrachtet. Je nach Größenverhältnis der verschiedenen entscheidungsrelevanten Kostenbestandteile kann in der Praxis eine Strategie vorteilhaft sein, die einen Kompromiss bildet zwischen den Extremen einer rein auf Lagerhaltung basierenden Strategie und zahlreichen Änderungen der Produktionsrate. Singhvi und Shenoy (Singhvi und Shenoy 2002; Singhvi u. a. 2004) schlagen hierzu eine grafische Methode vor, bei der die prognostizierte zukünftige Nachfrage und die daraus abgeleitete Produktionsmenge als Summenkurven in Analogie zur Pinch-Analyse dargestellt werden.

Bei der Darstellung gilt die Materialbilanzgleichung, dass sich der Lagerbestand am Ende jeder Teilperiode ergibt aus der Summe des Lagerbestands der vorherigen Periode und der aktuellen Produktionsmenge abzüglich der aktuellen Nachfragemenge (Geldermann u. a. 2007b). Hierauf basierend wird in einer (abschnittsweise linearen) Kurve die kumulierte Nachfragemenge (vertikal) über die Zeit (horizontal) aufgetragen, in Analogie zur Prozesswasserkurve beim Wasser-Pinch.[94] Diese Nachfragemengen sind zusammen mit Anfangs- und Endlagerbestand der Gesamtperiode (Jahr) die einzigen gegebenen Daten, anhand derer eine Produktionskurve, also Produktionsraten für jeden Monat, bestimmt werden. Abbildung 3-12 zeigt verschiedene Strategien zur Anpassung der Produktion an die Nachfragekurven, die im Folgenden beschrieben werden.

Die vertikale Achse stellt den Zeitpunkt der Produktion als qualitativen Parameter dar, in Analogie zur Schadstoffkonzentration bei der Wasser-Pinch-Analyse. Die horizontale Achse stellt die kumulierte Nachfrage bzw. Produktion zu einem bestimmten Zeitpunkt dar, also den quantitativen Parameter in Analogie zum Massenstrom. Mit einer etwa aus Prognosen vorgegebenen Nachfragekurve sind nun "sinnvolle" Produktionskurven zu bestimmen. Der rechte Teil von Abbildung 3-12 zeigt die kumulierte monatliche Differenz aus Produktion und

---

[94] Die auf den ersten Blick unübliche Wahl der vertikalen Achse für den Parameter Zeit erklärt sich aus der Analogie zur Energie- und Wasser-Pinch-Analyse, bei denen der qualitative Parameter (Temperatur bzw. Schadstoffkonzentration/pH-Wert o.ä.) ebenfalls auf der horizontalen Achse dargestellt wird.

Nachfrage, also den Lagerbestand oder Fehlbestand für jede Teilperiode (Monat) als Übertragung der Gesamtsummenkurve der thermischen Pinch-Analyse. Verschiedene Produktionsstrategien sind hier dargestellt und werden im Folgenden zur Herleitung der Pinch-inspirierten Kompromissstrategie verwendet.

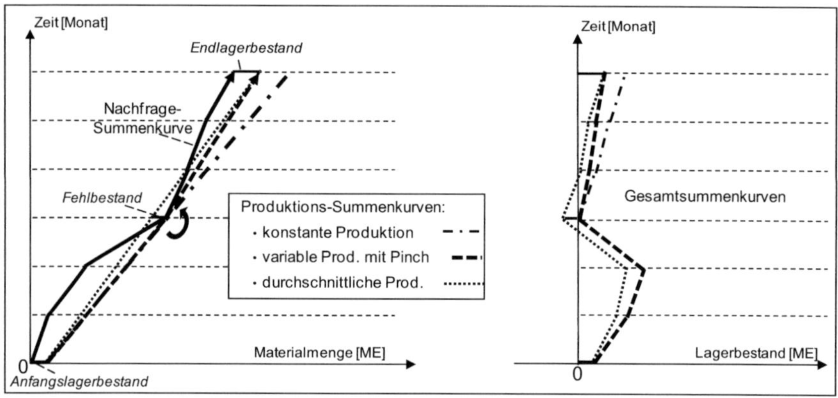

Abbildung 3-12: Pinch-Kurven zur Produktionsplanung bei saisonaler Nachfrage (Geldermann u. a. 2007a)

Diese wird dargestellt als eine Gerade, die beim vorgegebenen Anfangsbestand beginnt und die Nachfragekurve tangential berührt. Der Kehrwert ihrer Steigung gibt die minimale konstante Produktionsrate an, mit der bis zum Pinch-Punkt kein Fehlbestand auftritt. Dort wird die Produktionsrate so angepasst, dass der zweite Teil der Kurve (ebenfalls eine Gerade) durch diesen Pinch-Punkt genannten Berührpunkt und den vorgegebenen Endlagerbestand führt. Dieses Vorgehen erfolgt in Analogie zur Bestimmung der minimalen Frischwasserkurve bei der Wasser-Pinch-Analyse, vgl. Abbildung 3-9 und Abbildung 3-10 (Seite 117).

Der Pinch-Punkt trennt hier die nachfragestarke von der nachfrageschwachen Saison. Bei dieser von Singhvi und Shenoy (2002) und Singhvi u. a. (2004) vorgeschlagenen Strategie wird die Produktionsrate einmal an die saisonal zurückgehende Nachfrage angepasst, wodurch offensichtlich keine Optimierung garantiert ist. Die Begründung für dieses Vorgehen zeigt sich vielmehr im folgenden Vergleich mit anderen elementaren Produktionsstrategien, ihrer Motivation und den begünstigenden Kostenfaktoren dieser häufig in der Praxis verwendeten Vorgehensweisen (Buxey 1995). Die Übertragung auf Situationen mit saisonal verfügbaren Rohstoffen (Ludwig u. a. 2009) wird nach der genaueren Betrachtung verschiedener Produktionsstrategien beschrieben.

Die Darstellung im oben beschriebenen Produktionsmengen-Zeit-Diagramm ist ein eher naheliegender Ansatz und wurde schon früher vorgeschlagen (vgl. etwa Buffa 1967), allerdings ohne die anschließende grafische Vorgehensweise zur Bestimmung einer Produktionsstrategie. Ein weiteres ähnliches Konzept ist die Verwendung sogenannter Fortschrittszahlen[95], ebenfalls eine Mengen-Zeit-Relation in graphischer Darstellung, welche insbesondere in der Automobilindustrie seit den 90er Jahren zur Steuerung komplexer logistischer Netze eingesetzt werden (Glaser u. a. 1991; Becker und Rosemann 1993). Eine Fortschrittszahl stellt dabei eine kumulierte, sich auf ein Produkt beziehende Mengenangabe dar, die jeweils einem Termin zugeordnet ist, wobei insbesondere der Abgleich von Soll-Fortschrittszahl und Ist-Fortschrittszahl sowie deren Darstellung interessiert (vgl. Abbildung 3-13). Mit dieser Art der Darstellung lässt sich der reale Bestand an Vor- oder Fertigprodukten im Vergleich zum Bedarf (Soll-Bestand) kontrollieren (Glaser u. a. 1991).

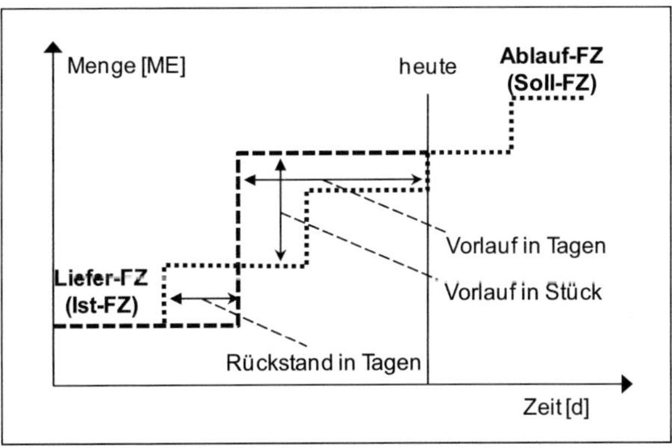

Abbildung 3-13: Fortschrittszahlen zum Abgleich von Soll- und Ist-Produktion (Becker und Rosemann 1993)

Wird das Konzept unternehmensdurchgreifend über ganze Lieferketten eingesetzt, kann der gesamte Produktionsablauf in einzelne, hintereinander gereihte

---

[95] Für eine analoge Darstellung findet sich auch der englische Begriff „load effect diagram" (Starbek und Menart 2000).

Kontrollblöcke aufgeteilt werden[96], für die der Produktionsfortschritt mit Fortschrittszahlen kontrolliert wird. Das zur Zeit der Entwicklung des Fortschrittszahlenkonzepts (90er Jahre) durch sie erreichbare Verbesserungspotential bestand zum einen in der informationstechnischen Vereinfachung der Be-Bestandsüberwachung und zum anderen in der Vereinfachung von Abläufen und logistischer Infrastruktur bei einer durch die Kontrollblöcke vorgegebenen flußorientierten Anordnung der Prozesse. Im Unterschied zur Produktionsplanung auf Basis der Pinch-Analyse ist dieses Konzept nur sinnvoll anwendbar für Großserienfertigung von Gütern mit geringen Nachfrageschwankungen (Becker und Rosemann 1993).

3.6.3 Vergleich von Produktionsstrategien

Die verschiedenen Strategien zur Anpassung der Produktion an die Nachfrage haben vor allem Auswirkungen auf die zugrunde liegenden entscheidungsrelevanten Kostenfaktoren des Produzenten. Der Begriff "Strategie" soll dabei als eine Beschreibung einer im Vorhinein festgelegten und ohne Berechnungen auskommenden Regel dafür verstanden werden, wie die Produktionsrate für jede Teilperiode angepasst wird. Verschiedene Kostenarten gehen dabei nur mit ihren typischen Abhängigkeiten ein, insbesondere Lagerhaltungskosten, Verluste durch unbefriedigte Nachfrage und Kapazitätsanpassungskosten, etwa Kosten durch das Einstellen oder Entlassen von Personal. Während Lagerkosten für eine möglichst geringe Lagerhaltung und damit zwangsweise häufige Anpassungen der Produktionsrate sprechen, ist für Kapazitätsanpassungskosten das Gegenteil vorteilhaft. Es ist also zu entscheiden, ob ein Ausgleichen der Nachfrageschwankungen über Lagerhaltung (auch „Level-Strategie") oder ein direktes Abbilden der Nachfrageprognose mit der Produktion (auch „Chase-Strategie" genannt) oder ein Kompromiss daraus vorteilhaft ist. Diese beiden Strategien (Level und Chase) sind in der Praxis am weitesten verbreitet (Chopra und Meindl 2007). Nicht entscheidungsrelevant sind hier Faktoren, die nicht

---

[96] Dies ist zumindest der Fall, solange keine Zyklen oder komplizierte Verflechtungen im Produktionsablauf vorkommen.

primär von der Strategie abhängen, wie etwa Investitionen, Materialkosten und stückzahlabhängige Arbeitskosten.[97]

Die in Tabelle 3-5 in einer Übersicht ihrer Eigenschaften dargestellten Strategien sind unterschiedlich starr oder flexibel und führen zu unterschiedlichen Kostenfaktoren bei der Anpassung der Produktionsrate an die vorgegebene Nachfragerate. Neben den zwei Strategien mit Analogien zur Pinch-Analyse sind es eher elementare und offensichtliche Vorgehensweisen, die als Vergleich dienen und entweder höhere Lagerhaltungskosten oder höhere Produktionsänderungskosten hervorrufen. Diese beiden entscheidungsrelevanten Kostenfaktoren können bei der Auswahl einer Strategie entweder als quantitative Daten einfließen oder als nicht näher bekannte qualitative Charakteristik der Produktion und Lagerhaltung.

Tabelle 3-5: Vergleich verschiedener Produktionsstrategien (Treitz 2006)

Strategie	Pinch-Punkte	Produktions-anpassungen	Fehlbestand möglich
Konstante Produktion mit einem Pinch-Punkt	1	0	nein
Variable Produktion mit einem Pinch-Punkt	1	1	nein
Variable Produktion mit mehreren Pinch-Punkten	var.	var.	nein
Durchschnittliche Produktion	0	0	ja
Saisonale Produktion	0	1	nein
Chase-Strategie	var.	var.	nein

Tabelle 3-6 zeigt für das Fallbeispiel einer chinesischen Fahrradfabrik (Geldermann u. a. 2007b) die Nachfrage für jeden betrachteten Monat und die entsprechende Produktionsrate der fünf Produktionsstrategien. Die Strategie *„Konstante Produktion mit einem Pinch-Punkt"* wird zu Vergleichszwecken herangezogen. Sie besteht darin, durch Annähern der Produktions-Gerade an die Nachfragekurve die minimale konstante Produktion ohne Fehlbestände zu bestimmen. Dabei entsteht bei saisonalen Schwankungen durch Beibehalten der

---

Produktionsrate aber am Ende der Planungsperiode ein nicht verbrauchter Lagerbestand. „*Variable Produktion mit einem Pinch-Punkt*" ist die schon beschriebene von der Pinch-Analyse abgeleitete Produktionsstrategie (Singhvi und Shenoy 2002; Singhvi u. a. 2004). Die Autoren vergleichen die Ergebnisse der Strategie mit einer einfachen, auf Kostenannahmen basierenden Optimierung und erhalten für ein Fallbeispiel das gleiche Ergebnis. Allerdings ist dieses Fallbeispiel aufgrund der einfachen Nachfragestruktur für das Verfahren besonders gut geeignet. Diese Strategie besteht aus der Auswahl der minimalen Produktionsrate (ohne Anpassung), bei der kein Fehlbestand auftritt, was grafisch eine Gerade bedeutet, die ausgehend vom Startpunkt (Ursprung des Achsensystems oder Anfangslagerbestand) so lange gedreht wird, bis sie die Nachfragekurve berührt.

Der Berührpunkt wird Pinch-Punkt genannt und die Produktionsrate einmalig angepasst, also von hier aus mit einer Gerade fortgeführt, welche den Endlagerbestand durchquert. Es wird also die Produktionsrate jeweils für den Zeitraum hoher und niedriger Nachfrage bestimmt und der Zeitpunkt der diese trennt. Wie an der Gesamtsummenkurve im rechten Teil von Abbildung 3-12 abgelesen werden kann, ist der zu Beginn aufgebaute Lagerbestand am Ende der Gesamtperiode (bis auf einen vorgegebenen End-Lagerbestand) verbraucht.

Tabelle 3-6: Zahlenbeispiel verschiedener Produktionsstrategien (nach Treitz 2006; Geldermann u. a. 2007a)

Nachfrage [# / Monat]		Produktionsraten [# / Monat]					
		Konstante Produktion mit einem Pinch-Punkt	Variable Produktion mit einem Pinch-Punkt	Variable Produktion mit mehreren Pinch-Punkten	Durch-schnittliche Produktion	Saisonale Produktion	Chase-Strategie
Oktober	90.000		108.000	108.000			90.000
November	90.000						90.000
Dezember	110.000					166.667	110.000
Januar	130.000						130.000
Februar	120.000						120.000
März	90.000	108.000		90.000	83.333		90.000
April	80.000			80.000			80.000
Mai	60.000			60.000			60.000
Juni	50.000			50.000		0	50.000
Juli	50.000		48.800	50.000			50.000
August	60.000			60.000			60.000
September	70.000			70.000			70.000
Endlagerbestand [#]		296.000	0	0	0	0	0
Jährliche Kosten [k€]		30.918[*]	22.539[*]	21.702[*]	23.465[*]	37.892[*]	22.816[*]

[*]Der Kostenschätzung zugrunde liegende Daten:
Arbeitszeit: 1 h/Stk.; Lohnkosten 435 €/Monat und Person; Materialkosten 9,50 €/Stk., Herstellungskosten 27 €/Stk.; Kosten Lagerhaltung: 20 % des Lagerbestands; Verkaufspreis 33 €/Stk.; Fehlbestandskosten 5 €/Stk.; Aufwand für Einstellungen: 206 €/Person; Aufwand für Entlassungen: 340 €/Person.

Falls es zu Engpässen aufgrund von Prognoseunsicherheiten kommt, dann am ehesten am Pinch-Punkt und gegebenenfalls am Ende der Gesamtperiode. Bei bestimmten Nachfrageverläufen entstehen jedoch auch bei sicheren Prognosen Fehlmengen, da ab dem Pinch-Punkt ohne Berücksichtigung weiterer Schwankungen mit einer durchschnittlichen Produktionsrate produziert wird. Dadurch können in diesem Abschnitt erneut Fehlmengen auftreten, insbesondere bei großen monatlichen Nachfrageschwankungen oder wenn kein Endlagerbestand eingeplant ist. In solchen Fällen bieten sich zwei verschiedene Auswege an: Zum einen kann die höhere Produktionsrate länger als bis zum Pinch-Punkt beibehalten werden. Dies entspricht zwar nicht der Unkompliziertheit der Methode, ist aber bei einer softwarebasierten Umsetzung gut realisierbar. Der Effekt auf die Kosten ist in diesem Fall eine Erhöhung der Lagerhaltungskosten, weitere Anpassungen der Produktionsrate werden aber vermieden.

Eine zweite Lösung zum Verhindern von Fehlbeständen ist die Strategie mit dem Namen „*Variable Produktion mit mehreren Pinch-Punkten*", bei der die Produktionsrate gegebenenfalls wiederholt angepasst wird (Geldermann u. a. 2007a). Die weiteren Pinch-Punkte ergeben sich wieder als Kontaktpunkt der minimalen Produktionsrate ohne Fehlbestände mit dem weiteren Verlauf der Nachfragekurve jeweils beginnend mit dem letzten Pinch-Punkt. Diese Strategie kann zu mehreren Änderungen der Produktionsrate führen, allerdings nur in Fällen, in denen die Strategie mit einem Pinch-Punkt zu Fehlbeständen führt. Bei nur kleinen Fehlbeständen ist hier ein Abwägen der Kosten notwendig. Da diese Strategie „Variable Produktion mit mehreren Pinch-Punkten" im Vergleich zur Strategie mit nur einem Pinch-Punkt für zusätzliche Nachfragemuster ohne Entstehung von Fehlbeständen einsetzbar ist, kann sie als überlegene Erweiterung der grundlegenden Strategie mit einem Pinch-Punkt betrachtet werden. Von dieser unterscheidet sie sich bei einfachen (für die Methode idealen, s.u.) Nachfrageverläufen nicht.[98]

Die Strategien „*Durchschnittliche Produktion*"[99] (Level-Strategie), „*Saisonale Produktion*" und „*Chase-Strategie*" sind dargestellt als Vergleichsstrategien und zum Aufzeigen des Zielkonflikts zwischen eventuellen Strafkosten für Fehlbestände, Kosten für Lagerhaltung und Kosten für die Änderung der Produktionsrate. Außerdem sind diese drei grundlegenden Strategien in der betrieblichen Praxis anzutreffen. Für die Chase-Strategie gilt dies vor allem, da sie keine vorausschauende Planung erfordert, Bestände minimiert und Personalressourcen effizient nutzt. Gleichzeitig führt sie aber zu finanziellen Nachteilen der Personalanpassungen und zusätzlichen negativen Auswirkungen auf die Motivation der Arbeiter (Chopra und Meindl 2007). Umgekehrt bietet eine gleich bleibende

---

[98] Eine andere mögliche Erweiterung wären etwa die Berücksichtigung des Zielkonflikts zwischen Kosten für Fehlbestände und Kosten für die Änderung der Produktionsrate in jedem Pinch-Punkt. Dies ginge allerdings zu Lasten der Einfachheit der Strategie und würde Kostendaten voraussetzen.

[99] Für diese zwei Strategien werden auch die Bezeichnungen „emanzipierte und synchronisierte Verteilung des Fertigungsvolumens" verwendet (Kilger 1973).

durchschnittliche Produktionsrate dem Personal Sicherheit. Je nach Größenordnung der Kostenfaktoren kann eine dieser drei Strategien die Pinch-basierten Strategien dominieren. Wenn die Anpassung der Produktionsrate sehr günstig ist, etwa weil entsprechend alternative Produkte hergestellt werden können, sollte eine Chase-Strategie gewählt werden.

In jedem Fall bietet die hier genutzte grafische Darstellung des Planungsproblems einen schnell überschaubaren Überblick für Planer, die dabei sowohl den benötigten Lagerraum ablesen können als auch die benötigte Anlagenkapazität als jeweiliger Kehrwert der Steigung der Produktionskurve.

Die angegebenen Kosten jeder Strategie wurden aus beobachteten und geschätzten Kosten für Material, Personal (inklusive Einstellungen und Entlassungen) und Lagerhaltung berechnet. Wenn diese Kosten bekannt sind, ist auch eine direkte Lösung des Problems als lineare Optimierung möglich. Beim hier angewendeten Kostenvergleich erweisen sich die Pinch-basierten Strategien als vorteilhaft, sie finden einen günstigen Kompromiss zwischen Kosten für Lagerhaltung und solchen für Einstellungen/Entlassungen und vermeiden Kosten für Fehlmengen (etwa entgangenen Umsatz oder verlorenen Goodwill der Kunden). Das Ziel bei der Anwendung ist daher zum einen eher das schnelle Aufzeigen von guten Startlösungen für weitere Überlegungen oder Optimierungen. Zum anderen kann das Ziel einer solchen einfachen Heuristik sein, Planern Einsichten in das Problem (etwa in Analogie zu Gantt-Diagrammen zur Visualisierung von Scheduling-Problemen) und einfache Lösungen zu liefern, die anderen elementaren Strategien überlegen sind.

Eine Herausforderung bei der Anwendung der Planungsstrategien mit einem oder mehreren Pinch-Punkten stellt die Wahl eines geeigneten Startzeitpunkts (Monats) dar. Im Gegensatz zur thermischen Pinch-Analyse, bei der der Wärme- und Kühlbedarf entsprechend des Qualitätsparameters Temperatur sortiert werden, findet eine solche Sortierung der Nachfragemengen beim „Produktions-Pinch" nicht statt. Das Verfahren kann verschiedene Lösungen besserer oder schlechterer Qualität liefern, je nachdem welcher Startzeitpunkt gewählt wurde. Bei der Umsetzung in einer Software hat ein Vergleich der groben Kalkulation der Kostenfaktoren für alle möglichen Startzeitpunkte verschiedener Datensätzen darauf hingedeutet,[100] dass die Methode die besten Ergebnisse liefert, wenn als Startzeitpunkt der Beginn der Saison hoher Nachfrage gewählt wird. Daher wird dieser als Startzeitpunkt für die Methode empfohlen.

3.6.4 Produktionsplanung mit der Pinch-Analyse für saisonal verfügbare Rohstoffe

Neben Fällen mit saisonal schwankender Produktnachfrage kann die beschriebene Planungsheuristik auch dann angewendet werden, wenn die Produktion von einem Einsatzstoff mit saisonal beschränkter Verfügbarkeit bestimmt wird (Ludwig u. a. 2009). Die Nutzung von Biomasse zur Erzeugung von Energie oder Energieträgern kann hierfür als Beispiel betrachtet werden. Die Verarbeitung dieser Stoffe unterschiedet sich von anderen industriellen Verfahren dadurch, dass die Qualität der Eingangsstoffe variieren kann, die verfügbaren Mengen saisonabhängig und mit Unsicherheiten behaftet sind (Friedemann und Schumann 2010), die Stoffe aus dezentralen Quellen kommen und eine entsprechend angepasste Planung verlangen. Zu solchen Rohstoffen gehören etwa solche, die als Lebensmittel Verwendung finden (Grunow u. a. 2007), aber auch energetisch genutzte Stoffe wie Holz. Die Verarbeitung von Waldrestholz oder ungenutzten Pflanzenteilen aus dem Ackerbau zu höherwertigen Brennstoffen (Pellets, Biogas oder synthetische Kraftstoffe) ist ein wachsender Industriesektor. Wenn solche Rohstoffe in großem Maßstab eingesetzt werden, sinkt damit ihre Verfügbarkeit zu wirtschaftlichen Preisen für andere Verfahren. Die Sicherstellung einer stetigen Versorgung kann zum einen problematisch sein durch die geringe (Energie-)Dichte und die damit verbundene schlechte Transportierbarkeit der Rohstoffe. Zum anderen können hohe Lagerhaltungskosten auftreten, da diese Rohstoffe durch biologische Verfallsprozesse oft nicht einfach ohne Qualitätsverlust zu lagern[101] sind. Andererseits sollte auch bei

---

[100] Eine genauere Untersuchung des Einflusses des Startzeitpunkts findet sich in der Diplomarbeit (unveröffentlicht) am Institut für Industriebetriebslehre und Industrielle Produktion (IIP) der Universität Karlsruhe: P. Borsi (2006): „Die Übertragung der Pinch-Analyse auf das Supply Chain Management".

[101] Die grundsätzliche Lagerbarkeit der Rohstoffe oder Produkte über einen bestimmten Zeitraum ist eine Voraussetzung der hier verwendeten Methode mit Lagerhaltung.

rohstoffbedingt schwankenden Verarbeitungsraten überschüssige Kapazität aus Rentabilitätsgründen möglichst vermieden werden, wodurch reine „Chase-Strategien" unattraktiv werden. Insgesamt kann diese Planungssituation als sehr ähnlich dem Fall schwankender Produktnachfrage betrachtet werden, weshalb auch hier eine Pinch-basierte Planungsmethode als unkomplizierter Lösungsansatz eingesetzt werden kann. Hierbei wird der saisonal schwankenden Angebotskurve, etwa von pflanzlicher Biomasse, eine Verarbeitungsrate grafisch analog zum vorherigen Fall angepasst.

Abbildung 3-14 zeigt, wie die grafische Planungsmethode angepasst werden kann, indem nun die Verarbeitungsrate von oben an die hier gegebene Angebotskurve angepasst wird (Ludwig u. a. 2009). Die Lage der Angebots- und Verarbeitungskurven ist im Vergleich zum vorherigen Fall vertauscht, da kein Produktionsausfall durch fehlende Einsatzstoffe auftreten darf und somit die kumulierte Produktion nie das kumulierte Rohstoffangebot überschreiten darf.

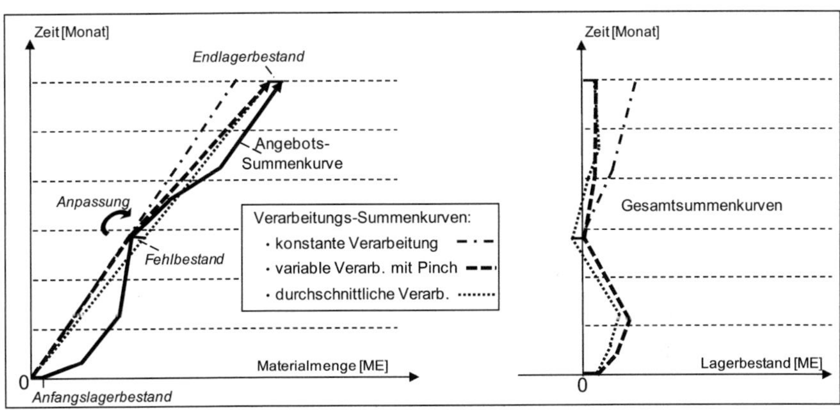

Abbildung 3-14: Pinch-Kurven zur Produktionsplanung bei saisonalem Angebot (Ludwig u. a. 2009)

Im Fall des saisonal schwankenden Rohstoffangebots ist es das Ziel der Produktionsstrategie, das gesamte verfügbare Angebot zu verarbeiten, wobei zu Produktionsstopps führende Fehlmengen ausgeschlossen werden sollen und die maximale Verarbeitungsrate (also die in Phasen schwachen Rohstoffangebots überschüssige Kapazität) möglichst gering sein soll. Veränderungen der Verarbeitungsrate sind auch in diesem Fall mit Kosten verbunden, sowohl durch Änderungen der Anlagen als auch durch Veränderungen des Personals. Die (maximale) Verarbeitungsrate kann von der Abbildung abgelesen werden als der Kehrwert der Steigung der Verarbeitungskurve, wodurch sich die benötigte Kapazität der Anlage und damit die investitionsabhängigen Kosten bestimmen lassen. Die in der Gesamtsummenkurve dargestellte Differenz von Angebot und Nachfrage gibt auch hier den Lagerbestand zu jedem Zeitpunkt an und kann somit zur Planung der Lagerkapazität herangezogen werden.

Die Pinch-basierten Strategien sind auch hier als Kompromisslösungen zwischen den verschiedenen Extremstrategien und den Kostenfaktoren zu sehen. Während eine konstante Verarbeitungsrate die Kapazität optimal ausnutzt, wird das schwankende Rohstoffangebot entweder nicht vollständig aufgebraucht (Strategie konstante Verarbeitungsrate) oder es entstehen Fehlmengen (Strategie durchschnittliche Verarbeitungsrate), die entweder zu einem Produktionsstopp führen oder den Einsatz von Ersatzstoffen erfordern. Auch hier ermöglicht das grafische Planungsschema dem Planer einen schnellen Überblick über die monatlich benötigten Lagerkapazitäten und über mögliche Engpässe, bei denen der Lagerbestand ganz oder bis zu einem gewählten Sicherheitsbestand aufgebraucht ist. Je nach betrachteten technischen Prozessen und ihren Kostenfaktoren können auch hier eindeutige Präferenzen für eine der einfachen Produktionsstrategien bestehen und die Suche nach Kompromisslösungen unnötig machen, etwa wenn Biomasse zu Treibstoffen umgewandelt wird und kapitalintensive Anlagen eine ständige gute Auslastung verlangen (Kerdoncuff 2008). Andererseits kann eine beschränkte Lagerfähigkeit bestimmter verfallsanfälliger Produkte die Handlungsalternativen einschränken, hier wäre eine saisonale Produktion die nahe liegende Lösung. Wie im Fall einer schwankenden Produktnachfrage ist eine Pinch-inspirierte Planungsmethode einer der möglichen Ansätze, der wie jede Methode seine eigenen im Folgenden kurz diskutierten Vor- und Nachteile hat.

3.6.5 Bewertung und Schlussfolgerungen zur Produktionsplanung mit der Pinch-Analyse

Im Vergleich zu klassischen Methoden des Operations Research, wie etwa der linearen Optimierung, welche bei bekannten Rahmenbedingungen und Kostenfaktoren hier ebenfalls angewendet werden kann, ist die Pinch-basierte Produktionsplanung ein sehr aggregierter und einfacher Ansatz. Seine Anwendbarkeit ist auf vereinfachte Probleme und „geeignete"[102] Nachfrage- oder Angebotsverläufe beschränkt und die Optimalität der Ergebnisse ist nicht sichergestellt. Da dieser Ansatz die Größen der einzelnen entscheidungsrelevanten Kosten nicht berücksichtigt, kann er insgesamt eher als einfache Strategie zum schnellen Auffinden von brauchbaren Lösungen betrachtet werden, welche etwa weitere Planungen oder Optimierungen vereinfachen. Faktoren wie ein minimaler oder maximaler Lagerbestand werden in der Grundform ebenso nicht berücksichtigt. Als allgemeine Kritik von graphischen Planungsansätzen wird daneben noch von Foo u. a. (2006) das Problem der Skalierung bei Daten verschiedener Größenordnungen und damit mangelnder Genauigkeit und die Einfachheit von Szenarienrechnungen und Sensitivitätsanalysen bei rechnerischen Verfahren genannt. Allerdings bietet die grafische Darstellungsform die Möglichkeit, sich schnell einen Überblick über die Planungssituation zu verschaffen und verschiedene Produktionsstrategien für den Fall saisonal schwankender Produktnachfrage oder Rohstoffangebote zu vergleichen.

Die Methode wirkt im Vergleich zu Chase-Strategien wie ein einfacher Filter für Ausschläge der Produktionskurve und bietet die schon erwähnten Vorteile einer Kompromisslösung. Diese Tendenz zum Glätten von Spitzen (vgl. Disney u. a. 2005) der nachgelagerten Nachfrage oder vorgelagerter Rohstoffangebote kann weiterhin als Vorteil für Lieferketten gesehen werden, da ein Aufschaukeln entlang der Lieferketten vermieden wird (Bullwhip-Effekt, vgl. Lee u. a. 1997; Geary u. a. 2006). Der identifizierte Pinch-Punkt liefert zusätzlich in seiner ursprünglichen Bedeutung des „Flaschenhalses" (Foo u. a. 2008a) Informationen darüber, zu welchem Zeitpunkt der Lagerbestand am geringsten ist. Dies ist der Zeitpunkt, für den zusätzliche (Reserve-)Kapazität und eine

---

[102] Ideal sind hierbei jährlich (oder anderweitig regelmäßig) in prognostizierbarer Weise schwankende Verläufe.

genauere Analyse der Absatzprognosen am relevantesten sind. Durch Reserven an diesem Zeitpunkt kann die Robustheit der Planung verbessert werden.

Diese grafische Heuristik erfordert außerdem keine genaue Bestimmung von Kostenfaktoren. Eine einfach zu bedienende Software-Umsetzung, eventuell zusammen mit verschiedenen Prognosemethoden, wäre insbesondere für kleine Unternehmen, die in der Regel keine formalen Methoden zur Produktionsplanung einsetzen, ein nützliches Hilfsmittel. Bei einer großen Unternehmensbefragung von Buxey (1995) stellte sich heraus, dass beim Aggregate Production Planning in der Praxis die von der Forschung viel diskutierten formalen Methoden nicht eingesetzt werden. Stattdessen traf er auf einfache Entscheidungsregeln für den Umgang mit saisonal schwankender Nachfrage, meistens Chase-Strategien. Für einen Teil dieser Unternehmen wäre eine Anwendung der Pinch-basierten Strategien (oder ähnlicher vorausschauender Methoden) trotz ihrer Schlichtheit eine Verfeinerung der Planung. Als Kompromisslösung zwischen diesen beiden Strategien wurde von Brunner (1962) für saisonale Planungsprobleme die Einteilung in Zeitabschnitte mit jeweils konstanter Produktionsrate vorgeschlagen, allerdings wird dabei keine Methode zur Bestimmung dieser Zeitabschnitte genannt. Hier kann die Pinch-Analyse konkrete Zeitpunkte für den Übergang von der nachfragestarken zur nachfrageschwachen Teilperiode (bzw. bei Planung mit mehreren Pinch-Punkten einen Übergang in mehreren Schritten) liefern.

Derart intuitive grafische Planungswerkzeuge, die eigenständig in einzelnen Unternehmenseinheiten eingesetzt werden können, könnten außerdem eine größere Akzeptanz bei den Anwendern ermöglichen als schwer nachvollziehbare mathematische Ansätze. In komplizierten Lieferketten kann eine Gesamtoptimierung zusätzlich an der Komplexität und den abzubildenden Abhängigkeiten scheitern. Schließlich ist der Bedarf nach genau quantifizierten Planungszielen ein mögliches Hindernis formaler Ansätze. So stellt etwa Gilgeous (1988) fest, dass die Produktionsplanung ein Mehrzielentscheidungsproblem ist, bei dem einige Ziele wie etwa die Abneigung des Personals gegenüber großen Änderungen im Personalbestand nicht direkt quantifiziert werden können. Die Annahme, die Produktionsrate und damit das Einstellen oder Entlassen von Personal in jeder Teilperiode frei wählen zu können, ist daher ein kritischer Punkt aller Aggregate-Planning-Methoden. Zwar war eine solche

Planungssicht in der betrachteten Fallstudie (Fahrradfabrik) auch in der Praxis anzutreffen, in der Regel sind aber zusätzliche Restriktionen relevant.

Die von Singhvi und Shenoy (2002) vorgeschlagene Strategie einer Anpassung der Produktionsrate in einem Pinch-Punkt lässt sich zum Beispiel durch gegebenenfalls (abhängig von der Nachfrage- bzw. Angebotskurve) mehrfache Anpassung verbessern. Dadurch wird die Anwendbarkeit auf vielfältigere Nachfrage- bzw. Angebotskurven erweitert. Allgemein sind diese Strategien hauptsächlich bei in einer Gesamtperiode saisonal schwankender Nachfrage bzw. Angebot anwendbar, die Güte der Ergebnisse hängt stark vom gewählten Startzeitpunkt ab. Für dessen Wahl wird basierend auf untersuchten Beispielen generell der Beginn der nachfrage-/angebotsstarken Saison empfohlen.

Der Ansatz einer grafischen Abbildung der Planungssituation zur schnellen Planung mit Produktionsstrategien wie etwa den beiden Pinch-basierten kann analog auf den Bereich der Verarbeitung pflanzlicher Rohstoffe übertragen werden, bei denen oft eine saisonale Verfügbarkeit vorliegt. In beiden Anwendungsbereichen liefern die Planungsheuristiken schnelle Startlösungen mit Zusatzinformationen wie benötigte Lagerkapazitäten und maximale Kapazität, allerdings ohne den Anspruch auf Optimalität der Lösungen. Auch die nicht für alle Kurvenverläufe gegebene Anwendbarkeit der Methode ist eine starke Einschränkung. Obwohl diese sehr einfachen grafischen Heuristiken nur schwer mit klassischen Aggregate Production Planning-Methoden vergleichbar sind, stellen sie doch einen interessanten Beitrag dar zur Überwindung der Lücke zwischen hochentwickelten aber selten eingesetzten mathematischen Planungsmethoden und in der betrieblichen Praxis häufigen Faustregeln.

4 Überbetriebliche Prozessintegration und externe Prozesswärmenutzung

Bei der überbetrieblichen Prozessintegration werden Prozessströme über Betriebsgrenzen hinweg verknüpft, um durch den Austausch von Ressourcen diese möglichst optimal zu nutzen. Zu diesem Zweck wird im Folgenden das in Kapitel 3 dargestellte mathematische Modell zur Pinch-Analyse herangezogen, um den Fall überbetrieblicher Wärmeintegration durch Einbeziehung hier besonders relevanter Aspekte zu untersuchen. Zusätzlich werden in diesem Kapitel Hemmnisse für den Einsatz solcher Konzepte in der Praxis und Maßnahmen zur Überwindung dieser Hemmnisse analysiert.

4.1 Problemstellung und aktueller Stand

4.1.1 Übersicht über die Problemstellung

Für den Bereich der überbetrieblichen Prozessintegration lässt sich die Wirtschaftlichkeit verschiedener Designalternativen vorab mit Hilfe der Pinch-Analyse untersuchen. Während die Integration von Prozessen mir Hilfe der Pinch-Analyse seit Langem als eine Standardmethode der Verfahrenstechnik zur Verbesserung der Ressourceneffizienz, insbesondere der Energieeffizienz großer industrieller Anlagen, angewendet wird, ist die Anwendung in kleinen und mittleren Unternehmen oft nur in begrenztem Ausmaß möglich. Dies liegt vor allem am fehlenden Potential, also der vergleichsweise geringen Anzahl von Wärmeströmen und ihrer geringen Wärmeleistung. Eine Möglichkeit, dieses fehlende Potential für Wärmeintegration zu schaffen, bieten Eco-Industrial Parks (vgl. Kapitel 2.6) als Rahmen für Kooperationen mehrerer KMU. Bei geeigneter Auswahl der beteiligten Unternehmen und bei geeignetem Design des gemeinsamen Standorts kann bei diesem Konzept ein ausreichendes Potential für Wärmeintegration in räumlicher Nähe geschaffen werden.

Grundsätzlich ist zwar eine Weiterverwendung rückgewonnener Abwärme im selben Prozess oder, wenn nicht möglich, in einem räumlich möglichst nahen (und ähnlichen) Prozess aus technischen und organisatorischen Gründen die erste Wahl. Besteht hierzu aber kein passender Bedarf, kann eine Weiterverwendung an entfernterer Stelle, beispielsweise einem benachbarten Abnehmer, sinnvoll sein. Den vielfältigen weiteren Bereichen möglicher Synergien (vgl. Kapitel 2.6) stehen bei einem solchen Projekt jedoch auch vielfältige Herausforderungen gegenüber. Zu diesen Herausforderungen bei der Planung gehören neben technischen Fragestellungen und der alles bestimmenden Frage nach der Wirtschaftlichkeit auch organisatorische Aspekte. In der Praxis finden sich zwar zunehmend als Eco-Industrial Park bezeichnete Standorte, eine Wärmeintegration über mehrere Unternehmen ist aber eher selten und auf wenige Industrien beschränkt (vgl. Kapitel 2.6.4 und Kapitel 4.1.4).

Die betriebsexterne Nutzung eines einzelnen Abwärmestroms, zum Beispiel durch Einspeisung von Abwärme in ein Nah- oder Fernwärmenetz mit dem Ziel der Bereitstellung von Raumwärme und Warmwasser findet sich hingegen häufiger in der Praxis. Deshalb wird bei der Untersuchung der Potentiale, Verbreitung und Hemmnisse für die überbetriebliche Wärmintegration zusätzlich auf Informationen aus dem Bereich der betriebsexternen Abwärmenutzung zurückgegriffen. Hierbei handelt es sich im Vergleich zu einer Prozessintegration mit einem Netzwerk von Verbindungen um eine einfacher zu realisierende Maßnahme. Bestehende Wärmenetze zeichnen sich durch eine hohe Verfügbarkeit und eine kontinuierliche Abnahme von Wärme aus, wodurch Produktionssysteme entkoppelt werden können (Körner 1990). Insbesondere bei bestehenden Großanlagen, bei denen eine räumliche Bündelung weiterer Unternehmen nicht machbar ist, ist dies die einzige Nutzungsmöglichkeit für größere Abwärmeströme.

Vom Standpunkt der Pinch-Analyse mit der Betrachtung der Temperatur als Qualitätsparameter der Wärme ist eine solche Nutzung von Prozessabwärme in einer einzelnen Wärmesenke mit relativ niedrigem Temperaturniveau keine hochwertige Nutzungsform. Im Folgenden steht daher in der Regel der Idealfall einer frei planbaren Neuansiedlung in einem EIP im Mittelpunkt, bei der eine direkte Verbindung der Prozesse auf verschiedenen Temperaturniveaus möglich ist. Einschränkungen durch praktische Aspekte wie Entfernungen oder wärmetechnisch inkompatible Prozesse führen dabei zu Lösungen, die sich zwischen den Extremen der energetisch optimalen vollständigen Prozessintegration und der in der Praxis am einfachsten umzusetzenden Nahwärmenutzung bewegen.

Eine Voraussetzung für die geplante Realisierung industrieller Symbiosen ist das Vorhandensein von Daten zu möglichen Einsparpotentialen durch die Kooperationsmaßnahmen. Die Existenz dieser Daten oder ihre hinreichend genaue Prognostizierbarkeit bei neu zu errichtenden Prozessanlagen, wird im Folgenden als gegeben vorausgesetzt. Ebenso wird von einem grundsätzlichen Interesse der Firmen an einer gemeinsamen Ansiedlung ausgegangen, wobei auf allgemeine Hemmnisse (Kapitel 4.6) sowie Maßnahmen zur Förderung der Ansiedlung in EIPs (Kapitel 4.8) eingegangen wird. Sind die grundlegenden technischen und organisatorischen Voraussetzungen erfüllt, so kann im Bereich der Wärme- oder Wasserintegration die Pinch-Analyse genutzt werden, um die möglichen Einsparpotentiale für verschiedene Konfigurationen des Netzwerks zu bestimmen. Tabelle 4-1 zeigt eine grobe Abgrenzung verschiedener Stufen der Prozessintegration bei der Erweiterung der Systemgrenzen und die Art der damit verbundenen Herausforderungen. Das Einsparpotential für Hilfsenergie steigt mit jeder Ebene, ebenso kommen neu zu berücksichtigende Aspekte hinzu. Die dargestellten Aspekte geben einen Überblick über die in den folgenden Teilen betrachteten Herausforderungen und werden deshalb an dieser Stelle nur kurz erläutert.

Tabelle 4-1: Ebenen der Prozessintegration und relevante Problembereiche (nach Hiete u. a. 2010)

Ebene der Integration	Relevante Aspekte	Potential
Überbetriebliche Pinch-Analyse	Zusätzlich: erhöhtes Risiko bei Versorgung und Abnahme, Aufteilung der Kosten und Einsparungen, langfristige Abhängigkeit, Vertrauen	Zunehmendes Potential für Energieeinsparung durch Wärmeintegration
Innerbetriebliche Pinch-Analyse	Zusätzlich: Verlust von Flexibilität, Risiko bei Versorgung und Abnahme von Wärme	
Ökonomische Pinch Analyse (innerhalb einer Anlage)	Zusätzlich: techno-ökonomische Aspekte, Verrohrung, Komplexität	
Thermodynamische Pinch-Analyse	Thermodynamik	

Zum einen steigt das Potential für theoretische Energieeinsparungen durch eine Wärmeintegration mit der Anzahl der betrachteten Wärmeströme.[103] Als Basis für alle Überlegungen, die mit Hilfe der Pinch-Analyse angestellt werden, dienen die in Kapitel 3.2 vorgestellten thermodynamischen Grundprinzipien. Diese werden beim Übergang von der rein thermodynamischen Pinch-Analyse (größtmögliche Wiederverwendung der Abwärme ohne Kostenbetrachtung) zur ökonomischen Pinch-Analyse um techno-ökonomische Aspekte ergänzt. Für die Vernetzung innerhalb einer Anlage (und für alle weiteren Stufen) werden hier klassischerweise etwa die annualisierten Kosten für die Installation von Wärmeübertragern den jährlichen Kosten für Betriebsstoffe (etwa Dampf als Wärmeträger, Prozesswasser oder Sole zum Kühlen) gegenübergestellt.

Während die Wertigkeit von Abwärme (oder von sehr kalten Strömen) in der klassischen Pinch-Analyse nur von ihrem Temperaturniveau bestimmt wird, sind in der Praxis zusätzliche Faktoren von Interesse. Für den Fall einer überbetrieblichen Wärmeintegration werden dafür im Folgenden vor allem Entfernungen zwischen den Prozessen (Kapitel 4.3) und Probleme bei der Kontinuität einzelner Ströme (Kapitel 4.4) betrachtet.[104] Bei der überbetrieblichen Prozessintegration sind diese Aspekte besonders kritisch für die ökonomische Vorteilhaftigkeit des Vorhabens und von der darüber hinaus gehenden Bereitschaft der Teilnehmer, eine solche überbetriebliche Kopplung der Prozesse überhaupt in Erwägung zu ziehen. Neben diesen Aspekten tritt bei einer Kooperation unabhängiger Unternehmen schließlich die Frage nach deren Stabilität auf, etwa durch langfristige Verträge oder durch eine diese Stabilität und das gegenseitige Vertrauen unterstützende Aufteilung der durch die Zusammenarbeit entstehenden Einsparungen (s. Kapitel 4.5).

---

[103] Hier sei noch einmal erwähnt, dass als Vergleich die einzelnen betrachteten Unternehmen, insbesondere kleine und mittlere Unternehmen (oder eine Kombination eines größeren fokalen Unternehmens mit diesen), herangezogen werden und nicht etwa ein großer Standort der Chemischen Industrie, der die hier betrachteten überbetrieblichen Netzwerke um Größenordnungen übersteigen kann.

[104] Diese Aspekte können schon bedeutend sein, wenn verschiedene Prozesse innerhalb eines Betriebs verschaltet werden. Insbesondere geht bei den gekoppelten Prozessen Flexibilität bei der Betriebsweise verloren und das Risiko von Unterbrechungen bei der Versorgung oder Abnahme von Wärme einzelner Prozesse steigt.

4.1.2 Bestehende Forschungsbereiche mit Relevanz für überbetriebliche Prozessintegration

Der Bereich der Nutzung von Prozesswärme über Betriebsgrenzen hinweg wird von verschiedenen Forschungsrichtungen berührt. Zum einen finden sich (im Folgenden vorgestellte) Studien zur in der Praxis vergleichsweise weit verbreiteten externen Nutzung von Abwärme mit meist nur einem gerichteten Wärmestrom. Komplexere Szenarien werden in der Forschung zur Prozessintegration untersucht, wobei der Fokus oft auf eher theoretischen Anpassungen von (graphischen) Planungsmethoden liegt. In diesem Bereich finden sich in den letzten Jahren immer häufiger Erweiterungen und Übertragungen der klassischen Pinch-Ansätze. Allerdings trifft diese Ausweitung der Prozessintegration auf viele spezielle Problembereiche (Biomassenutzung, Kraft-Wärme-Kopplung, spezielle Industrieanwendungen) zu und erhöht somit die schon 2002 auf über 400 geschätzte Gesamtzahl der Fachartikel zur Pinch-Analyse (Furman und Sahinidis 2002). Insgesamt stellen überbetriebliche Aspekte bei der Pinch-Analyse daher weiterhin einen eher kleinen Teilbereich der Forschung dar. Anknüpfungspunkte bestehender Forschung zu den im Folgenden genauer betrachteten Aspekten von Entfernungen zwischen den Prozessen und dadurch nötigen Investitionen und der Umgang mit Ausfallrisiken werden auch im jeweiligen Kapitel (4.3 und 4.4) betrachtet. Weitere Berührungspunkte hat die überbetriebliche Prozessintegration mit der Planung einer überbetrieblichen Energieversorgung, welche wie die externe Abwärmenutzung in eher praxisnahen Studien erforscht wird. Schließlich ist noch die stoffliche Integration ein verwandtes Forschungsgebiet, bei dem für die Nutzung von Wasser oder Produktionsreststoffen in lokalen oder regionalen Netzwerken Kreisläufe geschlossen werden sollen. Während in all diesen Bereichen eher technische Fragestellungen behandelt werden, werden organisatorische (Management, Beziehungen zwischen Partnern, Vertrauen) eher im Bereich der Industrial-Ecology-Forschung betrachtet (vgl. Kapitel 2).

Betriebsexterne Nutzung von Prozesswärme

Die Nutzung von Prozesswärme (Abwärme) aus großen industriellen Wärmequellen für industrielle Zwecke oder zur Raumheizung und Brauchwasserbereitung wird seit vielen Jahren immer wieder für einzelne Fälle untersucht, etwa für Abwärme aus Kraftwerken und Müllverbrennungsanlagen (Gautschi 1983) oder aus Aluminiumhütten (Olszewski 1983). Weitere analysierte Nutzungsgebiete umfassen die Nutzung in Gewächshäusern und Aquakulturen (Crumbly 1983). Diesen frühen Arbeiten zur Abwärmenutzung ist gemeinsam, dass sie sich mit der Nutzung von Abwärme auf eher niedrigem Temperaturniveau beschäftigen und meist einen einseitigen Wärmeaustausch zwischen zwei Akteuren betrachten. Solche einfachste Formen der Abwärmenutzung wurden seither in vielen Fällen umgesetzt (vgl. Abschnitt 4.1.4) und sind die einzige wirtschaftliche Nutzungsform von Abwärme, wenn größere räumliche Entfernungen zwischen isolierten Einzelanlagen zu überbrücken sind. Hierzu wurden außerdem in der politischen Diskussion um Umweltschutzpotentiale (vgl. Kapitel 4.8) insbesondere für Deutschland theoretische Potentiale und gesetzliche Maßnahmen zur Durchsetzung betrachtet.

Einzelne Forschungsarbeiten vor allem aus Skandinavien untersuchen die Nutzung industrieller Abwärme in Fernwärmenetzen (vgl. 4.1.3 und 4.1.4) (Jönsson u. a. 2007; Klugman u. a. 2008; Thollander u. a. 2010). Dabei geht es vor allem um Fragen der Wirtschaftlichkeit in Abhängigkeit von Brennstoffpreisen, saisonal schwankender Nachfrage und eventuell nötigen Prozessveränderungen der Wärmequellen. Eine weitere Forschungsfrage ist die Abwägung zwischen der innerbetrieblichen und der außerbetrieblichen Nutzung von Abwärme. Eine solche Untersuchung für den Fall einer Papierfabrik mit potentieller Fernwärmeauskopplung zeigt die vielen kostenrelevanten Faktoren wie Preise der Energieträger, der Emissionszertifikate für intern oder in Heizkraftwerken erzeugte elektrische Energie sowie vielfältige technische Parameter und konkrete Umbaumaßnahmen (Svensson u. a. 2008). Als Ergebnis des Modells zeigte sich, dass insbesondere das Verhältnis unterschiedlicher Energieträgerkosten diese Entscheidung beeinflusst, wobei externe Abwärmenutzung zwar geringere CO_2-Emissionen und auch Gesamtkosten verursacht, die interne Nutzung aber die gegenüber Preisänderungen robustere Lösung darstellt (Jönsson u. a. 2008). Ebenso wurde für eine aus Unternehmen, Kraftwerken und einem Fernwärmenetz bestehende Modellregion die Möglichkeit eines Wärmemarkts untersucht, wobei der Wärmepreis als Ergebnis einer Gesamtkostenminimierung bestimmt wurde (Karlsson u. a. 2009).

Pinch-Analyse für Gesamtstandorte (Total Sites)

Im Forschungsbereich der Pinch-Analyse wurde in diversen Arbeiten auch die Anwendung auf Probleme mit unterscheidbaren Einheiten, wie etwa einzelnen Anlagen im Fall von „Gesamt"-Standorten (englisch Total Sites) untersucht (Ahmad und Hui 1991; Hui und Ahmad 1994; Lygeros u. a. 1996; Klemes u. a. 1997; Bagajewicz und Rodera 2000; Bagajewicz und Rodera 2002). Dabei wird meist ein Standort mit (in der Theorie zwei) getrennten Regionen, auch Zonen oder Integritätsbereiche genannt, betrachtet, und in der Regel wird nicht auf die Unterscheidung zwischen innerbetrieblichen und überbetrieblichen Prozessintegrationen eingegangen. Die Regionen werden allgemeiner über die Flexibilität des Anlagenbetriebs, die Sicherheit und schließlich auch über das Layout der Anlage bestimmt (Ahmad und Hui 1991). Teilweise wird eine Aufteilung in Regionen (und schrittweise Lockerung dieser Restriktionen bei der Lösung) für jede Art von Ausgangsproblem vorgeschlagen, da auch bei abgeschlossenen Einzelanlagen eine Wärmeintegration über alle Ströme in der Regel zu komplexen, unüberschaubaren Systemen führe (Amidpour und Polley 1997).

Die Wärmeintegration kann direkt durch die Verbindung einzelner Prozessströme erfolgen oder, insbesondere bei großflächigen Gesamtstandorten, indirekt durch Nutzung eines Transportmediums für Wärme wie etwa Dampf oder Thermoöl (Rodera und Bagajewicz 1999). Die indirekte Wärmeintegration kann Vorteile in Bezug auf die Transportierbarkeit (Pumpkosten), Sicherheit und Prozesssteuerbarkeit bieten, allerdings zum Preis verringerter Einsparmöglichkeiten, da zum einen durch zusätzliche Wärmeübergänge die nutzbare Temperaturdifferenz verringert und zum anderen zusätzliche Wärmeübertrager benötigt werden (vgl. Abschnitt 4.3.1). Ein weiterer Schritt in dieser Richtung ist das Konzept von Wärme-Kreisläufen (heat belts), welche als eine Art Fernwärmeleitung mehrere Unternehmen verbinden und ihnen die Möglichkeit geben, Wärme einzuspeisen oder zu entnehmen, allerdings dann nur auf einem (durchschnittlichen) Temperaturniveau (Bagajewicz und Rodera 2000; Bagajewicz und Rodera 2001).

Die zu überbrückenden Entfernungen und die damit verbundenen Kosten werden in der Regel nicht explizit modelliert. Kosten für die Verbindung von Prozessen bei Wärmeintegration finden sich bei Akbarnia (2009), welcher Methoden zur Schätzung der Rohrkosten vergleicht, wobei unterschiedliche Entfernungen aber nicht berücksichtigt werden. Diese Thematik findet sich ebenso vereinzelt im Bereich der Wasserintegration, hier auch explizit für die Betrachtung weiter voneinander entfernter Prozesse bei überbetrieblichen Problemen (Gunaratnam und Smith 2002; Chen u. a. 2010).[105]

Umgesetzt wird die Total-Site-Analyse entweder durch spezielle Darstellungen in Gesamtsummenkurven oder durch ein rechnerisches Vorgehen. Bei der graphischen Betrachtung der Total-Site-Analyse werden verfügbare Wärmeströme einer Region sowie Verwendungsmöglichkeiten in einer anderen Region graphisch identifiziert (Klemes u. a. 1997; Zhu und Vaideeswaran 2000). Dazu werden zunächst für einzelne Regionen des Standorts Wärmebilanzen anhand der Gesamtsummenkurve erstellt. Die Verbindung zwischen den Regionen wird dann mit einer aus den zwei Gesamtsummenkurven gebildeten Darstellung namens Total Site Profile oder Site Source Sink Profile (SSSP) in verschiedenen graphischen Schritten untersucht (Klemes u. a. 1997; Zhu und Vaideeswaran 2000; Matsuda u. a. 2009).

Bei den rechnerischen Ansätzen wird durch schrittweises Erlauben einzelner Verbindungen zwischen den Regionen eine ideale Kompromisslösung zwischen der völlig getrennten und der völlig integrierten Lösung gesucht (Ahmad und Hui 1991; Linnhoff und Eastwood 1997; Bagajewicz und Rodera 2000). Als Hilfsmittel werden dabei unter anderem Kaskaden-Diagramme (verkürzte Darstellung einer Prozess-Region über die Zahlen der Wärmebilanzen bei verschiedenen Temperaturen) eingesetzt. Zur Minimierung der Anzahl der Verbindungen zwischen den Regionen geben Hui und Ahmad (1994) eine schrittweise Anleitung, nach der ausgehend vom vollständig integrierten Fall einzelne Verbindungen mit ungenügenden Einsparungen[106] entfernt werden, wobei Wechselwirkungen des Entfernens mit dem Rest des Netzwerks (Utility-

---

[105] In diesem Bereich wird daneben die Frage der Abwägung zwischen zusätzlichen Ressourceneinsparungen durch mehrfache Verbindungen (Integration mit Rückfluss des Massenstroms, assisted integration) im Vergleich zu einfachen gerichteten Strömen (unassisted integration) und den damit geringeren Verbindungskosten untersucht (Chew u. a. 2010a,b)

[106] Genauer: deren Amortisationszeit höher als die Lebensdauer der Anlage ist. Die Amortisationszeit wird dabei berechnet als Quotient aus der Investition für eine einzelne Verbindung geteilt durch die zusätzlichen jährlichen Wärmeübertragerkosten, wenn diese Verbindung entfernt wird. Dabei wird davon ausgegangen, dass jedes Entfernen eines Wärmeübertragers zu solchen zusätzlichen (Straf-)Wärmeübertragerkosten an anderer Stelle führt.

154

Einsparung aller anderen Verbindungen) berücksichtigt werden müssen. In ähnlicher Weise verwendet Hui (2000) die marginalen Kosten und den marginalen Profit bei Veränderungen von Utility- oder Zwischenproduktflüssen, um auf diese Weise Engpässe und die Kapazität limitierende Ströme aufzudecken.

Ein hilfreiches Ergebnis der Untersuchungen für schnelle Abschätzungen ist die Regel, dass die ökonomisch sinnvollsten Verbindungen zwischen einzelnen Regionen solche sind, die Ströme auf Temperaturniveaus zwischen den Pinch-Punkten bei getrennter Betrachtung verbinden (Bagajewicz und Rodera 2000). Verbindungen außerhalb dieses Bereichs können aber zusätzlich vorteilhaft sein. Es wird dann nach Bagajewicz und Rodera (2000) von „assisted heat transfer" gesprochen, da für eine effektive Wärmeübertragung auf einem niedrigeren Temperaturniveau eine entgegengerichtete Übertragung auf einem höheren Niveau notwendig sein kann, um die Voraussetzungen für eine Wärmeübertragung zu schaffen. Eine Lösung für das Gesamtproblem finden die Autoren durch Formulierung als Optimierungsproblem mit beschränkter Anzahl von Verbindungen zwischen den Regionen. Alternativ kann die Minimierung der Verbindungen zwischen einzelnen Anlagen als Ziel in die Optimierung eingehen (Bagajewicz und Rodera 2002).Unter den (konzeptionellen oder geplanten) Anwendungen der Total-Site-Analyse finden sich unter anderem die standortweite gemeinsame Nutzung von Kraft-Wärme-Kopplung (Varbanov u. a. 2004; El-Halwagi 2009; Bandyopadhyay u. a. 2010) und die Integration von Wohngebieten als Abnehmer von Fernwärme (Perry u. a. 2008).

Ein ähnliches Vorgehen ist die gröbere Modellierung von Energie-/Wärme-kaskaden, bei der die Prozesse in mehrere Temperatur-Klassen (beispielsweise mit den Grenzen 5 °C, 50 °C, 100 °C, 200 °C, 500 °C, 1000 °C, 1500 °C) eingeteilt werden (Akisawa u. a. 1999). Hiermit lassen sich dann ungefähr die theoretischen Einsparungen durch Weiterverwendung von Wärme in anderen Industrieunternehmen mit industriespezifischen Referenzprozessen bei Zusammenfassung in eine Wärmekaskade planen.

Überbetriebliche Energieversorgung

Die Analyse und Optimierung von überbetrieblichen Energieversorgungskonzepten ist ein Forschungsgebiet mit teilweise großen Ähnlichkeiten zur überbetrieblichen Prozessintegration. Die Integration der Utilityversorgung wurde etwa von Hirata u. a. (2004b) in einem standortübergreifenden Optimierungsmodell für einen Chemiestandort in Japan abgebildet und die Ergebnisse in der Praxis umgesetzt. In ähnlicher Weise wurde der Betrieb eines Kraftwerks für mehrere in regionaler Nähe angesiedelte Unternehmen in der Umgebung des Karlsruher Rheinhafen untersucht (Frank u. a. 2000; Fichtner u. a. 2003, 2004a). Dabei wurden die Anlagen der Bereitstellung und Nachfrage von Energie mit ihren Energie- und Stoffflüssen mit Hilfe von linearen Input-Output-Relationen modelliert, wobei einzelne Technologien durch technische, ökonomische und ökologische Parameter dargestellt wurden. Mit einem Optimierungsansatz wurden die ökonomisch vorteilhaftesten Alternativen des vernetzten Standortes bestimmt und mit dem unvernetzten Zustand verglichen, wobei ein Energieeinsparpotential von 21 % festgestellt wurde (Fichtner u. a. 2004a).

Überbetriebliche Integration von Wasser- und Stoffströmen

Durch eine zwischenbetriebliche Wasserintegration[107] (vgl. Abschnitt 3.5.1) lassen sich wie bei der Wärmeintegration oft die betriebsintern nicht vorhandenen kritischen Mengen für eine wirtschaftliche Umsetzung erreichen (Gunaratnam und Smith 2002; Lovelady und El-Halwagi 2009; Chew u. a. 2010a; Chew u. a. 2010b). Hierbei sind ähnliche Methoden der Betrachtung von Zonen innerhalb eines Ausgangsproblems wie für die Wärmeintegration entwickelt worden (Olesen und Polley 1996; Foo 2009; Chew u. a. 2009). Hinzu kommt aber, dass durch die bessere Transportierbarkeit oft eine nachträgliche Integration der Prozesse (Retrofit) vorteilhaft sein kann. Außerdem können gemeinsam betriebene Anlagen zur Aufbereitung von Abwasser das Zentrum einer solchen Zusammenarbeit bilden. Bei der überbetrieblichen Wasserintegration wird in einzelnen Arbeiten die Bedeutung von Investitionen zur Verbindung der einzelnen Firmen betont, wobei beispielsweise in verschiedenen Szenarien unnötige Verbindungen schrittweise reduziert werden (Chew u. a. 2010a; Chew u. a. 2010b; Rubio-Castro u. a. 2010). Eine integrierte Betrachtung von Wärmeintegration, Wasserintegration und Lösemittelrückgewinnung mit multikriterieller Gewichtung der Einzelergebnisse (Multi-Objective Pinch Analysis MOPA) wurde ebenfalls als Desinghilfe für EIPs vorgeschlagen (Geldermann u. a. 2007b; Geldermann u. a. 2010).

---

[107] Englisch: interplant water network.

Während die energetische Vernetzung von Unternehmen bisher eher selten betrachtet wurde, findet sich eine vergleichsweise große Zahl von Arbeiten zur stofflichen Vernetzung als klassische Inhalte der Industrial Ecology-Forschung. Eine solche Verbindung von Stoffströmen ist technisch einfacher zu realisieren als eine Wärmeintegration, weshalb es hier Konzepte (und Realisierungen) von Symbiosen (vgl. auch die Ausführungen in Kapitel 0) auf verschiedenen räumlichen Ebenen gibt (vgl. etwa Schwarz und Steininger 1997; Ehrenfeld 2000; Fichtner u. a. 2004b; Seuring 2004; Diemer und Labrune 2007). Dies reicht von der nationalen Ebene (volkswirtschaftliche Betrachtungen) über Ansätze für ein regionales Stoffstrommanagement (Karl 2003) bzw. Material-flussanalysen (material flow analysis, MFA) (Kytzia u. a. 2004; Sterr und Ott 2004; Terazono und Moriguchi 2004) und Planung und Optimierung von Recyclingnetzwerken (Schultmann 2003) bis zum überbetrieblichen Stoff-strommanagement auf lokaler Ebene (De Man 1994; Friege u. a. 1998; Sasse 2001). Als Hilfsmittel wird hier etwa Bilanzierungssoftware auf Basis von Petri-Netzen (UMBERTO®) eingesetzt (Häuslein und Hedemann 1995; Klamt 1997) und Erweiterungen dazu wie die Kopplung mit Flowsheeting-Programmen (Hähre u. a. 1998) sowie kostenminimierende Ansätze (Tietze-Stöckinger 2005). Auch eine gleichzeitige Einbeziehung von Wasser-, Energie- und Abfallströmen bei der Betrachtung findet sich für einzelne Standorte (Hirata u. a. 2004a). Im Bereich der Forschung wurden weiterhin Datenbanken zum Aufbau von Reststoff-Börsen für die Schaffung virtueller (also nicht geographisch begrenzter) Eco-Industrial Parks untersucht (Brown u. a. 2002). Als weiteres Hilfsmittel wurden Geographische Informationssysteme und Online-Karten zur Veranschaulichung der lokalen Potentiale und Netzwerk-möglichkeiten beschrieben (Doyle und Pearce 2009). Auf Industriepark-Ebene existieren schließlich Untersuchungen der stofflichen Vernetzung mit einem Ansatz zur Mehrzielentscheidungsunterstützung (Kang u. a. 2003), mit Agen-ten-Modellierung (Cao u. a. 2009) sowie für Wasserintegration verschiedene Anpassungen von Pinch-Analysen, etwa unter Einsatz von Fuzzy-Optimierung (Aviso u. a. 2010), Agenten-Modellierung (Cao u. a. 2007) und Spieltheorie (Chew u. a. 2009). Der Aspekt der Robustheit integrierter Chemiestandorte wird von Terrezas-Moreno u. a. (2010) in einer gemischt-ganzzahligen linearen Optimierung betrachtet, indem Zwischenlager zur Stabilisierung schwankender Stoffaustausche eingesetzt werden.

Aufteilung des Kooperationserfolgs

Die Aufteilung der erzielbaren Einsparungen bei überbetrieblicher Kooperation ist weder im Bereich der Industrial Ecology, noch im Bereich der Pinch-Analyse Gegenstand der Forschung. Für die betriebsexterne Nutzung von Prozesswärme wird das Problem der Preisfindung von einzelnen Autoren (Grönkvist und Sandberg 2006; Jönsson u. a. 2008) als für die Praxis kritischer Punkt genannt. Ebenso untersuchten einzelne Autoren die gegenwärtig angewendeten Preisfindungsmethoden (Johnsson und Sköldberg 2005). Die hierfür alternativ zu klassischen betriebswirtschaftlichen Ansätzen anwendbaren Methoden der kooperativen Spieltheorie zeichnen sich allgemein nach Wiese (2005) bisher nicht durch eine Vielzahl praktischer Anwendungen aus. Für eine ähnliche Situation des gemeinsamen Betriebs eines Kraftwerks wurden von Frank (2003) solche Methoden zur Gewinnverteilung angewendet. Ebenso finden sich vereinzelte Untersuchungen anderer Anwendungsfelder, etwa aus dem Bereich allgemeiner Unternehmenskooperationen (Fromen 2004) und von Logistikkooperationen (Strangmeier und Fiedler 2011).

Vergleich zu den in dieser Arbeit entwickelten Erweiterungen

In der Forschung wurden bisher die beiden Themenbereiche Industrial Ecology (vgl. Kapitel 2.6) einerseits mit den Kerninhalten industrielle Symbiosen, Recyclingnetzwerke und jeweiligen Erfolgsfaktoren und andererseits Prozessintegration und Pinch-Analyse weitgehend getrennt betrachtet. Dabei zeichnet sich der Bereich Industrial Ecology zwar durch eine große Praxisnähe und viele analytische (ex post) Studien aus, formale Methoden zur (ex ante) Planung finden in diesem Bereich aber wenig Beachtung. Im Bereich der Prozessintegration mit den verschiedenen Formen der Pinch-Analyse finden sich hingegen umfangreiche Arbeiten zu technischen Detailaspekten, nicht-technische Faktoren wie etwa Hemmnisse und Förderung, Umweltauswirkungen und Folgen überbetrieblicher Vernetzung jedoch sehr selten. Die Verbindung beider Forschungsansätze ergibt sich bisher nur durch die in dieser Arbeit untersuchte Realisierung einer überbetrieblichen Wärmeintegration.

Die durch überbetriebliche Prozessintegration entstehenden technischen Probleme, von denen im Folgenden insbesondere Entfernungen zwischen den Prozessen und der Umgang mit Ausfallrisiken durch Verbindung unabhängiger

Betriebe untersucht werden, werden in der Forschung bisher nur am Rand betrachtet. Die Problematik von Transportentfernungen wird dabei eher als technisches Planungsproblem (Bestimmung von Restpotentialen für eine solche Verknüpfung) gesehen und weniger als ökonomisches Optimierungsproblem. Die Folgen von und Vorsorge gegen Schwankungen und Ausfälle in Wärmeübertragernetzwerken (vgl. Kapitel 4.4) werden bisher nicht vor dem Hintergrund überbetrieblicher Zusammenarbeit betrachtet, sondern nur im Rahmen der klassischen technischen Auslegung von (innerbetrieblichen) Netzwerken.

4.1.3 Potentiale und Praxis überbetrieblicher Wärmenutzung

Auch wenn keine exakten Zahlen für den Anteil extern nutzbarer Abwärmepotentiale verfügbar sind, zeigt sich aus der Charakterisierung der Abwärme in gefasste und diffuse sowie in verschiedene Temperaturklassen, dass bei Übergang vom theoretischen Abwärmepotential zum technischen Potential schon eine beträchtliche Verringerung aus Gründen der Handhabbarkeit und des Temperaturniveaus stattfindet. Roth u. a. (1996) schätzen dieses technische Potential auf deutlich unter 20 % des gesamten industriellen Abwärmeaufkommens. Dieses technische Potential wird durch diverse Hemmnisse (vgl. Kapitel 4.6) wie fehlende Kenntnisse, unzureichende Rahmenbedingungen und in erster Linie durch mangelnde Wirtschaftlichkeit und Finanzierungsmöglichkeiten weiter auf ein noch schwieriger zu quantifizierendes realisierbares Potential verringert.

Bei der Betrachtung von Abwärmepotentialen für eine eventuelle Weiternutzung muss außerdem eine mögliche zukünftige Verringerung der Potentiale durch eine effizientere Nutzung der Energie in den Prozessen berücksichtigt werden (Briké 1983). Der Teil der technisch vermeidbaren Abwärme, die gegenwärtig aus betriebstechnischen, wirtschaftlichen oder organisatorischen Gründen nicht vermieden wird, kann somit nach Prozessverbesserungen eventuell zukünftig eingespart werden und nicht mehr als Abwärme zur Verfügung stehen.

Teilweise wird eine Einteilung von Abwärme in die Kategorien Niedertemperatur-Abwärme (< 150 °C), Mitteltemperatur-Abwärme (150 °C - 500 °C) und Hochtemperatur-Abwärme (> 500 °C) vorgenommen. Durch diese Charakterisierung lässt sich die Nutzbarkeit auf aggregierter Ebene abschätzen.

Abbildung 4-1 zeigt eine Aufteilung der punktuellen Abgabe gefasster und damit theoretisch nutzbarer Abwärme sowie ungefasster und damit nicht nutzbarer Abwärme der drei Niveaus für die Industrie in Deutschland (Schaefer 1995).[108] Allerdings ist davon auszugehen, dass im Bereich der Hochtemperatur-Abwärme bei geeigneten Rahmenbedingungen seither schon angepasste Nutzungsformen umgesetzt wurden, sodass das verfügbare Potential zunehmend aus Mittel- und Niedertemperatur-Abwärme besteht.

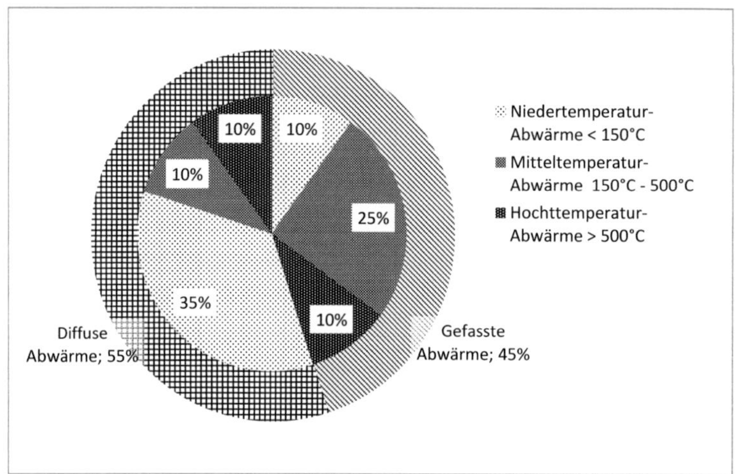

Abbildung 4-1: Struktur industrieller Abwärme in Deutschland (Schaefer 1995)

Eine aktuellere Umfrage in Norwegen unter 72 Unternehmen mit zusammen 69 % des industriellen Energiebedarfs ergab folgende Aufteilung der jährlichen Abwärme (Sollesnes und Helgerud 2009):[109]

- 36 % (7,0 TWh) bei Temperaturen > 140 °C
- 17 % (3,3 TWh) bei Temperaturen zwischen 60 °C und 140 °C
- 30 % (5,8 TWh) bei Temperaturen zwischen 40 °C und 60 °C
- 17 % (3,3 TWh) bei Temperaturen zwischen 25 °C und 40 °C

---

[108] Veränderungen dieser Daten seit der Veröffentlichung sind wahrscheinlich durch den Wandel der Industriestruktur und durch industrielle Energieeffizienzmaßnahmen, allerdings liegen keine aktuelleren Abschätzungen vor.

[109] Die Energiemengen beziehen sich dabei auf eine Außentemperatur von 0°C.

160

- Insgesamt verteilte sich die Abwärme dabei zu 45 % auf Abgase, 39 % auf Wasser und 16 % auf Dampf.

Für die Bestimmung von Abwärmenutzungspotentialen innerhalb einer Anlage oder eines Standortes müssen zunächst die energetischen Betriebsdaten vorliegen, was insbesondere bei Nebenanlagen oder im Fall von KMU nicht standardmäßig der Fall sein muss. Der folgende Minimalaufwand ist dabei für die Energiedatenerfassung zur Analyse von Wärmenutzungsmöglichkeiten notwendig (nach Bressler u. a. 1994):

- Monatliche Erfassung der bezogenen Energieträgermengen (elektrisch, Brennstoffe, Fernwärme),
- Einbau von Meßwertaufnehmern und Zählern für relevante Größen (z. B. Temperatur, Massenströme) in Anlagen mit nennenswertem Energiebedarf (5 % des Energieeinsatzes des gesamten Betriebs oder mehr als 500 MWh/a),
- zeitlich synchronisierte Erfassung von Produktions- und Energiedaten und Prüfung auf Plausibilität
- aktualisierte Leitungs- und Netzpläne und Anlagenschemata, Kennzeichnung von Produkt- und Versorgungsleitungen,
- regelmäßige Wartung von energietechnischen Anlagen und Meßeinrichtungen (inkl. Kalibrierung).

Eine Quantifizierung der ungenutzten Potentiale von industrieller Abwärme auf aggregierter Ebene ist schwierig, insbesondere was wirtschaftlich nutzbare Potentiale betrifft. Große Standorte mit energieintensiven Prozessen (Chemie, Stahl) sollten nach dem Stand der Technik schon in gewissem Grad intern vernetzt sein, während für KMU aus dem verarbeitenden Gewerbe ihre oft starke räumliche Dezentralisierung eine Weiternutzung von Abwärme verhindert (Glatzel 1983). Eine Quantifizierung ist weiterhin erschwert durch die sehr fallabhängige Nutzbarkeit von Abwärme. Ein Ansatzpunkt für die Definition von Wärmequellen, bei denen die Suche nach möglicher Weiternutzung in jedem Fall angebracht ist, könnte die von der Energiewirtschaft im Rahmen der Diskussion um eine Abwärmeabgabe in Deutschland (vgl. Abschnitt 4.8.1) vorgeschlagene Mindestschwelle für die Abgabe einer Wärmeerklärung für wärmeintensive Anlagen sein. Diese Mindestschwelle wurde einerseits[110] definiert durch einen Strom latenter Wärme größer als 1 MW mit einem

---

[110] Vorschlag des Bundesverbands der Deutschen Industrie.

Wärmeträger heißer als 100 °C und einem kontinuierlich anfallendem Wärmestrom, alternativ[111] durch einen ungenutzten Wärmestrom von 5000 MWh/a (Walter 1990). Weiterhin wurde „Nutzbare Abwärme", deren Ströme Abnehmern gegenüber veröffentlicht werden sollen, als Abwärme mit einer Temperatur von 50 °C oder mehr bei flüssigen oder dampfförmigen Trägermedien und von 150 °C oder mehr bei gasförmigen oder festen Trägermedien genannt. Als weiterer Vergleichswert (allerdings ohne Referenzwerte) wurde ein entfernungsbezogener Wärmestrom vorgeschlagen, welcher sich als Quotient von jährlich abnehmbarer Wärmemenge und Entfernung des Abnehmers (Luftlinie) ausgedrückt in MWh/(m·a) berechnet (Bressler u. a. 1994). Tabelle 4-2 fasst diese Schwellenwerte noch einmal zusammen.

Tabelle 4-2: Schwellenwerte für Abwärmenutzung nach dem Entwurf einer Wärmenutzungsverordnung (Walter 1990; Bressler u. a. 1994)

	Wärmestrom	Mindest-temperatur
Schwellenwert verfügbarer Abwärme einer Anlage für die Pflicht zu einer Wärmeerklärung (Abgabeangebot an Dritte) • BDI-Vorschlag • UBA-Entwurf	1 MW 5000 MWh/a	100 °C -
Schwellenwert eines einzelnen Wärmestroms für die Abgabe an Dritte (UBA-Entwurf) • flüssig oder dampfförmig • gasförmig oder fest	- -	50 °C 150 °C
Schwellenwert für die Erstellung eines Wärmenutzungskonzepts (interne und/oder externe Nutzung; UBA-Entwurf) • Neuanlagen • Altanlagen	2000 MWh/a 4000 MWh/a	- -

Allgemein lässt sich die Industrie in Bezug auf Abwärmepotentiale in drei große Bereiche aufteilen, welche Anhaltspunkte für typische Abwärmeprofile der betreffenden Standorte liefern (Briké 1983). Der „Umwandlungsbereich" mit den Sektoren der Elektrizitätserzeugung, der Fernwärme, der Erdölverarbeitung und des Bergbaus enthält große Abwärmequellen, die vielerorts schon genutzt werden. Allerdings ist eine gezielte Nutzung von Wärme aus Kraft-

---

[111] Konzept des Umweltbundesamts.

werken (Auskopplung von Fernwärme) vorab zu planen[112], da andernfalls zwar große Energieströme aber nur ein eher geringes Emissionstemperaturniveau von 10 °C bis 20 °C über der Umgebungstemperatur zur Verfügung steht.

Der Bereich des „Grundstoff- und Produktionsgüter produzierenden Gewerbes" mit den Bereichen Chemie, Metall, Steine und Erden sowie Papier und Zellstoff ist oft von großen integrierten Standorten gekennzeichnet, welche auch für externe Unternehmen ein gewisses Abwärmepotential bieten. Insbesondere in der Eisen- und Stahlindustrie stehen große Ströme von Abwärme auf einem hohen Temperaturniveau zur Verfügung, die aus praktischen Gründen oft erst zu einem kleinen Teil genutzt werden. Zu diesen Gründen zählen Probleme bei der Fassung diffuser Abwärmeströme sowie räumliche und zeitliche Disparitäten von Anfall und Nachfrage, welche insgesamt die Wirtschaftlichkeit der Nutzung einschränken.

Im sonstigen verarbeitenden Gewerbe (Investitions- und Verbrauchsgüterindustrie, Lebensmittelindustrie) schließlich existieren in der Regel eher kleinere Wärmequellen. Allgemein herrschen hier kleinere, energietechnisch isolierte und auf Betriebsgeländen verstreut liegende Anlagen (z. B. Trocknungs-, Eindampf- und metallurgische Anlagen) vor. Ebenso sind viele Unternehmen dieses Sektors weniger Quelle als potentielle Abnehmer von Abwärme. Tabelle 4-3 zeigt noch einmal Beispiele relevanter Industriesektoren und ihrer Abwärmecharakteristik.

---

[112] Eine solche klassische Fernwärmeauskopplung erhöht zwar die Energieeffizienz des Kraftwerks insgesamt, geht jedoch zulasten des elektrischen Wirkungsgrads. Im Gegensatz zur Nutzung von Abwärme führt sie also zu zusätzlichen Kosten durch die Einbußen beim Ertrag elektrischer Energie.

Tabelle 4-3: Eigenschaften der Abwärmequellen verschiedener Industrien (z. T. nach Briké 1983; Glatzel 1983)

Sektor	Gliederung der Abwärme-quellen	Temperaturniveau der Abwärmequellen
Elektrizitätsversorgung	konzentriert	niedrig
Eisen und Stahl	konzentriert	hoch
Papier und Zellstoff	konzentriert	mittel
Chemie	konzentriert	mittel/hoch
sonst. verarbeitendes Gewerbe	zerstreut	mittel

Hauptsächlich als Abnehmer treten schließlich die Bereiche der Landwirtschaft (Korhonen 2001a) und der Bestand an Wohn- und Dienstleistungsgebäuden auf, welche insbesondere Abwärme niederer Temperaturen unter geeigneten Rahmenbedingungen noch zu Heizzwecken nutzen können.

4.1.4 Realisierte Nutzungsformen für Abwärme und verwendete Technologien

Die innerbetriebliche Nutzung industrieller Abwärme ist in energieintensiven Großunternehmen schon lange eine wichtige Maßnahme zur Steigerung der Energieeffizienz. Allgemein wird die Methode der Prozessintegration in vielen energieintensiven Industrien wie etwa Stahl-, Papier-, aber auch der Lebensmittelindustrie angewandt (Henßen 2004). Historisch wurde Wärmeintegration zuerst in der petrochemischen Industrie genutzt, um bei der Destillation ein Abkühlen der Outputströme und ein Vorwärmen des Rohöls zu erreichen. Auch in der Chemieindustrie wird die Methode seit Langem in Wärmeverbundsystemen angewandt (Schäfer 1990). So wurden beispielsweise Mitte der 80er Jahre für den Verbundstandort Ludwigshafen der BASF AG[113] Einsparungen von 790 MW durch Prozessintegration und verbundene Prozessmodifikationen

---

[113] Seit 2008 BASF SE

berichtet (Henßen 2004).[114] Weiterhin wird für die gesamte Dampferzeugung dieses Standortes (18 Mio. t/a) für das Jahr 2002 eine Bereitstellung des größten Teils (52 %) durch Überschusswärme aus Prozessen, danach aus Kraftwerken (43 %) und aus Reststoffverbrennung (5 %) berichtet (BASF 2002). An solchen integrierten Standorten der Chemieindustrie als klassischer Einsatzort der Pinch-Analyse sind generell die Maßnahmen zur Steigerung der Energieeffizienz sehr weit fortgeschritten, was sich neben der Wärmeintegration an einer in der Regel vorhandenen gemeinsamen Wärmebereitstellung, der Nutzung von Prozessabwärme und der thermischen Verwertung von Reststoffen vor Ort zeigt.

Betriebsexterne Prozesswärmenutzung

Gegenwärtig liegen in den meisten dokumentierten Beispielen keine komplexen Netzwerke von Wärmelieferbeziehungen sondern eher einseitig gerichtete Lieferungen von Abwärme vor. In manchen Industrien ist die außerbetriebliche Nutzung von Abwärme weit verbreitet, in erster Linie in Kraftwerken, ebenso aber in Großanlagen anderer Industriebereiche wie Raffinerien oder Stahlwerken, bei denen nicht im Prozess verwendbare (Niedertemperatur-) Wärme nach Möglichkeit an geeignete Abnehmer wie etwa Fernwärmenetze abgegeben wird (EIPPCB 2009; NORDEN 2007). Im Folgenden werden einige beispielhafte Fälle für eine überbetriebliche Abwärmenutzung beschrieben, bevor allgemein auf die Nutzungsmöglichkeiten eingegangen wird.

- Ein Beispiel für eine solche Kooperation zur Weiternutzung von Niedertemperaturabwärme findet sich in Karlsruhe zwischen einer Mineralölraffinerie und dem kommunalen Energieversorger. J. Schneider und Rink (2010) berichten, dass in diesem in Deutschland bisher einmaligem Projekt ein Wärmestrom von ca. 80 MW (Vorlauftemperatur 120 °C, Rücklauftemperatur 70 °C) über fünf Kilometer transportiert

---

[114] Bei derart großen integrierten Standorten der Chemieindustrie wie zum Beispiel dem Standort der BASF SE in Ludwigshafen werden ähnliche Fragestellungen relevant wie im überbetrieblichen Fall. Der Umfang des Problems einer standortweiten Optimierung des Wärmeübertragernetzwerks wird selbst solche von ambitionierten EIP-Vorhaben übertreffen.

wird, wobei sich die jährliche CO_2-Einsparung[115] auf ca. 67.000 t beläuft. Die Investition beträgt insgesamt etwa 29 Mio. €, davon 14 Mio. € für die Anbindung der einzelnen Wärmequellen, 10 Mio. € für die Transportleitung zum abnehmenden Heizkraftwerk und 5 Mio. € für die Einbindung im Heizkraftwerk und die leittechnische Anbindung. Als Projektrisiken werden vor allem die aufwendige Regelungstechnik zur Vermeidung von Rückkopplungen (u. a. durch die schwankende Fernwärmenachfrage) auf den Produktionsprozess sowie der hohe Investitionsaufwand genannt. Hierbei werden die Investitionen vom Abnehmer vorfinanziert und durch die Wärmelieferung refinanziert, weitere Kosten oder Einsparungen werden geteilt (Schneider und Rink 2010).

- In einem weiteren Beispiel aus der Region Karlsruhe wird Abwärme aus einer mit Hecken- und Strauchschnitt betriebenen KWK-Anlage (thermische Leistung 16 MW) von einem benachbarten Hersteller von Porenbeton verwendet.[116]

- Ein ähnliches Beispiel für eine überbetriebliche Abwärmenutzung findet sich in Oldenburg. Hier liefert ein Folienproduzent Abwärme aus seiner KWK-Anlage über eine Wärmetrasse an einen benachbarten Fleisch verarbeitenden Betrieb.[117] Dieses Projekt zwischen zwei bestehenden Unternehmensstandorten wird durch ein Contracting-Unternehmen (s. Kapitel 4.5.2) durchgeführt. Die bisher genutzten Gaskessel bleiben als Backup erhalten. Finanziell wird dieses Projekt unter anderem durch die KWK-Gesetzgebung vorteilhaft. Den berechneten Einsparungen bei den Energiekosten von „mehreren 10.000 €/a" stehen Investitionen von ca. 100.000 € gegenüber, davon ca. 30.000 € für die Verlegung der Verbindungsrohre.

- Im bekanntesten Beispiel für eine industrielle Symbiose, dem Netzwerk von Kalundborg, wird ein pharmazeutisches Unternehmen vollständig mit Dampf aus einem drei Kilometer entfernten Kraftwerk

---

[115] Bezogen auf den Energieträger Erdgas.

[116] Vgl. http://www.biomassekraftwerk-malsch.de/index.htm

[117] Informationen unter http://www.die-energieeffizienten.de/Steinemann_GmbH_u._Co._KG.html

versorgt. Nach Lowe und Evans (1995) hat sich die Investition in die Rohrleitungen nach zwei Jahren amortisiert. Weiterhin liefert das Kraftwerk Dampf an das städtische Fernwärmenetz und eine Raffinerie (Deckung von 40 % des Wärmebedarfs) sowie Wärme an lokale Betriebe für Aquakulturen (Jacobsen 2006).

- Der Fernwärmeverbund Niederrhein Duisburg Dinslaken nutzt Abwärme aus einem Hochofen (250 °C), einem Warmbandwalzwerk (450 °C-600 °C) und einer Schwefelsäureanlage (in einem Heizkraftwerk nachträglich auf 140 °C erhitzt). Mit den 350 GWh/a wird der Wärmebedarf von 100.000 Haushalten gedeckt (Brandstätter 2008).

- Generell finden sich in skandinavischen Ländern seit über 30 Jahren Beispiele für die Auskopplung von Wärme aus Industrieunternehmen (Grönkvist und Sandberg 2006), aktuell werden ca. 60 Fälle gezählt (Levander und Holmgren 2008). Beispielhaft hierfür ist etwa die schwedische Stadt Lindesberg, in der eine Kartonagenfabrik über eine 17 km lange Rohrleitung 90 % der Wärme des Fernwärmenetzes für 23.000 Einwohner liefert (EIPPCB 2009). Ein ähnliches Beispiel findet sich in Luleå, wo ein Stahlwerk Dampf und Hochofengas an eine KWK-Anlage liefert, welche wiederum Wärme zur Trocknung von Biomasse und zur Nutzung im Fernwärmenetz liefert (Grip u. a. 2010).

Nutzungsformen für Niedertemperaturwärme

In vielen Fällen gehören vor allem über Nah- und Fernwärme angebundene Haushalte und Kleinverbraucher sowie Heizungsanlagen in benachbarten Betrieben oder anderen Großverbrauchern (Gewächshäuser, Bäder, Schulen) zu den Nutzern externer Abwärme. Ein Grund hierfür ist, dass in vielen Fällen innerbetrieblich ungenutzte und in größerer Leistung verfügbare Wärme durch ein eher geringes Temperaturniveau gekennzeichnet ist, für welches es oft keine Verwendung in den innerbetrieblichen Prozessen gibt. Ein weiteres Problem ist der gegenwärtige Mangel an geeigneten industriellen Wärmeabnehmern, sodass Abwärme höherer Temperaturen nur auf niedrigen Temperaturniveaus wie etwa zur Raumheizung und Brauchwasserbereitung Verwendung findet. Allerdings bestehen bei geeigneter Planung (vgl. Abschnitt 4.2) auch große Potentiale zur industriellen Nutzung. So macht der Bedarf an Wärme unter 200 °C, der durch Abwärme aus anderen Anlagen gedeckt werden könnte etwa 30 % des industriellen Prozesswärmebedarfs aus (Rudolph und Wagner 2008). Die Schwerpunkte liegen dabei in folgenden Branchen:

- Nahrungs- und Genussmittelindustrie (z. B. Koch- und Eindampfprozesse),
- Chemische Industrie,
- Papier- und Zellstoffindustrie (Trocknen des Papiers und Zellstoffkocher),
- Textilindustrie,
- Investitionsgüterindustrie (Reinigungsbäder, Lackierkabinen, Trocknungsprozesse).

Eine Ausnahme hierbei sind Betriebe, die Niedertemperatur-Prozesswärme für ihre Produktionsanlagen einsetzen können wie etwa Betriebe der Lebensmittelindustrie.

Der Bedarf an Wärme auf eher niedrigen Temperaturniveaus in der Industrie wurde zuerst im Rahmen von Untersuchungen zu Geothermie betrachtet. Auch hier werden möglichst geeignete Abnehmer für bestimmte Temperaturniveaus gesucht. Einige Anwendungsmöglichkeiten sind in Tabelle 4-4 dargestellt (sogenanntes Lindal-Diagramm nach Lindal 1973).

Dabei sind die Wärmeströme bei der Nutzung industrieller Abwärme meist beschränkter als bei Geothermie-Projekten, allerdings können sie bei Einbeziehung von Kraftwerken oder Großindustrie doch sehr bedeutend sein. So werden im symbiotischen Netzwerk von Kalundborg (s. Abschnitt 0) unter anderem 40 % des Wärmebedarfs einer Raffinerie durch Abwärme aus einem Kraftwerk gedeckt (Jacobsen 2006). Die Auflistung der Einsatzmöglichkeiten und Anwendungen in der Praxis (Culver 1992; Lindal 1992; Thorhallsson und Ragnarsson 1992) zeigen, dass insbesondere die Temperaturgrenzen für Verdampfungsprozesse, Heizzwecke, landwirtschaftliche Nutzung, insbesondere die Beheizung von Gewächshäusern und schließlich Fischzucht, relevant sind. Dabei kann jedoch in vielen Fällen auch Wärme niedrigerer Temperaturniveaus zum Vorwärmen in den Prozessen eingesetzt werden, wodurch zumindest ein Teil der alternativen Primärenergie eingespart werden kann.

Tabelle 4-4: Temperaturanforderungen für verschiedene Weiternutzungsformen (z. T. nach Lindal 1973)

Nutzungsart	Temperatur in °C
Papierherstellung (Aufschlussreaktoren)	180
Trocknung von Holz	160
Einkochen, Verdampfen, Entsalzen	120
Trocknung von organischem Material (Heu, Gemüse; auch niedrigere Temperaturen möglich)	100
Raumheizung klassisch	80
Kühlung (Absorption, untere Schranke)	70
Tierzucht	60
Bodenheizung	40
Schwimmbäder, biologische Zersetzung/Gärung	30
Aquakultur, Gewächshäuser, kalte Fernwärme[118]	20

Raumheizung (Nah- und Fernwärme)

Eine klassische Möglichkeit der Nutzung industrieller Abwärme ist die Nutzung zur Raumheizung und Warmwasserbereitung innerhalb eines Betriebes oder durch Einspeisung in ein Nah- oder Fernwärmenetz (Heuer u. a. 2008). Hierbei ist aber die saisonale Schwankung der benötigten Heizenergie zu berücksichtigen, wodurch entweder eine Trennung von Abwärme-Grundlast und zusätzlichem Spitzenlastkessel notwendig ist oder ein beträchtlicher Teil der Abwärme im Sommer ungenutzt bleibt (Schneider und Rink 2010). Es wird geschätzt, dass im Jahr 2006 etwa 1 % der deutschen Fernwärme aus industrieller Abwärme stammte (AGFW 2006). Diese hat gegenüber Fernwärme aus Dampfkraftwerken den Vorteil, dass bei letzteren in der Regel die Wärme dem Umwandlungsprozess entzogen wird und damit der elektrische Wirkungsgrad sinkt (Danner 2008). Für die Wirtschaftlichkeit einzelner Projekte ist eine entsprechende Anzahl von Wärmeabnehmern mit hoher Flächendichte und kurzen Leitungswegen notwendig. Nach Heuer u. a. (2008) liegen die Investitionen zur Erstellung eines Nahwärmenetzes im Allgemeinen zwischen 150 €/lfm und

---

[118] Bei dieser wird dezentral mit Wärmepumpen Raumwärme aus der in Leitungen im Kreis geführten Niedertemperaturabwärme gewonnen.

200 €/lfm, worin die Rohrleitung, Erdarbeiten und spezielle Rohrdurchleitungen enthalten sind.[119]

Aktive Systeme zur Erzeugung von Wärme und Kälte aus Abwärme

In der Regel ist eine direkte Nutzung von Abwärme auch bei niedrigen Temperaturen mittels passiver Systeme, etwa zur Vorwärmung im Rahmen einer Wärmekaskade, effektiver als mit einem zusätzlichen Transformationsprozess und zusätzlicher externer Energie Wärme höherer Temperaturen zu erzeugen (Hebecker 1995). Wenn aber das Potential solcher Nutzungsformen ausgeschöpft ist, ist eine Transformation die einzige Alternative zum Verlust der Energie. In diesem Fall kann eine Nutzung aktiver Systeme (Kompressions- und Absorptions-Wärmepumpen, Wärmetransformator) zur Erzeugung von Wärme oder Kälte aus Abwärme auf nicht nutzbarem Temperaturniveau sinnvoll sein.

- Bei Wärmepumpen wird im Heizbetrieb einer Wärmequelle (Abwärme, Boden, Atmosphäre) Wärme entzogen und durch den Einsatz externer Energie[120] auf ein höheres Temperaturniveau überführt (BINE 2003). Wärmepumpen werden hauptsächlich zur Erzeugung von Raumwärme genutzt, können aber auch im industriellen Bereich zur thermischen Aufwertung von Wärmeströmen eingesetzt werden, wobei einem eher geringen Energiebedarf hohe Investitionen gegenüberstehen. Bei Vorhandensein von Abwärme mit geringem Temperaturniveau kann auch eine Kombination von Wärmenetzen mit Wärmepumpen bei den Abnehmern (sogenannte kalte Nah- bzw. Fernwärme) sinnvoll sein (Heuer u. a. 2008). Dabei wird ein Leitungsnetz (eher bei kleinen Nahwärmenetzen sinnvoll) als Wärmereservoir für dezentrale Wärmepumpen genutzt. Dies hat den Vorteil, dass Abwärme mit geringem Temperaturniveau verwendet werden kann, welche etwa bei Kraftwerken ohne Verringerung des elektrischen

---

[119] Diese sind von einer Vielzahl von Parametern wie Leitungsdimensionen, Geländebeschaffenheit, Leitungstyp und Schwierigkeitsgrad der Grabung abhängig (vgl. Kapitel 4.3).

[120] Dies kann entweder mechanische Energie bei Kompressions-Wärmepumpen mit Elektromotor oder Gasmotor oder thermische Energie bei Absorptions-Wärmepumpen mit einem thermischen Verdichter zur Nutzung vorhandener Abwärme mittlerer Temperatur sein.

Wirkungsgrades (am kalten Ende) ausgekoppelt werden kann (Briké 1983).

- Sogenannte Wärmetransformatoren arbeiten mit einem mehrstufigen Verfahren von Absorptions-Wärmepumpen, um Abwärme unter Ausnutzung eines Teils ihrer Energie auf einem höheren Temperaturniveau nutzbar zu machen (Paikert 1990). Dabei wird die Wärme eines Abwärmestroms mittlerer Temperatur über mehrere verschaltete Sorptionsprozesse bei vergleichsweise geringem Bedarf an mechanischer Energie in einen Teilstrom bei höherer Temperatur umgewandelt, ein anderer Teilstrom erfährt eine Temperaturabsenkung und liefert dem Prozess Energie (Stephan 1988). Damit kann etwa ein Teil des Bedarfs an Dampf (in einem Praxisbeispiel (gerundet) nach Stephan (1988): 7 MW bei 150 °C) durch die den Prozess antreibende Abwärme (14 MW bei 100 °C) gedeckt werden, wofür nur geringe Pumpleistung von normalerweise 1 % - 2 % der Wärmeströme (53 kW) benötigt werden. Da sich durch die Wahl verschiedener Arbeitsstoffpaare und mehrstufige Systeme die Temperaturanhebung in einem weiten Bereich steuern lässt, ist diese Technik für die Abwärmenutzung sehr interessant, jedoch ist sie auch mit hohen Investitionen verbunden (Paikert 1990).

- Die Erzeugung von Kälte (4 °C bis 10 °C[121], z. B. für Klimatisierung, Lebensmitteltechnik) über Absorptionskältetechnik ist eine weitere sinnvolle Verwendungsmöglichkeit, falls Nutzungsmöglichkeiten hierfür in der Nähe der Abwärmequelle existieren (Heuer u. a. 2008). Dabei wird ein Kältemitteldampf (z. B. Wasser) bei geringer Temperatur in einer Flüssigkeit (z. B. Lithiumbromid-Lösung) absorbiert und bei höherer Temperatur (Abwärme) desorbiert, wobei die Temperaturabhängigkeit der physikalischen Löslichkeit genutzt wird. Die Betriebskosten (elektrische Energie) einer solchen Anlage sind im Vergleich zu einer Kompressionskältemaschine sehr gering, die Investitionen liegen nach Heuer u. a. (2008) im Bereich von 250 bis 350 €/kW Kälteleistung.

---

[121] Bei speziellen Anlagen mit Ammoniak als Kältemittel und Wasser als Lösungsmittel bis - 60 °C bei 180 °C Abwärmetemperatur.

Landwirtschaft und Aquakulturen

Die Nutzung von Abwärme in der Landwirtschaft kann in sogenannten Agro-parks (vgl. Abschnitt 2.6.3) oder in klassischen Gewächshäusern[122] geschehen. Allerdings ist hierbei zu beachten, dass landwirtschaftliche Standorte zum einen selten in unmittelbarer Nähe von Industrieanlagen zu finden sind und Leitungen für den Wärmetransport solche Projekte schnell unwirtschaftlich machen können (Rudolph und Wagner 2008). Außerdem ist durch den zunehmenden Betrieb von Biogaskraftwerken durch Landwirte oft schon ein eigenes ungenutztes Wärmepotential vorhanden.

Für Abwärme auf dem niedrigsten nutzbaren Temperaturniveau wurden in den letzten Jahren beispielsweise mehrere Anlagen zur Nutzung in Aquakulturen erstellt. Dabei werden etwa Shrimps (vgl. Baas und Boons 2004 für ein Beispiel aus den Niederlanden) oder Süßwasserfische in Kreislaufanlagen (Heuer u. a. 2008) produziert. Allerdings sind solche Anlagen nach Heuer u. a. (2008) erst ab einer gewissen Größe (Output 100 t/a, Wärmebedarf 300 kW, Investitionen ab 1 Mio. €) wirtschaftlich. Insbesondere aufgrund des Investitionsbedarfs sind sie in Europa noch wenig verbreitet, allerdings können sich bei landwirtschaftlichen Betrieben (Abwärme aus Biogasverstromung) weitere Synergien ergeben (Rudolph und Wagner 2008).

Neue Nutzungsformen für Abwärme

Allgemein finden sich zunehmend Ansätze zur „unkonventionellen" Nutzung von Abwärme meist in kleinem Maßstab, etwa der abgestrahlten Abwärme von Apparaten und Maschinen, aber auch Rechenzentren. Diese Nutzung von Abwärme findet meist unternehmensintern und zu Raumheizzwecken statt, wobei auch eine zusätzliche Erhöhung der Temperatur mit Wärmepumpen bei sonst zu geringem Temperaturniveau der Abwärme (z. B. aus Abwasser) wirtschaftlich sein kann (Blümig 2001).

Auch bei der Raumbelüftung kann eine direkte Wärmerückgewinnung zur Vorwärmung der Frischluft mittels Wärmeübertrager erfolgen (VDI 1999; Jüttemann 2001). Bei Industriehallen werden hohe Nutzungsgrade mit regenera-

---

[122] Etwa für Wintergemüse, wobei Gemüsebau als Teilsektor der Land- und Forstwirtschaft zählt (vgl. DESTATIS 2003)

tiven Wärmeübertragern (Rotationswärmeübertrager) aber auch mit Kreuz-stromwärmeübertrager und Kreislaufwärmeübertrager (mit einem Übertra-gungsmedium) erreicht. Von einem Beispiel werden Wärmeeinsparungen von 50 % - 80 % und eine Amortisationszeit von zwei Jahren (bei Investitionen von 250 - 1000 € je 1000 m /h) berichtet.[123]

Eine weitere neuartige Alternative zu den klassischen Nutzungsformen von Abwärme sind mobile Latentwärmespeicher. Ein Pilotprojekt hierzu wurde 2001 im Industriepark Höchst begonnen. Bei diesen wird Wärme in 20-Fuß-Containern mit bei niedrigen Temperaturen schmelzenden Stoffen[124] gespeichert und transportiert (BINE 2002). Damit kann zum einen eine weitere Transport-strecke (bis 30 km je nach Anwendung wirtschaftlich) und zum anderen eine zeitliche Entkopplung von Wärmeanfall (Aufladen i.d.R. 20 h) und Wärme-nachfrage (Entladen i.d.R. 10 h) erreicht werden (Schulz u. a. 2007). Die Wärmeverluste (10 kWh/Tag bei 2,5 MWh gespeicherter Wärme) sind dabei vernachlässigbar, allerdings ist der logistische Aufwand (Just-in-time Versor-gung mit LKW, ggf. auch nachts) in vielen Fällen für eine wirtschaftliche Anwendung zu groß (Rudolph und Wagner 2008).

Eine weitere in den letzten Jahren aufgekommene Ergänzung zur Prozessinteg-ration ist die Einbindung von solarer Wärme in die Prozesse. Dabei kann Wärme bis ca. 100 °C bereitgestellt werden, welche dann in einem Prozess oder über eine Wärmekaskade auch in mehreren Prozessen nutzbar ist. Dies wird in Niedertemperaturanwendungen, zum Beispiel in der Lebensmittelindustrie oder generell für Vorheiz- und Waschprozesse eingesetzt (BINE 2010).

Erzeugung elektrischer Energie als konkurrierende Nutzungsform

Eine in Konkurrenz zur Prozessintegration und allgemein zur thermischen Nutzung von Abwärme höherer Temperaturen stehende Alternative ist die Erzeugung elektrischer Energie. Dies kann bei ausreichendem Temperaturni-

---

[123]

    http://www.energieagentur.nrw.de/unternehmen/page.asp?TopCatID=3893&CatID=3916 &RubrikID=3916

[124] In der Regel wird hier Natriumacetat (Schmelztemperatur 58°C) verwendet. Entsprechend den Anforderungen können aber auch andere Stoffe wie Paraffine, Salzhydrate, Salze und Zeolithe (Chemisorption) eingesetzt werden.

veau der Abwärme insbesondere bei räumlich ungünstig gelegenen Abwärmequellen ohne Möglichkeit einer internen oder externen Abwärmenutzung sinnvoll sein. Als Alternative zur Integration aller Prozessströme eines Standortes wäre ebenso eine Teilintegration und anderweitige Nutzung (Erzeugung elektrischer Energie) bestimmter Wärmequellen denkbar, wobei eine direkte Nutzung der Wärme in anderen Prozessen meist effizienter ist (Steinmann u. a. 2010).

Für hohe Temperaturen und große Wärmeströme stehen ökonomisch effiziente Technologien zur Erzeugung elektrischer Energie zur Verfügung, wie etwa Wasserdampfturbinen für Leistungen über 1 MW und Temperaturen über 300 °C.[125] Solche Voraussetzungen finden sich insbesondere bei der Herstellung von Eisen, Stahl und Baustoffen. Je nach Kontinuität der Abwärme kann die zusätzliche Verwendung eines Wärmespeichers sinnvoll sein, wodurch auch kleinere Aggregate bei gleicher durchschnittlicher Leistung möglich sind. Als Vorteile der Verstromung von Abwärme werden geringe Rückkopplungen auf den Prozess, der leichte Energietransfer zu Verbrauchern und geringe saisonale Schwankungen der Abnehmer genannt (Steinmann u. a. 2010). Kleine Wärmquellen und niedrige Temperaturen stellen eine technische Herausforderung dar, allerdings wurde in letzter Zeit, unter anderem verbunden mit dem Aufkommen dezentraler Biomassenutzungsformen, insbesondere der Biogasverstromung, die Forschung im Bereich der Nutzung von Abwärme zur Stromerzeugung forciert (AGROSOLAR 2008). Aktuell sind diese Technologien meist noch in Entwicklung oder durch hohe Investitionen unattraktiv, langfristig könnten hiermit aber ökonomisch und ökologisch sinnvolle Alternativen zum Transport von Wärme über große Entfernungen entstehen. Tabelle 4-5 zeigt eine Auswahl verfügbarer Technologien, welche für die Erzeugung elektrischer Energie aus Abwärme in kleinem Maßstab verfügbar sind. Allerdings ist deren Wirtschaftlichkeit zurzeit selbst unter günstigsten Rahmenbedingungen noch fraglich.

---

[125] Als Beispiele aus der Praxis werden hier die Nutzung von Abwärme aus der Abluft eines Klinkerkühlers eines Zementwerks (Abluft mit 275°C, Leistung 1,1 MW_{el}, elektrischer Wirkungsgrad ca. 13 %) und aus Glasschmelzöfen (Leistung 500 kW_{el}) genannt (Steinmann u. a. 2010).

Tabelle 4-5: Übersicht über Technologien zur dezentralen Stromerzeugung aus Abwärme (nach AGROSOLAR 2008)

System	Anforderungen an Wärmequelle	Derzeit verfügbare Leistungsklassen	elektrischer Wirkungsgrad
Heißgasturbine	900 °C, darunter deutlicher Abfall des Wirkungsgrades	Ab 5 kW$_{el}$	10 % bis 13 % (bei hohen Abgastemperaturen)
Abgasbeheizter Stirlingmotor	Abgastemperaturen über 800 °C, darunter deutlicher Abfall des Wirkungsgrades	1 kW$_{el}$ bis 30 kW$_{el}$	bis 15 % bei hohen Abgastemperaturen
Dampfmotor	Abgastemperaturen von 500 °C ausreichend für Dampferzeuger	Ab 20 kW$_{el}$, modular erweiterbar	ca. 16 %
ORC- Anlage	Abwärme ab ca. 100 °C nutzbar	Ab 70 kW$_{el}$, derzeit ab 300 kW$_{el}$ wirtschaftlich	bis 23 %
Dampfschraube	Abgastemperaturen von 500 °C ausreichend für Dampferzeuger	Ab 30 kW$_{el}$ bis 70 kW$_{el}$, modular erweiterbar	ca. 13 %

Insbesondere Organic-Rankine-Cycle (ORC)-Anlagen wurden in letzter Zeit in immer mehr (Pilot-)Anlagen eingesetzt. Diese nutzen ein organisches Arbeitsmedium in einem Dampf-Kraft-Prozess um aus Abwärme (etwa aus Verbrennungsgasen) mechanische Arbeit (etwa in einem Schraubenexpander) und schließlich elektrische Energie zu gewinnen. Aktuell sind Kleinanlagen mit einer Leistung von 60 KW$_{el}$ (entspricht einem heißen Abgasstrom mit etwa 300 kW$_{th}$) verfügbar, die Investitionen von 4000 - 6000 €/kW$_{el}$ entsprechen (Heuer u. a. 2008).

4.2 Multikriterieller Abgleich von Abwärmequellen und -senken

Ein Hindernis für das Zustandekommen von überbetrieblicher Wärmenutzung, auch solcher mit nur einem Wärmestrom, ist der Mangel an Informationen über potentielle Anbieter oder Abnehmer. Solche Informationen über die internen Prozesse und ihre Wärmebedarfe waren Betriebsexternen bisher nicht verfügbar. Während eine für Deutschland geplante allgemeine Pflicht zur Veröffentlichung solcher Daten im Rahmen einer Wärmenutzungsverordnung (vgl. Abschnitt 4.8.1) nicht umgesetzt wurde, wurden in den letzten Jahren erste freiwillige Sammlungen solcher Wärmedaten veröffentlicht. In regionalen, im Internet verfügbaren Karten[126] sollen Daten von Wärmequellen veröffentlicht werden, allerdings bestehen diese Daten zumeist nur aus dem verfügbaren Temperaturniveau und in manchen Fällen zusätzlich aus der jährlich verfügbaren Wärmemenge. Dies ist ein sehr sinnvoller Ansatz, allerdings sind für eine optimale Nutzbarkeit solcher Informationen weitere Daten notwendig, um einen Grobabgleich potentieller Partner für eine betriebsexterne Wärmenutzung zu ermöglichen.

Im Folgenden soll ein Verfahren für einen Abgleich eines an einer Ansiedlung bei einer bestehenden Wärmequelle interessierten Abnehmers mit potentiellen Wärmelieferanten entwickelt werden. Analog könnte hiermit auch generell untersucht werden, welche Industrien als Wärmeabnehmer zu welchen Industrien als Wärmeanbieter aufgrund von Referenzprozessen passen. Bei der Planung eines neuen Standortes, bei der sowohl über die Auswahl von Unternehmen als auch die räumliche Planung entschieden werden kann, könnte ein solches Verfahren für eine Vorauswahl auch eingesetzt werden, allerdings wären hier weitere formale Planungsmethoden anzuwenden. Bei dem vorgeschlagenen Verfahren liegt der Fokus auf einer schnellen Durchführbarkeit mit wenig benötigten Daten und geringem Aufwand. Insbesondere der Aufwand für eine detaillierte Abschätzung der Wirtschaftlichkeit und damit das Problem schlecht verfügbarer Daten wird damit zunächst vermieden. Eine detaillierte Berechnung wäre für die als geeignet identifizierten Optionen der nächste Schritt. Als erster Schritt wird ein multikriterieller Abgleich der Eigenschaften der Abwärmequellen mit den Anforderungen des Abnehmers vorgeschlagen.

---

[126] Energie-Atlas für Bayern: www.energieatlas.bayern.de, Abwärme-Atlas für Sachsen: www.abwaermeatlas-sachsen.de/

176

Dieser wird ähnlich einer Abstandsmetrik (Treitz u. a. 2004) eingesetzt, betrachtet aber getrennt jeweils die Unter- und Übererfüllung von Anforderungen an die Wärmelieferanten.

Ein Problem in der Praxis sind die Anforderungen an Wärmeströme, die die individuelle Nutzbarkeit für einen Abnehmer (oder auch einer Technologie zur Erzeugung elektrischer Energie) bestimmen. Die Wertigkeit einer Wärmequelle wird neben der Temperatur und der Größe des Wärmestroms von Faktoren wie der geplanten jährlichen Betriebsdauer, der Ausfallsicherheit des Prozesses, dem Wärmeträger (Flüssigkeiten, Dampf, (Ab-)Gase) und der Verschmutzung (sauber, leicht verschmutzt, stark verschmutzt mit Staub, Säuren, Abgase) oder Korrosivität[127] des Wärmeträgers bestimmt. Daneben sind allgemeine Standortfaktoren für eine Nutzung der Wärme relevant, insbesondere verfügbare Flächen für einen potentiellen Nutzer und Platzprobleme in bestehenden Anlagen (etwa Probleme bei großen Luft-Luft Wärmeübertragern in einer bestehenden Papierfabrik mit engen Platzverhältnissen (Morand u. a. 2006)). Eine Liste der identifizierten Kriterien, die hierbei relevant sein können, ist in Abbildung 4-2 dargestellt (z. T. nach Roth u. a. 1996; Gregorzewski u. a. 2001; Manderfeld u. a. 2008). In ähnlicher Weise verwenden Manderfeld u. a. (2008) für die Nutzung von Abwärme in Nahwärmenetzen die Kriterien (in absteigender Wichtigkeit) gesicherte Leistung, Verfügbarkeit (Stunden pro Woche), Preisniveau, Temperatur und maximale Wärmeleistung. Insbesondere im Fall von zwei bestehenden Anlagen kommt der auch bei der Pinch-Analyse eingeführte Aspekt von Entfernungen hinzu.

---

[127] Problematisch sind beispielsweise korrosive Stoffpaarungen für die es schwierig ist, ein gemeinsames korrosionsfestes Wärmeübertragermaterial zu finden z. B. Salzsäure und Flusssäure (Morand u. a. 2006).

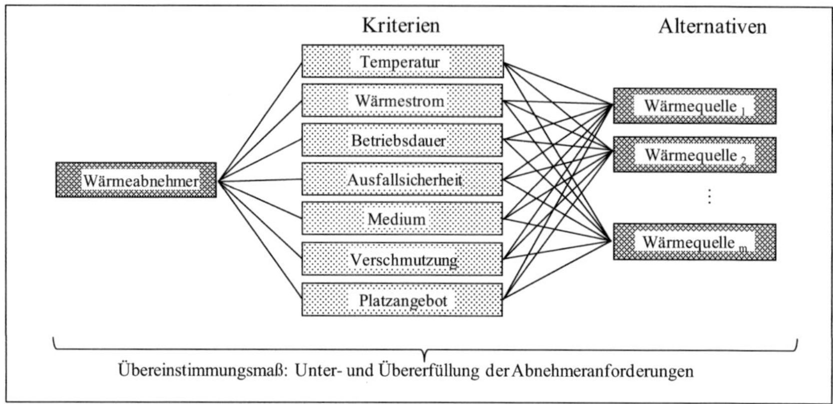

Abbildung 4-2: Struktur und Kriterien für einen Vor-Abgleich eines Wärmeabnehmers mit verschiedenen Wärmequellen, bzw. Unternehmen (eigene Darstellung)

Die einzelnen Bewertungskriterien (vgl. Abbildung 4-2) können dabei je nach Einzelfall als unbedingte technische Einschränkungen zum Ausschluss einer möglichen Verbindung führen oder als weniger kritische Einschränkung eine mögliche Verbindung nur ökonomisch unvorteilhafter machen. Für die allgemeine Anwendung der Pinch-Analyse wird von Morand u. a. (2006) empfohlen, solche möglichen Einschränkungen zur Vermeidung von Sicherheitsrisiken oder ungeplanten Mehrkosten stets zu prüfen.

Im Folgenden wird ein Übereinstimmungsmaß für die Anforderungen eines potentiellen Abnehmers mit den an verschiedenen Orten verfügbaren Wärmequellen vorgeschlagen; alternativ ist eine direkte erste Experteneinschätzung möglich. In jedem Fall muss sich eine detaillierte Betrachtung der ökonomischen Rahmenbedingungen anschließen. Da für eine solche detaillierte Analyse von Kosten und Einsparpotentialen bei einer Vielzahl von potentiellen Standorten die benötigten Daten nicht ohne größeren Aufwand zur Verfügung stehen, soll der hier vorgeschlagene Vorabgleich dabei helfen, die aussichtsreichsten Kooperationsmöglichkeiten zu identifizieren. Dabei wird ein Ansatz in Analogie zu Methoden der Mehrzielentscheidungsunterstützung angewandt mit dem Unterschied, nicht einen maximalen Nutzwert anzustreben, sondern eine minimale Abweichung zwischen dem Profil einer Wärmequelle und dem Profil einer Wärmesenke. Das Ergebnis hierbei ist entweder eine Vorauswahl eines geeigneten Partners für eine weitergehende Prozessintegration (zu einer Zeit, wenn deren interne Prozesse noch eine Black-Box darstellen) oder ein Abgleich für eine Wärmenutzung mit nur einem Wärmestrom.

Verwendet wird dabei ein Vorgehen aus dem Entscheidungsunterstützungsverfahren PROMETHEE[128], welches zu den Outranking-Verfahren (im Deutschen auch als „Prävalenzverfahren" bezeichnet) zählt.[129] Diese auch als „entscheidungs-technologische" Ansätze bezeichneten Methoden entstanden aus der Kritik an der amerikanischen Schule (etwa Methode des Analytischen Hierarchieprozesses AHP) (vgl. Roy 1980; Brans u. a. 1986; Roy und Bouyssou 1993; Brans und Mareschal 2005) und basieren auf dem Vergleich von jeweils zwei Alternativen hinsichtlich der einzelnen Kriterien (Zimmermann und Gutsche 1991). Neben dem Verwenden von Paarvergleichen ist die Berücksichtigung von Unvergleichbarkeiten und schwachen Präferenzen ein Kennzeichen dieser Ansätze (Roy 1980; Bamberg und Coenenberg 1994). Die Anwendungsmöglichkeiten für dieses Verfahren umfassen neben der klassischen Bewertung von Entscheidungsalternativen (Geldermann 2006) auch die Berücksichtigung von zeitlich veränderlichen Präferenzen (Oberschmidt u. a. 2010) und Übertragungen wie ein Konzept zur Bestimmung von Gewichtungsfaktoren für lokale Bürgerentscheide (Geldermann und Ludwig 2007).

Als Eingangsdaten wird für jede Alternative und jedes Kriterium eine Bewertung, wie gut die Aktion in Bezug auf das jeweilige Kriterium ist, benötigt (Entscheidungstabelle, hier die Ausprägungen der Wärmequellen/-senken bei den gewählten Kriterien), ebenso für jedes Kriterium ein Gewicht, das die Bedeutung des jeweiligen Kriteriums widerspiegelt (hier in Abhängigkeit von der Kriterienbedeutung für den Abnehmer). Während klassischerweise bei Entscheidungsunterstützungsverfahren die Unabhängigkeit der Kriterien gegeben sein sollte, um Doppelzählungen zu vermeiden, ist dies hier weniger relevant, da die monetären Auswirkungen aller Kriterienausprägungen im Vordergrund stehen. Auch wenn zwischen zwei Kriterien (z. B. Wärmemedium und Verschmutzung) bei den Daten Abhängigkeiten auftreten könnten, müssen Entscheidungen über technische Maßnahmen (ohne absolute Kenntnis aller

---

[128] Preference Ranking Organisation METHod for Enrichment Evaluations.

[129] Innerhalb der Verfahren zur multikriteriellen Entscheidungsunterstützung (multi-criteria decision making MCDM) zählt es zur Gruppe der Verfahren mit diskretem Lösungsraum (multi-attribute decision making MADM).

auftretenden Abhängigkeiten) mit entsprechender Auswirkung auf die Wirtschaftlichkeit für jedes einzelne Kriterium getroffen werden. Die Motivation ist also eher, relevante praktische Wirtschaftlichkeitsfaktoren zu erfassen und weniger eine möglichst geringe Kriterienanzahl und Aggregation zu erhalten.[130] Der Ablauf der PROMETHEE-Verfahren gliedert sich in mehrere Schritte, von denen hier nur ein Teil Anwendung findet.

Im Folgenden seien sowohl die Wärmesenke als auch die potentiellen Wärmequellen als Alternativen $A = \{a_i | 1 \leq i \leq n,\ n \in \mathbb{N}\}$ zu verstehen, die genannten Bewertungskriterien als Kriterienmenge $C = \{g_j(a_i) | 1 \leq j \leq k,\ k \in \mathbb{N}\}$. Zu jedem Kriterium j ist zunächst eine Präferenzfunktion zu bestimmen, die den Präferenzgrad von Alternative a_i über Alternative a_l in Bezug auf das Kriterium g_j ausdrückt $P_j(a_i,\ a_l) = P_j(d_j(a_i,\ a_l)) \in [0,1]$. Dabei stellt $d_j(a_i,\ a_l) = g_j(a_i) - g_j(a_l)$ die Differenz der Ausprägungen des Kriterienwerts der Alternativen dar. Im Kontext des hier beschriebenen Abgleichs wäre dies also beispielsweise die Temperaturdifferenz zweier Alternativen, für die etwa bei einem geringen Temperaturunterschied noch ein gutes Passen des Paares angenommen werden kann. Ab einer bestimmten Schwelle kann dann ein mit der Temperaturdifferenz linear steigender „Präferenzwert" (in diesem Kontext eher Differenzwert vom Optimum) angenommen werden als Ausdruck für die zusätzlich entstehenden Kosten einer beim Kriterium Temperatur nicht passenden Verbindung. Während beim klassischen PROMETHEE-Vorgehen der Grad der Präferenz einer Alternative a_i über Alternative a_l dabei von Ablehnung oder Indifferenz (= 0) über einen Bereich der schwachen Präferenz $0 < P_j(d_j(a_i,\ a_l)) < 1$ bis zur strikten Präferenz (= 1) reicht, wird die Präferenz an dieser Stelle als Abstandsmaß für die Unter- oder Übererfüllung von Anforderungen des Abnehmers verwendet. Für den Verlauf der Präferenzfunktion p werden von Brans u. a. (1986) sechs verschiedene Funktionstypen vorgeschlagen, welche aus einer Differenz der Kriterienausprägung einen Präferenzwert liefern mit Hilfe von (teilweise schrittweise definierten) konstanten Funktionen, linearen Funktionen oder einer Exponentialfunktion. Sowohl die Präferenzfunktion P_j (als intra-kritielle Gewichtungsfunktion) als auch die

---

[130] Allerdings könnten gewisse technische Lösungen gleichzeitig als Abhilfe für mehrere Kriterien dienen, wie etwa ein indirekter Wärmetransfer über ein Wärmeträgerfluid, wodurch sowohl Nachteile durch Verschmutzung als auch durch den Wärmeträger gleichzeitig ausgeglichen werden.

180

(inter-kriterielle) Gewichtung w_j sollten dabei anhand der allgemeinen zugrundeliegenden Einflüsse auf die monetäre Bewertung gewählt werden. Dabei werden für Unter- und Übererfüllung eher verschiedene Präferenzfunktionen zum Einsatz kommen, da im ersten Fall Abweichungen kritischer und ab bestimmten Werten Ausschlusskriterien sind. Die gewählten Präferenzfunktionen (bzw. deren Funktionswerte) werden dann mit dem Gewichtsvektor $w^T = [w_1, \ldots, w_k]^{131}$, dessen Summe auf eins normiert wird, zum Präferenzindex π (engl. Outranking-Relation) verknüpft:

$$\pi(a_i, a_l) = \sum_{j=1}^{k} w_j \cdot P_j (a_i, a_l) \qquad \text{(4-1)}$$

Dieser Präferenzindex $\pi(a_i, a_l)$ gibt an, wie stark – über alle Kriterien gesehen – Alternative a_i die Alternative a_l überragt. Während beim klassischen PROMETHEE-Verfahren ein hoher Wert für eine starke Präferenz von a_i gegenüber a_l steht, so lässt sich diese Präferenz im Zusammenhang des Abgleichs von Wärmequellen und Senken als Überlegenheit von Alternative a_i gegenüber a_l interpretieren. Klassischerweise schließt sich beim PROMETHEE-Verfahren hieran die Berechnung eines positiven und negativen Ausgangsflusses (Outranking-Flow) jeder einzelnen Alternative durch Aufsummierung der Werte der Paarvergleiche mit allen anderen Alternativen (bzw. negativer Ausgangsfluss durch Aufsummierung der Werte der Paarvergleiche aller anderen Alternativen mit der gewählten) an. Dies ist für den hier beschriebenen Abgleich jedoch nicht notwendig, da nur die Überlegenheit $\pi(W\ddot{a}rmesenke, W\ddot{a}rmeqelle_m)$ der Wärmesenke gegenüber einer Wärmequelle als Indikator der Unter-Erfüllung der Abnehmeranforderungen benötigt wird sowie umgekehrt $\pi(W\ddot{a}rmeqelle_m, W\ddot{a}rmesenke)$, die Überlegenheit einer Wärmequelle gegenüber der Wärmesenke als Über-Erfüllung.

In Tabelle 4-6 sind Ausgangsdaten für ein solches Vorgehen kurz skizziert. Ein potentieller Abnehmer für ungenutzte Prozesswärme stellt dabei seine Anforderungen den von verschiedenen potentiellen Wärmequellen angebotenen Abwärmeströmen gegenüber. In Abbildung 4-3 ist das Ergebnis des Abgleichs

---

[131] Sowohl die Präferenzfunktion P_j (als intra-kriterielle Gewichtungsfunktion), als auch die (inter-kriterielle) Gewichtung w_j sollten dabei anhand der allgemeinen zugrundeliegenden Einflüsse auf die monetäre Bewertung gewählt werden.

dargestellt. Aus der jeweiligen Über- oder Untererfüllung und entsprechender Präferenzfunktion (hier linear als einfachste Möglichkeit) und Gewichtung zwischen den Kriterien (hier Gleichgewichtung) kann das Ergebnis berechnet werden.

Der erste Wert der Unter-Erfüllung der Abnehmeranforderungen kann als Indikator für einen eventuell durch zusätzliche Investitionen behebbaren kritischen qualitativen Mangel interpretiert werden, welcher ab einer gewissen Schwelle auch als Ausschlusskriterium gewertet werden kann.

Tabelle 4-6: Exemplarische Daten für einen multikriteriellen Abgleich von Wärmequellen (eigene Darstellung)

Kriterium	Messgröße	Abneh-mer	Wärme-quelle 1	Wärme-quelle 2	Wärme-quelle 3	Ziel
Temperatur	[°C]	110	160	90	190	Max.
Wärme-Leistung	[kW]	1000	200	1100	800	Max.
Betriebsdauer (geplant)	[h/a]	5000	8760	6000	3000	Max.
Kontinuität (ungepl. Ausfälle)	[% der Betriebszeit]	99	98	99,5	99,95	Min.
Wärmemedium	Flüssigkeit 1, Dampf 2, Gas 3	2	3	1	3	Qualitativ
Verschmutzung	Abgase, Abwasser (0-1-2-3)	1	0	1	2	Min.
Verfügbare Fläche	[m]	1000	1500	800	2000	Max.

Der zweite Wert der Über-Erfüllung der Abnehmeranforderungen gibt entweder einen Hinweis auf eine durch Hochwertigkeit sehr gut geeignete Wärmequelle oder aber je nach Betrachtungsweise (individuelle Optimierung oder optimale Gesamt-Zuweisungen innerhalb einer Region) ein Hinweis auf eine mögliche ökonomische Verschwendung, da eine potentiell weniger hochwertige Wärmequelle genügen würde. Umgekehrt verhält es sich, wenn mehrere potentielle Abnehmer oder Technologien zur Erzeugung elektrischer Energie aus ungenutzter Wärme mit einer Wärmequelle verglichen werden.

Mit einer Darstellung wie in Abbildung 4-3 skizziert, kann für verschiedene Quellen die Gesamtpräferenz (jeweils erster Balken kritische Unter-Erfüllung der Abnehmeranforderungen und zweiter Balken unkritischere Über-Erfüllung der Abnehmeranforderungen sowie der Beitrag der Kriterien an der Unter- oder Übererfüllung) verglichen werden.

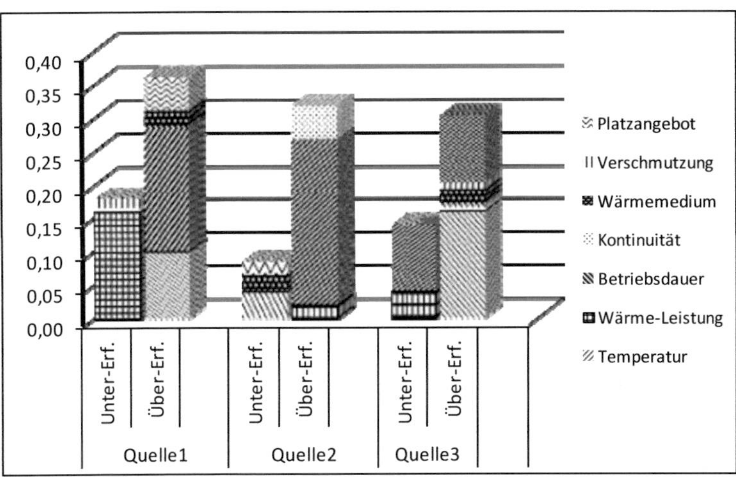

Abbildung 4-3: Skizzierte Unter- und Übererfüllung der Qualitätsanforderungen an Wärmequellen bei einem Vorabgleich (eigene Darstellung)

Ein solches Vorgehen kann mit geringem Aufwand in eine elektronische Wärmekarte integriert werden, indem die Daten (Kriterienausprägungen) der Quellen hinterlegt werden und der Nutzer seine Daten für den Abgleich eingibt. Dies stellt eine Ergänzung dar zur direkten Darstellung der relevanten Werte von Wärmequellen und der Wärmesenke in Zahlen oder Diagrammen. Für die Berechnungen eignet sich das vom PROMETHEE-Verfahren inspirierte Vorgehen deshalb, da es zum einen auf paarweisen Vergleichen beruht und zum anderen explizit sowohl eine positive Dominanz als auch ein Dominiert-Werden getrennt berechnet werden. Insgesamt kann mit diesem Abgleich eine spätere detaillierte Betrachtung der genauen Rahmenbedingungen und der Wirtschaftlichkeit zwar nicht ersetzt, bei einer großen Anzahl von Alternativen aber eine Vorauswahl unterstützt werden.

4.3 Wärmeübertragernetzwerkdesign mit Berücksichtigung von Entfernungen

4.3.1 Relevanz von Entfernungen bei der Prozessintegration

Die vollständige Verwendung industrieller Abwärme auf jedem Temperaturniveau in geeigneten Prozessen ist praktisch unmöglich. Zum einen ist oft nur eine begrenzte Anzahl von Prozessen als Abnehmer im Unternehmen verfügbar, zum anderen verhindern Kosten und Wärmeverluste beim Übertragen und Transport von Abwärme eine Nutzung an entfernten potentiell geeigneten Stellen. So soll beispielsweise theoretisch die ungenutzte Abwärme der in Deutschland laufenden Großkraftwerke dem Doppelten der insgesamt für Raumwärmebereitstellung in Gebäuden und zur Warmwasserbereitung benötigten Wärme entsprechen.[132] Praktisch sind der Nutzung dieser Wärme aber aus technischen und ökonomischen Restriktionen eher enge Grenzen gesetzt.

Wenn möglich ist die Weiterverwendung rückgewonnener Abwärme im selben Prozess anzustreben, da hierdurch die geringsten Wärmeverluste und Probleme durch komplex verschaltete Prozesse zu erwarten sind. Ein solches Vorgehen findet sich oft in vorgefertigten technischen Lösungen wie etwa bei Rekuperatorbrennern, bei denen die Verbrennungsluft typischerweise auf bis zu 80 % der Abgastemperatur vorgewärmt werden kann, womit der Brennstoffbedarf um bis zu 50 % verringert werden kann (BINE 2000). Ein analoges Ziel wird mit sogenannten Economisern (auch Speisewasservorwärmern) verfolgt, welche als Zusatzgerät für Heizkessel einen Teil der ungenutzten Restwärme des Abgases zum Vorwärmen des Speisewassers verwenden (Zhelev und Semkov 2004).

Wenn aber im selben Prozess kein Bedarf an Wärme des verfügbaren Temperaturniveaus besteht, dieses also zu niedrig ist und nicht zum Vorwärmen genutzt werden kann, ist die Weiternutzung in einem anderen Prozess die einzige Möglichkeit. Falls Wärme mit einem höheren Temperaturniveau verfügbar ist als vom selben Prozess benötigt wird, kann sie zwar zum Wärmen bis auf das gewünschte Niveau genutzt werden. Allerdings wäre hier nach einer Abwägung der Vorteile und Nachteile einer Verschaltung verschiedener Prozesse eventuell eine Nutzung ohne die Verringerung der Temperatur („Abwertung" durch Verringerung der Nutzungsmöglichkeiten) möglich. Hier setzt die Pinch-

---

[132] http://www.energiecontracting.de/03_pressecenter/03_presseforum_text.php?id=255

Analyse mit ihrer Optimierung der möglichst hochwertigen Nutzung von Abwärme an, beachtet in der klassischen Form (Kapitel 3) jedoch nicht die Kosten oder möglichen qualitativen Problembereiche, die durch die Verschaltung räumlich und organisatorisch entfernter Prozesse entstehen.

Die notwendigen Investitionen für die überbetriebliche Verbindung von Prozessen zur Wärmeintegration erweisen sich in der Praxis oft als eines der größten Hindernisse. So wird etwa von einer Initiative aus Rotterdam berichtet, bei der die Wärmeintegration zwischen über 80 Unternehmen[133] in einem großflächigen Industriegebiet über viele Jahre geplant wurde (Baas 1998; Baas 2008). Letztlich wurde die großflächige Wärmeintegration aufgrund ihrer geschätzten Amortisationszeit von 30 Jahren nicht umgesetzt, dafür aber andere Synergien genutzt. Auch im Bereich der Fernwärmenutzung spielt die Transportentfernung der Wärme für ihre Wirtschaftlichkeit eine entscheidende Rolle. Hier sind die niedrigeren Erzeugungskosten in großen Kondensationskraftwerken den etwas höheren Kosten in lokalen Heizkraftwerken gegenüberzustellen.[134] Allgemein wird von Brandstätter (2008) empfohlen, dass bei Einspeisung industrieller Abwärme in Fernwärmenetze für eine wirtschaftliche Nutzung pro Kilometer nötiger Rohrverbindung 1 MW Anschlussleistung vorhanden sein sollte.

Die im Folgenden beschriebene Integration von entfernungsbedingten Kosten in den Planungsansatz der Pinch-Analyse kann ebenso für einzelne Unternehmen mit eher weiten Entfernungen zwischen den Anlagen verwendet werden. Auch kann es vorkommen, dass bei Neuplanungen von EIPs mit auf Wärmeintegration ausgerichtetem Design eher geringe Entfernungen auftreten. Allgemein erscheint aber die Frage nach der Wirtschaftlichkeit trotz des Hindernisses von Entfernungen als besonders relevant für die Planung überbetrieblicher Konzepte. Ähnliche Fragestellungen der Wirtschaftlichkeit trotz bedeutender Entfernungen treten analog bei einer gemeinsamen Energieversorgung für mehrere Unternehmen auf. Diese kann etwa aus einer gemeinsamen KWK-Anlage bestehen, deren Wärme von einem oder mehreren Unternehmen genutzt wird.

---

[133] Darunter sieben Raffinerien, elf Chemieunternehmen und 13 Unternehmen der Petrochemie. Das sogenannte INES-Projekt (INdustrial EcoSystems) existiert seit 1994 (Baas 2000; Baas und Huisingh 2008)

[134] Briké (1983) hat für ein konkretes Beispiel die maximal wirtschaftliche Transportentfernung von 14 km errechnet.

Die Rohrverbindungen zwischen den einzelnen Wärmeübertragern können schon im rein innerbetrieblichen Fall einen beträchtlichen Anteil der Investition in Wärmeübertragerinfrastruktur ausmachen, je nach Anlagentyp werden sie auf 18 % - 61 % der Investitionen geschätzt (Perry und Green 2008). Bei Betrachtung der jährlichen Kosten für die energetische Verbindung zweier Prozesse kommen zu den investitionsabhängigen Kosten noch die Betriebskosten hinzu. Zu ersteren tragen die Rohrleitungen (Material, Verbindungsstücken, Personalaufwand für Verlegung (unterirdisch, oberirdisch mit Rohrbrücken bei Kreuzung von Wegen) bei sowie eventuell zusätzliche Wärmeübertrager und Pumpen. Hierfür werden in dieser Arbeit tabellierte Gesamtkosten aus der Praxis verwendet (vgl. Tabelle 4-7), bei denen die Verlegung die Materialkosten eindeutig dominiert. Für die Betriebskosten von Pumpen wird vereinfachend ein Zuschlagfaktor verwendet. Zum einen sind diese Kosten vor der detaillierten Auslegung schwer abschätzbar und zum anderen hängen sie ebenso wie die Investitionen in eine Verbindung von der Entfernung und dem Volumenstrom ab[135] (vgl. 4.3.3). Bei den Investitionen in Infrastruktur zur Verbindung entfernter Prozesse können sich auch positive Nebeneffekte ergeben: So kann diese Infrastruktur, etwa Rohrbrücken in Industriegebieten oder die Verlegung von Rohren unter der Erde für weitere Zwecke genutzt werden, sodass der Standort langfristig aufgewertet wird (Levander und Holmgren 2008).

4.3.2 Verlust von Wärmeleistung beim Wärmetransport und indirekte Wärmeintegration

Schon bei der Betrachtung eines für eine Weiternutzung der Wärme ausgewählten Prozesses muss zwischen der durch Vermischung oder Isolations-Verluste verringerten Ausgangstemperatur des Prozessstroms und der Spitzentemperatur des Prozesses unterschieden werden. Hierbei müssen dann entsprechend technisch realisierbare Werte inklusive möglicher Sicherheitspuffer in den formalen Ansätzen verwendet werden. Bei längeren Transportstrecken,

---

[135] Da der Druckverlust über eine Verbindungsleitung als relevante Größe in diesem Stadium der Planung noch nicht bekannt ist, wird also die Rohrlänge und der Volumenstrom (aus dem auch der Rohrdurchmesser bestimmt wird) als Schätzgröße für die Betrachtung der Pumpkosten (investitionsabhängige Kosten und Betriebskosten) gewählt.

schwacher Isolierung und starken Temperaturunterschieden zur Umgebung kommen hierzu noch größere Wärmeverluste (bzw. unerwünschte Wärmegewinne bei Strömen mit Temperaturen unterhalb der Umgebungstemperatur). Diese Wärmeverluste sind sehr vom Einzelfall abhängig, Erfahrungswerte existieren beispielsweise für Nah- und Fernwärmenetze. In solchen treten bei Temperaturen von 80 °C bis 130 °C in weit verzweigten Rohrleitungssystemen meist relative Verluste von etwa 10 %, im Extremfall bis zu 20 % der Heizleistung auf (Heuer u. a. 2008). Hierbei ist aber auch die starke Abhängigkeit der relativen Verluste von der Auslastung (durchlaufender Wärmestrom) des Netzes zu beachten, da bei konstantem absoluten Wärmeverlust ein relativer Wärmeverlust zwischen 5 % bei Vollauslastung (hohe Fließgeschwindigkeit des Wärmeträgers) und bis zu 20 % bei Teilauslastung möglich ist (Heuer u. a. 2008).

Diese Wärmeverluste werden hier nicht explizit betrachtet, da sie einerseits bei direkten Verbindungen mit isolierten Rohren[136] im Vergleich zu den angeführten Zahlen für Fernwärmenetze als recht gering eingeschätzt werden. Zusätzlich lassen sie sich nicht direkt in den verwendeten Ansatz der Optimierung basierend auf Temperaturintervallen integrieren: Ein Verlust von Wärmeleistung einer Verbindungsleitung führt zu einer Temperaturabsenkung dieses Stroms, sodass die Optimierung der Verbindungen in einzelnen Temperaturintervallen in dieser Form nicht mehr möglich wäre.

Wenn solche Wärmeverluste für das konkrete Anwendungsproblem relevant sind, so können sie durch die Einbeziehung zusätzlichen, entfernungsabhängigen Heizbedarfs zum Ausgleich der Wärmeverluste, in einfachster Form durch einen Zuschlagfaktor der entfernungsabhängigen Kosten berücksichtigt werden.[137] Ebenso ist eine manuelle Anpassung der Prozessstromprofile möglich, wobei dann aber die Temperatur eines Stroms insgesamt um einen geschätzten Verlustwert angepasst werden müsste. Eine Vermischung mehrerer Ströme mit

---

[136] Bei gasförmigen Wärmeströmen, bei denen ein Wärmeverlust beim Transport stärker ausfallen würde als bei den hier als Referenz verglichenen Fernwärmenetzen, wird um eine wirtschaftliche Transportierbarkeit zu erreichen ein indirekter Wärmetransport mit einem flüssigen Medium angenommen (s. folgende Abschnitte).

[137] Detaillierte Ausführungen zur Abschätzung des Wärmeverlusts von Rohrleitungen in Abhängigkeit von Rohraufbau und Verlegungsart finden sich zum Beispiel bei Strohrmann (1987), Mosler (1987) sowie Bahadori und Vuthaluru (2010).

verschiedenen Temperaturen vor der Wärmeintegration kann in Fällen mit weiten Entfernungen aus wirtschaftlichen Gründen sinnvoll sein, da dann nur ein Leitungspaar für den Mischungs-Strom benötigt wird. Dies ist oft der Fall bei einseitiger Lieferung von Abwärme für Anwendungen mit eher geringen Temperaturen (z. B. Fernwärme für Raumheizzwecke).

Dass in gewissen Fällen hochviskose Flüssigkeiten wie Schweröl für die Transportierbarkeit eines Stroms eine Wärmezufuhr notwendig sein kann, wird im allgemeinen Modellierungsansatz nicht betrachtet. Die Temperatur ist hier nur eine innerhalb der einzelnen Prozesse relevante Eigenschaft der Ströme.

Wenn beide Ströme aus Sicherheitsgründen nicht in einem Wärmeübertrager verbunden werden dürfen oder wenn es sich um Ströme handelt, deren Transport hohe Kosten für die Rohrverbindungen erfordern würde (Gase, Dampf), so ist eine indirekte Verbindung[138] über ein Wärmetransport-Fluid realisierbar (Cerda u. a. 1983; Rodera und Bagajewicz 1999). Die Tatsache, dass nun für eine Verbindung zwei Wärmeübertrager benötigt werden, kann im Modell für den Wärmeübergang durch eine Verdopplung von ΔT_{min} abgebildet werden. Insgesamt vervierfacht sich damit die benötigte Wärmeübertragerfläche einer Verbindung jedoch, da nicht nur zwei Wärmeübertrager anstelle eines einzelnen benötigt werden, sondern auch der Temperaturunterschied zwischen den Prozessströmen als treibende Kraft nun für jeden der zwei Übergänge nur zur Hälfte zur Verfügung steht (Cerda u. a. 1983). Insgesamt ist ein indirekter Wärmetransport dann vorteilhaft, wenn das zu transportierende Medium durch seine Eigenschaften über die zu überbrückende Entfernung zu höheren Kosten führt, als eine indirekte Verbindung inklusive zusätzlicher und angepasster Wärmeübertrager. Eine ähnliche Abwägung der Vorteilhaftigkeit gilt bei direkter Wärmeintegration für die Frage, ob jeweils der warme oder der kalte Strom zum Ort des anderen transportiert werden soll. Dies ist von diversen technischen Faktoren abhängig und im Einzelfall zu untersuchen. Allgemein gilt es auch hier die technisch und ökonomisch relevanten Eigenschaften zu vergleichen und die geeignetere Variante als Ausgangsdaten für die Optimierung zu verwenden.

---

[138] Ein weitergehender Schritt in der Richtung dieses Ansatzes ist die Verwendung von Latentwärmespeichern, welche in Form von mit LKW transportierbaren Containern noch größere Entfernungen überbrücken können (vgl. Abschnitt 4.1.4).

Das hier beschriebene Vorgehen ließe sich in einem weiteren Schritt auf die Planung von zu erschließenden Industriegebieten oder die Planung der Ansiedelung eines energieintensiven Unternehmens bzw. Kraftwerks mit Hilfe geographischer Informationssysteme erweitern. Dazu wäre in einem Planungstool neben den georeferenzierten Daten bestehender und potentieller Unternehmen ihr jeweiliges Wärmeprofil (Angebot und Bedarf an Wärme auf unterschiedlichen Temperaturniveaus) zu hinterlegen. Mit diesem Wärme-Kataster könnte dann die Planung zukünftiger (industrieller) Wärmetransporte schon bei der Gestaltung von Industriegebieten oder Stadtteilen berücksichtigt werden. Erste Arbeiten zur Abbildung regionaler Abwärmepotentiale gab es schon in den 70er Jahren (z. B. für das Oberrheingebiet: Schikarski 1980; für Karlsruhe: Bartholomäi und Kinzelbach 1978). Neue Impulse für dieses Konzept gaben Möglichkeiten der Darstellung über Karten im Internet, Beispiele sind der sogenannten Energie-Atlas für Bayern und der Wärmeatlas für Sachsen (vgl. 4.2), in denen große Wärmequellen mit einem kurzen Steckbrief geographisch dargestellt werden. Im größeren Rahmen der Raumordnungspolitik betrachtet, spielen räumliche Aspekte der Wärmenutzung und -versorgung ebenfalls eine Rolle, da hier Industriegebiete, Siedlungs- und Infrastruktur so geordnet werden sollten, dass eine umweltpolitisch gewünschte Nutzung von Abwärme wirtschaftlich möglich ist. Dies kann durch Berücksichtigung der Wärme-Infrastruktur bei der Aufstellung von Bauleitplänen in Kommunen geschehen, damit eine effiziente Energienutzung unterstützt wird. Dabei gelten bei der Weiternutzung industrieller Abwärme ähnliche Grundsätze wie bei der Planung von für Fernwärmeversorgung geeigneten Wohngebieten (Strohschein u. a. 2007). Hier sind allgemein kompakte, verdichtete Bau- und Siedlungsformen anzustreben, damit die Leitungslänge eine effiziente Anbindung an Wärmenetze nicht verhindert. Analoges gilt auch für die Gestaltung von Industriegebieten, in denen zusätzlich noch eine Planung nach dem individuellen Wärmeprofil einzelner Unternehmen erfolgen kann.

4.3.3 Integration von Entfernungen in den gewählten Optimierungsansatz

Für die Planung überbetrieblicher Prozessintegration soll der in Kapitel 3.4 (ab Seite 101 im Gesamtüberblick) beschriebene mathematische Ansatz der Pinch-Analyse im Folgenden um Kosten für die Verbindung weit voneinander entfernter Prozesse erweitert werden. Die Berücksichtigung dieser zusätzlichen Investitionen kann, neben anderen technischen oder organisatorischen Hindernissen, ein Grund dafür sein, dass einige Verbindungen unwirtschaftlich werden. Durch diese Veränderung wird dann die von der klassischen Pinch-Analyse gefundene Kompromisslösung zwischen Utilityverbrauch und Investitionen in Richtung höheren Utilityverbrauchs verschoben. Dies ist aber ein für das Ausgangsszenario realistischeres Ergebnis, da unwirtschaftliche Verbindungen entfallen und keine unrealistischen Einsparungsmöglichkeiten prognostiziert werden.

Ein Problem bei der Integration der entfernungsbedingten Kosten in den Optimierungsansatz (vgl. 3.4.3) ist, dass der übertragene Wärmestrom und damit der zu übertragende Volumenstrom vor der Optimierung unbekannt sind. Da die gesuchten Kosten für eine solche Verbindung pro übertragener Wärmestromeinheit aber durch Größendegression der Rohrkosten von der Größe des Wärmestroms abhängen, wird dieser im Folgenden in einem Vorschritt abgeschätzt[139]. Als Schätzwert für den Volumenstrom wird der maximal zwischen zwei Prozessströmen übertragbare Wärmestrom anhand des Gesamtwärmestroms der beiden Prozesse und anhand der Größe der für eine Wärmeübertragung nutzbaren Überlappung der Temperaturintervalle bestimmt.

Mit:

$\dot{Q}_i$: Gesamter durch den kalten Strom i abführbarer Wärmestrom [kJ/h]

$\dot{Q}_j$: Gesamter durch den heißen Strom j angebotener Wärmestrom [kJ/h]

$\dot{Q}_{i,j}^{gesch\ddot{a}tzt}$: Geschätzter übertragbarer Wärmestrom zwischen kaltem Strom i und heißem Strom j [kJ/h]

$\dot{V}_{i,j}^{gesch\ddot{a}tzt}$: Geschätzter zu transportierender Volumenstrom zwischen kaltem Strom i und heißem Strom j [kg/h]

---

[139] Dabei wird zunächst eine obere Schranke der Wärmeübertragung bestimmt, bei der Ableitung des Volumenstroms hieraus aber ein Schätzwert, der kein Maximum darstellt, verwendet. Insgesamt wird daher der Begriff Schätzwert und nicht Maximum verwendet.

$\bar{c}_\mathrm{p}$: Mittlere spezifische Wärmekapazität $[\frac{kJ}{kg \cdot K}]$

T_i^{ein}: Eingangstemperatur des kalten Stroms i [°C]

T_i^{aus}: Ausgangstemperatur des kalten Stroms i [°C]

T_j^{ein}: Eingangstemperatur des heißen Stroms j [°C]

T_j^{aus}: Ausgangstemperatur des heißen Stroms j [°C]

$T_{i,j}$: Temperaturbereich (Temperaturdifferenz), in dem sowohl Teile des kalten Stroms i als auch des heißen Stroms j vorhanden sind („Überlappungsbereich") [K]

ΔT_{min}: Mindestens benötigte Temperaturdifferenz in Wärmeübertragern [K]

Ergibt sich:

$$\dot{Q}_{i,j}^{geschätzt} = \min(\dot{Q}_i \; ; \; \dot{Q}_j) \qquad \textbf{(4-2 a)}$$

$$\textit{für} \quad T_i^{ein} \leq T_j^{aus} - \Delta T_{min} \wedge T_i^{aus} \leq T_j^{ein} - \Delta T_{min}$$

sonst

$$\dot{Q}_{i,j}^{geschätzt} = T_{i,j} \cdot \min(\frac{\dot{Q}_i}{T_i^{aus} - T_i^{ein}}; \frac{\dot{Q}_j}{T_j^{ein} - T_j^{aus}}) \qquad \textbf{(4-2 b)}$$

mit:

$$T_{i,j} = T_j^{ein} - \Delta T_{min} - T_i^{ein}$$

$$\textit{für} \quad T_i^{ein} \geq T_j^{aus} - \Delta T_{min} \wedge T_i^{ein} < T_j^{ein} \quad \Delta T_{min} \qquad \textbf{(4-2 c)}$$
$$\wedge T_i^{aus} > T_j^{ein} - \Delta T_{min}$$

$$T_{i,j} = T_j^{ein} - T_j^{aus}$$
$$\textit{für} \quad T_i^{ein} \leq T_j^{aus} - \Delta T_{min} \wedge T_i^{aus} \geq T_j^{ein} - \Delta T_{min} \qquad \textbf{(4-2 d)}$$

$$T_{i,j} = T_i^{aus} - T_i^{ein}$$
$$\textit{für} \quad T_i^{ein} \geq T_j^{aus} - \Delta T_{min} \wedge T_i^{aus} \leq T_j^{ein} - \Delta T_{min} \qquad \textbf{(4-2 e)}$$

$$T_{i,j} = 0$$
$$\textit{für} \quad T_i^{ein} \geq T_j^{ein} - \Delta T_{min} \qquad \textbf{(4-2 f)}$$

Der abgeschätzte zwischen einem heißen Strom j und einem kalten Strom i übertragbare Wärmestrom ist abhängig von der relativen Lage der beiden von den Strömen insgesamt durchlaufenen Temperaturbereiche zueinander. Sofern der um ΔT_{min} erniedrigte heiße Strom sowohl bei seiner niedrigsten als auch bei seiner höchsten Temperatur stets wärmer ist als der kalte Strom, so ist eine Wärmeübertragung zwischen beiden Strömen nur durch ihren jeweiligen Gesamtwärmestrom begrenzt, also höchstens so groß wie der kleinere Wärmestrom von beiden, dargestellt in Gleichung (4-2 a).

Für andere Fälle, in denen eine Überschneidung der Temperaturintervalle des um ΔT_{min} erniedrigten heißen Stroms und des kalten Stroms existiert, wird der maximal zwischen heißem Strom j und kaltem Strom i übertragbare Wärmestrom anteilig aus diesem Überscheidungsbereich und dem Minimum des jeweils pro K Temperaturänderung enthaltenen Wärmestroms nach Gleichung (4-2 b) berechnet. Der Bereich der Überschneidung der Temperaturintervalle berechnet sich unterschiedlich, je nachdem ob das Temperaturintervall des kalten Stroms i am oberen und unteren Temperaturende wärmer ist als das des heißen Stroms j (4-2 c), es in letzterem enthalten ist (4-2 e) oder umgekehrt (4-2 d) oder ob gar kein Überschneidungsbereich existiert (4-2f).

Aus der so abgeschätzten Wärmeübertragung zwischen zwei Prozessströmen müssen im Anschluss zur Bestimmung der notwendigen Investitionen in Rohrverbindungen die sich ergebenden Volumenströme bestimmt werden. Hierbei ist zu entscheiden, ob ein Strom vom kalten Prozess zum heißen transportiert werden muss oder umgekehrt. Der zu transportierende Volumenstrom soll als bestimmender Faktor für den jeweiligen Rohrdurchmesser möglichst klein sein. Daher wird in Gleichung (4-3) das Minimum der sich ergebenden Volumenströme für i und j gewählt. Um dieses Minimum abzuschätzen wird dabei angenommen, dass der transportierte Strom jeweils die Hälfte[140] des von ihm abgedeckten Temperaturbereichs durchläuft. Durch dieses Vorgehen soll der Strom mit dem geringeren Transportvolumen pro Wärmeeinheit ausgewählt werden und zum Beispiel bei der Kombination von gasförmigen Prozessströmen mit flüssigen Prozessströmen der ökonomisch unvorteilhafte Transport von Gasströmen vermieden werden. Wenn bei einer Gas-Gas-Verbindung eine indirekte Wärmeübertragung mit einem zusätzlichen

---

[140] Dies ist eine Schätzung der vorab unbekannten Temperaturveränderung.

Wärmeträger (z. B. Wärmeträgeröl) gewählt wird, so sind die spezifische Wärmekapazität und die Dichte dieses Stoffes in der Berechnung anzusetzen. Ergänzend zu dieser „automatisierten" Auswahl muss aber noch genauer „manuell" geprüft werden, welcher Strom aufgrund technischer Rahmenbedingungen (Transportierbarkeit, Verschmutzung, Korrosivität) im konkreten Fall für einen Transport (und in der Regel anschließenden Rücktransport) zum zweiten beteiligten Strom vorzuziehen ist. Nach dieser Schätzung des übertragenen Wärmestroms können aus den mittels Kostenminimierung bestimmten Wärmeströmen in einem iterativen Vorgehen (mehrfache Wiederholung der Optimierung) auch genauere Werte bestimmt werden.

$$\dot{V}_i^{gesch\ddot{a}tzt} = \frac{\dot{Q}_{i,j}^{gesch\ddot{a}tzt}}{\bar{c}_{p,i} \cdot 0,5 \cdot (T_i^{aus} - T_i^{ein}) \cdot \rho_i}$$

$$\dot{V}_j^{gesch\ddot{a}tzt} = \frac{\dot{Q}_{i,j}^{gesch\ddot{a}tzt}}{\bar{c}_{p,j} \cdot 0,5 \cdot (T_j^{ein} - T_j^{aus}) \cdot \rho_j} \qquad \textbf{(4-3)}$$

$$\dot{V}_{i,j}^{gesch\ddot{a}tzt} = \min\left(\dot{V}_i^{gesch\ddot{a}tzt}; \dot{V}_j^{gesch\ddot{a}tzt}\right)$$

Die Kosten für Rohrverbindungen hängen unter anderem ab von der Art[141] der Rohre, von ihrer Nennweite und von der Art der Verlegung (Tiefbau, Zementfundamente, Rohrbrücken). Da die Art der Rohre und damit die Unterschiede zwischen den Materialkosten bei Betrachtung der gesamten Verbindungskosten inklusive Verlegung eine eher untergeordnete Rolle spielen, werden im Folgenden nur Stahl-Kunststoffmantelrohre (KMR) betrachtet. Tabelle 4-7 zeigt die sich bei verschiedenen Nennweiten der Rohre ergebenden Volumenströme für die nach Schmidt (1995) und Berlin (2011) typischen Fließgeschwindigkeiten von Flüssigkeiten, Gasen und Dampf. Die angegebenen Investitionen (Vor- und Rücklauf) beziehen sich auf die unterirdischer Verlegung in unbefestigtem Gelände (Rohrbau, Tiefbau, Wiederherstellung der Oberfläche) (GfEM 2004). Straßenübergänge sind bei dieser Abschätzung zwar noch nicht berücksichtigt, dennoch erscheinen die aus dem Bereich der Fernwärme stammenden Daten als

---

[141] PEX: isolierte Mehrschicht-Verbundrohre aus vernetztem Polyethylen, bis 95 °C verwendbar; KMR: Stahl-Kunststoffmantelrohre, bis 140 °C; Kupferrohre mit Isolierung aus Steinwolle, bis 250 °C (Manderfeld u. a. 2008).

eher zu hoch als zu niedrig angesetzt, wodurch für die Fallstudie weitere Unsicherheiten abgesichert werden können. Für überbetriebliche Verbindungen von zwei Strömen mit Gasen als Wärmeträgern wird für eine indirekte Wärmeübertragung die Befüllung der Leitung mit einem Thermoöl zur Investition hinzugezählt.

Alternativ existieren Schätzformeln zur Bestimmung von Investitionen für Rohrverbindungen anhand mehrerer technischer Parameter (vgl. Akbarnia 2009). Deren Ergebnisse erscheinen aber weniger geeignet als die hier verwendeten Daten, da für eine Vielzahl von Details zum Leistungsdesign Annahmen getroffen werden müssen und die Verlegung als oft größter Kostenbestandteil nicht betrachtet wird.

Die Investition in eine Rohrverbindung $I_{i,j}^{R}$ $\left[\frac{GE}{(\frac{kJ}{h})\cdot m}\right]$ zwischen den Strömen i und j berechnet sich nach Gleichung (4-4) als Funktion der in Tabelle 4-7 dargestellten Werte (inklusive Isolierung und Verlegung) und der zu überbrückenden Entfernung $d_{i,j}$ [m]. Dieser Wert wird zur Verwendung in der Zielfunktion der Kostenminimierung auf den abgeschätzten zu übertragenden Wärmestrom $\dot{Q}_{i,j}^{geschätzt}$ [kJ/h] bezogen. Die jährlichen investitionsabhängigen Kosten für das Pumpen eines Massenstroms zwischen zwei Unternehmen hängen wie die investitionsabhängigen Kosten für Rohrverbindungen zum einen von der Entfernung und zum anderen vom Volumenstrom ab. Sie werden in dieser Arbeit vereinfachend als entfernungsabhängiger Zuschlagsfaktor I_{Pump} [-] zu den abgeschätzten jährlichen investitionsabhängigen Kosten für eine Rohrverbindung hinzugerechnet.

$$I_{i,j}^{R} = \frac{I\left(\dot{V}_{i,j}^{geschätzt}\right) \cdot d_{i,j}}{\dot{Q}_{i,j}^{geschätzt}} \cdot (1 + I_{Pump}) \qquad \textbf{(4-4 a)}$$

Tabelle 4-7: Auslegung und typische Investitionen[142] für Rohrverbindungen zum Wärmetransport Auslegung nach Schmidt (1995) und Berlin (2011), Investitionen nach Manderfeld u. a. (2008) und GfEM (2004)

Nennweite (DN)[143]	Volumen-strom [m /h] bei 1 [m/s]	Volumenstrom [m /h] für Flüssigkeiten und Gase bei 3 [m/s]	Volumenstrom [m /h] für Dampf bei 20 [m/s]	Investitionen KMR-Rohr[144] (inkl. Verlegung) [€/m]	Investitionen inkl. Befüllung mit Thermoöl [€/m]
20	1,5	4,5	30	200	200
40	5,5	16,5	110	215	217
80	19,5	58,5	390	270	277
100	33	99	660	310	321
125	50	150	1.000	360	378
150	72	216	1.440	390	415
200	125	375	2.500	440	485
250	195	585	3.900	550	620
300	275	825	5.500	610	711
400	435	1.305	8.700	780	959
500	670	2.010	13.400	850	1.130

Für die Bestimmung der jährlichen Betriebskosten c_{Pump} einzelner Pumpen müssten die Druckverluste[145] und für diese die Konstruktion des Netzwerks der Rohrleitungen bekannt sein. Wenn dies bei einem konkreten Anwendungsfall

---

[142] Die Gesamtinvestition inklusive der Verlegung nach GfEM (2004) gilt für Verlegung im Tiefbau in unbefestigtem Gelände für Fernwärmenetze mit Preisen für Deutschland. Da hierfür die detailliertesten Daten vorliegen, werden diese Werte für die Abschätzung der Verbindungskosten genutzt. Eine alternative oberirdische Verlegung mit Zementfundamenten wäre tendenziell günstiger, würde aber bei der Querung von Straßen ebenfalls Rohrbrücken oder Kanäle erfordern.

[143] Nennweite nach DIN EN ISO 6708.

[144] Kunststoffmantelverbundrohre (KMR) bestehen aus einem Mediumrohr aus Stahl, einer Wärmedämmung aus hartem Polyurethanschaum und aus einem äußeren Mantelrohr aus Polyethylen.

[145] Eine genauere Modellierung der Pumpkosten müsste hier noch die Abhängigkeit des Druckverlusts vom jeweiligen Rohrdurchmesser und damit von der Investition betrachten. Ebenso wie dieser Zusammenhang optimiert werden kann, könnte eine optimale Dicke der Wärmedämmung eines Rohrs bestimmt werden. In dieser Arbeit wird aber mit tabellierten Praxiswerten gearbeitet, bei welchen nach Manderfeld u. a. (2008) die Verlegung die anderen Kostenbestandteile dominiert.

gegeben ist, können sie ebenso bei den Gesamtkosten einer Verbindung pro übertragener Wärmestromeinheit berücksichtigt werden.

Bei der Integration der so bestimmten jährlichen investitionsabhängigen Kosten in den Optimierungsansatz müssen diese getrennt von den bisher betrachteten Wärmeübertragerinvestitionen in die Zielfunktion der jährlichen Gesamtkosten eingehen: Die Größe des Wärmeübertragers wird unter anderem von der Temperaturdifferenz zwischen den Strömen bestimmt, wovon die investitionsabhängigen Kosten für eine einzelne Verbindung des Wärmeübertragernetzwerks zwischen zwei Prozessströmen aber nicht direkt abhängen. Daher gehen die entfernungsbedingten Investitionen additiv in die Formel der Gesamtkosten ein. Die Gleichung der investitionsabhängigen Kosten für eine Verbindung von einem heißem mit einem kalten Prozessstrom (3-22 b) wird also zu (4-5 b) erweitert. Die Gleichungen (4-5) a, c und d bleiben dabei unverändert zu (3-22), ebenso wie die Gleichungen zur Berechnung für Verbindungen mit Utilities.[146]

$$c_{ik,jl} = M$$

$$\textit{für} \qquad i = 1, \dots, C - s; j = 1, \dots, H - h; \tag{4-5 a}$$

$$c_{ik,jl} = \left[\frac{1}{|\Delta T_{k,l}^{lm}|^{e_{ij}} \cdot \left(\frac{1}{\left(\frac{1}{\alpha_i}\right)+\left(\frac{1}{\alpha_j}\right)} \right)^{e_{ij}} \cdot 3600^{e_{ij}}} \cdot \mathrm{pw}_{ij} + I_{i,j}^{R} \right]$$

$$\cdot \left(\frac{1}{T_A} + \frac{r}{2} + w \right) \cdot (1 + c_1 + c_2 + c_3) \cdot (1 + d) + c_{Pump} \tag{4-5 b}$$

$$\textit{für} \quad i = 1, \dots, C - s; j = 1, \dots, H - h;$$
$$l = 1, \dots, L; k = 1, \dots, l$$

---

[146] Die Nutzung einer zentralen Utilityversorgung anstelle betriebsinterner einzelner Bereitstellung und ihre Folgen für verbindungsbedingte Kosten wären aber analog abbildbar.

mit

$$\Delta T_{k,l}^{lm} = \frac{(T_k^C - T_l^H) - (T_{k+1}^C - T_{l+1}^H)}{ln\left(\frac{T_k^C - T_l^H}{T_{k+1}^C - T_{l+1}^H}\right)}$$

(4-5 c)

für

$$T_k^C - T_l^H \neq T_{k+1}^C - T_{l+1}^H; \, l = 1, ..., L; k = 1, ..., l$$

und mit

$$\Delta T_{k,l}^{lm} = T_k^C - T_l^H$$

(4-5 d)

für

$$T_k^C - T_l^H = T_{k+1}^C - T_{l+1}^H; \, l = 1, ..., L; k = 1, ..., l$$

Mit dieser Formulierung können die investitionsabhängigen Kosten einer Rohrleitung und die Pumpkosten (investitionsabhängig und betriebsbezogen) für die Bestimmung des Einsparpotentials durch Wärmeintegration abgeschätzt werden. Mögliche Verluste von Wärmeleistung (vgl. Kapitel 4.3.2) durch den Transport sind hierbei nicht berücksichtigt, da sie mit Veränderungen der Temperaturen einhergehen, welche nicht mit dem Optimierungsansatz mit seinem Abgleich von Wärmeangebot und Nachfrage in festen Temperaturintervallen vereinbar sind. Um sie im verwendeten Ansatz dennoch zu berücksichtigen, kann beispielsweise ein Zuschlag zu den jährlichen Kosten der Rohrverbindung den Energiebedarf zum Ausgleich des Wärmeverlusts und damit auch des Temperaturverlusts abbilden. Andere Möglichkeiten zur Berücksichtigung wären eine höhere minimale Temperaturdifferenz für die Optimierung oder ein manuelles Anpassen der Temperaturen der Prozessströme um einen Sicherheitswert. Ebenso kann es hier vorkommen, dass eine Lösung des Optimierungsmodells nur mit einer Hintereinanderschaltung mehrerer Wärmeübertrager erreichbar ist, was zu geänderten Transportwegen der Wärmeträger führt. Dies ist durch die Kombination der Ströme in einzelnen Temperaturintervallen bedingt und kann in diesem Ansatz nur nachträglich geprüft werden.

4.4 Wärmeübertragernetzwerkdesign mit Berücksichtigung von Ausfällen

4.4.1 Schwankungen und Ausfälle von Prozessströmen in Wärmeübertragernetzwerken

Die Möglichkeit, durch Prozessintegration Hilfsenergie beim Betrieb von prozesstechnischen Anlagen einzusparen, stellt einen Anreiz dar, verschiedene Prozessteile, verschiedene Prozesse oder im betriebsübergreifenden Fall sogar Prozesse verschiedener Unternehmen zu verbinden. Allerdings werden durch solche Verbindungen Einschränkungen für die Prozessführung, also die Betreibbarkeit[147] und die Steuerbarkeit der vorher unverbundenen Prozessteile geschaffen (Früh und Ahrens 2009). Im schlimmsten Fall kann bei einer betriebsübergreifenden Prozessintegration der gesamte Standort von einem Ausfall der Wärmeversorgung aufgrund einer sich im Netzwerk verbreitenden Störung betroffen sein (Heggs und Vizcaino 2002). Die primäre Aufgabe von industriellen Anlagen ist aber, das gewünschte Produkt zuverlässig und kostengünstig herzustellen, wobei Energieeinsparmaßnahmen die Erfüllung dieser Aufgabe nicht verhindern sollen. Daher kommt zu den klassischen Zielen der Pinch-Analyse, der Minimierung des Hilfsenergieeinsatzes einerseits und von Fläche und Anzahl der Wärmeübertrager andererseits, eine weitere praxisrelevante Anforderung, welche meist durch die Begriffe Robustheit, Flexibilität oder Resilienz (Widerstandsfähigkeit gegen Störungen) ausgedrückt wird (Colberg und Morari 1988). Je nach Anwendungsfall dominieren diese Faktoren das Ziel möglichst energieeffizienter Prozessgestaltung sogar. Lenhoff und Morari (1982) sprechen in diesem Zusammenhang davon, dass das Ressourcenmanagement nur dazu dienen soll, den Hauptprozess zu unterstützen, wobei es ihn nicht durch unflexible Verschaltungen einschränken darf.

Diese Eigenschaften von Wärmenetzen werden in der Regel bei der Optimierung nicht beachtet, teilweise werden sie mit zusätzlichen Simulationen untersucht (Michalek 1995). Die klassischen Methoden zur Wärmeintegration

---

[147] Diese wird auch Operabilität genannt und meint die Fähigkeit des Prozesses zur praktischen Erfüllung seiner Aufgaben. Problematisch ist hier etwa, wenn die Flexibilität so verringert wird, dass nicht mehr alle notwendigen Betriebsfälle fahrbar sind (Morand u. a. 2006).

verwenden feste Werte für die technischen Parameter der Prozesse wie Start- und Endtemperaturen der Ströme, ihre Flussraten oder die Wärmeübergangskoeffizienten.[148] Diese müssen in der Praxis jedoch nicht unbedingt stationäre Werte aufweisen, da Störungen in den Prozessen oder der Umwelt auftreten können. Zeitliche Schwankungen wurden in speziellen Bereichen betrachtet, etwa für Destillationsprozesse, allerdings mit dem Fokus auf der Dynamik innerhalb einer Wärmerückgewinnung (Jogwar u. a. 2010). Ebenso können geplante Veränderungen bezüglich der Zusammensetzungen der Ströme oder der Durchsatzmengen auftreten, für die das Wärmeübertragernetzwerk weiterhin eine zulässige Lösung darstellen soll (Noda und Nishitani 2006). Colberg und Morari (1988) unterscheiden hier zwischen den Begriffen Flexibilität bei gewünschten Veränderungen und Robustheit oder Resilienz bei ungewünschten Veränderungen. Wie die gesamten Anlagen eines Betriebs sollte also auch ein Wärmeübertragernetzwerk gegenüber all diesen Arten von Schwankungen robust sein und daher nicht nur auf den optimalen Fall eines stationären Betriebs ausgelegt werden. Eine einfache Überdimensionierung des Wärmeübertragernetzwerks anhand empirischer Sicherheitsfaktoren ist ein erster Schritt zu einem robusteren Design. Allerdings ist eine Bewertung der zusätzlich erreichten Robustheit und allein schon eine Identifizierung kritischer Zustände damit noch nicht möglich.

Eine Übersicht der Arten von Schwankungen und Ausfällen, die bei Wärmeübertragernetzwerken zu Problemen führen können, ist in Tabelle 4-8 dargestellt. Im Bereich des klassischen Wärmeübertragernetzwerkdesigns wurden vor allem Strategien zum Umgang mit kurzfristigen Schwankungen der Temperaturen oder Energieströme entwickelt, welche in Kapitel 4.4.2 kurz beschrieben werden.

---

[148] Bei den Wärmeübergangskoeffizienten ist insbesondere der Einfluss von Verschmutzung (Fouling) relevant, welcher aber im Folgenden nicht als Grund für zeitabhängige Veränderungen gesondert betrachtet wird.

Tabelle 4-8: Arten von Schwankungen und Ausfällen in Wärmeübertragernetzwerken und abgeleitete Anforderungen an die Planung (eigene Darstellung)

Klassische Fragestellungen	**Kurzfristige Schwankungen (um Mittelwert oder zwischen Zuständen)** • Bewertung der Robustheit • Robustes Design (Topologie / Überdimensionierung / Steuerung) • Störungsausbreitung
Fragestellungen bei überbetrieblichen Ansätzen	**Längerfristige Kapazitätsänderungen/Trends** • Überdimensionierung bestimmen • Bewertung der Robustheit
	Kurzfristiger Ausfall eines Betriebs • Berücksichtigung von eventuellen Investitionen in redundante Anlagen in der Optimierung
	Vollständiger Ausstieg eines Betriebs • Berücksichtigung von eventuellen Investitionen in redundante Anlagen und von Energiekosten in der Optimierung • Spieltheoretische Betrachtung

Speziell auf überbetriebliche Ansätze bezogen wurden solche Fragestellungen noch nicht untersucht. Im Folgenden werden als typische Problemstellung hierfür vor allem kurz- oder mittelfristige geplante oder ungeplante Ausfälle von Prozessströmen betrachtet. Als Abhilfe für diesen Fall werden in Kapitel 4.4.3 Investitionen (und bei lang andauernden Unterbrechungen gegebenenfalls Betriebskosten) für eine redundante Utility-Versorgung der betreffenden Prozessströme in den Optimierungsansatz integriert. Dadurch sollen zum einen Risiken bei ungeplanten Ausfällen vermieden werden, aber auch die Flexibilität des Betriebs der einzelnen Anlagen bei geplanten Produktionsunterbrechungen der verbundenen Unternehmen erhalten bleiben.

Als weiteres mögliches Problem einer überbetrieblichen Verknüpfung von Prozessströmen können langsame, aber langfristige Änderungen der Prozessströme auftreten. Eine solche längerfristige Veränderung eines oder mehrerer Prozessströme kann zum Beispiel durch eine Änderung bei einzelnen Prozessen, etwa bei der Zusammensetzung der Stoffströme verursacht werden. Solche Änderungen oder Verunreinigungen der Prozessströme sind etwa bei Raffinerien ein wichtiger Aspekt. In vielen anderen Bereichen spielen sie bei der Prozessintegration eine geringere Rolle (Terrill und Douglas 1987). Allgemein kann die langsame Verschmutzung (Fouling) von Wärmeübertragern eine gewisse Flexibilität des Netzwerks und eine geeignete Wartungsstrategie verlangen (Sikos und Klemes 2010; Vassiliadis und Pistikopoulos 1998).

Eine Ursache für langfristige Änderungen der Wärmeströme speziell bei überbetrieblicher Prozessintegration ist ein langfristig veränderter Prozess etwa durch eine nicht synchrone Erhöhung der Produktionskapazitäten der einzelnen Unternehmen. Auch Maßnahmen zur Steigerung der Energieeffizienz können die Temperaturen oder Wärmeströme der Prozesse verändern. Für dieses mögliche Problem existiert keine direkte Lösung. Bei einer Vorhersagbarkeit solcher Entwicklungen können aber von Anfang an entsprechende Überkapazitäten bei den Wärmeübertragerflächen und geeignete Steuerungsmechanismen berücksichtigt werden. Bei längerfristigen Veränderungen eines oder mehrerer Prozessströme wird zusätzlich zur grundsätzlichen Frage nach einer zulässigen Lösung des Wärmeübertragernetzwerks auch die Frage nach den Änderungen der Einsparungen durch Prozessintegration relevant.

Ein letztes mögliches Problem bei der überbetrieblichen Vernetzung ist der vollständige Wegfall eines teilnehmenden Unternehmens. Dies kann kurz- und mittelfristig durch eine Absicherung kritischer Prozessströme mit Utility-Versorgung als Backup abgefangen werden, wobei nicht nur investitionsabhängige Kosten sondern auch Utilitykosten relevant werden. Langfristig ist in einem solchen Fall aber wohl in den meisten Fällen eine Neuplanung mit möglichst weit reichender Weiterverwendung bestehender Wärmeübertrager und Verbindungen nötig. Eine Einschätzung der Konsequenzen eines solchen kompletten Ausfalls eines Teilnehmers kann durch Rechnung entsprechender Szenarien geschehen, wie es auch im Rahmen der Gewinnaufteilung mit Methoden der kooperativen Spieltheorie geschieht (vgl. 4.5.3). Damit können alternative Kooperationsformen und die Bedeutung einzelner Teilnehmer für die Kooperation sowie individuelle Vorteile durch die Kooperation und Anreize zu deren Verlassen untersucht werden.

4.4.2 Klassische Methoden zum Umgang mit geringfügigen Schwankungen in Wärmeübertragernetzwerken

Mit den etablierten Methoden des Wärmeübertragernetzwerkdesigns werden von den in Tabelle 4-8 dargestellten möglichen Problemen nur kurzfristige Schwankungen betrachtet. Diese Schwankungen können Temperaturen oder Wärmeströme der Prozesse betreffen. In der Regel treten Abweichungen von einem stationären Durchschnittswert auf. Die Planung kann aber auch für einen geplanten Wechsel zwischen mehreren bestimmten Betriebszuständen erfolgen. Eine Übersicht dieser mit der Flexibilität und Robustheit von Wärmeübertragernetzwerken verbundenen Fragestellungen, auf welche im Folgenden genauer eingegangen wird, ist in Abbildung 4-4 dargestellt.

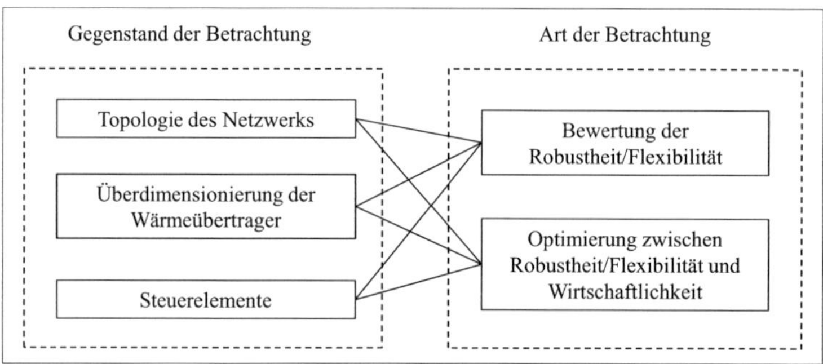

Abbildung 4-4: Fragestellungen und Ansatzpunkte für robuste Wärmeübertragernetzwerke (eigene Darstellung)

Für die technischen Parameter der Prozessströme wie Start- und Endtemperaturen der Ströme und ihre Flussraten werden im Allgemeinen konstante Werte beim Design des Wärmeübertragernetzwerks angenommen. Sind schon bei der Planung die Bereiche möglicher Schwankungen[149] dieser Parameter bekannt, so können sie mit verschiedenen methodischen Ansätzen berücksichtigt werden (Lenhoff und Morari 1982; Morari 1983; Galli und Cerda 1991). Bei eher

---

[149] Auch wenn der Begriff „Schwankung" im Folgenden im Gegensatz zu langfristigen (trendartigen) Veränderungen gebraucht wird, so sind jedoch immer in gewissen Intervallen variierende stationäre Zustände der Stoff- und Energieströme gemeint. Die Betrachtung dynamischer Störungen wäre erst ein zweiter, hier nicht betrachteter Schritt, bei dem eine genauere Kenntnis des Wärmeübertragernetzwerks und der technischen Komponenten notwendig wäre.

kurzfristigen Schwankungen der Prozessströme steht vor allem die Fähigkeit des Netzwerks, alle vorgegebenen Aufwärm- und Abkühlprozesse zu gewährleisten, im Vordergrund. Hierbei ist zunächst die technische Ebene der Betrachtung zu unterscheiden. So kann zum einen die Robustheit der Struktur (Topolo-(Topologie) des Wärmeübertragernetzwerks betrachtet werden, ebenso die Fläche der einzelnen Wärmeübertrager und schließlich die verwendeten Steuer- und Regelelemente. Diese Steuerelemente sind vor allem wichtig für die Anpassung der Flussraten und -wege bei kurzfristigen Störungen, bei denen sie die dynamische Steuerbarkeit gewährleisten. Die Bewertung dieser Steuerbarkeit (Zheng und Mahajanam 1999) und die Maximierung der dynamische Resilienz wurde in diversen Arbeiten untersucht (Morari 1983; Holt und Morari 1985; Boyaci u. a. 1996; Giovanini und Marchetti 2003). Da hierbei jedoch zum einen Daten zum Verlauf der zeitlich begrenzten Schwankungen (meist stochastisch um jeweilige Erwartungswerte) erforderlich sind (Heggs und Vizcaino 2002) und diese Fragestellung nicht erst bei überbetrieblichen Ansätzen von Bedeutung ist, wird die zeitliche Regelung der Flüsse im Wärmeübertragernetzwerk im Folgenden nicht weiter betrachtet. Wichtig ist jedoch, dass bei jedem Netzwerk mit einem Minimum an Resilienz gegenüber Schwankungen grundsätzlich die Möglichkeit zur Regelung der Flüsse durch die Wärmeübertrager, in der Praxis meist durch regelbare Bypass-Möglichkeiten (vgl. Hernandez u. a. 2010) realisiert, gegeben sein muss. Ein weiterer kritischer Punkt, der durch geeignete Steuer- und Regelungstechnik in gewissen Grenzen abgefangen werden kann, ist die zeitliche Ausbreitung von Störungen innerhalb des Netzwerks, etwa durch Regelkreise (Calandranis und Stephanopoulos 1988; Tellez u. a. 2006). Im Fall einer überbetrieblichen Prozessintegration kann eine solche Ausbreitung von Störungen die Gefahr sogenannter indirekter Schäden mit sich bringen, welche nach Merz (2011) die direkten Schäden um ein Vielfaches übersteigen können.

Das Vorhandensein regelbarer Bypass-Möglichkeiten zu den Wärmeübertragern ist die Voraussetzung, um mit überdimensionierten Flächen einzelner Wärmeübertrager eine begrenzte Robustheit des Netzes zu erreichen. Eine solche Überdimensionierung, also Auslegung auf einen angenommenen „Worst Case", wird häufig angewendet, um Robustheit gegenüber Schwankungen (etwa +/-20 % bei allen Strömen) zu gewährleisten (Colberg und Morari 1988). Die Bestimmung einer solchen Überdimensionierung, welche möglichst geeignet für erwartete Schwankungsbereiche ist, stellt jedoch ebenfalls eine komplexe

Fragestellung dar. So lassen sich aus der Topologie eines Wärmeübertrager-netzwerks grundlegende Erkenntnisse über die Regelbarkeit bei zeitlichen Veränderungen der Prozessströme mit Hilfe von graphentheoretischen Überlegungen ableiten (Varga und Hangos 1993; Varga u. a. 1995).

Während hier auf den ersten Blick eine Auslegung auf den schlechtesten Fall sinnvoll erscheint, ist in der Praxis dessen Identifizierung schwierig. So können Nichtlinearitäten und Abhängigkeiten im Netzwerk dazu führen, dass ein „Worst Case" nicht bei den maximal angenommenen Schwankungen auftritt, sondern bei weniger als kritisch erkennbaren kleineren Abweichungen. Colberg und Morari (1988) zeigen als Beispiel ein optimiertes Netz mit einem variablen Strom, welches sowohl bei dessen niedrigster Flussrate, als auch bei der maximal erreichten eine zulässige Lösung darstellt. Bei Wahl bestimmter (zeitlich stationärer) Zwischenwerte des variablen Stroms werden aber thermodynamische Bedingungen vom Wärmeübertragernetzwerk in einer Weise verletzt, dass in dieser Verschaltung selbst eine unendliche Wärmeübertragerfläche keine zulässige Lösung mehr erreichen kann. Weiterhin zeigen sie, wie einerseits das Hinzufügen zusätzlicher Wärmeübertrager die Robustheit des Netzwerks verringern und sogar die alleinige Überdimensionierung des optimalen Netzwerks bei fehlenden Steuerungsmöglichkeiten zu einem unmöglichen Ergebnis führen kann.[150]

Eine bis auf die verfügbaren jeweils begrenzt einsetzbaren Strategien der dynamischen Steuerung und einer Überdimensionierung der Wärmeübertrager ungelöste Problematik ist, dass bei Änderungen der Randbedingungen sich die Lage des Pinch-Punkts und die thermodynamisch erforderlichen Zuordnungen von heißen und kalten Prozessen ändern können. Die Folgen verschiedener Strategien in Bezug auf Leitungsführung, Sicherheit und Regelbarkeit sind durch die Komplexität der Problemstellung nur im Einzelfall mit Hilfe von wissensbasierten und möglicherweise auf Fuzzylogik basierenden Methoden zu bewerten (Michalek 1995). Bei einem solchen Springen des Pinch-Punkts kann

---

[150] Dies kann geschehen, wenn ohne Möglichkeiten der Steuerung der Ströme durch einzelne Wärmeübertrager (welche etwa durch Bypass-Ströme möglich wäre) in einem Wärmeü-bertrager durch Überdimensionierung ein zusätzlicher Wärmestrom übertragen wird, der zu einem niedrigeren Temperaturniveau des warmen Stroms führt, wodurch dieser im Folgenden keine ausreichende Temperatur für die geplanten weiteren Verschaltungen mehr aufweist.

beispielsweise ein rekursives Vorgehen zum Auffinden aller Möglichkeiten vor dem Netzwerkdesign angewendet werden (Jezowski u. a. 2000a).

4.4.3 Integration von Investitionen in Redundanzen in den gewählten Optimierungsansatz

Während in der klassischen Pinch-Analyse die Qualität von Wärme nur über ihr Temperaturniveau bestimmt wird, ist in der Praxis ein entscheidender Aspekt, ob diese Wärme kontinuierlich verfügbar ist und insbesondere bei betriebsübergreifenden Verbindungen, wie ausfallsicher die Wärmelieferung (oder auch - abnahme) ist. Wie schon beschrieben (vgl. Abschnitt 4.4.1) können die aus innerbetrieblichen Prozessen stammenden und für die Nutzung in anderen Prozessen oder gar Unternehmen zur Verfügung stehenden Wärmeströme in der Praxis in geplanter oder ungeplanter Weise für bestimmte Zeiträume ausfallen oder in Bezug auf ihre Temperatur und Enthalpieströme schwanken. Neben speziellen Ansätzen der Pinch-Analyse für Batch-Prozesse muss dies auch bei der Planung kontinuierlicher Prozesse berücksichtigt werden, welche ebenfalls Schwankungen unterliegen oder auch von Ausfällen betroffen sein können. Wie in Kapitel 4.4.2 dargestellt existieren in der Verfahrenstechnik klassische Vorgehensweisen für die Bewertung und Verbesserung der Robustheit von Wärmeübertragernetzwerken gegenüber Schwankungen der Temperatur oder des Wärmestroms von Prozessströmen. Als bei überbetrieblichen Prozessintegrationen wichtigster zusätzlicher Risikoaspekt wird daher hier der kurz-, mittel- oder langfristige Ausfall einzelner Ströme oder aller Ströme aus einem Unternehmen angesehen.

Diese Ausfälle (oder auch nicht tolerierbare Schwankungen) sollen im Folgenden dadurch verhindert werden, dass bei kritischen paarweisen Verbindungen von Prozessströmen vorab Investitionen in redundante Anlagen einbezogen werden. Durch diese Vermeidung möglicher Störungen durch ein solches resilientes Design (vgl. Hollnagel 2008) wird die Komplexität der nur im konkreten Einzelfall möglichen Betrachtung von Störungsausbreitungen vermieden und die Quantifizierung des Risikos der Abhängigkeit umgangen. Während eine Ausbreitung von Störungen auch im betriebsinternen Fall verhindert werden sollte, kommt im betriebsübergreifenden Fall noch das Problem der

Akzeptanz solcher externen Risikoquellen hinzu.[151] Gerade diese psychologische Dimension der Angst vor Abhängigkeit der Prozesse und vor einem Kontrollverlust im Fall von Unterbrechungen kann ein großes Hindernis für überbetriebliche Prozessverbindungen sein (Tudor u. a. 2007; Jacobsen 2008; Hewes und Lyons 2008).

Da je nach den beteiligten Prozessen ein Strom sehr unterschiedliche Anforderungen hinsichtlich seiner Betriebszeiten und der benötigten Ausfallsicherheit von wärmenden oder kühlenden Strömen hat, wird im Folgenden ein Abgleich vor der eigentlichen Pinch-Analyse vorgenommen. Dieser Abgleich ist für alle in die Optimierung als mögliche Kombination eingehenden Paarverbindungen von Prozessströmen vor der Optimierung durchzuführen. Hierbei wird für jede paarweise Kombination eines heißen und kalten Prozessstroms überprüft, ob einerseits die Anforderungen des heißen Prozessstroms und andererseits die Anforderungen des kalten[152] Prozessstroms erfüllt werden. Die Einschätzung, ob ein Strom die Wärme- oder Kühlanforderungen eines anderen Stroms ausreichend erfüllt, muss dabei einzeln anhand der Prozesskenntnisse entschieden werden, da kein allgemeiner Schwellenwert für die Sensitivität gegenüber Störungen oder für deren Auswirkungen festgelegt werden kann. Solche Störungen bestehen hier vor allem aus kurz- und mittelfristigen geplanten und ungeplanten (aber anhand der Prozesskenntnisse prognostizierbaren) Ausfällen, können aber ebenfalls aus Schwankungen der Temperatur oder Wärmeströme bestehen. Beides wird im Folgenden als nicht ausreichende Verfügbarkeit eines Stroms zusammengefasst. Als Ergebnis dieses Abgleichs können für jede paarweise Verbindung verschiedene Fälle auftreten:

---

[151] Neben der psychologischen Dimension kann auch das das reale finanzielle Risiko solcher indirekter Schäden durch die Ausbreitung von Störungen den Nutzen einer solchen Kooperation übersteigen.

[152] Auch wenn der Versorgung eines kalten Stroms mit Wärme in der Praxis die größere Aufmerksamkeit zukommen mag, ist eine zuverlässige Kühlung heißer Ströme je nach Anwendungsfall ebenso unabdingbar.

1. Die prognostizierte Nichtverfügbarkeit des heißen Stroms j ist weniger kritisch[153] als vom kalten Strom i toleriert, ebenso ist die prognostizierte Nichtverfügbarkeit des kalten Stroms i weniger kritisch als vom heißen Strom j toleriert. In diesem Fall sind keine Backup-Anlagen nötig und es müssen keine zusätzlichen investitionsabhängigen und betriebsbedingten Kosten berücksichtigt werden.

2. Die prognostizierte Nichtverfügbarkeit des heißen Stroms j wird nach der Prozesskenntnis des Experten als kritisch für den kalten Strom i eingeschätzt. Dabei werden aber keine längerfristigen Ausfälle erwartet, sodass in die Planung nur die investitionsabhängigen Kosten für Backup-Wärmeübertrager zwischen dem kalten Strom i und einem heißen Utility für diese Verbindung berücksichtigt werden müssen.

3. Die prognostizierte Nichtverfügbarkeit des kalten Stroms i wird nach der Prozesskenntnis des Experten als kritisch für den heißen Strom j eingeschätzt. Dabei werden aber keine längerfristigen Ausfälle erwartet, sodass in die Planung nur die investitionsabhängigen Kosten für Backup-Wärmeübertrager zwischen dem heißen Strom j und einem kalten Utility für diese Verbindung berücksichtigt werden müssen.

4. Die prognostizierte Nichtverfügbarkeit des kalten Stroms i wird nach der Prozesskenntnis des Experten als kritisch für den heißen Strom j eingeschätzt, ebenso wie eine prognostizierte Nichtverfügbarkeit des heißen Stroms j für den kalten Strom i. Dabei werden aber keine längerfristigen Ausfälle erwartet, sodass in die Planung nur die investitionsabhängigen Kosten für Backup-Wärmeübertrager zwischen dem heißen Strom j und einem kalten Utility und zwischen dem kalten Strom i und einem heißen Utility für diese Verbindung berücksichtigt werden müssen.

5. Die prognostizierte Nichtverfügbarkeit des heißen Stroms j wird nach der Prozesskenntnis des Experten als kritisch für den kalten Strom i eingeschätzt. Dabei werden auch längerfristige Ausfälle erwartet, sodass der Anteil der Nichtverfügbarkeit einen relevanten Anteil an der

---

[153] Hiermit ist gemeint, dass die Nichtverfügbarkeit in ihrer Wahrscheinlichkeit überhaupt aufzutreten, ihrem zeitlichen Umfang und ihrer Häufigkeit insgesamt als weniger kritisch eingeschätzt wird, als für den verbundenen Strom tolerierbar.

Gesamtbetriebszeit hat. Daher werden neben den investitionsabhängigen Kosten für Backup-Wärmeübertrager zwischen dem kalten Strom i und einem heißen Utility auch die Energiekosten des prognostizierten Verbrauchs an heißem Utility berücksichtigt.

6. Die prognostizierte Nichtverfügbarkeit des kalten Stroms i wird nach der Prozesskenntnis des Experten als kritisch für den heißen Strom j eingeschätzt. Dabei werden auch längerfristige Ausfälle erwartet, sodass der Anteil der Nichtverfügbarkeit einen für den zusätzlichen Utilitybedarf relevanten Anteil an der Gesamtbetriebszeit hat. Daher werden neben den investitionsabhängigen Kosten für Backup-Wärmeübertrager zwischen dem heißen Strom j und einem kalten Utility auch die Energiekosten des prognostizierten Verbrauchs an kaltem Utility berücksichtigt.

7. Die prognostizierte Nichtverfügbarkeit des kalten Stroms i wird nach der Prozesskenntnis des Experten als kritisch für den heißen Strom j eingeschätzt, ebenso wie eine prognostizierte Nichtverfügbarkeit des heißen Stroms j für den kalten Strom i. Dabei werden auch längerfristige Ausfälle erwartet, sodass der Anteil der Nichtverfügbarkeit einen relevanten Anteil an der Gesamtbetriebszeit hat. Daher werden neben den investitionsabhängigen Kosten für Backup-Wärmeübertrager auch die Energiekosten des prognostizierten Verbrauchs an kaltem und heißem Utility berücksichtigt.

Bei der Umsetzung dieser möglichen Fälle durch zusätzliche Kostenfaktoren im gewählten Optimierungsansatz wird nur der ungünstigste Fall modelliert. Kostenbestandteile, die für die betreffende Verbindung nicht erforderlich sind, können durch die entsprechende Binärvariable oder durch Verwendung eines Anteils der prognostizieren Einsatzzeit des Backup-Utility an der gesamten Betriebszeit von 0 % aus der Berechnung ausgeschlossen werden.

Bei der Verwendung von Utility-Strömen als redundante Alternative bei einer paarweisen Verbindung von Prozessströmen stellt sich die Frage nach der Auswahl des verwendeten Utility-Stroms. Dabei wird im Folgenden davon ausgegangen, dass das pro Energieeinheit günstigste verfügbare heiße und kalte Utility gewählt wird. Dies wird damit begründet, dass in Fällen, in denen Prozessströme miteinander verbunden werden und eine Übertragung von Wärme zwischen ihnen stattfindet offensichtlich keine extremen Utilitytemperaturen benötigt werden. Daher wird im Folgenden festgelegt, dass diese günstigsten kalten und heißen Utilities jeweils mit 1 nummeriert sind, um sie eindeutig zuweisen zu können.

Die zur Integration solcher redundanten Backup-Wärmeübertrager mit entsprechenden Investitionen und gegebenenfalls Energiekosten im Folgenden zusätzlich zu den in Kapitel 3.4.3 verwendeten Bezeichnungen sind:

$x_{ij}^{CU_1}$: Binärvariable zur Festlegung, ob für die Verbindung zwischen dem kalten Strom i und dem heißen Strom j ein zusätzlicher Backup-Wärmeübertrager zum kalten Utility 1 benötigt wird.

$y_{ij}^{HU_1}$: Binärvariable zur Festlegung, ob für die Verbindung zwischen dem kalten Strom i und dem heißen Strom j ein zusätzlicher Backup-Wärmeübertrager zum heißen Utility 1 benötigt wird.

$t_{ij}^{CU_1}$: Anteil [%] der prognostizierten Einsatzzeit des kalten Utility 1 an der gesamten Betriebszeit bei Verbindung vom kalten Strom i mit dem heißen Strom j

$t_{ij}^{HU_1}$: Anteil [%] der prognostizierten Einsatzzeit des heißen Utility 1 an der gesamten Betriebszeit bei Verbindung vom kalten Strom i mit dem heißen Strom j

Sämtliche Kosten werden wieder auf den jeweiligen (abgeschätzten) Wärmestrom bezogen, um die Linearität des Optimierungsproblems zu erhalten. Die Gleichung der investitionsabhängigen Kosten für eine Verbindung von einem heißen mit einem kalten Prozessstrom (3-22) wird um die zusätzlichen Bestandteile für Backup-Investitionen und Utilityeinsatz erweitert. Für direkte Verbindungen von Prozessströmen mit Utilities ist keine Änderung nötig. Damit ergibt sich für den Optimierungsansatz (vgl. Kapitel 3.4.3 mit Erweiterungen aus Kapitel 4.3.3) folgender neuer Kostenfaktor pro übertragener Wärmestromeinheit bei Verbindung von zwei Prozessströmen:

$$c_{ik,jl} = M$$

für $$\qquad\qquad (4\text{-}6\,a)$$

$$i = 1, \dots, C - s; j = 1, \dots, H - h;$$

$$c_{ik,jl} = \left(\begin{array}{c} \dfrac{1}{\left|\Delta T_{k,l}^{lm}\right|^{e_{ij}} \cdot \left(\dfrac{1}{\left(\frac{1}{\alpha_i}\right)+\left(\frac{1}{\alpha_j}\right)}\right)^{e_{ij}} \cdot 3600^{e_{ij}}} \cdot \mathrm{pw}_{ij} + I_{i,j}^{R} \\[2em] +x_{ij}^{CU_1} \cdot \dfrac{1}{\left|\Delta T_{CU1,l}^{lm}\right|^{e_{CU1,j}} \cdot \left(\dfrac{1}{\left(\frac{1}{\alpha_{CU_1}}\right)+\left(\frac{1}{\alpha_j}\right)}\right)^{e_{CU1,j}} \cdot 3600^{e_{CU1,j}}} \cdot \mathrm{pw}_{CU1,j} \\[2em] +y_{ij}^{HU_1} \cdot \dfrac{1}{\left|\Delta T_{HU1,k}^{lm}\right|^{e_{HU1,i}} \cdot \left(\dfrac{1}{\left(\frac{1}{\alpha_{HU_1}}\right)+\left(\frac{1}{\alpha_i}\right)}\right)^{e_{HU1,i}} \cdot 3600^{e_{HU1,i}}} \cdot \mathrm{pw}_{HU1,i} \end{array} \right)$$

$$\cdot \left(\frac{1}{T_A}+\frac{r}{2}+w\right) \cdot (1 + c_1 + c_2 + c_3) \cdot (1 + d)$$

$$+c_{Pump} + t_{ij}^{HU_1} \cdot \sigma_{HU_1} + t_{ij}^{CU_1} \cdot \sigma_{CU_1}$$

$$\tag{4-5 b}$$

für

$$i = 1,\dots,C - s;\ j = 1,\dots,H - h;$$
$$l = 1,\dots,L;\ k = 1,\dots,l$$

mit

$$\Delta T_{k,l}^{lm} = \frac{\left(T_k^C - T_l^H\right) - \left(T_{k+1}^C - T_{l+1}^H\right)}{ln\left(\dfrac{T_k^C - T_l^H}{T_{k+1}^C - T_{l+1}^H}\right)} \tag{4-5 c}$$

für

$$T_k^C - T_l^H \neq T_{k+1}^C - T_{l+1}^H;\ l = 1,\dots,L;\ k = 1,\dots,l$$

und mit

$$\Delta T_{k,l}^{lm} = T_k^C - T_l^H \tag{4-5 d}$$

für

$$T_k^C - T_l^H = T_{k+1}^C - T_{l+1}^H;\ l = 1,\dots,L;\ k = 1,\dots,l$$

Hierbei werden je nach Werten der binären Entscheidungsvariablen $x_{ij}^{CU_1}$ und $y_{ij}^{HU_1}$ für eine Verbindung von Prozessströmen gegebenenfalls die Investitionen in Wärmeübertrager (zum Heizen, Kühlen oder beides) zu den spezifischen Kosten pro übertragener Wärmestromeinheit hinzugezählt. Gleiches gilt für die Utilitykosten $\sigma_{CU_1} \left[\frac{GE \cdot h}{kJ \cdot a}\right]$ und $\sigma_{HU_1} \left[\frac{GE \cdot h}{kJ \cdot a}\right]$ der jeweils günstigsten Utilities, welche mit ihren Anteilen an der Gesamtbetriebszeit $t_{ij}^{CU_1}$ [%] und $t_{ij}^{HU_1}$ [%] in die Berechnung eingehen. Damit können auch geplante mittel- und längerfristige Nichtverfügbarkeit einzelner Ströme, beispielsweise eine Quelle von Prozesswärme, die nur tagsüber betrieben wird, modelliert werden. Allerdings wird die Wirtschaftlichkeit der Nutzung von Verbindungen zu solchen Quellen eingeschränkt, sodass alternative Verbindungen gewählt werden, wenn vorhanden.[154]

Ein ähnliches Vorgehen findet sich bei der Anbindung einer Raffinerie in Karlsruhe an das Fernwärmenetz, bei der die Ausbreitung von Rückkopplungen vom Abnehmer auf die Produktionsprozesse als eines der größten Risiken beschrieben wurden (Schneider und Rink 2010). Hier wurde unterschieden in A-Quellen, die in Betrieb bleiben müssen, B-Quellen, die kurzfristig ohne Auswirkungen auf den Prozess variiert werden können und C-Quellen, die zur Anpassung an die Last des Fernwärmenetzes ab- und zugeschaltet werden können. Aufgrund des saisonal stark schwankenden Wärmebedarfs des Fernwärmenetzes (20 MW bis >200 MW) müssen hier zusätzliche Rückkühl-Systeme zum Ausgleich der Nachfrageschwankungen bereitstehen.

Eine alternative technische Lösung zur Verringerung von Abhängigkeiten bei zeitlichen Schwankungen von Prozessströmen ebenso wie bei zeitlich versetzt ablaufenden Prozessen (verschiedener Leistungsgang von Abwärmeanfall und -bedarf) ist die Speicherung von Wärme. Hiermit kann die Wärmenutzung zeitlich (und bei mobilen Latentwärmespeichern auch räumlich) vom Wärmeanfall getrennt realisiert werden. Während in einigen Fällen Wärme im Prozess selbst gespeichert werden kann (etwa in Prozessbädern, die nur ein Temperatur band einhalten müssen), werden in anderen Fällen hierfür zusätzliche Anlagen benötigt. Investitionen in solche Speicher können auf analoge Weise in die Modellierung eingehen wie bei den hier betrachteten Fällen, die als zusätzliche Anlagen eine Ausweich-Wärme- oder Kälteversorgung benötigen. In solchen Wärmespeichern kann die Energie entweder als fühlbare (sensible) Wärme

---

[154] Für Prozesse, welche geplant diskontinuierlich ablaufen, wurden außerdem spezielle Verfahren der Rechnung mit Durchschnittswerten oder in Kombination mit Scheduling-Ansätzen zum Angleichen der Prozesse entwickelt (vgl. Abschnitt 3.5.3).

(z. B. in Wasser oder Beton) gespeichert werden, als latente Wärme durch Veränderung des Aggregatzustands (z. B. Salzhydrate, Paraffine) oder als chemische Energie durch endotherme/exotherme Reaktionen (z. B. Silicagele, Zeolithe, Metallhydride).

Zu größeren Problemen als bisher beschrieben führt das Szenario eines kompletten Wegfalls eines Teilnehmers, etwa durch Betriebsaufgabe oder Abwanderung. Hierbei ergeben sich zwei Möglichkeiten zur Bewertung des dadurch entstandenen Schadens. Zum einen könnte das bestehende System der verbleibenden Teilnehmer durch die dauerhafte Nutzung von Utilities für die entfallenen Verbindungen weiterbetrieben werden. Dabei müssten dann neben den Backup-Investitionen auch die zusätzlichen Energiekosten als langfristig relevanter Kostenbestandteil einbezogen werden. Eine Alternative zur Bewertung wäre die Betrachtung der Gemeinschaft in einer Pinch-Analyse ohne den ausgefallenen Teilnehmer. Damit kann die Sinnhaftigkeit des Weiterbetriebs untersucht werden (vgl. Methoden zur Gewinnaufteilung in Kapitel 4.5.3), wobei bestehende Wärmeübertrager zwar in die Planung einbezogen werden sollten, aber unter Umständen nicht mehr entscheidungsrelevante Kosten (Sunk Costs) darstellen.

4.5 Aufteilung von Einsparungen bei überbetrieblicher Prozessintegration

4.5.1 Aufteilung von kooperationsbedingten Einsparungen

Die Integration von Wärmeströmen über Betriebsgrenzen hinweg und allgemein die Suche nach Möglichkeiten für Symbiosen im Bereich industrieller Energie- und Stoffstromaustausche bieten Potentiale für sowohl ökologische als auch ökonomische Effizienzsteigerungen. In der Praxis steht aber einer Vielzahl von theoretischen Arbeiten eine geringe Anzahl praktischer Umsetzungen industrieller Symbiosen gegenüber (Bauer 2008). Zu den Ursachen zählen neben technischen auch organisatorische Schwierigkeiten, darunter die Frage nach einer Regel für die Aufteilung von Investitionen und späteren Kosteneinsparungen auf die Teilnehmer in einer für alle Teilnehmer vorteilhaften und von allen als gerecht empfundenen Weise. Dieser Aspekt wird von Levander und Holmgren (2008) in zahlreichen untersuchten Fällen betriebsexterner Prozesswärmenutzung in Schweden als eines der drei Haupthindernisse für die Umsetzung genannt.[155]

Aufteilungsregeln für nachhaltigkeitsorientierte Kooperationen sind noch wenig erforscht, oft werden in Untersuchungen nur die Gesamteinsparungen betrachtet, um das Problem der Preisgestaltung oder allgemeinen Aufteilung von Einsparungen zu umgehen (Svensson u. a. 2008). Eine allgemein als gerecht empfundene Aufteilung der Investition und der späteren Einsparungen zu finden, ist eine der wichtigsten Grundlagen für eine langfristig funktionierende Unternehmenskooperation. Dabei kommt erschwerend hinzu, dass bei Wärmeintegration Wärme als Kuppelprodukt[156] des eigentlichen Produktionsprozesses anfällt und je nach Temperaturniveau und vorhandenen Abnehmern jeder Strom eine eigene Wertigkeit haben kann. Die etablierten Vorgehensweisen zur Aufteilung eines Kooperationserfolges entsprechen denen, die auch bei betriebsinterner Kosten- und Erfolgszurechnung eingesetzt werden. In ihren

---

[155] Mangelnder kontinuierlicher Bedarf der Abnehmer und hohe Investitionen wurden als die beiden weiteren Haupthemmnisse genannt.

[156] Die Grundlagen und eine Typologisierung des Themas Kuppelproduktion wird zum Beispiel in Oenning (1997) beschrieben. Bei einer komplexen Prozessintegration würde das Netzwerk von Energieströmen einer mehrfachen oder auch zyklischen Kuppelproduktion entsprechen.

klassischen Anwendungsbereichen (Verteilung von Gemeinkosten auf Produkte, Verrechnung von internen Vorleistungen) zeigen sich aber auch die Einschränkungen dieser Vorgehensweisen.

Wie allgemein bei Einsparungen durch Synergien ist die Aufteilung des Erfolgs dadurch erschwert, dass er nur in der Kooperation entsteht und sich nicht aus direkt zuweisbaren Einzelteilen zusammensetzt. Die Konsequenz daraus ist, dass bei diesem speziellen Fall eine verursachungsgerechte Allokation von Investitionen oder Einsparungen in der betriebswirtschaftlichen Literatur als unmöglich bezeichnet wird.[157] Möglichkeiten wie eine Verrechnung nach Durchschnittsprinzip oder eine Ableitung von Grenzen beim Wegfall eines Teils (vgl. die spieltheoretischen Ansätze in Kapitel 4.5.3) werden in dieser streng formalen Betrachtung als ebenso willkürlich angesehen wie alternative Methoden (Ewert und Wagenhofer 2008). Dennoch lassen sich Verrechnungsmethoden oft so an die Situation anpassen, dass strategische Ziele, wie etwa eine Steuerung des Verhaltens der Beteiligten zum gemeinsamen Vorteil, erreicht werden (Ewert und Wagenhofer 2008).

In der Theorie ist bei Synergien durch gekoppelte Stoff- und Energieströme eine Vielzahl von Lösungen möglich, von Einzelverträgen zwischen zwei Unternehmen bis zum gemeinsam verwalteten Betriebsvermögen eines ganzen Konsortiums (Bauer 2008). Ein klassischer Ansatz zur Aufteilung oder Verrechnung der Kosten bzw. Einsparungen, falls die alternativen Formen der Energiebereitstellung mit betrachtet werden, wäre etwa eine gemeinsame Investition, die wie die operativen Kosten (bzw. Einsparungen) anhand des Anteils an der Investition oder Nutzung aufgeteilt wird. Dies ist insbesondere für die einseitige Nutzung von Abwärme ein verbreitetes Vorgehen, wobei die Investition und Einsparungen auch alleine von einer Seite getragen werden können (Levander und Holmgren 2008).

Ein Ausgleich unter den Teilnehmern einer Prozessintegration über Preise der gelieferten Stoffe oder Energien erscheint praxisnah, birgt jedoch auch diverse Schwierigkeiten. Eine Analogie im betriebsinternen Fall ist die Festlegung von

---

[157] „Trying to defend an [...] allocation is like clapping one's hands, then trying to defend how much sound is attributable to each hand" (Thomas 1988; zitiert in Ewert und Wagenhofer 2008).

internen Verrechnungspreisen,[158] die marktorientiert, kostenorientiert oder frei verhandelt sein können (Ewert und Wagenhofer 2008). Auch diese Preisgestaltung ist oft von Konflikten begleitet, da die Verrechnungspreise für die betriebliche Praxis entscheidende Auswirkungen haben, für deren Berücksichtigung in Summe meist ein Kompromiss-Verrechnungspreis gefunden werden muss (Riebel u. a. 1973; Stahl 1992): So werden etwa betriebliche (Investitions-)Entscheidungen durch diese Preise gelenkt sowie der wirtschaftliche Erfolg einer Abteilung und damit die Motivation des Personals bestimmt. Der Verrechnungspreis sollte anreizorientiert sein, damit ökonomische Entscheidungen von einzelnen Akteuren nicht entgegen den Interessen der Gruppe ausfallen. Ebenso müssen mögliche Effizienzverluste, die durch eine unfaire Aufteilung entstehen können oder durch Angst vor einer solchen und daraus folgender Zurückhaltung bei kooperationsspezifischen Investitionen, verhindert werden (Stahl 1992). Methodisch werden hierbei zunehmend Agency-Ansätze verwendet, die die Motive (Maximierung von Bereichsgewinn versus Gesamtgewinn) und die Informationsstände bei dezentralen Entscheidungen betrachten. Auch bei diesen Verrechnungspreisen wird allgemein auf die Problematik der Unmöglichkeit einer verursachungsgerechten Aufteilung synergetischer Einsparungen hingewiesen (Ewert und Wagenhofer 2008).

Eine Möglichkeit der Verrechnung von Einsparungen bei überbetrieblicher Prozessintegration sind marktorientierte Verrechnungspreise.[159] Voraussetzung für deren Nutzung ist die Existenz einer mit dem Zwischen- oder Nebenprodukt vergleichbaren Leistung am Markt mit entsprechenden Marktpreisen. Dies sollte bei industriell nutzbarer Wärme zwar der Fall sein, allerdings sind hierbei Preisschwankungen oder qualitative Unterschiede (mehr Freiheitsgrade bei Eigenerzeugung von Wärme, kein Bedarf für Backup-Investitionen etc.) zu berücksichtigen. Wenn ein solcher vergleichbarer Marktpreis aber existiert, so wird er oder ein möglicherweise für die Problemstellung modifizierter Marktpreis für interne und externe Verrechnungspreise generell als die erste, weil

---

[158] Nach Ewert & Wagenhofer (2008) sind dies „Wertansätze für innerbetrieblich erstellte Leistungen [...], die von anderen, rechnerisch abgegrenzten Unternehmensbereichen bezogen werden.“

[159] Bei allen Arten von Verrechnungspreisen besteht die Möglichkeit sogenannter zweistufiger Verrechnungspreise (ein Fixanteil pro Periode und ein Verbrauchsanteil), wie allgemein üblich bei Verträgen zum Energiebezug.

objektivste Wahl betrachtet. In jedem Fall stellt der tatsächliche Marktpreis (falls bestimmbar) einen Grenzpreis für den liefernden Partner dar, bei dem der belieferte Partner (spätestens) indifferent ist zwischen Prozessintegration und Eigenerzeugung (vgl. Ausführungen zum analogen betriebsinternen Fall in Ewert und Wagenhofer 2008). Mit zunehmenden Synergien durch die Zusammenarbeit unabhängiger Akteure wird der Marktpreis aber eine zunehmend theoretische Grenze, da er die symbiotischen Einsparungen (Kooperationsrente) nicht berücksichtigt, sie also vollständig dem Anbieter zuordnet.

Eine Alternative sind kostenorientierte Verrechnungspreise. Während bei internen Austauschbeziehungen hierbei die Auswahl der Preisgrundlage aus Grenzkosten oder Vollkosten eine praktisch bedeutende Entscheidung ist (Ewert und Wagenhofer 2008), kommen für Beziehungen mit externen Partnern eher Vollkosten plus Gewinnaufschlag in Frage, damit der Gewinn nicht allein beim Abnehmer entsteht. Da bei Synergiegewinnen keine eindeutige Aufteilung der Einsparungen existiert, sind folglich für diesen Gewinnaufschlag diverse Möglichkeiten denkbar, etwa ein Prozentsatz der Kosten, eine Berechnung anhand einer gewünschten Kapitalrendite oder ein frei (etwa angelehnt an Marktpreise) verhandelter Aufschlag. Für eine betriebsinterne Verwendung werden kostenorientierte Verrechnungspreise oft als nicht geeignet angesehen, da sie die Kostenstruktur verzerren, indem aus Vollkosten einer Stelle variable Kosten der abnehmenden Stelle werden (Ewert und Wagenhofer 2008). Bei externen Lieferbeziehungen werden sie aber häufig als Bewertungsgrundlage verwendet, beispielsweise auch bei der Nutzung von Prozesswärme (Abwärme) in Fernwärmenetzen (vgl. 4.5.2) (Johnsson und Sköldberg 2005). Da die Kosten des Energieeinsatzes aber als echte variable Gemeinkosten auf verschiedene Produktionsprozesse (primäre Nutzung der Wärme und Nutzung der Abwärme) aufgeteilt werden müssen, ist hier wiederum eine Methode zur Aufschlüsselung auszuwählen. Bei einer Kaskadennutzung der Wärme mit Abwärme als Kuppelprodukt sind die Kosten des Energieeinsatzes aber schwer kausal zuzuordnen, sodass hier entsprechendes Aufteilungsverfahren (Restwertrechnung, Äquivalenzziffern) gewählt werden müssen (Coenenberg u. a. 2007).

Bei verhandelten Verrechnungspreisen besteht bei frei entscheidenden Akteuren eine ganze Spanne von möglichen Lösungen. Allerdings gibt es bei ökonomisch entscheidenden Akteuren Grenzen dieser Preisspanne, ab denen Alternativen (keine Prozessintegration) für jeweils einen Akteur wirtschaftlicher werden und folglich aufgrund dieser Opportunitätskosten keine Einigung möglich ist. Der von diesen Opportunitätskosten begrenzte Bereich wird Einigungsbereich (englisch Zone Of Possible Agreement, ZOPA) genannt und stellt ähnlich mancher im Folgenden betrachteten spieltheoretischer Ansätze eine Menge zulässiger Lösungen dar (Watkins und Passow 1996; Staehelin-Witt u. a. 2005). Abbildung 4-5 stellt diese Einigungsbereiche in Abhängigkeit möglicherweise vorhandener Alternativen bei Wärmebezug und Wärmenutzung dar. Hierbei ist in der Darstellung nur der Wert der Wärme berücksichtigt, einen Wert für die Abnahme überschüssiger Wärme könnte man analog hinzurechnen.

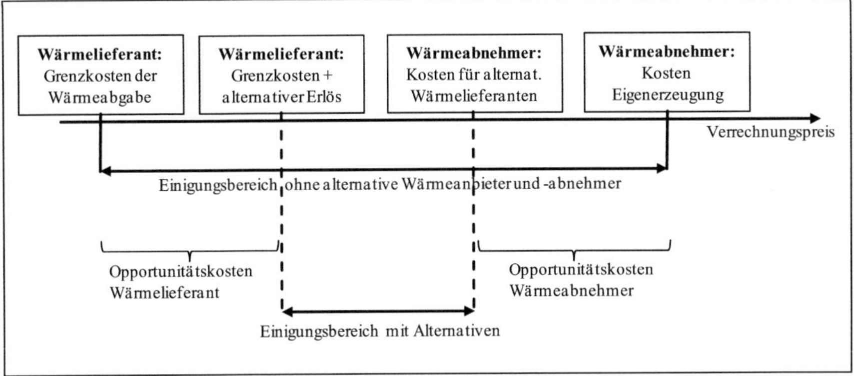

Abbildung 4-5: Einigungsbereich bei Preisverhandlungen für Abwärmelieferungen (in Analogie zu Ewert und Wagenhofer 2008)

Die alternativen Nutzungs- und Bezugsmöglichkeiten des ausgetauschten (Stoff- oder) Energiestroms bestimmen dabei die Preisgrenzen. Während die Kosten einer Eigenerzeugung von Wärme eine realistische obere Schranke darstellen, sind Preisuntergrenzen gerade bei ungenutzten Nebenprodukten, deren alternativer Wert damit im Extremfall Null ist, hier eher theoretischer Natur. In der Praxis würde hier bei der Verhandlung wohl noch ein Bezug zum Marktpreis von Wärme für eine „faire" Bestimmung des Abwärmepreises genutzt. Die konkrete Aufteilung innerhalb der Preisgrenzen kann dabei nach einer bestimmten Regel (etwa gleichmäßige Aufteilung der Einsparung) erfolgen oder frei verhandelt werden (Ewert und Wagenhofer 2008). Anreizkompatibel in dem Sinne, dass eine Kooperation für beide Parteien ökonomisch vorteilhaft ist, sind alle Aufteilungen innerhalb dieses Bereiches. Eine konkrete Lösung aus der Menge möglicher Werte ist aber nicht festgelegt.

Eine theoretisch fundierte Möglichkeit zur konkreten Festlegung eines Preises innerhalb des Einigungsbereichs ist die der Spieltheorie entstammende Nash-Verhandlungslösung. Diese legt als Preis jenen Wert fest, der das Produkt der Gewinnerhöhungen von beiden Akteuren (gegenüber einer jeweils verfügbaren Alternative) innerhalb von passenden Grenzen maximiert. Dieser Wert liegt unter bestimmten Voraussetzungen genau in der Mitte der Grenzen und erfüllt diverse axiomatische Forderungen an eine Verhandlungslösung (von Neumann und Morgenstern 1973; Ewert und Wagenhofer 2008). Ein grundsätzliches Problem bei solchen verhandelten Lösungen ist aber, dass beide Seiten die Möglichkeit haben müssen, ein unvorteilhaftes Angebot ablehnen zu können, also keine Seite eine Quasi-Monopolstellung haben sollte.

Bei einer Umfrage unter schweizerischen Unternehmen stellten Pfaff und Stefani (2006) fest, dass als Grundlage für externe Verrechnungspreise am häufigsten der Marktpreis und Kosten-Plus-Methoden eingesetzt werden, wobei in beiden Fällen eine Verwendung mit zusätzlicher Verhandlung dominiert.

Bei der Anwendung auf überbetriebliche Prozessintegration ist die Tatsache, dass vorab beträchtliche transaktionsspezifische Investitionen[160] getätigt werden müssen, ein wichtiger Faktor. Bei solchen Investitionen besteht allgemein das Problem eines Hold-Up, also der Unterinvestition durch den Partner, der sich durch die Verrechnung (gerechtfertigt oder nur durch mangelnde Informationen) als von Ausbeutung bedroht sieht (Pfaff und Pfeiffer 2004). Dadurch können nach Pfaff und Pfeiffer (2004) alle Arten von vorab festgelegten Verrechnungspreisen eher zu Unterinvestitionen in die Austauschbeziehung führen, wozu asymmetrische Informationen, eine erst ex post erfolgende Festlegung der Transaktionsmengen und allgemeine Interessenkonflikte beitragen. Ein Ansatz, dieses Problem zu verringern, ist eine Gestaltung, bei der die Verhandlungsmacht bei der Preisgestaltung dort angesiedelt ist, wo auch ein Großteil der Investitionen stattfinden (Baldenius 2000). Diese Lösung würde eher für eine Übernahme der Hauptlast der Investition und des Hauptanteils der Einsparungen durch eine Seite sprechen. Solche Lösungen können etwa in Form der im Folgenden vorgestellten Praxisbeispiele einer Contracting-Lösung oder eines finanzstarken fokalen oder öffentlichen Teilnehmers bestehen.

---

[160] Dies sind Investitionen, deren Wert innerhalb der Transaktionsbeziehung deutlich höher ist, als außerhalb (Williamson 1975).

4.5.2 Praxis der Aufteilung bei externer Wärmenutzung

Generell ist eine Preisfindung bei betriebsexterner Abwärmenutzung in der Praxis oft schwierig. So wird von diversen Beispielen berichtet, in denen dieser Aspekt die Realisierung einer Wärmeintegration verhindert hat (Grönkvist und Sandberg 2006; Jönsson u. a. 2008).[161] Das Konzept direkter industrieller Wärmeintegration wird in der Forschung weniger diskutiert als die Nutzung industrieller Abwärme zu Heizzwecken. Daher finden sich im letzteren Bereich auch eher Informationen über die finanzielle Ausgestaltung. Eine Untersuchung aus Schweden zur preislichen Bewertung von in Nah- und Fernwärmenetzen genutzter Prozesswärme (vgl. Tabelle 4-9) hat ergeben, dass der häufigste Bewertungsgrundsatz in den 29 befragten Kommunen eine Relation zu den alternativen Wärmeerzeugungskosten analog zu einem marktbasierten Verrechnungspreis ist. Eine ebenfalls große Gruppe nutzt keine speziellen Bewertungsmethoden, während je eine kleine Gruppe die Grenzkosten der Wärmeerzeugung und einen Bezug zum Fernwärmepreis nutzt (Johnsson und Sköldberg 2005).

Tabelle 4-9: Methoden zur Preisbestimmung für die Abgabe von Abwärme an Nahwärmenetze (Johnsson und Sköldberg 2005) auf Basis einer Umfrage unter 29 schwedischen Kommunen

Art der Bewertung von Abwärmelieferungen an Nahwärmenetze	Anteil laut Umfrage
Relation zu den alternativen Wärmeerzeugungskosten	40 %
Keine speziellen Bewertungsmethoden	30 %
Grenzkosten der Wärmeerzeugung des Lieferanten	10 %
Bezug zum Preis von Fernwärme	6 %
Sonstiges	14 %

Als wichtige Kriterien für die Auswahl einer Aufteilungsmethode wurden dabei die Vorhersagbarkeit, Verständlichkeit und Flexibilität des Verfahrens genannt, wobei es aber bei der Bewertung der Verfahren keine großen Unterschiede gab. Die resultierenden Kosten für den Nutzer der Abwärme im Vergleich zu

---

[161] Im vergleichbaren Bereich des überbetrieblichen Supply-Chain-Managements liegt nach Strommel und Zadeck (2002) ebenfalls eine wesentliche Hürde darin, eine Einigung über die Verteilung von Kosten und Nutzen zu erzielen oder auch nur die Aufteilung zu diskutieren.

alternativen Wärmequellen wurden dabei von je einem Drittel in den Bereichen 25 % - 50 %, 51 % - 75 % und > 75 % der alternativen Wärmekosten gesehen. Dabei dominierten die variablen Wärmekosten und in 85 % der Fälle waren die Fixkosten geringer als 15 % der jährlichen Kosten. Die Vertragsdauer der Abwärme-Lieferbeziehungen betrug in der größten Gruppe fünf bis zehn Jahre, gefolgt von einer Gruppe mit Dauern über zehn Jahre und schließlich einem Fünftel mit sehr kurzen Vertragsdauern unter fünf Jahren. Langfristige Verträge basierten dabei eher auf frei verhandelten Wärmepreisen, was mit den meist von kommunaler Seite übernommenen Investitionen und ihrer Refinanzierung begründet wird. Konflikte wurden dabei aber auch am häufigsten von Fällen mit frei verhandelten Preisen berichtet (Johnsson und Sköldberg 2005).

Bei einer Konstellation mit einem fokalen Unternehmen und kleineren eher als Wärmeabnehmer auftretenden Partnern findet sich in der Praxis oft eine Verrechnung über einen (reduzierten) Marktpreis. Beispiele hierfür sind Wärmelieferverträgen, die zwischen den Betreibern von Biomassekraftwerken und an ein Nahwärmenetz angeschlossenen Hausbesitzern als Kunden geschlossen werden. Hierbei findet sich in der Praxis oft ein auf den Kosten einer alternativen Wärmeerzeugung basierender Verrechnungspreis, beispielsweise 50 % des Wärmepreises bei Erdgasnutzung (E&M 2010).

Modellhaft untersucht wurde die Möglichkeit eines Wärmemarktes für eine lokale Region in Schweden mit den Akteuren Unternehmen, Kraftwerke und Fernwärme (Karlsson u. a. 2009). Dabei wurden die Gesamtkosten für alle Beteiligten minimiert und der sich ergebende Wärmepreis bestimmt. Dieser schwankte aber zum einen stark mit der saisonalen Nachfrage nach Fernwärme, zum anderen waren die unterschiedlichen Anforderungen von Industrie und Versorgungsunternehmen ein Problem bei der Modellierung.

Für den Bereich der Lieferung von Raumwärme kann ein Vertrag zur Wärmelieferung in Deutschland entweder frei oder auf Grundlage der Verordnung über allgemeine Bedingungen für die Versorgung mit Fernwärme (AVB Fernwärme V) gestaltet werden, in der die Lieferpflicht des Versorgers und die Abnahmepflicht des Kunden geregelt sind. Nach dieser Verordnung dürfen Preisänderungsklauseln nur aus der Kombination eines die Bereitstellungskosten berücksichtigenden Elements und eines die Verhältnisse auf dem Wärmemarkt berücksichtigenden Elements bestehen. Bei Preisänderungsklauseln ist der

Anteil des die Brennstoffkosten abdeckenden Preisfaktors an der jeweiligen Preisänderung auszuweisen.[162]

Allgemein sollte ein Vertrag zur Nutzung industrieller Abwärme folgende Teile regeln (Hack 2003; Heuer u. a. 2008):

- Vertragspartner und deren Befugnisse und Haftung für Störungen, zulässige Unterbrechungen der Versorgung,
- Wärmepreis (mit Gleitklausel) und Abrechnungsmodalitäten, Kostenübernahme (Betrieb und Instandhaltung),
- Eigentumsregeln, Anlagengrenze, Übergabepunkte und Ort der Wärmemengenzähler,
- Garantierte Anschlussleistung, Mindesttemperatur und Druck,
- Garantierte Wärmeabnahmemengen (evtl. nach Jahresverlauf), Vertragslaufzeit.

Die Übernahme des wirtschaftlichen Risikos der Investition ist zusammen mit der Vertragslaufzeit ein neben dem Preis ebenso entscheidungsrelevanter ökonomischer Aspekt. Aufgrund der langen Amortisationszeiten sind selbst im Fall der stärker rechtlich regulierten Fernwärmeversorgung Vertragslaufzeiten von 25 Jahren und mehr in Deutschland zulässig (Hack 2003). Speziell auf die Übernahme des wirtschaftlichen Risikos und des hohen Investitionsbedarfs zielen die im Folgenden kurz beschriebenen Contracting-Lösungen ab.

Bei dieser Möglichkeit der Finanzierung und Gewinnaufteilung ist eine Organisation mit Vorfinanzierung durch einen (internen oder externen) Partner und seine Entlohnung durch erreichte Betriebskosteneinsparungen im Sinne eines Contracting-Modells (Bemmann und Müller 2000). Diese Form der Finanzierung ist in der Praxis der Energiebereitstellung oder Sanierung von Anlagen und Gebäuden beliebt, da die Investition entweder auf ein spezialisiertes Unternehmen oder auf einen der Partner ausgelagert werden kann. Auch im Bereich der allgemeinen Umwelttechnik und Ressourceneinsparung ohne Energiebezug wird zunehmend diese Finanzierungsform verwendet. Zimmermann (2008) schätzt in diesem Bereich das Potential der für Contracting geeigneten Maß-

---

[162] Vgl. §24 AVBFernwärmeV; diese Verordnung ist aber hauptsächlich zur Regelung von Massenversorgungsverhältnissen gedacht; zwar können ihre Regelungen auch bei Industriekunden angewendet werden, für diese werden aber auch Ausnahmen wie ein individuelles Aushandeln der Preise erlaubt (Hack 2003).

nahmen auf 30 %. Ein ähnlicher Ansatz ist das sogenannte Least-Cost Planning, bei dem den Kunden anstelle der reinen Lieferung von Energie eine Energiedienstleistung vom Versorger angeboten wird, was auch Konzepte zur Einsparung und besseren Nutzung umfasst (Schöttle 1998). Dieses Vorgehen ließe sich bei der Einbindung von Energieversorgern in Maßnahmen zur externen Nutzung von Prozesswärme nutzen, um beispielsweise durch gemeinsame Investitionen oder Contracting-Lösungen Finanzierungsprobleme der Nutzer zu bewältigen.

Schon die Analysen zum Entwurf einer Wärmenutzungsverordnung (vgl. Abschnitt 4.8.1) in den 90er-Jahren zeigten, dass viele Maßnahmen im Bereich der Abwärmenutzung zwar wirtschaftlich wären, von Unternehmen aber dennoch nicht umgesetzt werden. Als Gründe hierfür gelten zum einen hohe Investitionssummen und damit mögliche Liquiditätsprobleme für Unternehmen und zum anderen lange Amortisationszeiten, welche die Investitionen für Unternehmen zu einem (befürchteten oder realen) Risiko werden lassen (Bressler u. a. 1994). Die Anwendung einer Contracting-Regelung kann das mit einer langfristigen Investition verbundene Risiko für den Nutzer verringern und damit die Funktion einer Absicherung gegen unerwartete Probleme erfüllen, die mit der Maßnahme durch veränderte zukünftige Rahmenbedingungen verbunden sind. Insbesondere durch Contracting-Modelle mit Besicherung der Investition durch öffentliche Bürgschaften könnten laut Roth u. a. (1996) solche Projekte im Energiebereich mit eher hohen Abschreibungszeiten (bis 20 Jahre) im Vergleich zu den im Produktionsbereich üblichen kurzen Abschreibungszeiten (unter 5 Jahre) realisiert werden. Damit können nach Briké (1983) zusätzliche Maßnahmen im Bereich der Abwärmenutzung umgesetzt werden, die zwar schon wirtschaftlich wären, aber aus Gründen der Risikoaversion nicht selbst finanziert werden. Die langen Amortisationszeiten und die Risikoverteilung gelten auch als Hauptmotivation für die allgemeine Auslagerung der Energieversorgung an Contractinganbieter (Energieversorgungsunternehmen, Ingenieurbüros, Energieagenturen) (Muggli 2000). Hinzu kommen die ebenfalls auf den Bereich der Wärmeintegration übertragbaren Aspekte der Konzentration auf das Kerngeschäft des Nutzers und der größeren Erfahrung eines professionellen Contractinganbieters. Allerdings ist bei komplexeren Wärmeintegrationsprojekten eine vollständige Durchführung durch externe Contractinganbieter weniger realistisch als bei standardisierteren Projekten der Energieversorgung. Direkte Eingriffe in die Prozesse zur Auskopplung von Wärme über Wärmeübertrager sind eher durch den Betrieb selbst vorzunehmen, wobei Contractinganbieter Know-how und Finanzierung einbringen können.

Als Beispiel für ein derartiges Vorgehen bei der Finanzierung der Maßnahmen zur externen Prozesswärmenutzung kann die Integration einer Raffinerie in das Fernwärmenetz in Karlsruhe dienen. Hier wurde die Investition von Seiten des Abnehmers, den Stadtwerken Karlsruhe vorfinanziert und eine Refinanzierung erfolgt durch den Wert der gelieferten Wärme (Schneider und Rink 2010). Dabei werden mit der Vorfinanzierung auch sämtliche Risiken etwa eines „Stranded Investments" (im Nachhinein sich als unnötig herausstellende Investition) von einem Partner übernommen. Dies ist aber wohl nur bei öffentlichen Trägern oder sehr langfristig planenden fokalen Unternehmen eine realistische Möglichkeit.

4.5.3 Aufteilungsprobleme als Anwendungsgebiet der kooperativen Spieltheorie

Bei allen Varianten der Aufteilung der durch überbetriebliche Wärmelieferungen entstehenden Einsparungen stellt sich die Frage nach der Bestimmung eines für alle Beteiligten möglichst vorteilhaften Werts, zumindest wenn davon ausgegangen wird, dass die Entscheidung zur Teilnahme an der Kooperation von allen Partnern freiwillig getroffen wird. Insbesondere bei der Verrechnung über den Abgabepreis der Wärme besteht ein ständiger Wettbewerb zu anderen Arten der Wärmebereitstellung, wodurch die Stabilität der Partnerschaft leiden könnte. Eine reine Verhandlungslösung birgt bei solchen langfristigen Bindungen allerdings die Gefahr von Konflikten (vgl. Johnsson und Sköldberg 2005), sodass die im Folgenden angewendeten spieltheoretischen Konzepten hier eine mit Daten begründete, aber trotzdem nicht auf kurzfristige Preisvergleiche ausgerichtete Lösung bieten können.

Fors (2003) untersuchte Projekte zur externen Abwärmenutzung in Schweden und stellte als einen der wichtigsten Erfolgsfaktoren die Konzentration auf die Gesamteinsparung der Kooperation anstelle individueller Gewinne fest. Es stellt sich also die Frage, wie das Zustandekommen einer auf ein globales (ökologisches und ökonomisches) Optimum ausgelegten Partnerschaft durch die Gewinnaufteilung unterstützt werden kann. Bei einer solchen hier gesuchten Aufteilung ist auch zu berücksichtigen, dass es für manche Partner im Hinblick auf die Profile vorhandener und benötigter Wärmeströme von Vorteil sein könnte, eine Partnerschaft zur Prozessintegration mit nur einem Teil der für eine Prozessintegration verfügbaren Unternehmen einzugehen. Hierbei ist dann zwischen den zusätzlichen Effizienzsteigerungen durch Aufnahme eines weiteren Teilnehmers und den möglichen negativen Auswirkungen (zu geringer Grenznutzen, Steigerung der Komplexität, Abhängigkeit etc.) abzuwägen.

Allgemein ist die Aufteilung von Kosten/Einsparungen bei einer überbetrieblichen Prozessintegration durch eine vorab festgelegte Regel dadurch erschwert, dass die Einsparungen nur durch die konkrete Kooperation entstehen und jede Änderung der Teilnehmerzahl eine nicht direkt vorhersehbare Änderung der Prozessintegration bewirkt. Die bei einer Pinch-Analyse bestimmte optimale Verschaltung der Prozessströme kann sich etwa durch neu hinzukommende Temperaturniveaus vollständig ändern. Die Einsparungen durch verschiedene mögliche Kooperationen lassen sich also nur durch einzelne Berechnungen mittels der Pinch-Analyse bestimmen. Für einen solchen Fall, in dem der „Wert" verschiedener Kombinationen berechenbar ist, bietet die kooperative Spieltheorie Ansätze für Antworten auf die Frage nach Aufteilungsregeln für Einsparungen (und zu gleichen Anteilen die Aufteilung der Investitionen in überbetriebliche Verbindungen), die von allen Teilnehmenden als fair betrachtet werden, sodass kein Teilnehmer einen Anreiz hat, die Kooperation zu verlassen. Während die Voraussetzung der Berechenbarkeit der Effizienzgewinne aus Sicht der Betriebswirtschaftslehre oft als realitätsfern kritisiert wird (Zelewski 2007), erscheint die Pinch-Analyse mit ihrer Quantifizierung des Einsparpotentials als gut mit solchen Ansätzen kombinierbar.

Kooperationen zwischen verschiedenen Akteuren finden sich in vielen Bereichen der Ökonomie, in denen Synergien durch die Zusammenarbeit zu erwarten sind. Die Organisation solcher gemeinsamer Vorhaben sollte im Idealfall dazu beitragen, dass diese langfristig möglichst stabil sind. Da alle diese Formen der Kooperation zu gemeinsamen finanziellen Vorteilen aber auch gemeinsamen Lasten für die Beteiligten führen, müssen sich die Akteure auf eine Aufteilungsform dieser Vorteile und Lasten einigen. Wenn eine solche Aufteilung für einzelne Akteure unvorteilhaft oder ungerecht erscheint, haben diese einen Anreiz, nicht teilzunehmen, wodurch Effizienzverluste für die gesamte Gruppe entstehen. Die Frage der möglichst gerechten[163] und damit für alle Teilnehmer akzeptablen Aufteilung von investitionsabhängigen Kosten und erwarteten Einsparungen lässt sich mit Hilfe der Spieltheorie, genauer der kooperativen Spieltheorie untersuchen.

Die Spieltheorie befasst sich als Teilgebiet der Mathematik damit, Systeme mit mehreren Akteuren, auch Spieler oder Agenten genannt, zu modellieren. Der Nutzen dieser Akteure in strategischen Entscheidungssituationen hängt dabei von den Entscheidungen der anderen Akteure ab (Owen 1982). Aus dieser Abhängigkeit soll versucht werden, das rationale Entscheidungsverhalten in Konfliktsituationen abzuleiten (von Neumann und Morgenstern 1973). Die Anwendungsfelder hierfür sind sehr vielfältig, Beispiele sind etwa Entscheidungssituationen bei ökonomischen Fragestellungen, im Bereich der Politikwissenschaft, Soziologie und Biologie (Kuhn 1997). Der Unterschied zur Entscheidungstheorie ist dabei, dass das Ergebnis nicht nur von der eigenen Entscheidung, sondern auch von den Aktionen anderer abhängt. Der Begriff „Spiel" steht hierbei für eine Entscheidungssituation mit mehreren sich im Ergebnis gegenseitig beeinflussenden Beteiligten.

Die kooperative Spieltheorie betrachtet Situationen, in denen die Spieler im Gegensatz zur nichtkooperativen Spieltheorie keine Aktionen oder Strategien auswählen, sondern in verschiedenen Konstellationen (Koalitionen) verbindlich zusammenarbeiten und Auszahlungen unter den Spielern aufgeteilt werden (Owen 1982; Driessen 1988). Die Kooperation bedeutet dabei, dass etwa durch Verträge eine Zusammenarbeit sichergestellt werden kann, die Akteure aber die Wahl einer für sie optimalen Koalition haben. Diese Wahl dient hauptsächlich der Suche nach Lösungskonzepten für eine faire Aufteilung gemeinsam erwirtschafteter Werte (hier die jährliche Einsparung) auf die Mitglieder der sogenannten großen Koalition. Diese Aufteilungsregeln sollen so gestaltet sein, dass kein Teilnehmer einen Anreiz zum Ausscheren aus der Koalition in eine Unterkoalition hat (Tijs und Driessen 1986).

Die im Folgenden relevanten Koalitionsfunktionen mit transferierbarem Nutzen zeichnen sich dadurch aus, dass der Koalition insgesamt ein Wert zugeordnet

---

[163] Gerechtigkeit muss in diesem Zusammenhang nicht die Gleichbehandlung aller Kooperationspartner bedeuten, sondern kann die Bedeutung des Einzelnen für Einsparungen innerhalb der Kooperation berücksichtigen.

werden kann (Wiese 2005), im Fall einer Prozessintegration die gesamte jährliche Einsparung durch die Zusammenarbeit. Nach Wiese (2005) zeichnet sich die kooperative Spieltheorie bisher nicht durch viele praktische Anwendungen aus. Gerade die, zumindest in der Theorie gegebene, genaue Quantifizierbarkeit der Einsparungen durch eine Prozessintegration einzelner Teilgruppen von potentiellen Teilnehmern macht aus der betriebsübergreifenden Prozessintegration ein vielversprechendes Anwendungsgebiet. Für jede Koalition lässt sich das theoretische Einsparungspotential mit der Pinch-Analyse errechnen, was die spieltheoretische Analyse der Koalitionsalternativen und die daraus abgeleitete Aufteilung von Investitionen und Kosteneinsparungen erlaubt. Außerdem entstehen Einsparungen nur durch Zusammenarbeit,[164] wobei für die Gesamteinsparung die Existenz eines Abnehmers eines Wärmestroms genauso relevant ist wie die Existenz des liefernden Unternehmens. Da zwischen diesen beiden keine Unterscheidung gemacht wird, ergeben sich durch die theoretischen Aufteilungsmethoden andere, eher die Verhandlungsmacht der Teilnehmer widerspiegelnde Lösungen, als bei einer klassischen Verrechnung. Nach formaler betriebswirtschaftlicher Sicht der Kostenallokation kann eine solche Art der Aufteilung zwar als „fair" angesehen werden, ist aber ebenso willkürlich (weil nicht verursachungsgerecht) wie jede andere Aufteilung (Ewert und Wagenhofer 2008).

4.5.4 Gewählte Lösungskonzepte der kooperativen Spieltheorie

Der Standardansatz der kooperativen Spieltheorie zur Lösung von Aufteilungsproblemen besteht aus zwei Stufen: Zuerst wird die charakteristische Funktion aufgestellt und anschließend die konkrete Verteilungsfunktion mit einem hierfür entwickelten Lösungskonzept ermittelt (Zelewski 2007). Dazu werden kooperative Spiele im Allgemeinen in der Form (N, v) dargestellt, wobei $N=\{1, 2, …, n\}$ die Menge der Spieler darstellt und v die Koalitionsfunktion oder charakteristische Funktion. Diese legt für jede Koalition K $(K \subseteq N)$ einen Wert $v(K) \in \mathbb{R}$ fest, der je nach Anwendungsfall den aufzuteilenden Kosten oder dem gemein-

---

[164] Für solche Gewinne, die nur aus Austauschbeziehungen mit anderen Organisationen entstehen und alleine nicht erreichbar sind wird auch der Begriff relationale Rente (relational rent) gebraucht (Dyer und Singh 1998).

sam erwirtschafteten Wert entspricht. Dabei wird angenommen, dass Werte zwischen den einzelnen Teilnehmern transferierbar sind (Koalitionsfunktionen mit transferierbarem Nutzen), was bei ökonomischen Problemstellungen durch Ausgleichszahlungen geschieht (Owen 1982; Wiese 2005). Diese Koalitionsfunktion lässt sich im Fall der Wärmeintegration durch die Einsparungen durch überbetriebliche Prozessintegration im Vergleich zum Referenzfall (Wärmeintegration nur innerhalb der einzelnen Unternehmen) beschreiben. Der durch die große Koalition N erwirtschaftete Wert kann auf Basis der Koalitionsfunktion (vgl. Anwendung im Fallbeispiel Tabelle 5-8) auf die Teilnehmer aufgeteilt werden.

Die nach der formalen Sicht der Spieltheorie fairen Aufteilungen erfüllen dabei unter anderem die Anforderungen nach individueller und kollektiver Rationalität. Individuell rational ist eine Lösung, wenn sie zulässig (aufgeteilter Gesamtbetrag kleiner oder gleich der gesamten zur Verfügung stehenden Summe) ist und für alle Spieler mindestens den für den einzelnen ohne irgendeine Kooperation möglichen Gewinn zuteilt, sodass es also nicht zu einer Blockade durch „Einerkoalitionen" kommt (Wiese 2005).[165] Kollektive Rationalität oder auch Pareto-Effizienz ist dann gegeben, wenn die Auszahlung an einen Teilnehmer nicht verbessert werden kann, ohne einen anderen schlechter zu stellen (Wiese 2005); dies ist bei der Aufteilung der vorab bestimmten jährlichen Einsparung unter den Teilnehmern immer der Fall.

Eine weitere mögliche Eigenschaft der Koalitionsfunktion ist Superadditivität, also die Tatsache, dass ein Zusammengehen von Akteuren oder Teilgruppen zu einer größeren Koalition nie zu schlechteren Ergebnissen führt (Aumann und Hart 2005). Dies ist bei einer kostenbasierten Optimierung der Prozessintegration gewährleistet. Bei geeigneter Auswahl von Unternehmen mit passenden Wärmeströmen ist auch die Erfüllung der weitergehenden Eigenschaft der Wesentlichkeit des Spiels zu erwarten. Diese bedeutet, dass die Zusammenarbeit nicht nur nicht schadet, sondern dass sich Kooperation lohnt, also zu besseren Ergebnissen führt. Als eine mögliche (nicht zwingend erforderliche) Eigenschaft eines Spiels (einer Aufteilungssituation) gilt seine Konvexität, also die Tatsache, dass der marginale Beitrag eines Akteurs zu einer größeren

---

[165] Weiterhin ist in individueller Rationalität die Fähigkeit zu rationalen Entscheidungen für das individuelle Nutzenmaximum, also ohne Hinderung durch Neideffekte oder beschränkte Informationsverarbeitungskapazität, enthalten.

Koalition nicht kleiner ist, als bei kleineren Gruppen kooperierender Unternehmen (Wiese 2005). Innerhalb bestimmter Grenzen (insbesondere durch wachsende Entfernungen bei steigender Anzahl von Unternehmen) ist bei einer überbetrieblichen Prozessintegration in der Regel auch diese Eigenschaft zu erwarten: Mit steigender Anzahl von verfügbaren warmen und kalten Strömen sollten auch mehr und von den Temperaturprofilen besser passende Verknüpfungen untereinander möglich sein.

Im Folgenden werden die hier ausgewählten und in der Fallstudie angewendeten Lösungskonzepte kurz beschrieben (Hiete u. a. 2012).[166] Die Auswahl beruht auf ihrer Einfachheit und Nachvollziehbarkeit sowie Verbreitung und Akzeptanz. Allgemein existieren diverse weitere klassische Konzepte (Kern, stabile Mengen) und verhandlungstheoretische Konzepte (Verhandlungsmengen, Kernel, Nucleolus), welche hier nicht weiter beschrieben werden (für eine detaillierter Darstellung vgl. Schotter und Schwödiauer 1980; Owen 1982; Wiese 2005).

Utopia-Wert (Marginaler Beitrag zur großen Koalition)

Bei diesem sehr einfachen Ansatz wird wie in Gleichung (4-7) dargestellt der marginale Beitrag jedes Akteurs zum Gewinn der großen Koalition als seine Auszahlung bestimmt (Tijs und Driessen 1986). Da die Gesamtsumme dieser Werte den insgesamt aufteilbaren Gewinn übersteigt, ist diese Lösung nicht für alle Teilnehmer möglich. Sie liefert aber eine Obergrenze dafür, was ein Teilnehmer theoretisch maximal als Beitrag zur Koalition zugeteilt bekommen könnte, beispielsweise wenn er eine zentrale Rolle für das Funktionieren der Koalition hat. Mit

x_i: Auszahlung für Spieler i

N: Gesamtmenge der großen Koalition

$v(A)$: Koalitionsfunktion der Menge A

---

[166] Bei einzelnen Aufteilungen sind sinnvolle (Kernlösungen) Ergebnisse nur bei Erfüllung bestimmter formaler Voraussetzungen an das Spiel garantiert, die hier in der kompakten Darstellung nicht beschrieben werden.

gilt:

$$x_i = v(N) - v(N\backslash\{i\}) \qquad\qquad (4\text{-}7)$$

Alternate Cost Avoided

Die sogenannten „Separable Cost"-Methoden stammen ursprünglich nicht aus der Spieltheorie, sondern sind angelehnt an Verfahren der Kosten- und Leistungsrechnung. Wenn die Summe der marginalen Beiträge aller Teilnehmer zur großen Koalition geringer als der Gesamtwert der großen Koalition ist, werden diese Einzelbeiträge (trennbare Kosten/Gewinne) direkt zugewiesen und nur der Rest weiter verteilt. Die verbleibenden Kosten (bzw. Gewinne) werden dann zum Beispiel zu gleichen Teilen aufgeteilt (Equal Charge Allocation) oder anhand des Verhältnisses der durch Zusammenarbeit eingesparten Kosten zur Summe der eingesparten Kosten aller (Alternate Cost Avoided) (Young 1985). Falls keine trennbaren Gewinne vorliegen, wie bei den betrachteten Fällen der Prozessintegration, wird beim Ansatz Alternate Cost Avoided (ACA) (s. Gleichung (4-8)) der Gesamtgewinn in Relation zum marginalen Beitrag jedes Akteurs zum Gewinn der großen Koalition aufgeteilt (Straffin und Heaney 1981; Aumann und Hart 2005). Dieser Ansatz ist wegen seiner Einfachheit in der Praxis weit verbreitet. Er stellt eine Erweiterung des Utopia-Werts zu einer realisierbaren Aufteilung dar (Otten 1993). Für seine Anwendung im Fall der Gewinnaufteilung bei Projekten zur Prozessintegration spricht der realitätsnahe[167] Vergleich der großen Koalition mit solchen Teilkoalitionen, bei denen nur ein Teilnehmer ausgeschieden ist.

$$x_i = v(N) \cdot \frac{v(N) - v(N\backslash\{i\})}{\sum_{j\in N} v(N) - v(N\backslash\{j\})} \qquad\qquad (4\text{-}8)$$

---

[167] Diese Aussage soll zu verstehen sein im Vergleich zu Methoden, die alle theoretisch möglichen Unterkoalitionen betrachten.

Shapley-Wert

Der Shapley-Wert (Gleichung (4-9)) weist jedem Teilnehmer den Anteil an der Gesamteinsparung zu, der seinem durchschnittlichen Beitrag zur Einsparung bei allen möglichen Teilkoalitionen entspricht (Shapley 1953). Dieser durchschnittliche Beitrag jedes Teilnehmers soll seine Bedeutung und damit Verhandlungsmacht in der Gruppe widerspiegeln und kann nach Fromen (2004) auch als wahrscheinlichkeitstheoretischer Erwartungswert interpretiert werden.

$$x_i = \sum_{S \subseteq N\setminus\{i\}} \frac{|S|!\,(|N| - |S| - 1)}{|N|!} \cdot [v(S \cup \{i\}) - v(S)] \tag{4-9}$$

Der Shapley-Wert gilt als am weitesten verbreiteter Ansatz und findet zum Beispiel Anwendung bei Fragen der Besteuerung und Verteilung von Lasten und Produktionskosten (Mirman und Tauman 1981), öffentlichen Gütern usw. Diese Verbreitung ist vor allem darauf begründet, dass er als einzige Methode verschiedene formale Anforderungen[168] erfüllt (Mertens 2002).

Für die Verwendung bei der Aufteilung von Einsparungen durch Prozessintegration spricht die Verbreitung und allgemeine Akzeptanz der Methode. Als Gründe gegen seine Verwendung könnten die vergleichsweise aufwendige Berechnung (einzige Methode, die die Einsparungen durch alle möglichen Koalitionen benötigt) und die geringe praktische Relevanz sehr kleiner Teilkoalitionen bei gegebener großer Koalition von Unternehmen sprechen.

---

[168] Dies sind Pareto-Effizienz, Symmetrie (Akteure mit gleichen marginalen Beiträgen erhalten das gleiche), Null-Spieler-Axiom (bei marginalem Beitrag Null zu jeder Koalition erhält der Akteur Null) und Additivität (bei Zerlegung des Spiels in zwei unabhängige Spiele ist die Auszahlung für jeden im zusammengesetzten Spiel die Summe der beiden Einzelauszahlungen). Der Shapley-Wert ist die einzige Aufteilungsfunktion, die diese vier Bedingungen erfüllt. Allerdings werden solche Axiome zur Motivation eines bestimmten Ansatzes gelegentlich auch als formalistisch und ohne Bezug zum Realproblem bezeichnet (Zelewski 2007).

Drohpotential (minimum rights)

Das Drohpotential (engl. minimum rights) ist der Betrag, den ein Spieler als Anführer einer Außenseiterkoalition erhalten könnte und den er folglich von der großen Koalition einfordern kann (Tijs und Driessen 1986; Tijs und Otten 1993). Um andere Teilnehmer für die Außenseiterkoalition zu gewinnen, muss der Anführer jeden einzelnen mindestens genauso gut stellen, wie es bestenfalls in der großen Koalition möglich wäre. Das Drohpotential des Anführers stellt dann den maximalen verbleibenden Gewinn aller möglichen Außenseiterkoalitionen dar. Der Spieler wählt also unter den möglichen Außenseiterkoalitionen diejenige mit dem höchsten ihm nach Zahlungen an die anderen Spieler verbleibenden Restbetrag aus. Dieser Restbetrag besteht aus dem jeweiligen Gesamtgewinn abzüglich der Beträge, die ihre weiteren Teilnehmer maximal in der großen Koalition erhalten könnten (ihre Utopia-Werte) (Tijs und Driessen 1986; Tijs und Otten 1993). Mit dem so berechneten Betrag kann jeder Spieler als potentieller Anführer einer Außenseiterkoalition glaubhaft drohen.

Tau-Wert

Der τ-Wert stellt einen Kompromiss dar zwischen dem maximal einforderbaren eigenen marginalem Beitrag eines Spielers zum Gewinn der großen Koalition (Utopia-Wert, vgl. Gleichung (4-7)) und seinem erzwingbaren Mindestanteil (Drohpotential) (Tijs und Driessen 1986; Tijs und Otten 1993). Die konkrete Aufteilung des Lösungskonzepts ergibt sich dann aus dem Schnittpunkt der Verbindungslinie von Ideal-Punkt (Darstellung des Vektors der Utopia-Werte aller Spieler) und Drohpunkt (Darstellung des Vektors der Drohpotentiale aller Spieler) mit der Hyperebene der effizienten Aufteilungen (Aufteilungsvektoren, deren Summe 1 ergibt) (Branzei u. a. 2008).

Als Vorteile des τ-Werts führt Zelewski (2007) an, dass er im Gegensatz zu anderen Ansätzen gute Gründe für das Vorgehen bei der Aufteilung vorweisen kann und deshalb bei der Akzeptanz der Ergebnisse Vorteile haben sollte. Diese liegen in der Einsichtigkeit von Idealpunkt und Drohpunkt sowie der einfachsten Möglichkeit, hieraus eine konkrete Aufteilung zu bestimmen. Die sinnvolle Anwendbarkeit des Ansatzes ist aber eingeschränkt auf Fälle, in denen das Drohpotential positiv ist, also die Außenseiterkoalition genug erwirtschaftet, um den Teilnehmern ihren Utopia-Wert auszahlen zu können und noch einen Rest als Drohpotential des Anführers aufzuweisen.

Kern des Spiels

Bei den bisherigen Aufteilungsmethoden handelt es sich um Wertansätze, die eindeutige Lösungen liefern. Im Gegensatz dazu stellt der Kern (Core) eines Spiels einen Mengenansatz dar, welcher keinen eindeutigen Lösungsvektor liefert, sondern eine Einschränkung der Lösungsmenge (Branzei u. a. 2008). Der Kern eines Spiels ist definiert als die Menge, welche die Bedingungen in Gleichung (4-10) erfüllt (Wiese 2005).

$$\sum_{i \in N} x_i = v(N) \quad und \quad \sum_{i \in K} x_i \geq v(K) \quad \forall\, K \subset N \qquad \textbf{(4-10)}$$

Der Kern stellt also die Menge der zulässigen Lösungen dar, für die sich keine Teilkoalition durch Ausscheiden aus der großen Koalition besserstellen kann. Der Kern zeigt also graphisch die äußersten Grenzen des Bereichs stabiler Lösungen und damit einen Handlungsspielraum. Für jeden einzelnen Teilnehmer wird diese Menge nach oben durch den Utopia-Wert und nach unten durch den Drohpunkt (minimum rights) begrenzt[169] (Wiese 2005).

Insgesamt stellen diese Aufteilungsmethoden eine formale Unterstützung von Verhandlungsprozessen über die zu wählende Aufteilung des Kooperationserfolgs dar. Die dargestellte obere und untere Schranke sowie die auf verschiedene Weisen bestimmten konkreten Aufteilungen sollen dabei die rein ökonomisch begründete Verhandlungsmacht der Teilnehmer darstellen. Die sich durch solche Methoden ergebende Aufteilung kann von klassisch (etwa über Abwärmepreise) bestimmten Aufteilungen stark abweichen, liefert aber Anhaltspunkte für stabile Aufteilungsregeln in weiteren Verhandlungen der Unternehmen. Die Anwendung dieser Aufteilungskonzepte für ein Fallbeispiel und eine Darstellung des Kerns findet sich in Kapitel 5.4.

---

[169] Diese Punkte legen den Kern noch nicht exakt fest, sondern bilden nur eine Hülle (core cover) für die Menge des Kerns.

232

4.6 Hemmnisse für überbetriebliche Wärmenutzung und Maßnahmen zur Überwindung

4.6.1 Problembereiche bei der überbetrieblichen Wärmenutzung

Für einen Vergleich von auf der einen Seite theoretischem, technischem und wirtschaftlichem Potential für Verringerungen des Wärmebedarfs durch betriebsübergreifende Prozessintegration und externe Abwärmenutzung und auf der anderen Seite den erzielten Einsparungen durch realisierte Projekte existieren (wie in Kapitel 4.1.3 beschrieben) keine ausreichenden Daten. Nach Roth u. a. (1996) steht aber fest, dass zumindest zwischen dem technischen Potential (die Wirtschaftlichkeit wurde in der Regel noch nicht untersucht) und der tatsächlichen Ausschöpfung ein großes Missverhältnis besteht (vgl. Roth u. a. 1996). Dieses Missverhältnis lässt sich teilweise durch diverse Hemmnisse für überbetriebliche Kooperationen im Bereich der Prozessintegration und Abwärmenutzung erklären, die im Beziehungsgeflecht zwischen Anbietern, nachfragenden und eventuell dazwischengeschalteten Akteuren bestehen. Abbildung 4-6 zeigt eine Übersicht der Beziehungen zwischen verschiedenen Akteuren, welche im Folgenden weiter erläutert werden. Dabei stammt ein Teil der Informationen zu Hemmnissen aus Erfahrungen mit betriebsexterner Abwärmenutzung (z. B. als Fernwärme), da diese eine größere Verbreitung als überbetriebliche Prozessintegration besitzt. Die meisten Hemmnisse erscheinen als ebenso relevant für den Bereich überbetrieblicher Prozessintegration.

Unter technischen Beziehungen sind dabei die Anlagen zur technischen Umsetzung der externen Abwärmenutzung und die damit zusammenhängenden technischen Hemmnisse sowie weitere Hemmnisse bei der eventuellen Einbindung in ein Energieversorgungssystem zusammengefasst. Aspekte wie Entfernungen zwischen Anbietern und Nutzern von Wärme (vgl. Kapitel 4.3) führen in erster Linie zu wirtschaftlichen Restriktionen, welche aber direkt technisch begründet sind. Zusätzlich können sich hier Überschneidungen zu weiteren Arten von Hemmnissen (vgl. Tabelle 4-10) ergeben, wie etwa in Fällen, in denen eine energetisch wünschenswerte Ansiedlung einer Anlage mit einem Wärmeüberschuss in der Nähe eines Abnehmers (z. B. Wohngebiet) keine Akzeptanz findet.

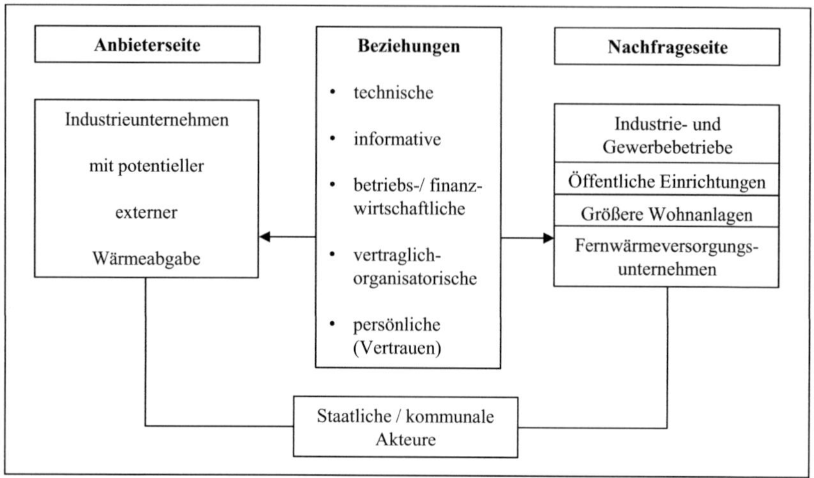

Abbildung 4-6: Beziehungen bei der Nutzung industrieller Abwärme (teilweise nach Roth u. a. 1996)

Informationsmängel können ein großes Hemmnis sein, weil oft kein Markt für Abwärme existiert, in der Regel nicht einmal ein Informationsaustausch zwischen potentiellen Anbietern und Abnehmern (für Maßnahmen zur Abhilfe s. Abschnitt 4.2 und 4.8.2). Aus dem Bereich der betriebs- und finanzwirtschaftlichen Beziehungen entstehen Hemmnisse durch zum einen beträchtliche und sich nur langfristig amortisierende Investitionen und zum anderen durch das Aufeinandertreffen von unabhängigen und unterschiedlich kalkulierenden Wirtschaftssubjekten. Hierbei bestehen Überlappungen zum Bereich der vertraglich-organisatorischen Beziehungen, da Details der Kooperation (z. B. Qualität und Verfügbarkeit der Abwärme) zwischen den Akteuren ausgehandelt und vertraglich geregelt werden müssen (vgl. Roth u. a. 1996). Als Ergänzung zu diesen Verträgen und als Motivation zum eigentlichen Anstoß derartiger Projekte sind überdies noch Vertrauen und persönliche Beziehungen zwischen den Akteuren wichtig. Die Forschung zu erfolgreichen und gescheiterten Realisierungen von Industrial Ecology identifiziert gerade diese menschliche Interaktion immer mehr als erfolgsentscheidend (Cohen-Rosenthal 2000a).

Bei allen genannten Beziehungen kann ein externer neutraler Akteur wie etwa eine Kommune, oder auch ein öffentlicher Energieversorger (Gruber u. a. 2001), durch ihre bestehenden Kontakte mit Informationen und Beratung,

Vermittlung von Interessenten, aber auch durch ihre Planungshoheit oder eine direkte finanzielle Beteiligung (vgl. 4.8.3) als treibende Kraft wirken. Tabelle 4-10 stellt noch einmal die sich aus den verschiedenen Ebenen ergebenden Barrieren dar, welche im Folgenden teilweise noch näher betrachtet werden.

Tabelle 4-10: Barrieren für industrielle Symbiosen (ergänzt nach Brand und de Bruijn 1999; Fichtner u. a. 2005)

Art	Problemstellung
Technische Barrieren	Die in einer Region existierenden Unternehmen passen nicht zusammen (Stoffströme, Wärmeprofile).
Informations-Barrieren	• Es fehlen Daten über mögliche symbiotische Potentiale (Angebot, Nachfrage für Nebenprodukte, Prozesswärme). • Asymmetrische Informationen verringern die Motivation einzelner Beteiligter.
Ökonomische Barrieren	• Es muss ein Markt für ein Nebenprodukt vorhanden sein, dieses muss im Vergleich zu Alternativen wirtschaftlich sein. • Die Amortisationszeit der Maßnahme und ihr Kapitalbedarf müssen für die Beteiligten akzeptabel sein. • Transaktionskosten und befürchtete versteckte Kosten verhindern Kooperationen.
Regulatorische Barrieren	Gesetzliche Regelungen behindern oft den Austausch von (problematischen) Abfällen aus Haftungsgründen.
Motivations-Barrieren	• Bei Unternehmen (und Behörden) muss Bereitschaft zur Zusammenarbeit und zu Vertrauen vorhanden sein. • Risikoaversion (Preisänderungsrisiken, Planungsunsicherheit, technische Risiken) kann technische Festlegungen verhindern.

Der Fokus von Tabelle 4-10 liegt im Gegensatz zu Abbildung 4-6 auf industriellen Symbiosen. Es zeigt sich aber eine große Übereinstimmung bei den jeweiligen Problembereichen. Diese Problembereiche und möglicher Gegenmaßnahmen werden in den folgenden Abschnitten detaillierter betrachtet.

Positiv formuliert gehören nach Jacobsen (2008) zu den Voraussetzungen für erfolgreiche industrielle Symbiosen genau definierte Input-Output-Schnittstellen zwischen den Prozessen und eine klare Wirtschaftlichkeit der Projekte. Weiterhin ist ein nur mittlerer Investitionsbedarf vorteilhaft, welchem langfristige ökologische Vorteile gegenüberstehen sowie eine betriebliche Stabilität der Ströme und eine organisatorische Stabilität der Unternehmen (Jacobsen 2008). Die soziale Dimension einer solchen Kooperation beinhaltet eine Offenheit für überbetriebliche Kooperationen, welche mit Vertrauen und Engagement einhergeht sowie eine gegenseitige (stillschweigende) Kenntnis der Produktionsprozesse und Organisationsstrukturen (Jacobsen 2008).

4.6.2 Informationsdefizite, ungünstige Rahmenbedingungen und mangelnde Wirtschaftlichkeit als Hemmnisse

Informationen/Kenntnisse

Mangelnde Kenntnisse als Hemmnis für überbetriebliche Abwärmenutzung können sowohl auf der Seite der Unternehmen als auch auf den Seiten von potentiellen Abnehmern und staatlichen oder kommunalen Akteuren auftreten (Grip u. a. 2010). Insbesondere in KMU kommt hierzu auch noch ein Mangel an in Energiefragen geschultem Personal (Brüggemann 2005). Im Fall von staatlichen Stellen können zum Beispiel fehlende Kenntnisse über potentielle Fördermöglichkeiten und eine unzureichende Fachkompetenz und Erfahrung in Bezug auf Prozessintegration und Energieeinsparmaßnahmen allgemein Kooperationen bei der Wärmenutzung hemmen (Roth u. a. 1996).

Zur Beseitigung von Informationsdefiziten bietet sich vor allem eine verstärkte Verbreitung relevanter Informationen an, wobei zum einen Informationsmaterial wie Leitfäden, Musterverträge und Webseiten (auch Wärmekarten, vgl. Kapitel 4.2) förderlich sind und zum anderen Institutionen als Ansprechpartner dienen können. Auch Best-Practice-Beispiele und genehmigungsrechtliche Vorgaben, wie in Kapitel 4.8.2 beschrieben, können diesem Ansatzpunkt zugeordnet werden. Schließlich könnten Energieagenturen oder Koordinationsstellen bei Wirtschaftsverbänden oder Behörden eine kostenlose Initialberatung anbieten und als Vermittler für die Weiterverwendung von Abwärme, aber auch von anderen Nebenprodukten eingesetzt werden (vgl. Roth u. a. 1996). Auch die Einbindung von Forschungsinstitutionen, welche als unabhängige Akteure die Möglichkeiten eines optimierten Systems den Unternehmen und potentiellen Partnern aufzeigen können, wird als Maßnahme zur Verringerung von Informationsdefiziten angeführt (Thollander u. a. 2010). Die Problematik asymmetrischer Informationen ist eng mit dem im Anschluss betrachteten Thema

Vertrauen verbunden, da es sich hier eher um soziale Hemmnisse handelt, um Fragen der gegenseitigen Offenheit und der Verteilung von Anreizen und Verantwortlichkeiten (Thollander u. a. 2010).

Die Maßnahmen zur Verbreitung von Informationen und Musterbeispielen sind letztlich direkt mit Maßnahmen zur Überwindung der weiteren Hemmnisse verbunden: Finanzierungshilfen ermöglichen vielleicht erst das Entstehen von Musterbeispielen. In der Folge veröffentlichte Informationen tragen zum Aufbau von Vertrauen und zum Abbau von sozialen oder psychologischen Barrieren (diese, vor allem fehlendes Vertrauen werden im folgenden Abschnitt 4.6.3 beschrieben) bei. In diese Richtung weitergedacht könnte ein Bündel geeigneter Maßnahmen in den verschiedenen Bereichen auch auf rein regionaler Ebene als Startpunkt für die Verbreitung der Innovation überbetrieblicher Abwärmenutzung dienen. Diese bisher fehlende Initialzündung könnte nach dem Schwellenwertmodell von Granovetter (1978) zur Erklärung der Diffusion von Innovationen ein Grund für die geringe Verbreitung solcher Konzepte sein. Dieses Modell besagt, dass die Diffusion einer Innovation, das Bekanntwerden einer Neuheit im öffentlichen Raum, durch die Einzelentscheidungen einer Kette von Individuen geschieht, welche individuell die wahrgenommenen Kosten mit den wahrgenommenen Vorteilen einer Innovation vergleichen. Wenn (hier unterstützt durch Informations- und Anschubmaßnahmen) eine gewisse Grundmenge von Innovatoren (vgl. Rogers 2003) sich für eine Innovation entscheidet, so kann sie sich durch Berichte über positive Erfahrungen auch bei der trägeren Masse, welche Erfahrungen abwarten, verbreiten. Ohne Innovatoren oder hier eine Unterstützung in Form von Pilotprojekten wird eine Innovation aber unter Umständen gar nicht wahrgenommen.

Rahmenbedingungen

Hemmnisse existieren weiterhin bei den Rahmenbedingungen der Unternehmen sowohl auf organisatorischer, institutioneller als auch vertraglicher Ebene (Roth u. a. 1996). So ist eine Prozessintegration oder Abwärmenutzung selten Teil der unternehmerischen Zielsetzung und kann dieser sogar entgegenstehen. Während Betriebe sich an den Rahmenbedingungen und der Dynamik ihres Absatzmarkts orientieren wollen, verlangt eine überbetriebliche Abwärmenutzung zum einen nur langfristig wirtschaftliche Investitionen und zum anderen eine frühzeitige Einbeziehung in die unternehmerische Planung.

Zu den organisatorischen Rahmenbedingungen für überbetriebliche Kooperationen gehören zunächst gesetzliche Rahmenbedingungen. Diese können nach Ehrenfeld und Gertler (1997) durch starre Regelungen entweder ein Hemmnis sein oder aber durch Flexibilität und das Einfordern von proaktiven Umweltschutzplänen[170] von Unternehmen solche Kooperationen unterstützen. Organisatorische Rahmenbedingungen können auch auf Seiten öffentlicher Stellen oder potentieller zusätzlicher Abnehmer (Fernwärmewirtschaft) hemmend auf Veränderungen wirken, etwa durch das Festhalten an existierenden Systemen mit langfristig laufenden Verträgen. Speziell im Bereich der Fernwärme kommen Aspekte wie ausreichende oder Überkapazitäten bei der Eigenerzeugung der Fernwärmebetreiber sowie generell niedrige Anschlussgeschwindigkeiten im Gebäudebestand (Roth u. a. 1996) hinzu. Kleinere Nahwärmenetze sind in Bezug auf Informationskosten, Vertragsgestaltung und Investition ebenso problematisch, wobei hier die Teilnahme eines zentralen (öffentlichen) Unternehmens (vgl. 4.7.2 zur Rolle fokaler Unternehmen) förderlich ist.

Eine noch wenig untersuchte Frage ist die Möglichkeit von Lock-In-Effekten[171] in alte Technologien durch eine aufwendige Vernetzung, welche sich erst nach einigen Jahren ökonomisch amortisiert (Chertow u. a. 2004). Dadurch können nicht nur ökonomische Risiken bei Veränderungen der Umweltbedingungen entstehen, sondern auch ökologische Nachteile, wenn neue Technologien (z. B. mit geringerem Wärmebedarf) die Vernetzung obsolet machen. Hier gilt der häufig anzutreffende Sachverhalt, dass eine technische Lösung bereits wieder überholt sein kann, bevor sie techno-ökonomisch optimiert ist, weil neue Lösungen (etwa durch Ändern der Systemgrenzen) ökonomisch günstiger sind (Rentz 1981). Ein starres System von Wärmeverbindungen zu anderen Akteuren mit entsprechenden Lieferverpflichtungen kann ebenfalls als kritisches Hindernis gesehen werden, da es die unternehmerische Flexibilität einschränkt (Grönkvist und Sandberg 2006).

---

[170] Als Beispiel für eine solche flexible Gesetzgebung nennen die Autoren Dänemark, als Beispiel für starre Gesetzgebung die USA, da dort im Umweltschutzbereich eher Vorgaben zur Technologie als zur Leistung genutzt werden.

[171] Hiermit werden Situationen beschrieben, in denen hohe Wechselkosten eine Änderung der Technologie unwirtschaftlich machen.

Auch kulturelle Unterschiede zwischen dem unternehmerischen Denken bei beteiligten Industriebetrieben und der behördlichen Arbeitsweise von öffentlich kontrollierten lokalen Energieversorgern werden als Hemmnis genannt (Levander und Holmgren 2008). Zusätzlich problematisch sind zum einen ein oftmals langsamerer Entscheidungsprozess in öffentlichen Einrichtungen, aber auch die meist untergeordnete Bedeutung der Wärmeabgabe bei Industrieunternehmen im Vergleich zur zentralen Bedeutung für öffentliche (Fernwärme-)Versorger (Grönkvist und Sandberg 2006). Ein weiteres Hemmnis für Veränderungen bei Industriestandorten kann die Verlagerung von Entscheidungsbefugnissen weg von lokalen Standorten durch eine zunehmend zentrale Planung und Steuerung global agierender Unternehmen sein (Baas und Boons 2004; Mirata 2004). Diese Entscheidungen betreffen in internationalen Konzernen etwa die globale Auswahl von Lieferanten und Geschäftspartnern, aber auch das konkrete Design von Standorten, worunter auch die Energieversorgung und mögliche Vernetzungen mit anderen Unternehmen fallen.

Analog zu den Maßnahmen im Bereich des Informationsangebots könnten auch die Rahmenbedingungen für überbetriebliche Abwärmenutzung mit einer verstärkten Institutionalisierung durch kommunale Anlaufstellen, Kooperationsvereinbarungen zwischen Wirtschaftsverbänden oder -unternehmen und Fernwärmegesellschaften usw. verbessert werden. Grundlage derartiger Maßnahmen wäre eine energie- und umweltpolitische Aufwertung der Nutzung von Abwärme. Eine solche Aufwertung könnte etwa analog zur Regelung der Einspeisung von Energie aus erneuerbaren Quellen in das Stromnetz durch eine Bevorzugung industrieller Abwärme im Sinn einer Abnahmeverpflichtung erfolgen. Ein solcher Vorrang wird zum Beispiel von Roth u. a. (1996) für die Vergabe von Konzessionen für leitungsgebundene Energieversorgung oder durch die Aufnahme von Fernwärme in das den Strom- und Gasmarkt regelnde Energiewirtschaftsgesetz vorgeschlagen. Allerdings zeigen Erfahrungen mit gescheiterten Gesetzgebungsversuchen (vgl. 4.8.1) die Probleme solcher ordnungsrechtlichen Maßnahmen.

Wirtschaftlichkeit und Finanzierung

Auch wenn ökologische Faktoren in der Industrial-Ecology-Theorie im Vordergrund stehen, sind energetische Symbiosen und Projekte externer Abwärmenutzung in der Realität in der Regel ökonomisch motiviert (Wietschel und Rentz 2000; Roberts 2004). Mit der langfristigen Wirtschaftlichkeit und dem kurzfristig verfügbaren Kapital für solche Maßnahmen entscheidet sich entsprechend auch ihre Umsetzung, auch wenn dies in der Forschung bisher wenig Berücksichtigung fand (Chertow und Lombardi 2005). Die Errichtung eines Eco-Industrial Parks im Allgemeinen und die überbetriebliche Verbindung von Prozessen durch Wärmeübertrager ist mit erheblichen Investitionen und langen Amortisationszeiten verbunden, im Beispiel des INES-Projekts (s. Abschnitt 4.1.2) etwa 30 Jahre für ein sehr großes Wärmeintegrationsprojekt. Zusätzlich sind diese Investitionen mit den damit verbundenen wirtschaftlichen Risiken unter den beteiligten Unternehmen ebenso wie die Einsparungen aufzuteilen, was zu Konflikten führen kann (Levander und Holmgren 2008). Die Ausrichtung an kurzfristigen Zielen kann allgemein ein Hemmnis für das betriebliche oder überbetriebliche Umweltmanagement sein, genauso wie allgemeine Einwände gegen Änderungen bestehender Prozesse. So sind neue Investitionen für den Aufbau gemeinsam genutzter Infrastruktur notwendig und die Charakteristik der ausgetauschten Stoff- und Energieströme kann mit Unsicherheiten belegt sein, was letztlich in finanzielle Unsicherheiten mündet. Allgemein besteht das Risiko von Störfallkosten durch neue Anlagen, falls diese direkt mit der Produktion gekoppelt sind (vgl. Kapitel 4.5). Dies kann in der Praxis dazu führen, dass solche Projekte nicht weiter verfolgt werden. So berichten etwa Heeres u. a. (2004), dass in staatlich geförderten EIPs in den USA keine Austauschbeziehungen zustande kamen, da die Firmen die damit verbundenen Risiken scheuten. Im ähnlichen Problembereich der Planung von Nahwärmenetzen wird von überzogenen Renditeerwartungen der Teilnehmer durch Unterschätzung der Aufbauinvestitionen und der Amortisationszeit als ein Hemmnis für die Umsetzung berichtet. Wenn diese Erwartungen von Machbarkeitsstudien nicht erfüllt werden, werden Projekte aufgegeben, auch wenn sie (bei niedrigerer Renditeerwartung) wirtschaftlich wären (Böhnisch u. a. 2006).

Nach den Untersuchungen von Roth u. a. (1996) liegen für Projekte betriebsexterner Abwärmenutzung zum einen in der Wirtschaftlichkeit und zum anderen in der Sicherstellung der Finanzierung die bedeutendsten Hindernisse. Allgemein ist insbesondere für KMU das größte Hindernis für Investitionen in die Verbesserung der Energieeffizienz ein Mangel an verfügbarem Kapital (Brüggemann 2005). Diese Investitionen stehen zusätzlich in Konkurrenz zu Investitionen im Kerngeschäft (z. B. Erhöhung der Produktion oder Produktqualität) und damit im Hauptinteresse des Unternehmens. Aus dem Bereich Abwärmenutzung wird von dem Problem berichtet, dass Banken oft an einer Finanzierung nicht interessiert sind und dass bei kleinen Projekten mit jährlichen Erlösen im Bereich von 10.000 € Contracting-Anbieter sich nach Böhnisch u. a. (2006) nur selten engagieren.

Ein weiteres Hindernis beim Übergang von betriebsinternen Projekten zu überbetrieblicher Kooperation sind entstehende Transaktionskosten.[172] Im Fall der überbetrieblichen Wärmeintegration entstehen Transaktionskosten unter anderem zunächst als Informations- und Suchkosten beim Beginn der Kooperation, später zum einen durch technische Faktoren beim normalen Betrieb und zusätzlich durch Risiken wie Veränderungen der Rahmenbedingungen (Umweltunsicherheit) und opportunistisches Verhalten. Diese im Vergleich zu innerbetrieblichen Prozessintegrationen zusätzlichen Kosten erscheinen (neben Entfernungen und Ausfallrisiken) als Hauptgrund, weshalb sich in der Praxis die innerbetrieblich etablierten Konzepte der Prozessintegration noch nicht auf überbetriebliche Fälle ausgeweitet haben. Als Abhilfe kann hierbei vor allem die Schaffung von Vertrauen (s. das folgende Kapitel 4.6.3) zwischen den Kooperationspartnern und damit die Annäherung an den weniger problemreichen innerbetrieblichen Fall dienen.

---

[172] Während in der (neoklassischen) Theorie oft von einem vollkommenen Markt ausgegangen wird, werden in der Transaktionskostentheorie explizit die Kosten von Tauschgeschäften (sogenannten institutionellen Arrangements) betrachtet. Es wird angenommen, dass jedes Handeln in der Marktwirtschaft Kosten verursacht, wobei diese durch möglichst effiziente Organisationsformen minimiert werden können (Coase 1963; Picot 1981).

4.6.3 Mangelndes Vertrauen und soziale Faktoren als Hemmnisse

Neben technischen, wirtschaftlichen und organisatorischen Hemmnissen für überbetriebliche Prozessintegration und externe Abwärmenutzung wird die Bedeutung von mehr oder weniger rationalen sozialen und psychologischen Hemmnissen in der Literatur zunehmend betont (Böhnisch u. a. 2006). Die Kooperation in einem Netzwerk führt immer auch zur Zunahme von Abhängigkeiten, Unsicherheiten und Komplexität. Vertrauen ist für solche langfristig angelegten Kooperationen ein zentrales Element, da zum einen große spezifische Investitionen in einen gemeinsamen Standort oder zumindest in die Infrastruktur zur Prozessintegration gemacht werden und zum anderen Ungewissheit über zukünftige Probleme besteht, sodass die Beziehungen nicht durch vollständige Verträge (Hart und Moore 1988) geregelt werden können.[173]

Vertrauen kann in diesem Zusammenhang nach Picot (2003) als die freiwillige Erbringung einer riskanten Vorleistung unter Verzicht auf explizite vertragliche Sicherungsmaßnahmen gegen opportunistisches Verhalten definiert werden. Dies geschieht aus der Erwartung heraus, dass der Partner motiviert ist, auf opportunistisches Verhalten zu verzichten. Auch wenn die vertragliche Gestaltung der Beziehungen opportunistisches Verhalten weitgehend ausschließen sollte, verbleibt immer ein subjektives oder objektives Restrisiko, insbesondere bei gegenseitiger Abhängigkeit der Akteure. Diese Unsicherheit soll durch Vertrauen minimiert werden, welches sowohl am Beginn der Kooperation als auch über die gesamte Dauer für Berechenbarkeit der Akteure sorgt. Allgemein ist der Austausch von unternehmensinternem detailliertem Wissen, etwa über Produktionsprozesse, die überbetrieblich durch Stoff- und Energieströme verschaltet werden sollen, nur mit ausreichendem Vertrauen darauf möglich, dass dieses Wissen geheim bleibt. Unterstützt wird der Aufbau von Vertrauen dabei von der Kooperationsfähigkeit und Reputation sowohl der Unternehmen als auch der beteiligten Personen (Posch und Perl 2005).

---

[173] Vollständig wäre ein Vertrag, wenn er alle möglichen zukünftigen Zustände abdecken würde. Einerseits wurden Theorien zu unvollständigen Verträgen entwickelt (vgl. Hart und Moore 1988). Vertragslücken lassen sich zwar oft durch gesetzliche Regelungen füllen, dies führt aber zu zusätzlichem Koordinationsaufwand. Bei solchen Kooperationen mit hohen beziehungsspezifischen Investitionen bleibt daher gegenseitiges Vertrauen eine Grundvoraussetzung für ihren Erfolg.

Auf Unternehmenskooperationen hat ein vertrauensvolles Verhältnis vielfältige positive Auswirkungen: Vertrauen verringert Reibungsverluste bei Transaktionen (Lorenz 1988), stabilisiert die interorganisationalen Beziehungen und verringert die Notwendigkeit komplexer vertraglicher Vereinbarungen (Picot u. a. 2003; Gibbs 2003; Hewes und Lyons 2008). Dies und ein durch Vertrauen ermöglichter offener Informationsaustausch reduzieren die Transaktionskosten und sorgen letztlich für den Erfolg einer Kooperation (Büchel u. a. 1997).

Bedeutung von Vertrauen für symbiotische Netzwerke

Gerade bei industriellen Symbiosen wird die Bedeutung persönlicher Beziehungen und sozialer Vernetzung zwischen den Entscheidungsträgern in der wissenschaftlichen Analyse immer wieder betont (Lowe 1997; Cohen-Rosenthal 2000b; Desrochers 2004; Mirata 2005; Hewes und Lyons 2008). So berichten diverse Studien von einer Vielzahl von aufgedeckten technisch möglichen und ökonomisch vorteilhaften Synergiemöglichkeiten, von denen unter anderem aufgrund sozialer Faktoren nur ein kleiner Teil umgesetzt[174] wurde (Kincaid und Overcash 2001; Côté 2004; Baas 2008). Ashton (2008) untersuchte die sozialen Netzwerkstrukturen in einem symbiotischen Netzwerk und leitet aus dem Vergleich mit einem Supply-Chain-Netzwerk ab, dass dieses zwar mehr einzelne Verbindungen zwischen den Teilnehmern aufweist, beim symbiotischen Netzwerk die Verbindungen aber persönlicher und weniger rein marktbestimmt sind. Auch allgemein im Bereich Industrial Ecology ist die Bedeutung menschlicher Interaktionen bei der Gestaltung industrieller Symbiosen ein zentraler Forschungsgegenstand (Cohen-Rosenthal 2000a), da neben den technischen Voraussetzungen auch ein sehr kooperatives Verhältnis zwischen den Unternehmen gegeben sein sollte (Jacobsen 2008). Die Vertreter einer eher auf persönliche Verbindungen zwischen Unternehmen ausgerichteten Sichtweise bemängeln dabei die klassische rein technisch und ökonomisch orientierte Sichtweise, nach der das Aufdecken von Recycling-Potentialen, das Vorhandensein geeigneter Techniken sowie ausreichende finanzielle Anreize die einzigen Voraussetzungen für das Entstehen von industriellen Symbiosen sind. Anstelle dieser technischen Voraussetzungen werden von den Vertretern der „sozialen" Sichtweise Maßnahmen zur Unterstützung eines selbstorganisieren-

---

[174] Mirata (2005) stellt hier als Fazit fest: „Systems make it possible, people make it happen".

den Systems durch eine maximale Anzahl von Verbindungen zwischen den Entscheidungsträgern in den einzelnen Unternehmen gefordert (Côté und Cohen-Rosenthal 1998; Wallner 1999; Cohen-Rosenthal 2000a). Allerdings wird auch von den Verfechtern einer eher auf die organisationstheoretische Forschung ausgerichteten Industrial Ecology das Vorhandensein von Daten zu existierenden Stoffströmen und das Verständnis theoretischer Potentiale als eine ebenso wichtige Grundlage für das Wachsen von interorganisationalen Verbindungen angesehen (Cohen-Rosenthal 2000a). Die sozialen Aspekte sollen also nicht als Ersatz für eine techno-ökonomische Sichtweise, sondern als Ergänzung gesehen werden.

So kommt zur geringen räumlichen Entfernung als Voraussetzungen für erfolgreiche industrielle Symbiosen die geringe mentale Distanz als weitere Voraussetzung hinzu.[175] Die Bedeutung solcher Faktoren führt zur Forderung nach einem langsamen Aufbau der Beziehungen zwischen Unternehmen, wobei einfache Projekte mit unkomplizierten Schnittstellen am Anfang stehen sollten, welche im Laufe der Zeit durch solche mit komplizierteren Schnittstellen ergänzt werden (Jacobsen 2008). Zu letzteren gehört aber auch die überbetriebliche Prozessintegration, welche also in dieser Hinsicht nicht als eine der ersten Maßnahmen einer Kooperation umgesetzt werden sollte. Bei einem solchen schrittweisen Vorgehen kann aber nicht sichergestellt werden, dass das Optimum einer Gesamtplanung erreicht wird. Dies erscheint in vielen Bereichen akzeptabel, bei einer Wärmeintegration allerdings lohnt die Betrachtung des Gesamtsystems zur Bestimmung des theoretischen Kosteneinsparpotentials. Außerdem kann damit untersucht werden, welche einzelnen Maßnahmen (Verbindungen über Wärmeübertrager) eventuell einer weiteren Integration im Weg stehen.

Neben der wirtschaftlichen Abhängigkeit als Folge der getätigten Investitionen und Ausrichtung der Anlagen auf die Kooperationspartner kann alleine schon die Frage des Austauschs von Prozessdaten bei mangelndem gegenseitigen Vertrauen ein Hemmnis sein und Kooperationen verhindern (Young und Baker

---

[175] Jacobsen (2008) spricht hier vom „social engineering" als Ergänzung zum „technical engineering".

Hurtado 1999). Vertrauen sorgt für einen offenen Informationsaustausch[176] zwischen den Partnern und damit für den Abbau von Informationsasymmetrien, schnelleren Verhandlungsergebnissen und größerer Flexibilität bei Verträgen (Zentes 2005). Außerdem macht es das Verhalten der Partner berechenbarer und verringert damit die Komplexität der Kooperationsbeziehung. Bei Projekten zur Abwärmenutzung in Schweden stellte sich heraus, dass der Zugang zu allen Informationen zur Zusammenarbeit einer der wichtigsten Erfolgsfaktoren ist (Fors 2003).

Auch speziell für Projekte der Abwärmenutzung wird die Bedeutung von Vertrauen und einer gemeinsamen Vision von vielen Stellen betont, zumal Zeiträume von der Idee bis zur Umsetzung von 5 - 10 Jahren nicht ungewöhnlich sind (Levander und Holmgren 2008; Grip u. a. 2010). Aus diesem Grund ist Vertrauen sowohl zwischen den Akteuren als auch in die Kooperation selbst und die Überzeugung der Verantwortlichen vom Vorhaben ein wichtiger Erfolgsfaktor. Die für solche Projekte Verantwortlichen sollten nach Grip (2010) im oberen Management angesiedelt sein oder zumindest dessen Unterstützung haben.

Aus dem ähnlich gelagerten Bereich der Planung von Nahwärmenetzen werden soziale Hemmnisse genannt wie etwa der Wunsch nach Unabhängigkeit der Wärmenutzer und damit verbunden die Angst vor einem Ausgeliefertsein. Weiterhin ist auch hier der soziale Kontext von Konflikten zwischen „alteingesessenen" Nachbarn bis zum Misstrauen und zur Vermeidung von Konflikten mit neuen Nachbarn relevant, sodass eher individuelle Lösungen gesucht werden (Böhnisch u. a. 2006). Während Vorbehalte gegenüber bisher wenig vertrauten technischen Lösungen noch als rationales Verhalten angesehen werden können, existieren nach Böhnisch u. a. (2006) ebenso Irrationalitäten, wenn die Vor- und Nachteile unterschiedlicher Konzepte bei der Wärmeversorgung nicht nüchtern abgewogen werden. Hier schlagen die Autoren das Erstellen und offensive Bewerben von Best-Practice-Beispielen vor, um die Bildung von Vertrauen zu fördern.

---

[176] Hierzu gehört nach Heeres u. a. (2004) auch die Festlegung von Standards zum Umgang mit sensiblen Daten, wie etwa durch Geheimhaltungserklärungen des Projektteams.

Aufbau von Vertrauen

Milchram und Hasler (2002) unterscheiden zwischen drei Arten von Vertrauen: Zu Beginn einer Geschäftsbeziehung basiert das Vertrauen hauptsächlich auf Kalkül und Abschreckung der Teilnehmer. Durch wiederholte Kommunikation und Datenaustausch zwischen den Teilnehmern wandelt es sich in informationsbasiertes Vertrauen und durch Arbeiten an einem gemeinsamen Projekt mit geteiltem Ziel schließlich in „übertragenes" Vertrauen. Die Bereitschaft zu Kooperationen und das gegenseitige Vertrauen ineinander kann nicht erzwungen werden, sondern muss sich langsam aus der Austauschbeziehung zwischen Unternehmen heraus entwickeln (Gibbs 2003). Ebenso ist es hierfür vorteilhaft, wenn die Initiative für die Zusammenarbeit von den Teilnehmern selbst kommt und nicht von Dritten (Tudor u. a. 2007). Im Bereich der überbetrieblichen Wärmeintegration könnte von Vorteil sein, dass die teilnehmenden Unternehmen in der Regel nicht direkte Konkurrenten eines Industriezweigs sind. Dies ist dadurch begründet, dass für eine Wärmeintegration eher heterogene Eigenschaften der Teilnehmer und ihrer Prozesse für Synergien vorteilhaft sind.[177] Es führt auch dazu, dass ein Datenaustausch zwischen den Unternehmen weniger kritisch im Hinblick auf unternehmensinterne Produktionsprozesse ist.[178] Weiterhin kann bei Unternehmen, die sich für solche Maßnahmen zur Verringerung der Umweltauswirkungen interessieren, tendenziell von einer eher langfristig ausgerichteten Unternehmenspolitik ausgegangen werden.

Der Aufbau von Vertrauen kann nur allmählich erfolgen, er kann jedoch unterstützt werden durch beiderseitiges Commitment, quasi als Vertrauensvorschuss in die Beziehung. Das Konzept des Commitments findet Anwendung beim Vergleich des Verhältnisses von Investitionen (Inputs) in enge Geschäftsbeziehungen und den erwarteten positiven Wirkungen der Verbindungen (Outputs). Der Begriff steht für die empfundene Bindung eines Unternehmens gegenüber dem Geschäftspartner, also das Verhältnis von subjektiv bewerteter Bedeutung der Geschäftsbeziehung für das Überleben des Unternehmens und

---

[177] Allerdings stellt Mirata (2005) fest, dass die ursprüngliche Anbahnung von Projekten zu industriellen Symbiosen bei aus gleichen Branchen stammenden Teilnehmern einfacher ist, da sie oft schon vorher verschiedene Berührungspunkte haben.

[178] Bei Energieeffizienz-Netzwerken (z. B. Energieeffizienz-Tische (Jochem u. a. 2007)) zur Verbreitung von Best-Practices in Unternehmen wird explizit darauf geachtet, dass keine Unternehmen der gleichen Branche in einer Gruppe vertreten sind.

den dafür notwendigen Aufwendungen (Söllner 1993). Im Vergleich zum Begriff Vertrauen als bloßer Erwartungshaltung beinhaltet Commitment entsprechende loyale Handlungen als Folge, zum Beispiel die Reduzierung von opportunistischem Verhalten (Büchel u. a. 1997). Bei einer High-Commitment-Geschäftsbeziehung handelt es sich also um eine interorganisationale Koordination, welche die rechtliche Autonomie der Parteien gewährleistet, aber gleichzeitig eine dauerhafte Interdependenz zwischen ihnen schafft. Dabei erschweren die Inputs in die Beziehung einen Wechsel des Partners und die Outputs werden als strategisch und überlebenswichtig angesehen.[179] Gegenseitiges Commitment wird verstärkt, wenn die Leistung eines Partners eine große Bedeutung für die Wettbewerbsfähigkeit der anderen hat. Dabei ist der Begriff des Commitment nicht unbedingt positiv belegt, so können zum Beispiel asymmetrische Wechselkosten zu einseitigem Commitment als Quasi-Gefangenschaft einer Partei führen. In der Praxis finden sich bei interorganisationalen Beziehungen häufig Machtasymmetrien, welche die Akteure zu ihren Gunsten nutzen und beeinflussen wollen (Groll 2004).

Die Bedeutung des Commitment von Management oder Umweltverantwortlichen einzelner Firmen für das Zustandekommen industrieller Symbiosen wird von Mirata (2005) betont, da zum einen von der Idee bis zur Realisierung oft einige Jahre vergehen können und sie zum anderen oft zwar ökonomisch sinnvoll sind, die Einsparungen jedoch oft im Vergleich zum Planungsbedarf eher gering sein können (vgl. auch Kincaid und Overcash 2001). Ebenso wichtig ist eine regelmäßige Kommunikation, einschließlich der mittleren und unteren Hierarchieebenen (Schreiber 2005), etwa in gemeinsamen Einrichtungen der Unternehmen. Dadurch entsteht ein Wissenstransfer, welcher die subjektiv wahrgenommene Unsicherheit durch eine Kooperation verringert (Milchrahm und Hasler 2002).

Ein weiterer Faktor, der das gegenseitige Vertrauen und damit den Erfolg industrieller Symbiosen fördern kann, ist die regionale Einbindung (embeddedness) der Unternehmen (Hewes und Lyons 2008). Diese lokale Verbundenheit entsteht, wie auch Vertrauen, durch wiederholte Kontakte und Kooperationen zwischen Unternehmen. Allerdings fehlt nach Murphy (2006)

---

[179] Ein solcher strategischer Output einer Beziehung wären zum Beispiel Synergien oder allgemein ein sich aus ihr ergebender komparativer Konkurrenzvorteil.

derzeit noch eine systematische Untersuchung der Entstehung solcher Verbundenheit und Vertrauen. Für das durch den Mangel solcher sozialer Faktoren verursachte Scheitern von regionalen Kooperationen werden hingegen viele Beispiele genannt (vgl. Mirata 2004; Hewes und Lyons 2008; Jacobsen 2008). Praxiserfahrungen aus dem Bereich von Verwertungsnetzwerken zeigen ebenfalls, dass deren Fehlschlagen oft auf der Regelung von Kooperationsaufgaben und dem opportunistischen Verhalten von Akteuren beruht (Strebel 1998). Allgemein kann der Betrieb eines gemeinsamen Standortes die Kommunikation und das Gemeinschaftsgefühl verbessern, falls die Unternehmen am Standort eigene Mitarbeiter haben (Hewes und Lyons 2008). In solchen Fällen können personelle Netzwerke, also persönlicher Kontakt von Angestellten verschiedener Unternehmungen, als Anknüpfungspunkte für den Aufbau strategischer Netzwerke dienen (Sydow 1992). Generell werden persönliche Kontakte durch regelmäßige Treffen von Verantwortlichen der Partnerunternehmen und daraus entstehender gegenseitiger Vertrautheit als einer der wichtigsten Faktoren für vertrauensvolle Zusammenarbeit genannt (Milchrahm und Hasler 2002; Gibbs 2003; Hewes und Lyons 2008).

Konkurrenz zwischen Unternehmen, die an symbiotischen Netzwerken teilnehmen sollen, ist ein Faktor, der Kooperation verhindern kann (s. etwa Beispiele in Mirata 2005). Dies sollte aber wie schon erwähnt bei Energiesymbiosen kein großes Hindernis sein, da sich ergänzende Wärmeangebote und -bedarfe als eine Voraussetzung solcher Kooperationen für Kombinationen von Unternehmen unterschiedlicher Branchen sprechen. Konflikte innerhalb von Kooperationen entstehen nach Rotering (1993) vor allem in der Form von Beurteilungs- und Bewertungskonflikten einerseits und von Verteilungskonflikten andererseits. Ersteren liegt demnach eine asymmetrische Informationsverteilung zugrunde sowohl zum Ziel der Kooperation als auch zur Bedeutung der einzelnen Beiträge. Lösen lassen sich diese Konflikte durch einen Informationsaustausch und den Aufbau eines vertrauensvollen Verhältnisses. Verteilungskonflikte entstehen durch unterschiedliche Vorstellungen über die Verteilung des Kooperationserfolges und lassen sich durch Kompensationszahlungen (vgl. Kapitel 4.5) lösen.

Die Bedeutung der allgemeinen gesellschaftlichen Einstellung in Bezug auf Vertrauen und daraus folgend die vorherrschende Unternehmenskultur in Bezug auf Nachhaltigkeit wird von Korhonen und Seppala (2005) betont. Am Beispiel

Finnlands vergleichen sie das in Umfragen ermittelte überdurchschnittliche Vertrauen der Bevölkerung in Staat und Institutionen (high-trust society) mit der Verbreitung von umweltfreundlichen Technologien wie Blockheizkraftwerken oder umweltorientierten Unternehmenskooperationen. Dieser Zusammenhang könnte auch ein Grund für die relativ weite Verbreitung von Kooperatio-Kooperationen zur Abwärmenutzung (vgl. Levander und Holmgren 2008) in Skandinavien sein.

4.7 Ansätze zur Realisierung industrieller Symbiosen

4.7.1 Planbarkeit industrieller Symbiosen

Bei Eco-Industrial Parks ist nach der wissenschaftlichen Theorie die schon bei der Planung weitgehend festzulegende Auswahl der Teilnehmer von großer Bedeutung für das spätere Ressourceneinsparungspotential. Da in der Praxis entgegen dieser Theorie solche Standorte aber oft ohne zentrale Planung entstanden, finden sich auch in der neueren wissenschaftlichen Literatur unterschiedliche Ansichten zur generellen Planbarkeit industrieller Symbiosen.

Von einigen Autoren werden gezielte, am besten wissenschaftlich unterstützte Analysen vorhandener Stoff- und Energieflüsse als wichtigster Erfolgsfaktor für EIPs betrachtet (Allen und Behamanesh 1994; Graedel und Allenby 1993; Socolow 1994). Aus diesen Daten lassen sich dann nach dieser Argumentation optimale Gestaltungsmaßnahmen ableiten. Die gezielte Planung beim Aufbau von EIPs von Anfang an führt nach Hawken (1993) zu den größtmöglichen Synergien. Die zentrale Planung und Organisation selbst kann dabei in verschiedensten Formen erfolgen, von vollständig durch eine (öffentliche) Institution als Betreiber eines Standorts bis zur reinen Koordination oder auch nur beratenden Unterstützung durch einen kompetenten und vertrauenswürdigen Akteur.

Die Tatsache, dass solche Analysen und Planungen bisher in der Praxis selten zu einer Realisierung führten, wird von einer zweiten Gruppe von Autoren kritisiert (Lowe 1997; Cohen-Rosenthal 2000b; Desrochers 2004). Diese Autoren betonen die Bedeutung der sozialen Faktoren derartiger Kooperationen. So werden zwar Effizienzsteigerungen grundsätzlich von Unternehmen erwünscht, Aspekte wie der organisatorische Aufwand und entstehende Abhängigkeiten stellen aber große Hindernisse dar, welche weniger durch einmalige Planung als durch langfristige bilaterale Kooperationen überwunden werden können. Daher betonen diese Autoren, dass erfolgreiche und für ihren Beitrag zum Umweltschutz vielgelobte symbiotische Beziehungen oft von selbst entstanden, wobei die Austauschbeziehungen nicht nach festgelegten Prinzipien, sondern nur nach ihrer ökonomischen Vorteilhaftigkeit ausgewählt wurden (Lowe 1997).

Das als Idealmodell für industrielle Symbiosen immer wieder zitierte Beispiel des symbiotischen Netzwerks in Kalundborg (vgl. Abschnitt 2.6.2), welches erst zur Entdeckung industrieller Symbiosen durch die Wissenschaft führte, wird in letzter Zeit auch oft von den Kritikern der Vorstellung, mit einem Masterplan optimierte Symbiosen gestalten zu können, angeführt (Bauer 2008; Jacobsen 2008). Die einzelnen Ströme entstanden hier nach Jacobsen (2008) über einen Zeitraum von über 30 Jahren als einzelne bilaterale Schnittstellen als Reaktion auf ökonomische und ökologische Faktoren. Außerdem waren eher unkomplizierte Projekte erfolgreich, wie zum Beispiel die Abgabe von vorgewärmtem Kühlwasser einer Raffinerie an ein Kraftwerk, als komplexe Projekte mit mehreren Partnern und hohem Koordinationsaufwand, wie eine gemeinsame Druckluftversorgung, welche nicht verwirklicht wurde.[180] Ein weiterer Vorteil solcher gewachsenen und marktgesteuerten Kooperationen ist die aus dem Vergleich von geplanten EIP-Projekten in den USA und des Netzwerks von Kalundborg abgeleitete größere Bereitschaft zu sozialen Bindungen und Engagement zwischen den Unternehmen (Jacobsen 2008).

Aus dieser Erkenntnis folgt die Forderung, dass EIPs selbstorganisiert und von organisch gewachsenen Verbindungen geprägt sein sollten, wie es auch die Analogie zur Ökologie nahelegt. Schreiber (2005) bezeichnet das Netzwerk von Kalundborg sogar als so komplexes System, dass es nur von selbst entstehen und nicht gezielt geschaffen werden kann. Als weiteren Beleg für die Probleme bei einer Top-Down-Planung führt Desrochers (2004) negative Erfahrungen mit planwirtschaftlichen Ansätzen industrieller Symbiosen an, wie etwa Regulie-

---

[180] Bei letzterer waren nach Jacobsen (2008) insbesondere die Abhängigkeit und die nicht aufeinander abgestimmten Investitionszyklen der sechs beteiligten Unternehmen die Haupthindernisse.

rungen in Ungarn zu Zeiten des Kommunismus, welche durch falsche Abschätzungen der Bedarfe an Sekundärrohstoffen und falsche Anreizsysteme nicht zu Ressourceneinsparungen führten. Als historisches Gegenbeispiel für die effiziente Nutzung begrenzter Ressourcen allein durch den freien Markt führt er die stark ausgeprägte Weiterverwendung von industriellen Abfallströmen im England des 19. Jahrhunderts an. Aus diesen Beispielen schließt er auf generelle Probleme „überplanter" Systeme im Vergleich zu marktwirtschaftlichen Netzwerken (Desrochers 2004). Gescheiterte Versuche für meist von staatlichen Stellen geförderte und von oben geplante EIP-Projekte werden aus den USA (Gibbs und Deutz 2005), aus den Niederlanden (Pellenbarg 2002) und Australien (McNeill u. a. 2005) berichtet. Allerdings hat sich die Ausrichtung solcher Initiativen nach den ersten negativen Erfahrungen teilweise ebenfalls in Richtung von langfristig selbst organisierenden Projekten entwickelt (Mirata 2005).

Aber auch ein rein marktwirtschaftlich organisiertes System führt nur in seltenen Fällen großer Offensichtlichkeit der Einsparungsmöglichkeiten zum Austausch von Stoff- und Energieströmen. Eine zentrale Instanz zur Koordination kann somit dazu nützlich sein, solche eventuellen Marktfehler auszugleichen (Ayres 2004). Während eine Überplanung also vermieden werden muss, ist eine gewisse politische Unterstützung förderlich für die Entstehung von Vernetzungen (van Leeuwen u. a. 2003). Der erste Schritt hierbei ist es, organisatorische und rechtliche Hemmnisse für solche Kooperationen zu vermeiden, zu denen Probleme bei der Regulierung von Abfallströmen[181] und bei Haftungsfragen zählen (Thacker und Hermann 2004). Die politischen Rahmenbedingungen sollten im Idealfall auf die Unterstützung selbstorganisierender Systeme ausgerichtet sein, welche dann aus Eigeninteresse aktiv von den Unternehmen selbst gestaltet werden. Damit deren Kooperation dauerhaft und stabil werden kann, müssen sie einen dauerhaften wirtschaftlichen Vorteil aus der Kooperation ziehen. Hierbei können Methoden wie die Pinch-Analyse zur Abschätzung des Einsparungspotentials (Kapitel 3) und spieltheoretische Analysen der optimalen Aufteilung dieser Einsparungen (Kapitel 4.5) helfen.

Wenn die symbiotische Beziehung hauptsächlich aus dem Austausch von Wärme besteht, muss zwischen einer umfangreichen Prozessintegration mit

---

[181] Die Bezeichnung „Abfall" führt hierbei noch oft zu Problemen bei der Genehmigung einer überbetrieblichen Weiterverarbeitung oder Vermischung von Stoffströmen, wenn der Stoff gesetzlich nicht als Rohstoff vorgesehen ist.

mehreren Prozessverknüpfungen und der einfacheren Lieferung von Abwärme an Abnehmer unterschieden werden. Im ersten Fall ist eine Vorab-Planung der Teilnehmer aufgrund ihrer Prozesse für eine umfangreiche Integration unabdingbar. Eine Ausnahme könnte hierbei die nachträgliche Ansiedlung kleiner, spezialisierter Unternehmen auf dem Gelände einer Großanlage sein, wie sie auch für die Fallstudie in Kapitel 5 denkbar wäre. Generell besteht bei geplanten EIP-Projekten das Risiko, bei der Ansiedlung keine kompatiblen Unternehmen zu finden, zumal hier beim Betreiber des Parks mit dem Wunsch nach einer möglichst schnellen Belegung ein Interessenkonflikt entstehen kann. Ein ähnlich gelagertes Problem besteht im Bereich des Aufbaus von Nahwärmeinfrastruktur für Heizzwecke in Gebäuden, wenn die Entwicklung von Neubaugebieten und damit die Amortisation der Investition unsicher ist (Böhnisch u. a. 2006). Eine weitere, hier nicht untersuchte Möglichkeit ist die Anpassung der wärmeliefernden Prozesse an die Bedürfnisse potentieller Abnehmer der Wärme, womit etwa durch höhere Temperaturen der Quelle und damit einhergehenden neue Nutzungsmöglichkeiten eine insgesamt wirtschaftlichere Lösung möglich sein könnte. Im Fall der Lieferung von Abwärme an industrielle Abnehmer oder an Fernwärmenetze existieren Beispiele, in denen erfolgreich eine nachträgliche Verbindung realisiert wurde. Solche Projekte könnten in Zukunft bei einer geeigneten Planung zahlreicher werden.

Von der Frage, ob sich EIPs in Zukunft eher von selbst entwickeln oder erfolgreich vorab in ihrer Gesamtheit geplant werden können, hängt teilweise auch die Relevanz der Pinch-Analyse als Planungsinstrument ab. Im ersteren Fall ähnelt die Standortgemeinschaft eher einem Industriecluster (vgl. Abschnitt 2.6.1), welcher sich unkoordiniert aufgrund der Vorteile für die Teilnehmer entwickelt (Porter 1998b). Im letzteren Fall eines geplanten und damit vorab möglichst „optimal" gestalteten Standorts ist die Ähnlichkeit zu integrierten Chemiestandorten (vgl. Kimm 2008), in denen die Pinch-Analyse auch zuerst angewandt wurde, höher. Ein solcher sehr strukturierter Standort kann ebenfalls durch Öffnung eines weiterhin vom fokalen Unternehmen geführten Verbundstandorts für externe Unternehmen entstehen. So werden beispielsweise von Seiten großer Chemieunternehmen ähnliche Argumente (Minimierung von Transaktionskosten, stoffliche, energetische und logistische Gesamtoptimierung und damit Kostenvorteile) für die Nutzung eines Verbundstandorts angeführt (Fankhähnel 2008). Von dieser Form der Gestaltung eines EIP hängen somit das Potential für Prozessintegration und damit auch der Bedarf an Planungstechniken, an einem dauerhaften Bestand der Ausgangskonfiguration und an Koordination des EIP ab. Tabelle 4-11 stellt die Charakteristika gewachsener und geplanter EIPs noch einmal zusammenfassend im Vergleich dar.

Tabelle 4-11: Vergleich der Charakteristika gewachsener EIP-Strukturen mit geplanten EIPs (eigene Darstellung)

Gewachsener EIP	Ex ante geplanter EIP
Ähnlichkeit zu Industrieclustern	Ähnlichkeit zu integrierten Standorten der Chemieindustrie
Bilaterale Verbindungen aus wechselseitigen ökonomischen Vorteilen	Netzwerkstruktur als Gesamtoptimum, welches evtl. Ausgleichszahlungen erfordert
Dynamische Entwicklung möglich	Veränderungen vom Optimum unerwünscht
Direkte Interaktion zwischen Teilnehmern, Betreiber eher neutraler Dienstleister	Hoher Koordinationsaufwand, Existenz eines zentralen Akteurs vorteilhaft
Wärmeintegration fallweise (insbesondere einzelne Ströme oder heat-belts)	Wärmeintegration im Fokus

In der Praxis könnten ebenso Mischformen im Bereich zwischen den beiden Extremen entstehen. Mit der Frage nach der Entstehungsart eines EIP ist auch die Frage nach einer geeigneten Koordinationsform verbunden. Verschiedene Formen und ihre Anwendbarkeit und Vorteile werden im Folgenden beschrieben.

4.7.2 Koordinationsformen für Eco-Industrial Parks

Bei der Diskussion geeigneter Koordinationsformen für Projekte zur überbetrieblichen Prozessintegration muss nach dem Umfang der Zusammenarbeit und der Anzahl der Teilnehmer unterschieden werden. Bei umfassenderen EIP-Projekten, bei denen einige Firmen sich an einem speziellen, abgeschlossenen Standort ansiedeln und in vielen Bereichen Synergien nutzen, ist eine eigene Einheit zur Organisation und Führung des Standorts relevanter als bei einer reinen Abwärmenutzung zwischen zwei oder mehreren Unternehmen. In beiden Fällen lässt sich die Zusammenarbeit jedoch mit der Form eines Netzwerks eher gleichrangiger Partner beschreiben, wobei mit zunehmender Größe des Netzwerks eine zentrale Koordinierung oder Unterstützung an Bedeutung gewinnt.

Nach Chisholm (1998) ist ein Netzwerk aus verschiedenen Akteuren eine Organisationsform, die mit komplexen und ungenau definierten Herausforderungen besser zurechtkommt als die einzelnen Akteure alleine. In dieser Idealsicht eines Netzwerks wird es von den gemeinsamen Zielen der Teilnehmer zusammengehalten und weniger durch vertragliche Beziehungen. Es ist selbstorganisiert ohne eine zentrale Instanz. Zur Vorbereitung eines solchen Netzwerkes können die folgenden Voraussetzungen herangezogen werden (Posch und Perl 2005): Zunächst ist ein Netzwerkbewusstsein erforderlich, welches für ein Unternehmen entwickelt werden kann durch Reflexion über die Bedürfnisse des Unternehmens an das Netzwerk, die möglichst gemeinsame Ausrichtung von Unternehmen und Kooperation, die einzubringenden Mittel in die Kooperation und den Nutzen aus dieser sowie den Rahmen der Zusammenarbeit. Wenn dieses Bewusstsein erfolgreich geschaffen wurde, vor allem durch die klare Kommunikation des Nutzens aus der Zusammenarbeit, dient es der Stabilität und Dauer der Beziehungen und fördert Vertrauen in die Kooperation.

Ein weiterer wichtiger Schritt ist die Einigung über eine Form der Koordination im Netzwerk, damit dieses die ursprüngliche Zielsetzung nicht verliert, etwa durch Eigeninteressen oder beschränkte Informationen einzelner Teilnehmer. Die Koordination eines solchen Netzwerks kann auf verschiedene Arten erfolgen (Sydow 1992; Sasse 2001), wobei verschiedene Koordinationsformen je nach Rahmenbedingungen vorzuziehen sind. Dabei stellt sich zunächst die Frage, ob die Koordination durch eine zentrale Institution geschehen soll oder die Zusammenarbeit in einer selbstorganisierenden Form geschehen soll.

Im ersteren Fall könnte die zentrale Koordinierungsfunktion im Fall von Industrieparks entweder von einer neutralen Institution, wie etwa einer öffentlichen oder privaten Betreibergesellschaft, oder von einem zentral an der Kooperation beteiligten Unternehmen übernommen werden. Die Existenz eines neutralen Koordinators erscheint vorteilhaft für das gegenseitige Vertrauen (keine Konkurrenzsituation mit den Beteiligten), insbesondere wenn für den Betrieb des Industrieparks sowieso schon eine solche Gesellschaft mit der Aufgabe des professionellen Managements existiert. Der Fokus liegt hierbei auf der Bereitstellung eines kompletten Services für die Mieter in einem Industriepark durch eine staatliche oder private Betreibergesellschaft, wodurch insbesondere für kleinere Unternehmen eine Vielzahl von ökonomisch vorteilhaften Synergien genutzt werden kann. Allerdings besteht bei einer Trennung der Rollen in Eigentümer und Betreiber eines EIP und Nutzern mit gepachteten Grundstücken oder Gebäuden ein zusätzlicher Interessengegensatz: Der für die Infrastruktur verantwortliche Vermieter hat die Energiekosten nicht zu tragen und daher keinen direkten Anreiz, Investitionen zur Effizienzverbesserung zu tätigen (Meng 1995).

Als eher selbstorganisiertes Netzwerk gestaltete Industrieparks bieten den Vorteil, dass schnelle organisatorische und strukturelle Veränderungen möglich sind. Damit sind sie bei einem zunehmenden Strukturwandel der Industrie nach Fankhähnel (2008) bei Chemieparks besser geeignet als zentral gesteuerte und damit eher starre Verbundstandorte. Für die hier betrachteten Eco-Industrial Parks mit Fokus auf Wärmeintegration allerdings erscheint diese Koordinierungsform der Selbstverwaltung oder mit einem externen Dienstanbieter als Koordinator aus folgenden Gründen nicht als optimal: Zunächst ist das Konzept der überbetrieblichen Prozessintegration mit Fokus auf der effizienten Nutzung der Prozess(ab)wärme in der Praxis meist in den Fällen interessant, in denen ein zentrales Unternehmen (Kraftwerk, Chemiestandort) existiert, welches aufgrund großer Wärmeangebote und -bedarfe das Potential als Kern einer solchen Kooperation besitzt. Es ist naheliegend in einem solchen Fall wichtige Koordinierungsfunktionen bei dem zentralen Unternehmen zu belassen. Denkbar wäre hier allerdings auch eine Aufteilung der Koordination mit einer externen Institution, welche für einen Interessenausgleich und die strategische Ausrichtung auf Nachhaltigkeitsziele sorgen kann (Baas und Boons 2004, Mirata 2004). Gegen eine rein externe Koordinierung spricht bei den hier betrachteten Rahmenbedingungen und Zielen der Kooperation auch die enge Verschaltung der Unternehmen durch den direkten Wärmeaustausch zwischen den Produktionsprozessen. Diese Form der Kooperation ist um einiges direkter und prozesskritischer für die Teilnehmer als traditionelle in einem Industriepark für Synergieeffekte bereitgestellte Dienste (gemeinsamer Betrieb der Infrastruktur wie Gebäudemanagement, Kläranlagen, Wachdienst, etc.). Nach Desrochers (2004) sind organisch gewachsene und dezentral organisierte EIPs zudem stabiler und erfolgreicher, als zentral (staatlich) geplante EIP-Projekte.

Die Bedeutung eines meist durch seine Größe oder das Potential an Nebenprodukten fokalen Unternehmens (auch Major User oder Anker-Mieter nach dem englischen Anchor Tenant genannt) für symbiotische Stoffaustauschbeziehungen wird von vielen Autoren hervorgehoben (Ayres und Ayres 1996; Ehrenfeld und Gertler 1997; Lowe 1997; Korhonen 2001b; Chertow 2000). Dabei handelt es sich meist um ein Unternehmen mit einem großen Anfall an Nebenprodukten oder Abwärme, welches aber auch einen großen Bedarf an Sekundärrohstoffen haben kann, etwa ein (KWK-)Kraftwerk, eine Papierfabrik oder eine Raffinerie. Auch die Öffnung großer Chemiestandorte für externe Unternehmen kann zu dieser Kategorie gezählt werden, wenn der Standort vom zentralen Unternehmen betrieben wird. Durch dieses werden dann weitere (lokale) Unternehmen angezogen, für die lokal verfügbare Nebenprodukte einen Standortvorteil darstellen.

Wenn ein solches Unternehmen zentraler Bedeutung existiert, erscheint eine Übernahme der Hauptverantwortung durch dieses bei der Prozessintegration als offensichtlichste Lösung; neben dem größten Einfluss in einer solchen Kooperation lässt die zentrale Stellung auch das größte Engagement für ein reibungsloses Funktionieren erwarten. Insbesondere im Bereich von Chemiestandorten werden von Betreibern (und Hauptnutzern) großer Verbundstandorte speziell Kostenvorteile gegenüber anderen Betreibermodellen angeführt, welche aus verringerten Transaktionskosten und aus der Gesamtoptimierung des Standorts in stofflicher, energetischer und logistischer Hinsicht entstehen sollen (Fankhähnel 2008). Diese Form der langfristigen, stabilen Zusammenarbeit zwischen mehr als zwei Unternehmen, deren Führung ein fokales Unternehmen innehat, erfüllt wie im gleichberechtigten Fall die Merkmale eines strategischen Netzwerks (vgl. Abschnitt 2.4). Bei dieser Kooperationsform übernimmt das fokale Unternehmen die strategische Führung und bringt Fachkompetenz in die Zusammenarbeit ein (Sydow 1992).

Allerdings kann eine solche dominante Position eines einzelnen Unternehmens das Vertrauen und Engagement potentieller Partner schwächen, wogegen neben der Einbindung einer externen Einrichtung auch eine von allen Partnern gemeinsam getragene Organisation und Koordination helfen könnte. Während eine derartige Gleichberechtigung in der Theorie als eine ideale Lösung für einen Interessenausgleich und eine stabile Kooperation erscheint, kann wiederum das Fehlen eines zentralen Ansprechpartners und Entscheiders in der Praxis zu Problemen führen. Eine Alternative zu einem fokalen Unternehmen sind öffentliche Einrichtungen, die durch ihr starkes Engagement die Rolle eines

256

institutionellen Ankers (vgl. Abschnitt 4.7.3) übernehmen (Burström und Korhonen 2001).

Für eine stabile, längerfristige Zusammenarbeit ist schließlich noch die Akzeptanz der Organisationsform als Anreiz zu Beitritt bzw. Führung der Kooperation bei allen Beteiligten wichtig. Dass alle Beteiligten die Steuerungsmechanismen als sinnvoll, nachvollziehbar und gerecht erachten, ist für die Stabilität einer langfristigen Kooperation förderlich. Von der Ausgestaltung der Zusammenarbeit hängen auch das Konfliktpotential sowie Möglichkeiten der kooperativen Schlichtung eventueller Konflikte ab. Konflikte können vor allem durch eine starke Einflussnahme des fokalen Unternehmens, aber auch unter den weiteren Teilnehmern sowie mit anderen Beteiligten (z. B. Land/Kommune) entstehen. Schlichtungsmöglichkeiten sind besonders dann vorhanden, wenn es gemeinsame Institutionen der Teilnehmer gibt oder wenn ein neutraler Dritter eine Vermittlerrolle einnehmen kann. Schließlich gehört zur Bewertung der Stabilität der Beziehung noch die Frage nach der Kontinuität des Betreibers. Dabei sollte untersucht werden, ob mittelfristig Veränderungen der Organisationsstruktur und damit verbundene Probleme zu erwarten sind. Neben den genannten Voraussetzungen für Stabilität lassen sich Organisationsformen von Industrieparks auch nach dem Potential für weitergehende Kooperationen unterteilen, welches durch Selbstorganisation oder ein fokales Unternehmen gefördert werden sollte. Tabelle 4-12 stellt eine Übersicht der genannten Kriterien und eine grobe Bewertung der drei genannten Betreibermodelle dar.

Tabelle 4-12: Vergleich der Eignung von Betreibermodellen für EIPs (eigene Darstellung)

Kriterium	Netzwerk	Fokales Unternehmen	Betreibergesellschaft (kommunal oder privat)
Finanzierung			
Problematik bei Finanzierung	hoch	mittelmäßig	gering
Verwaltungsaufwand	hoch	gering	mittelmäßig
Belegungsrisiko als Hindernis	hoch	gering	hoch
Stabilität			
Akzeptanz bei den Mietern	hoch	gering	hoch
Konfliktpotential	0	hoch	gering
Kontinuität des Betreibers	gering	hoch	hoch
Flexibilität	hoch	mittelmäßig	mittelmäßig
Synergiepotentiale			
Gezielte Auswahl der Unternehmen für Prozessintegration	gering	hoch	hoch
Anreize für weitergehende Effizienzinvestitionen	hoch	hoch	mittelmäßig

Insgesamt lässt sich keine Form der Koordination als ideale Variante identifizieren, zumal die Rahmenbedingungen sehr individuell sein können. So wird auch im Bereich der Großchemie weiterhin von einer Koexistenz von Industrieparks als Netzwerk gleichwertiger Nutzer und integrierten Verbundstandorten mit einem Hauptnutzer und Betreiber ausgegangen, da insbesondere die Unternehmensstruktur am Standort das Betreibermodell bestimmt. Als wichtige bei der Organisation der Zusammenarbeit zu berücksichtigende Aspekte verbleiben aber die eher gegensätzlichen Ziele: Zum einen ist für einen gerechten Interessenausgleich zwischen den Partnern zu sorgen und auf der anderen Seite ist eine praktikable Lösung mit einem starken Fürsprecher der Zusammenarbeit als treibende Kraft zu finden. Eine Aufteilung möglicher Aufgaben einer solchen Stelle auf verschiedene zentrale Akteure könnte auch erfolgen; hierbei bietet sich beispielsweise eine Aufteilung anhand der klassischen Gliederung des Innovationsmanagements in die Aufgaben eines Experten (Bereitstellung von Informationen, Gesamtüberblick, Beseitigung von Barrieren), einer Autorität (Kommunikation und Entscheidungsfindung) und eines Financiers (Bereitstellung von Ressourcen) an (Souder 1986; Eldredge 1989).

4.7.3 Institutionelle Unterstützung bei der Umsetzung von EIP-Projekten

Die Rolle von staatlicher Initiierung von EIP-Projekten und der Unterstützung durch Behörden und externe Organisationen wird im Folgenden betrachtet. Aus einem Vergleich der EIP-Initiativen in den USA und in den Niederlanden (Heeres u. a. 2004) lassen sich durch die Ergebnisse unterschiedlicher Herangehensweisen Hinweise auf Probleme bei zu großer staatlicher Einflussnahme bei der Planung und Organisation ableiten. So wurden in den USA viele EIP-Initiativen vom Staat als Instrument zur Wirtschaftsförderung betrachtet, bei dem große finanzielle Unterstützung und eine langfristige Beteiligung lokaler Behörden an der Organisation des EIP charakteristisch war. Dies führte dazu, dass die Motivation zur Teilnahme für die Unternehmen in der Mitnahme von staatlicher Förderung bestand und eine Kooperation unter den einzelnen Unternehmen nur in geringem Maß stattfand (Heeres u. a. 2004). Im Gegensatz dazu berichten die Autoren von Erfahrungen aus den Niederlanden, wo die Initiative von den Unternehmen selbst ausging (bzw. sie an der Konzeption stark beteiligt waren), und ebenso die Finanzierung der Projekte zu gleichen Teilen unter den Unternehmen und staatlichen Stellen aufgeteilt wurden. Daraus entwickelten sich Netzwerke mit stärkerem Engagement der Unternehmen und mehr Bereichen von Kooperationen. Ebenso findet sich bei diesen Kooperationen eher ein fokales Unternehmen (local champion) als Basis, als es bei den staatlich geplanten „synthetischen" EIP in den USA der Fall war. Allerdings berichten die Autoren, dass bei solchen selbst initiierten Projekten die gemeinsame Bereitstellung von Hilfsstoffen und Energie (utility sharing) meist der Startpunkt war und sich Austauschbeziehungen erst langsam entwickeln (Heeres u. a. 2004).

Trotz dieser eher negativen Berichte von öffentlich geplanten und betriebenen Standorten wird von vielen Autoren neben einem physischen fokalen Unternehmen auch ein rein institutioneller Anker gefordert, der im Minimalfall das Netzwerk organisatorisch unterstützt (Korhonen 2001c; Burström und Korhonen 2001). Diese beispielsweise bei kommunalen Behörden (vgl. Kapitel 4.8) angesiedelte Instanz soll durch ihre neutrale Position ein Zusammengehen der möglicherweise im Wettbewerb stehenden Unternehmen ermöglichen. Insbesondere aus Schweden wird von zahlreichen positiven Erfahrungen mit diesem Modell berichtet. Ein Grund hierfür ist der dort traditionell starke Einfluss kommunaler Behörden auf wirtschaftliche Aktivität (Mirata 2005). Korhonen (2001c) hält eine Behörde für diese Aufgabe für besonders geeignet, da diese oft schon im Kontakt zu Unternehmen steht, den rechtlichen und raumplanerischen Rahmen schaffen kann und schließlich nicht unter dem Druck einer unternehmerischen Gewinnmaximierung steht. Daher können Kommunen und lokale Behörden ein wichtiger institutioneller Anker solcher Projekte sein, indem sie organisatorisch dabei helfen, Potentiale aufzudecken und Unternehmen zusammenzubringen, und das Projekt koordinierend oder nur beratend begleiten. Insbesondere in den ersten Phasen ist nach Mirata (2005) die Rolle eines solchen institutionellen Ankers, welcher auch in Form eines öffentlichen Energieversorgers gleichzeitig ein Beteiligter an symbiotischen Netzwerken sein kann, ein wichtiger Erfolgsfaktor.

Ein Problem bei dieser Unterstützung und für Anfangsinvestitionen in Infrastruktur sind jedoch oft fehlende Kapazitäten und Mittel der Kommunen (Burström und Korhonen 2001). Wenn diese aber vorhanden sind, können sich Kommunen neben organisatorischer Unterstützung auch durch Anschubinvestitionen in Infrastruktur beteiligen, welche von den Unternehmen nicht erzwingbar sind und sich meist erst langfristig und bei wachsenden Netzwerken amortisieren. Auch von Verantwortlichen des Netzwerks von Kalundborg wird berichtet, dass die Entwicklung dieses Musterbeispiels nicht ohne die Unterstützung von kommunaler Seite her möglich gewesen wäre (Brand und de Bruijn 1999).

Symbiotische Energie- und Stoffstromnetzwerke sind in der Regel nur von Dauer, wenn sie durch wirtschaftliche Eigeninteressen der Teilnehmer und nicht durch äußeren Zwang zusammengehalten werden. Allerdings kann die Konzeption und der Betrieb solcher überbetrieblichen Kooperationen von einer Reihe von Akteuren unterstützt werden. Dazu gehören nach Heeres u. a. (2004) wissenschaftliche Einrichtungen, unterstützende Experten (etwa aus Ingenieurwesen, Umweltmanagement, IT), Dienstleister, Verbände, Behörden und Kommunen. Gerade wissenschaftliche Institutionen und andere in der Anfangsphase unterstützende Experten können bei der für die Unternehmen meist neuartigen Aufgabe die Planung und Koordination unterstützen (Lowe 1997; Schramm 2000; Lowe 2001):

- Vermittlung von Kontakten, Experten
- Informationen aus/über ähnliche Vorhaben und Veröffentlichungen

- Unterstützung beim Austausch von Informationen zwischen den Unternehmen (Moderation von Workshops, Forcieren der Kommunikation und Entlastung bei der Organisation)
- Methoden, technisches Wissen und Kommunikation der Ergebnisse nach außen
- Bestandsaufnahme der Stoff- und Energieströme, Aufzeigen von Potentialen optimierter Systeme sowie Identifikation weiterer möglicher Partner

Neben der Rolle eines fokalen Unternehmens und einer behördlichen Verankerung des Projekts zeigten Beispiele aus den Niederlanden den Nutzen einer wissenschaftlichen Begleitung durch ein „Symbiose-Institut" (Baas 1998). Ein solches kann Potentiale und mögliche technische Lösungen für das Gesamtsystem aufzeigen, wenn es anderen Akteuren entweder an Wissen oder an Personal mangelt. Insgesamt können diese zentralen Aufgaben des Sammelns und Bereitstellens von Informationen sowie des Zusammenbringens von Akteuren von verschiedensten Institutionen (Behörden, Forschungseinrichtungen oder Unternehmen) oder deren Kombinationen übernommen werden. Die Notwendigkeit eines Organisationsteams, welches als Netzwerkmanager oder Moderator die Koordination, Informationsbereitstellung oder auch Umorganisation aufgrund der Aufnahme oder des Ausscheidens eines Teilnehmers übernimmt, wird für offene Kooperationen mit mehreren Teilnehmern von den meisten Autoren betont (Boons und Baas 1997; Lowe 1997; Brand und de Bruijn 1999).

Die finanzielle Unterstützung von EIP-Projekten ist insbesondere für die Revitalisierung und Erneuerung von maroden Industriegebieten von regionalem Interesse. Eine mögliche Quelle von Finanzmitteln zur Unterstützung solcher Maßnahmen könnten nach Brand und de Bruijn (1999) Strukturfonds der EU sein, insbesondere der europäischen Fonds für regionale Entwicklung (EFRE, englisch ERDF).[182] Dessen Ziel ist die Wiederbelebung und ökologische Modernisierung von Gebieten mit Strukturproblemen, ein Ziel welches sich mit dem Ideal industrieller Symbiosen gut vereinen lässt.

Für den Start von EIP-Projekten empfehlen Heeres u. a. (2004) solche Bereiche, die durch Anfangsinvestitionen mit eher geringen Risiken gekennzeichnet sind. Dazu gehört etwa der Bereich des Utility Sharing, also der gemeinsamen

---

[182] http://ec.europa.eu/regional_policy/funds/prord/sf_de.htm

Bereitstellung von Hilfsstoffen und Energie, wie durch gemeinsam betriebene Anlagen zur Kraft-Wärme-Kopplung. Letzteres wird auch von Korhonen (2001c) als geeignete Basis für symbiotische Beziehungen angesehen. Als eine technische Begründung nennt er die Möglichkeit, in modernen KWK-Anlagen mit Wirbelschichtfeuerung verschiedenste Reststoffe wie Biomasse oder Abfälle der Unternehmen zu verbrennen. Als Beleg führt er diverse Beispiele in skandinavischen Ländern an, in denen aber auch der Gesamtanteil von KWK-Anlagen an der Bereitstellung elektrischer Energie bedeutend höher ist als in anderen europäischen Ländern[183] (Korhonen 2001c). Insbesondere in Finnland finden sich Beispiele[184] für regionale integrierte Industriecluster, welche zwar Unternehmen verschiedener Industrien (und Haushalte als Wärmeabnehmer) umfassen, im Kern aber Cluster der Forstindustrie (Papier- und Sperrholz) sind. Standorte aus dieser Industrie wie Papierfabriken oder (in kleinerem Umfang) Holz verarbeitende Unternehmen eignen sich aufgrund ihres großen eigenen Wärmebedarfs, welcher in modernen Standorten durch KWK-Anlagen gedeckt wird und aufgrund des Anfalls an energetisch nutzbaren Reststoffen gut als Basis für stoffliche und energetische Netzwerke. Korhonen (2001c) schließt aus der Analyse integrierter KWK-Anlagen in Finnland (Korhonen 1999; Korhonen u. a. 2004), dass diese generell als Basis für Netzwerke gut geeignet sind, und folgert, dass sie mit einem öffentlichen Eigentümer als unparteiische Initiatoren von Kooperationen dienen können. Die lange Nutzungsdauer von KWK-Anlagen kann dabei zwar einerseits ein Hindernis für risikoaverse Investoren sein, bei einem langfristig orientierten Eigentümer, wie es bei kommunalen Trägern der Fall ist, kann eine solche stabile Basis aber auch Stabilität für das Netzwerk bei wechselnden Teilnehmern bieten. Kritischere Aspekte bei diesem Konzept könnten hingegen zum einen (wie bei allen kapitalintensiven Investitionen) das Risiko eines technologischen Lock-In zum Nachteil zukünftiger effizienterer Alternativen sein und nicht zuletzt die gegenwärtig oft isolierte Lage von großen Standorten der Forstindustrie, welche eine Integration mit anderen Firmen oder Haushalten erschwert (Korhonen 2001c). Außerdem könnten andere klimatische Bedingungen als in Finnland eine Abwärmenutzung zu Heizzwecken unrentabel machen.

---

[183] EU-Durchschnitt: 10 %, Deutschland: 10 %, Frankreich: 2 %, Dänemark: 50 %, Niederlande: 40 %, Finnland: 35 %. Zahlen von 1999 aus (Korhonen 2001c).

[184] Korhonen (2001c) nennt elf regionale Cluster mit zentraler Rolle einer KWK-Anlage.

Die Bedeutung der lokalen und regionalen Politikebene zum Erreichen von Nachhaltigkeitszielen wird von Lintz und Altenburg (2010) betont. Es bestehen zum einen oft direkte Kontakte zwischen Kommunen und Unternehmen, etwa durch die Genehmigung und Überwachung von Anlagen oder durch allgemeine Aktivitäten zur Förderung der lokalen Wirtschaft. Zum anderen kann die Beteiligung von Kommunen die in KMU oft bestehende Angst, ausgenutzt zu werden („Beraterallergie") verringern und die Bildung von Kooperationen und Netzwerken fördern (Lintz und Altenburg 2010).

Das Recycling von Stoffströmen großer Unternehmen durch spezialisierte Betriebe, die sich aus Kostengründen in der Nähe eines Großbetriebs oder eines Industrieparks ansiedeln, wird von manchen Autoren auch als Startpunkt symbiotischer Beziehungen angesehen. Dabei wird die Rolle der Recycler mit der von Mikroorganismen bei der Zersetzung natürlicher Abfälle in einem Ökosystem verglichen (Husar 1994; Nakamura 1999). Recyclingunternehmen können zwar ein sinnvoller Teil eines symbiotischen Netzwerks sein, sie sind allerdings sehr speziell ausgerichtet und tragen wahrscheinlich wenig zur gezielten Schaffung größerer Netzwerke bei.

4.7.4 Organisatorische Startpunkte für EIPs

In der Industrial-Ecology-Forschung werden verschiedene Ausgangspunkte für die Entwicklung oder gezielte Gestaltung von EIPs diskutiert, welche sich in ihrer Beschreibung teilweise mit den verschiedenen Organisationsformen decken (Lowe u. a. 1998; Chertow 2000). Dabei wird zum einen zwischen der vollständigen Neuerrichtung eines EIP auf einer unbebauten Fläche (greenfield) als sogenanntem Ex-Nihilo-Modell und der Neugestaltung eines bestehenden Industrieparks (brownfield) durch Identifizierung von Lücken bei Stoff- und Energieströmen, Kommunikation und Kooperation als Modell ökologischer Sanierung unterschieden. Bei der vollständigen Neuerrichtung bieten sich die umfassendsten Möglichkeiten für energetische Optimierungen und Stoffkreisläufe. Eine nachträgliche Gestaltung von Synergien findet sich ebenfalls im sogenannten „business model", nach dem ein Park erst mit Mietern belegt wird und Netzwerkverbindungen erst im Anschluss untersucht werden sowie wenn dies in einem bestehenden System auch in Form virtueller Netzwerke geschieht (stream model). Schließlich wird als Ausgangspunkt für EIPs ebenfalls die

Identifizierung eines fokalen Unternehmens genannt, welches dann als Kern für weitere Betriebe in einem „anchor tenant model" dient (Lowe u. a. 1998; Chertow 2000). Bei den beiden letzten Modellen soll eine Symbiose auf bestehenden Unternehmen aufgebaut werden, wodurch sich gewisse technische Einschränkungen ergeben; das Beispiel Kalundborg zeigt aber, dass dies durchaus erfolgreich sein kann.

Ein weiterer Startpunkt für die Entwicklung symbiotischer Netzwerke könnten lokale Energieeffizienznetzwerke mit dem Ziel der Verbreitung von Best Practices sein. Die Gründe, warum allgemein Maßnahmen zur Steigerung der Energieeffizienz in Firmen zögerlich umgesetzt werden, sind vielfältig (Jochem u. a. 2007): Neben der Belastung des Energieverantwortlichen durch zu viele andere Aufgaben mangelt es oft an einem ausreichenden Marktüberblick und Vertrauen gegenüber externen Beratern. Hinzu kommen knappe Investitionsmitteln oder andere Investitionsprioritäten. Vor allem aber die Höhe der Transaktionskosten, hier vor allem Such- und Entscheidungskosten, sind oft für kleine und mittlere Betriebe so hoch, dass sich bei deren Einbeziehung in die Investitionsrechnungen viele Investitionsvorhaben kaum noch rentieren.

Eine Lösung kann in diesen Fällen die Zusammenarbeit in lokalen thematischen Netzwerken zu Fragen der Energieeffizienz sein. Zu diesen gehören etwa ÖKOPROFIT®[185] und Energieeffizienz-Netzwerke. Bei letzteren treffen sich, wie von Jochem u. a. (2007) beschrieben und in mehreren Regionen[186] umgesetzt, die Energieverantwortlichen von ca. 15 Betrieben einer Region etwa einen Tag pro Quartal, um unterstützt von einem externen Berater über erfolgreich verlaufene organisatorische oder investive Maßnahmen zu berichten. Nach positiven Erfahrungen in Pilotprojekten in der Schweiz Anfang der 90er Jahre wird dies nun von 30 % der Schweizer Industrie praktiziert. In einem Pilotprojekt in Deutschland waren auch nach Einrechnung von direkten Teilnahmekosten, Transaktionskosten und Kapitalkosten für die eigentlichen Energieeffizienzmaßnahmen bedeutende ökonomische Einsparungen für die beteiligten Unternehmen erzielbar (Jochem u. a. 2007). Als Gründe hierfür werden die

---

[185] „Ökologisches Projekt für Integrierte Umwelt-Technik" (www.oekoprofit.com): Kooperationsprojekte zwischen Kommunen und örtlicher Wirtschaft zur Verringerung des Ressourcenverbrauchs und der damit verbundenen Kosten.

[186] Nach der bekanntesten Umsetzung wird dieser Ansatz auch Modell Hohenlohe genannt.

Kombination von moderiertem Erfahrungsaustausch zwischen den Unternehmen, ideellem Wettbewerb sowie der Beitrag externer Ingenieure (neue Techniken und organisatorische Verbesserungen) genannt. All diese Faktoren führten zu erheblich verringerten Such- und Transaktionskosten und zusätzlichen Verringerungen des Energiebedarfs von ca. einem Prozent pro Jahr (Jochem u. a. 2006). Energieeffizienzmaßnahmen erzielen nach Jochem u. a. (2006) interne Zinsraten von 10 % - 30 %, was jedoch in der Praxis oft nicht ausreichend ist. Hier wird vielmehr anhand von Amortisationszeiten entschieden, welche aber nicht nur als Rentabilitätsmaß verwendet werden, sondern gleichzeitig als ein Risikomaß zweckentfremdet werden. Bei Investitionen mit langer Nutzungsdauer führt dies aufgrund der Risikoaversion der Firmen unter Umständen zur Ablehnung eigentlich rentabler Energiesparmaßnahmen (Jochem u. a. 2006).

Für das konkrete Vorgehen beim Aufbau einer symbiotischen Vernetzung zwischen mehreren Unternehmen werden in Anlehnung an De Man und Claus (1998) folgende Schritte vorgeschlagen:

- In der Motivations- und Initiierungsphase sollen Gründe für die Zusammenarbeit aus der betriebsinternen Motivation (umweltorientierte Unternehmensstrategie, Imagegewinn, staatliche Regulierung) erarbeitet werden. Das Bewusstsein für Energie- und Stoffstrommanagement und eine offene Unternehmenskultur sollte etwa durch Schulungen gestärkt werden (Fichtner u. a. 2005). Als Ergebnis sollten die Ziele der Kooperation und der Teilnehmerkreis festgelegt werden.

- In der Vorbereitungsphase werden die Ziele konkretisiert und eine Analyse der anfallenden Nebenprodukte und der Bedarfe für diese erstellt. In dieser Analyse müssen neben dem mengenmäßigen Anfall an Reststoffen, Abwasser und Abwärme auch die zeitliche Verfügbarkeit und die Qualität aufgenommen werden (Roberts 2004). Aus diesen Daten und einer Abschätzung der ökologischen und wirtschaftlichen Potentiale, aber auch der jeweiligen Risiken, kann ein erstes Kooperationsmodell erstellt werden, welches möglichst an die Akteure angepasst und von minimaler Komplexität sein sollte (Lowe u. a. 1996).

- Bei der anschließenden Ausgestaltung des Netzwerks werden Verantwortlichkeiten und Ansprechpartner festgelegt und von einem Projektteam die konkreten Umsetzungsmöglichkeiten geprüft. Dazu gehören konkrete Schnittstellen mit Qualitäts- und Mengenanforderungen sowie Standards für den Informationsaustausch zwischen den Beteiligten (Sterr und Ott 2004).

- In der operativen Phase des Netzwerks sind die festgelegten Standards zu den Stoff- und Energieströmen einzuhalten und der Austausch von Informationen
aufrechtzuerhalten. Daneben ist die regelmäßige Kontrolle der Zielerreichung und positiver und negativer Effekte aufrechtzuerhalten.

4.8 Gesetzgebung und Förderungsmaßnahmen

4.8.1 Gescheiterte Gesetzgebungsinitiativen in Deutschland zur Abwärmenutzung

Allgemein stehen öffentlichen Akteuren, hier vor allem regionalen und kommunalen Behörden, verschiedene Instrumente zur Steuerung unternehmerischen Handelns zur Verfügung. Diese reichen von verbindlichen gesetzlichen Regelungen über ökonomische Instrumente (finanzielle Förderung, Anreize oder Gebühren) bis hin zur reinen Unterstützung freiwilligen Handelns (Brand und de Bruijn 1999). Gesetzliche Regelungen eignen sich in Fällen, in denen ein direktes Eingreifen des Staates, etwa zur Abwehr von Gefahren oder schädlichen Emissionen geboten ist. Sie erfordern aber auch eine explizite Beschreibung von erwünschtem und unerwünschtem Verhalten sowie Möglichkeiten zur Kontrolle und zur Durchsetzung von Regelungen. Dies ist im Bereich der Prozessintegration, in dem jede Problemstellung einzigartig ist und der eine Vielzahl von Akteuren mit unterschiedlichen Kompetenzen betrifft, eher nicht praktikabel. Zudem kann das klassische Ordnungsrecht nur den bereits erreichten Stand der Technik festschreiben und braucht eindeutige Adressaten ohne die Möglichkeit von Ausweichhandlungen (Müller 1990). Schon aus diesen Gründen erscheint der bevorzugte Einsatz ökonomischer Instrumente hier sinnvoller. Allerdings könnten gewisse ordnungsrechtliche oder freiwillige Maßnahmen solche ökonomischen Instrumente unterstützen, wobei auf den Konzepten und Erfahrungen vergangener Gesetzgebungsinitiativen aufgebaut werden könnte. So wurden etwa in der Vergangenheit in Deutschland zwei Versuche unternommen, eine verbesserte Abwärmenutzung gesetzlich vorzuschreiben: Zum einen sollte dies mit einer sogenannten Abwärmeabgabe als verpflichtender Geldabgabe und zum anderen mit einer Wärmenutzungsverordnung im Rahmen des Bundesimmisionsschutzgesetzes (BImSchG) geschehen.

So gab es in Deutschland in den 70er Jahren Überlegungen zu einer sogenannten Abwärmeabgabe als finanzielle Belastung von Betreibern von Anlagen, die Wärme in die Umwelt emittieren (Briké 1983). Damit sollte analog zu Abgaben für Abwasser das Emittieren von Abwärme (insbesondere Kühlwasser-Wärmeemissionen aus Kondensationskraftwerken) verringert und mit den Erlösen energieeffiziente Technologien gefördert werden. Als Motivation hierfür galt im Gegensatz zu späteren Initiativen nicht primär der Verbrauch fossiler Energieträger, sondern Bedenken um die Aufnahmefähigkeit der Natur, insbesondere von Flüssen durch ambitionierte Zubaupläne bei Wärmekraftwerken, aber auch lokale Folgen von Wärmeemissionen in die Atmosphäre. Im Verlauf der Arbeit der Abwärmekommission wurde durch Forschungsergebnisse und die hinzukommende Ölkrise das „Energieproblem Abwärme" als relevanter bewertet als das ursprünglich vermutete „Umweltproblem Abwärme" (Glatzel 1983). Als problematisch für eine Umsetzung einer Abwärmeabgabe stellte sich aber die Vielzahl der betroffenen Prozesse, oftmals fehlende Möglichkeiten zur Abwärmenutzung und schließlich die Wahl der Bemessungsgrundlage heraus (Briké 1983). Bei einer rein energiebezogenen Abgabe würden das Abfackeln eines hochwertigen Brennstoffs und die Ableitung von thermodynamisch wertlosem Kühlwasser in gleicher Weise bestraft, was nicht sinnvoll erschien. Eine exergetisch ausgerichtete und damit „gerechtere"[187] Abwärmeabgabe (mit möglichst vielen weiteren Qualitätsparametern) erwies sich aber als praktisch nicht umsetzbar, einerseits wegen des Verwaltungsaufwands und andererseits wegen in der Praxis häufigen Änderungen der Prozesse.

Eine im Rahmen des Bundesimmissionsschutzgesetzes (BImSchG) von 1990 in Deutschland geplante Wärmenutzungsverordnung, welche die Nutzung "entste-

---

[187] Auch diese Gerechtigkeit ist diskussionswürdig, da zwar der Wert der Abwärme besser berücksichtigt würde, letztlich aber physikalisch begründete Gegebenheiten (z. B. erforderliche Schmelztemperatur von Eisen) Grundlage der Abgabe wären.

hender Wärme"[188] zu einer Grundpflicht für Betreiber genehmigungsbedürftiger Anlagen machen sollte, kam nicht über die Planungsphase hinaus. Für bestimmte nach dem BImSchG genehmigungsbedürftige Anlagen sollte danach ein Wärmenutzungskonzept (Energiekonzept) vor der Errichtung erstellt werden, wobei auch die Pinch-Analyse als Werkzeug sowie eine Wärmeabgabe an Dritte genannt wurden (Bressler u. a. 1994). Allgemein sollte dabei der Betreiber zur Durchführung der Maßnahmen verpflichtet sein, wenn sie technisch machbar und zumutbar sind, womit der Gesetzesentwurf über die wirtschaftliche Vertretbarkeit hinausging. Dabei sollte jede Maßnahme als zumutbar gelten, deren verminderte Amortisationszeit (als Quotient von Investition zur um 10 % der Investition verringerten Energiekosteneinsparung) kleiner ist, als die in der Verordnung tabellierte Lebensdauer des Anlagentyps (Bressler u. a. 1994). Weiterhin sollten der Standort der Anlagen und die Entfernung zu potentiellen Abnehmern in die Abwägung der Zumutbarkeit eingehen. Dabei war eine Informationsplicht der Behörden und eine Bereitstellungspflicht für Abwärme (ab 5000 MWh/a), nicht jedoch eine Nutzungspflicht seitens möglicher Abnehmer vorgesehen. Die zur sinnvollen Nutzung von Abwärme notwendige Erhöhung der Zahl industrieller Abnehmer wurde dabei auch als offenes Problem angesehen. Interne und externe Abwärmenutzung sollten nach dieser Verordnung zwar gleichgestellt werden, wobei für letztere aber über höhere Bagatellgrenzen diskutiert wurde (Schmölling 1990). Nach der Planung in Studien des Umweltbundesamts sollte die Verordnung im Gegensatz zur gleichzeitig geplanten Einführung einer CO_2-/Energiesteuer zu keinen zusätzlichen Kosten für Unternehmen führen, da nur theoretisch wirtschaftliche Investitionen verlangt werden (Bressler u. a. 1994).

Die Umsetzung der Wärmenutzungsverordnung wurde unter anderem nach der „Erklärung der deutschen Wirtschaft zur Klimavorsorge" als freiwillige Selbstverpflichtung des Bundesverbandes der Industrie von 1995 ausgesetzt (o.V. 2001). Dabei wurde insbesondere von Industrieseite mit der besseren Eignung des wettbewerblichen Kostendrucks für Rationalisierungsmaßnahmen im Energiebereich im Vergleich zu ordnungsrechtlichen Schritten argumentiert. Als weitere Kritikpunkte wurden der Verwaltungsaufwand für Unternehmen

---

[188] Zunächst wurde hier von Abwärme gesprochen, später wurde der Begriff jedoch durch diesen weiter gefassten (inkl. Vermeidung von unnötigem Energiebedarf) aber auch diffuseren Begriff ersetzt.

genannt sowie Probleme bei der Umsetzung und Kontrolle (Transaktionskosten, asymmetrische Information).

Allerdings wurde in den letzten Jahren in Bezug auf die Nutzung der Abwärme aus regenerativen Energiequellen ein „Regenerative-Wärmenutzungsgesetz" diskutiert. Bisher wurden aber nur freiwillige Marktanreizprogramme zur Förderung genutzt, obwohl z. B. in Baden-Württemberg 2007 eine Erhöhung des Anteils erneuerbarer Energien im Wärmemarkt von damals acht Prozent in den folgenden Jahren auf 20 Prozent von der Regierung als Ziel vorgegeben wurde (Fell und Genath 2007).

4.8.2 Vorschläge für aktuelle Ansatzpunkte: Information und Festlegung von Abwärmenutzung als beste verfügbare Technik

Die genannten Beispiele für gesetzliche Ansatzpunkte bei der Wärmenutzung und Wärmeintegration in Deutschland wurden letztendlich nicht umgesetzt, teils aus realen Problemen, teils aufgrund der Ablehnung der betroffenen Industrieverbände und Bevorzugung von freiwilligen Selbstverpflichtungen.

Die in den 1970er Jahren begonnenen Überlegungen zu einer Steuerungsabgabe entstammten einer Zeit, in der der Staat als übergeordnetes Steuerungszentrum der Gesellschaft galt und politische Entscheidungsträger die Gesellschaft mit systematischen Handlungsplänen zu lenken versuchten (Mayntz 1987). Dieser allgemeine „Planungsoptimismus" wurde später jedoch abgeschwächt und zu ordnungsrechtlichen Mitteln kamen Planungsmittel der Information, Kooperation und Anreize als motivationsstiftende Rahmenbedingungen hinzu. Damit stehen als Steuerungsinstrumente verschiedene Konzepte zur Verfügung (Windhoff Héritier 1987):

- Ordnungsrechtliche Gebote und Verbote: Verwendungs- oder Unterlassungsauflagen
- Planerische Koordination: Förderung der externen Abwärmenutzung durch Raumordnung, regionale Energie- und Klimaschutzkonzepte und lokale Planung von Industriegebieten/-parks
- Ökonomische Anreize: Abgaben, Subventionen und Kooperationen zur Finanzierung von Maßnahmen

- Informationen und freiwillige Angebote: Umweltmanagement, Beratungsangebote, betriebliche Energieeinsparungskonzepte, Energiedialog/Energieeffizienz-Tische, Selbstverpflichtungen

Einzelne seinerzeit angedachte Maßnahmen, wie etwa die Pflicht zur Erstellung eines Wärmenutzungskonzepts, zur Selbstauskunft über den Abwärmeanfall oder zur Prüfung von Abwärmenutzungsmöglichkeiten innerhalb und in der Umgebung des Betriebs könnten für eine zukünftige Stärkung der Umsetzung von Abwärmesymbiosen sinnvoll sein. Diese Veröffentlichung von Daten könnte nach Glatzel (1983) in Deutschland zum Beispiel im Rahmen einer Emissionserklärung nach 11. BImSchV geschehen. Hierdurch würde zunächst eines der größten Hemmnisse für Energieeffizienzmaßnahmen allgemein beseitigt werden: das Informationsdefizit innerhalb eines Unternehmens. Ein solches besteht oft zum einen bezüglich des Energiebedarfs von Haupt- und besonders Nebenprozessen sowie bezüglich möglicher Verbesserungsmaßnahmen (Bressler u. a. 1994). Der Betrieb energieintensiver Anlagen ohne Kenntnis der eigenen Energiebilanz und ohne Energiekonzept widerspricht aber einem allgemeinen ökonomischen Wirtschaften. Mit der Pflicht zur Aufstellung einer Energiebilanz und der Wirtschaftlichkeitsprüfung möglicher Maßnahmen können insbesondere bei durch Informations- und Personalmangel geprägten KMU Verbesserungen erwartet werden, während in großen Betrieben der Grundstoffindustrie angenommen werden kann, dass zumindest interne Maßnahmen auch eigenständig untersucht worden sind.

Ordnungsrechtliche Vorgaben im Sinn einer Pflicht zur Nutzung von Abwärme erscheinen im Vergleich zur reinen Informationspflicht als ungleich problematischer, wie auch die gescheiterten Vorhaben der Vergangenheit zeigen. Auf Seite der Bereitstellung von Abwärme wäre eine gesetzliche Verpflichtung unter Umständen bei der Genehmigung zur Neuansiedlung energieintensiver Industrieanlagen möglich, wenn etwa vor Ort ein geeigneter Abnehmer oder ein Fernwärmenetz existiert. Bei den Abnehmern von Abwärme ist die Situation ähnlich, wobei es hier allerdings in Deutschland das Beispiel von Anschluss- und Benutzungszwängen (s. Hack 2003) bei Nah- und Fernwärmenetzen gibt. Diese können etwa in den Gemeindesatzungen der Länder festgelegt werden, wobei ein beherrschender Einfluss des öffentlichen Akteurs (Gemeinde) beim Betrieb des Netzes eine Voraussetzung ist. Allgemein sollte bestehende Wärme-Infrastruktur bei der Aufstellung von Bauleitplänen berücksichtigt werden, um Industrie- und Siedlungsgebiete sowie entsprechende Infrastruktur so zu ordnen, dass eine Nutzung von Abwärme wirtschaftlich möglich ist. Ebenso kann hier eine kompakte, verdichtete Bau- und Siedlungsform gefördert werden, damit die Leitungslänge eine effiziente Anbindung an Wärmenetze nicht verhindert (Strohschein u. a. 2007). Analoges gilt auch für die Gestaltung von Industriegebieten.

Ein etwas realistischerer allgemeiner Rahmen für solche Vorgaben könnte die für emissionsrelevante Industrieanlagen auf EU-Ebene durch die Industrieemissionsrichtlinie (2010/75/EU)[189] praktizierte Definition sektorspezifischer „Bester Verfügbarer Techniken" (vgl. BVT-Merkblätter,[190] engl. Best Available Technique Reference (BREF) Document) sein (Rentz u. a. 1998; EIPPCB 2000). Dies sind (vereinfacht beschrieben) Sammlungen von Informationen für einzelne Anlagenarten bzw. Industriebranchen zu nach dem derzeitigen Stand der Technik ökologisch und ökonomisch vorteilhaftesten Technologien und Verfahrensweisen und deren Referenzwerten bei Umweltauswirkungen. Diese Referenzwerke, die von lokalen Genehmigungs- und Kontrollbehörden in allen EU-Ländern angewandt werden, existieren für diverse Industriesektoren, eines davon behandelt sektorübergreifend das Thema Energieeffizienz (EIPPCB 2009). Hierin finden sich zwar Informationen zur klassischen Pinch-Analyse, jedoch zurzeit noch keine Informationen zur überbetrieblichen Prozessintegration und zur externen Abwärmenutzung. Dafür wird aber in diesem Dokument die Optimierung der Energienutzung innerhalb einer Anlage oder mit Dritten als BVT genannt, wenn auch nur in einem Satz.[191] Ein zweiter Satz weist darauf hin, dass eine Zusammenarbeit mit Dritten außerhalb der Kontrolle des Betreibers liegt und deshalb nicht im Rahmen einer Genehmigung vorgeschrieben werden kann (EIPPCB 2009). Eine detailliertere Beschreibung, eine Pflicht zur Prüfung von Möglichkeiten und zur Veröffentlichung von Daten sowie eine zusätzliche Aufnahme erfolgreicher Beispiele in diesem Dokument und ebenso

---

[189] Die Industrieemissionsrichtlinie (2010/75/EU) löste 2011 die Richtlinie 2008/1/EG über die integrierte Vermeidung und Verminderung der Umweltverschmutzung (IVU-Richtlinie, engl. Integrated Pollution Prevention and Control, IPPC) ab. Sie ist bis 2013 in nationales Recht umzusetzen und sieht eine stärkere rechtliche Verbindlichkeit der BVT-Merkblätter vor.

[190] http://www.bvt.umweltbundesamt.de/ivu-richtlinie.htm

[191] „BAT is to seek to optimize the use of energy between more than one process or system (…), within the installation or with a third party." (EIPPCB 2009)

in weiteren Leitfäden wäre ein leicht zu realisierender Ansatz, um entsprechende Maßnahmen voranzutreiben. Damit ließen sich etwa die von Mirata (2005) in der Praxis festgestellten Bedenken gegen als ein experimentelles Konzept wahrgenommene industrielle Symbiosen entkräften. Durch die Relevanz dieser Dokumente schon bei der Genehmigung von geplanten Anlagen kann rechtzeitig die Umsetzbarkeit solcher Konzepte geprüft werden. Außerdem kann das Wissen um solche Konzepte bei lokalen Behörden gestärkt werden. Allerdings müsste auch hierbei beim Heranziehen als Maßstab für die Genehmigung von Neuanlagen die in jedem Einzelfall zu untersuchende technische Machbarkeit und wirtschaftliche Vertretbarkeit der Nutzung von Abwärme untersucht werden. Daneben besteht die Möglichkeit, derartige Konzepte nur als Kandidaten für BVT zur reinen Information ohne Anwendungsverpflichtungen aufzunehmen. Insgesamt sollte keine einzelne Technik vorgeschrieben werden, damit eine energieeffiziente Anlage ökonomisch möglichst effizient erreicht werden kann.

Eine Möglichkeit, das Vorgehen zur Erstellung eines Abwärmekonzepts und zusätzlich auch das Gebot zur Durchführung wirtschaftlicher Maßnahmen in einem freiwilligen Rahmen einzuführen, wäre innerhalb einer Zertifizierung nach einem Umweltmanagementsystem (z. B. EMAS, vgl. Kapitel 2.1). Dieses Vorgehen hätte den Vorteil, dass eine Einführung schrittweise und ohne großflächigen Zusatzaufwand möglich wäre. Die Adressaten dieses Systems bestehen im Vergleich zur IVU-Richtlinie nicht nur aus Betreibern von Großanlagen, sondern auch aus KMU. Die aktuelle Einführung von sektorspezifischen Referenzdokumenten (vgl. z. B. Schultmann u. a. 2010) als Leitfaden für verfügbare Techniken, Kennzahlen und Umweltmanagement-Methoden könnte hier einen ähnlichen Rahmen wie die BVT-Dokumente für Großanlagen bieten. Bei Anwendung entsprechender Bagatellgrenzen für (durch freiwillige Zertifizierung oder rechtlich vorgeschriebene) zusätzliche Maßnahmen werden für bereits gut geführte Unternehmen mit geringen Restpotentialen keine zusätzlichen Maßnahmen erforderlich. Beim Vergleich dieser Pflicht zur Prüfung auf wirtschaftliche Verbesserungsmaßnahmen mit der Vorschrift von eher statisch definierten[192] besten verfügbaren Techniken liegt der Vorteil eines betriebs-

---

[192] Die Dokumente werden in mehrjährigem Abstand aktualisiert, können aber nicht alle Anwendungsfälle und Entwicklungen so flexibel wie individuelle Konzepte erfassen.

spezifischen Wärmenutzungskonzepts im individuell „optimierten" haushälterischen und damit eigennützigen Umgang mit Energie.

Wie bei der letztlich erfolglos geplanten Wärmenutzungsverordnung bestehen bei allen in Genehmigungsverfahren oder in freiwillige Zertifizierungen eingebundenen Geboten zur Umsetzung wirtschaftlicher Maßnahmen Informations- und Kontrollprobleme, da der Betreiber keinen Anreiz zur umfassenden Information der Behörden hat (Bressler u. a. 1994). Aus diesem Grund kann ein solches Gebot zunächst nur den Anstoß zur Analyse von Wärmenutzungsmöglichkeiten garantieren. In einer optimistischen Sichtweise könnte dies als ausreichend und der Zwangs- und Kontrollaspekt als vernachlässigbar angesehen werden, da theoretisch vorgeschriebene Maßnahmen, sofern wirtschaftlich, von rationalen Entscheidern aus Eigeninteresse durchgeführt werden. Hierbei ist ein Kompromiss zwischen Verwaltungs- und Kontrollaufwand einerseits und dem Nutzen der Verbreitung einer in vielen Fällen vernünftigen Idee zu suchen. Dieser Kompromiss könnte etwa im Bereich von Zertifizierungsprogrammen zum Umweltmanagement als rein freiwillige Maßnahme gefunden werden. Eine verbindlichere Alternative ist die Aufnahme in BVT-Referenzdokumente, welche zwar verbindliche Maßstäbe für Genehmigungen setzen, allerdings industriespezifisch und mit detaillierten Alternativen ausgestaltet werden können.

4.8.3 Vorschläge für aktuelle Ansatzpunkte: öffentliche Förderung

Sowohl das Konzept einer allgemeinen Abgabe auf die Emission von industrieller Abwärme als auch die gesetzliche Vorschrift zur Nutzung von Abwärme sind in Deutschland nicht über das Stadium eines Entwurfs hinausgekommen (vgl. Kapitel 4.8.1). In beiden Fällen wurden vom Umweltbundesamt und diversen Forschungseinrichtungen sehr detaillierte Konzepte erarbeitet, welche schon ein gravierendes Problem solcher allgemein gültigen Vorschriften andeuteten. Der Aufwand, alle möglicherweise unter die Vorschriften fallenden Abwärmequellen zu identifizieren und zu bewerten, wäre sowohl auf Seiten der Unternehmen als auch auf Seiten der Behörden beträchtlich. Erfahrungen aus dem (begrenzteren) Bereich der Beschränkung der Emissionen flüchtiger organischer Verbindungen (Lösemittelgesetzgebung nach EU-Direktive 1999/13 (EC 1999)) zeigten Schwierigkeiten, die mit einer standortweiten

Input-Output-Bilanz verbunden sind. Das hierbei verlangte Aufstellen einer sogenannten Lösemittelbilanz in den betroffenen Unternehmen ist mit hohem Verwaltungsaufwand und zahlreichen Abgrenzungsproblemen und Auslegungsfragen verbunden (LAI 2004).[193]

Um diesen Verwaltungsaufwand zu umgehen, könnte eine Alternative zu ordnungsrechtlichen Vorgaben eine optionale finanzielle Förderung von Projekten zur betriebsübergreifenden Abwärmenutzung sein. Damit würde der Verwaltungsaufwand auf wenige, tendenziell sinnvolle Projekte beschränkt. Zwar zeigt die Erfahrung mit EIPs, dass nur Symbiosen entstehen, wenn diese eine direkte Reduzierung der Rohstoff- oder Energiekosten der Beteiligten bewirkt (vgl. Kapitel 2.6). Wenn jedoch aufgrund der verschiedensten Hemmnisse auch solche Maßnahmen, die ökonomisch sinnvoll wären, nicht umgesetzt werden, so kann dieses Marktversagen durch Anschubfinanzierung oder allgemeine Fördermaßnahmen behoben werden. Eine solche Förderung könnte sowohl in Investitionszuschüssen oder Steuererleichterungen als auch in verbilligten oder mit Risikoübernahme verbundenen Darlehen geschehen. Nach einer Umfrage der KfW-Bankengruppe unter deutschen Unternehmen sieht deren Mehrheit in finanziellen Anreizen ein wirksames Instrument zur Verbesserung der Energieeffizienz (Brüggemann 2005). Dabei sprachen sich 72 % für Finanzierungshilfen (Förderkredite, Zuschüsse) aus und 66 % wünschten sich Steueranreize. Die Umsetzung von Energieeffizienzmaßnahmen allgemein (Jochem u. a. 2007) und solchen zur Wärmeintegration im Besonderen scheitert oft nicht an mangelnder Wirtschaftlichkeit, sondern am hohen Kapitalbedarf und langen Amortisationszeiten. Aus diesem Grund kann ein Ansatzpunkt eine Aufteilung und Absicherung dieses (empfundenen oder realen) wirtschaftlichen Risikos mit Hilfe öffentlicher Akteure eine effiziente Maßnahme sein.

Bei den erwarteten langen Amortisationszeiten von Projekten zur Abwärmenutzung bietet ein zum Zeitpunkt der Errichtung gezahlter Investitionszuschuss den Vorteil hoher Planungssicherheit für das Unternehmen. Derartige Programme existieren schon teilweise in allgemeinerer Form, etwa in Bremen, im Rahmen der REN-Richtlinie, nach der unter anderem gewerbliche Anlagen zur Abwär-

---

[193] Vgl. z. B. das Forschungsprojekt SMS VOSLESS, http://www.iip.kit.edu/520.php.

menutzung unter bestimmten Voraussetzungen einen Investitionszuschuss von 40 % erhalten können. [194]

Im Vergleich dazu ist mit Steuererleichterungen das Risiko verbunden, dass sich diese Erleichterungen oder die Betriebsweise der Anlage während der Nutzungsdauer ändern, was zu Unsicherheiten und damit zu einem Hemmnis für die Umsetzung führen kann (Levander und Holmgren 2008). Steuererleichterungen als Anreiz für Investitionen in Projekte zur Abwärmenutzung sind für den Staat eine zunächst günstige, nicht mit Ausgaben verbundene Variante. Ökonomisch schaffen sie den Anreiz, die effizientesten Maßnahmen im Unternehmen umzusetzen und allgemein die Weiterentwicklung von Technologien zu betreiben. Steuererleichterungen können dabei entweder auf die Investitionssumme bezogen werden oder auf den Bedarf an Nutzenergie. So wird beispielsweise in Schweden für den Industriesektor eine Energiesteuer von 0,005 €/kWh erhoben, deren individuelle Aufhebung für den Fall von Investitionen zur Abwärmenutzung diskutiert wird. Allerdings wird dieser Anreiz alleine für Abwärmenutzungsprojekte als zu gering angesehen (Levander und Holmgren 2008).

Ein weiteres Instrument zur Förderung von überbetrieblicher Prozessintegration und externer Abwärmenutzung können vergünstigte Darlehen öffentlicher Stellen sein. Ein Beispiel für ein bereits existierendes Programm ist das ERP-Umwelt- und Energieeffizienzprogramm der KfW Bankengruppe auf Bundesebene, bei dem unter anderem explizit die Wärmerückgewinnung und Abwärmenutzung in KMU durch ein Darlehen mit einem vergünstigten Zinssatz gefördert wird. Während die finanziellen Rahmenbedingungen dieses Förderprogramms mit bis zu 10 Mio. € pro Projekt und einer Laufzeit bis zu 20 Jahren für den betrachteten Bereich grundsätzlich als geeignet erscheinen, ist bei derartigen Förderprogrammen sicher noch eine vertragliche Flexibilisierung an die spezielle Situation einer externen Abwärmenutzung mit mehreren beteiligten Unternehmen und der Aufteilung von Förderung und Einsparung notwendig. So stand beispielsweise beim ökonomisch und ökologisch sinnvollen Projekt der Abwärmenutzung einer Raffinerie in Karlsruhe aufgrund nicht

---

[194] „Richtlinie zur Förderung der sparsamen und rationellen Energienutzung und -umwandlung in Industrie und Gewerbe (REN-Richtlinie)", vgl. z. B. www.nrwbank.de/pdf/dt/REN/pdf_REN_Richtlinie2005.pdf; http://www.foerderdatenbank.de.

passender Rahmenbedingungen keine staatliche Förderung zur Verfügung (Schneider und Rink 2010).

Ein in der Praxis sehr entscheidungsrelevanter Aspekt bei der Finanzierung von Investitionen in Infrastruktur zur Abwärmenutzung ist die Übernahme des wirtschaftlichen Risikos, welches sich aus der langen Amortisationsdauer ergibt (s. Kapitel 4.3.1). Zur Verringerung dieses als Hemmnis wirkenden nur wahrgenommenen oder realen wirtschaftlichen Risikos kann eine staatliche Stelle das Risiko als Anreiz für Unternehmen mittragen. Dies kann in Verbindung mit einem Darlehen geschehen, als reine staatliche Garantie oder durch direkt am Vorhaben beteiligte öffentliche Akteure (Kommunen, lokale Energieversorger). Nach Levander und Holmgren (2008) wären Garantien öffentlicher Akteure wahrscheinlich ein günstiges Instrument zur Förderung, da die Wahrscheinlichkeit der Inanspruchnahme gering wäre.

Nach Mirata (2005) ist der wichtigste Einflussfaktor der Politik zur Unterstützung symbiotischer Netzwerke zwischen Unternehmen die Schaffung von Anreizen für solche Projekte durch das Erschweren und Verteuern linearer Stoffströme, also sowohl des Verbrauchs an Ressourcen, als auch die Beseitigung (Deponierung) von Reststoffen. Aus den Erhebungen zu Beispielprojekten in Großbritannien schließt Mirata (2005), dass in allen Fällen neue Beschränkungen und Gebühren die Ursache für die Symbiose-Projekte waren. Bei stofflichen Symbiosen waren dies neue Deponiegebühren und bei Projekten zur Energieeinsparung neue Abgaben auf den Primärenergiebedarf (Climate Change Levy). Allgemein lassen sich bei komplexen Effizienzsteigerungsansätzen eher positive Auswirkungen von den Gesetzgebungsstrategien erwarten, die auf marktgetriebene Lösungen setzen, wie Gebühren für Ressourcenverbrauch oder Emissionen in die Umwelt. Dadurch können anstelle von konkreten Vorgaben die gewünschten Ergebnisse gefördert werden und die Flexibilität der Unternehmen bei der Lösungssuche bleibt erhalten. Allerdings können eher flexible Regulierungsansätze im Vergleich zu starren Vorgaben (Verboten) mit einem höheren administrativen Aufwand einhergehen, was sie oftmals für Behörden unattraktiver macht (Weinberg u. a. 1994).

Da schon in der Vergangenheit Energiepreissteigerungen mit einem Anstieg der Energieproduktivität in Deutschland einhergingen (Glatzel 1983), bietet sich als den Verwaltungsaufwand minimierende Alternative oder Ergänzung eine Nutzung der Steuerungsfunktion von Markt, Preis und finanziellen Anreizen an.

Diese finanziellen Anreize zur Umsetzung der Wärmeintegration können von der direkten Erschließung und dem Betrieb von Standorten bis zu rein marktwirtschaftlichen Instrumenten wie etwa der Gestaltung von Steuern und Abgaben auf Energieträger und Emissionen reichen. Gerade die Steigerung der Energiepreise hat in der Vergangenheit technologische Entwicklungen in einer Breite bewirkt, welche durch punktuelle gesetzliche Regelungen schwierig zu erreichen gewesen wären. Wenn also konkrete Eingriffe in die industrielle Nutzung von Energie das Ziel der Politik sind, so erscheinen sie leichter durch die Lenkung über Energie- oder CO_2-Emissionspreise erreichbar zu sein, als durch die ergänzende, freiwillige oder vorgegebene unternehmensinterne Analyse der Wärmeströme und anschließende Publikation eines eher schwierig zu überprüfenden Wärmenutzungskonzepts. Derartige Überlegungen zu zusätzlichen Besteuerungen oder auch Vergünstigungen erscheinen dann berechtigt, wenn sie Rationalisierungs- und Effizienzmaßnahmen lenken können und ökologische oder soziale Kosten des Verbrauchs von Primärenergie besser in die Preise integrieren können.

Unsicherheiten können allgemein ein großes Hindernis für Investitionen mit langer Amortisationszeit darstellen. Die Problematik einer großen Unsicherheit zukünftiger Entwicklungen von Marktpreisen, insbesondere Energiepreisen, erschwert gleichermaßen sowohl die Festlegung langfristig wirksamer ökonomischer Maßnahmen als auch die Abstimmung mit ordnungsrechtlichen Maßnahmen. So wurde beispielsweise während der Diskussion um eine Wärmenutzungsverordnung in Deutschland (um 1990) von einem prognostizierten Preis für Rohöl von 25 US$/barrel im Jahr 2010 ausgegangen (Müller 1990). Der reale Preis war hingegen im Bereich 68 - 92 US$/barrel im Jahr 2010 und schwankte sogar allein im Jahr 2008 zwischen 32 US$/barrel und 147 US$/barrel.[195] Diese Unsicherheiten können aber als Grund für die Bereitstellung von unterstützenden Maßnahmen angesehen werden, welche den Nutzern langfristigere Planungssicherheit bieten. So wird als ein wichtiges Hindernis für die Umsetzung von Maßnahmen zur Steigerung der Energieeffizienz, wie etwa der Abwärmenutzung, die Unsicherheit bezüglich der gegenwärtigen und zukünftigen gesetzlichen Vorgaben und Förderrahmen genannt, welche insgesamt eher zu einer abwartenden Haltung der Unternehmen führen (Grönkvist und Sandberg 2006). Daher sollten gesetzliche Rahmenbedingungen, darunter

---

[195] Preise 2008 und 2010: http://www.mrci.com/ohlc/.

die Förderung von Abwärmenutzung, aber auch anderer in Konkurrenz dazu stehender Effizienzmaßnahmen, eine möglichst langfristige Planungssicherheit bieten.

5 Anwendung in einem beispielhaften Eco-Industrial Park

Der gewählte Ansatz zur mathematischen Pinch-Analyse (vgl. die Gesamtübersicht des Ansatzes in Kapitel 3.4.3 ab Seite 101) und die Erweiterungen zur Integration von Entfernungen, Redundanzinvestitionen und zur anschließenden Gewinnaufteilung werden im Folgenden auf ein Beispiel angewandt. Das Ziel ist dabei nicht die detaillierte Planung des Standortes, sondern die Potentialabschätzung für eine Wärmeintegration mit dem erweiterten Ansatz. Für diese Fallstudie dienen Daten eines Zellstoffwerks in Chile als Basis für einen integrierten Standort (EIP) mehrerer Betriebe, die Produkte aus dem Bereich der Forstwirtschaft herstellen. Die Daten für diese Betriebe stammen aus veröffentlichten Beispielen und Anlagenkonzepten, welche im Rahmen von Machbarkeitsstudien für Chile untersucht wurden.

5.1 Konzipierter Industriepark und beteiligte Unternehmen

5.1.1 Hintergrund der Fallstudie

Im Bereich der Forstwirtschaft existieren bereits EIPs in nordeuropäischen Ländern, insbesondere in Finnland (Korhonen 2001d; Pakarinen u. a. 2010). Bei diesen ist in der Regel ein Papier- oder Zellstoffwerk das zentrale Unternehmen, zu dem Sägemühlen, ein zentrales Kraftwerk des Industriekomplexes, Chemieunternehmen und Entsorgungsunternehmen hinzukommen. Neben einer möglichen Nutzung von Wärmeintegration ist das Ziel vor allem die vollständige Nutzung der Ressourcen (Rundhölzer) an einem Standort. Nach Korhonen u. a. (2004) existieren in Finnland elf solcher Standorte (forest industry regional integrates), welche einen Eckpfeiler der finnischen Wirtschaft darstellen. Die Relevanz dieser Standorte für die Energiewirtschaft in Finnland wird durch den Anteil der Papier- und Zellstoffindustrie am gesamten Energiebedarf von 25 % verdeutlicht (Sokka u. a. 2011). Für bestehende Forst-EIPs wird die Einsparung an CO_2-Emissionen durch die Integration im Vergleich zum unvernetzten Fall von Sokka u. a. (2011) auf 40 % - 75 % geschätzt. Die Hauptmotivation zur

Entwicklung dieser Standorte sind aber ökonomische Effizienzvorteile, vor allem durch geringe Transportwege (Pakarinen u. a. 2010).

In Chile existiert eine solche Integration von Forstbetrieben an einem Standort noch nicht, obwohl die Forstindustrie auch hier eine große wirtschaftliche Bedeutung hat.[196] In Chile stammen etwa 70 % der Einschlagmenge aus gepflanzten Plantagen, welche insgesamt 2,1 Mio. Hektar ausmachen (Zaror u. a. 2009). Die dort hauptsächlich angebauten Baumarten sind Pinus *radiata*, welche zu Möbeln, Bauholz, Papier und Zellstoff verarbeitet werden und Eucalyptus (*globulus/nitens*), welche hauptsächlich zu hochwertigem Papier und Zellstoff, zunehmend auch zu Möbeln und Furnieren verarbeitet werden (Cartwright 2002). Neben den Hauptprodukten Zellstoff und Schnittholz findet sich zunehmend eine weiterverarbeitende Industrie. Auf den verschiedenen Verarbeitungsstufen fallen diverse Nebenprodukte und Reststoffe an wie Rinde, Sägemehl und Verschnitt (Holzschwarten). Die industrielle Infrastruktur der Forstwirtschaft ist nach Cartwright (2002) sehr gut ausgebildet, bei primären Holzprodukten (Spanplatten, Faserplatten, Sperrholz, Zellstoff) ist das Land führend. In der VIII. Region (Bío-Bío) findet sich mit den größten Holzplantagen (0,85 Mio. Hektar) auch die größte Konzentration der Forstindustrie (Zaror u. a. 2009). In dieser Region findet sich auch das der EIP-Fallstudie zugrundeliegende Zellstoffwerk.

In industriellen Schwellenländern wie Chile spielt der Energiebedarf der Industrie eine kritischere Rolle als in Industrieländern. Zum einen ist in diesen wirtschaftlich sehr dynamischen Regionen mit einem weiteren Anstieg der industriellen Tätigkeit und damit des Energiebedarfs zu rechnen, zum anderen sind sie größeren wirtschaftlichen Schwankungen unterworfen. Die große Importabhängigkeit des Landes bei fossilen Energieträgern (100 % bei Kohle, 61 % bei Erdgas und 100 % bei Rohöl) führt dabei in Verbindung mit einer

---

[196] Chile gilt als wirtschaftlich entwickeltes Schwellenland mit einem kleinen Binnenmarkt und einer stark an freier Marktwirtschaft orientierten Wirtschaftspolitik. Sowohl beim Pro-Kopf-Einkommen (hier zusammen mit Mexiko), als auch bei den ausländischen Direktinvestitionen liegt es an der Spitze der lateinamerikanischen Staaten (https://www.cia.gov/library/publications/the-world-factbook/geos/ci.html). Zu den wichtigsten Exportprodukten gehören neben Metallen (hauptsächlich Kupfer, Molybdän und Lithium) und landwirtschaftlichen Produkten Papier und Zellstoff (http://www.bcentral.cl/eng/economic-statistics/series-indicators/index_fs.htm)

dynamischen, sowohl von Wachstum als auch von großen Schwankungen geprägten Wirtschaft zu Unsicherheiten bei der Versorgungssicherheit und bei den Energiepreisen für die Industrie (APEC 2009). In Chile werden etwa 23 % des nationalen Endenergiebedarfs von der Industrie verursacht, innerhalb derer die Kupferindustrie (ca. 28 % des Endenergiebedarfs der Industrie, hauptsächlich elektrische Energie) und die Papier- und Zellstoffindustrie (ca. 21 % des Endenergiebedarfs der Industrie) dominieren (APEC 2009). Im Gegensatz zu Industrieländern wie Deutschland konnte der spezifische Energiebedarf der Industrie in den letzten Jahren nicht gesenkt werden, sondern blieb von 1990 bis 2005 bei großen zwischenzeitlichen Schwankungen konstant (APEC 2009).

Durch ihre Größe und die in der Produktion benötigten Energieströme sowie durch die bei den diversen Prozessen anfallenden Nebenprodukte eignet sich ein Papier- oder Zellstoffwerk gut als Basis zur Integration eines oder mehrerer Unternehmen mit ähnlichem oder ergänzendem Rohstoffbedarf und einem gewissen eigenen Wärmebedarf. Dies sind in dieser Fallstudie

- Ein Zellstoffwerk als fokales Unternehmen der Kooperation,
- eine Anlage zur Herstellung von pyrolytischem Bio-Öl,
- eine Anlage zur Torrefikation zur Aufwertung von Holzresten,
- eine Anlage zur Herstellung von Biokohle aus organischem Material,
- eine Anlage zur Herstellung von Holzfaserplatten zur Wärmedämmung.

5.1.2 Zellstoffwerk

Zellstoff ist eine durch chemischen Aufschluss von Pflanzenfasern gewonnene faserige, hauptsächlich aus Cellulose bestehende Masse, die als Ausgangsprodukt zur Herstellung von Papier und Faserstoffen verwendet wird. Der Herstellung von Zellstoff (auch Halbstofferzeugung genannt) schließen sich im Fall der Papierherstellung die oft kundennah in Industrieländern durchgeführten Schritte der Stoffaufbereitung, Verarbeitung in einer Papiermaschine und anschließende Veredelung an. Zwar existieren verschiedene Verfahren zur Herstellung von Zellstoff und Papier, allgemein gehört dieser Bereich aber zu den energieintensivsten Industrien (EIPPCB 2001).[197] In Deutschland gehört diese Branche zu den fünf größten Nachfragern nach Energie (LfU 2003), in Chile ist sie der zweitgrößte (APEC 2009). Verbesserungen der Energieeffizienz sind in dieser Industrie aufgrund des hohen Anteils der Energiekosten (in Deutschland beispielsweise betrug im Jahr 2003 der Anteil der Energiekosten am Umsatz etwa 10 % (LfU 2003)) wirtschaftlich besonders lohnend.

Zu den wichtigsten Maßnahmen zur Verringerung des Energiebedarfs bei der Papier- und Zellstoffherstellung gehören nach BMU (2009) der verstärkte Einsatz von Kraft-Wärme-Kopplung, der Ausbau der Wärmerückgewinnung sowie allgemein der Einsatz von Aggregaten (Antriebe, Pumpen, Brenner und Kälteanlagen) mit verbessertem Wirkungsgrad und der verstärkte Einsatz von Altpapier als Rohstoff. Effizienzsteigerungen an verschiedenen Stellen führen oft dazu, dass bei der Dampferzeugung eine Überkapazität vorhanden ist, welche intern oder extern genutzt werden kann (Wising 2003). Weiterhin ist oft noch keine effiziente Verwendung von generell vorhandener Niedertemperatur-abwärme vorhanden, sodass sie ungenutzt in die Umwelt abgegeben wird. Laut BMU (2009) wird eine Nutzung außerhalb der Fabrik aktuell oft durch fehlende Abnehmer oder logistische Randbedingungen verhindert. So stellt das LfU (2003) fest, dass eine ausreichende Wirtschaftlichkeit nur dann gegeben ist, wenn kein hoher entfernungsbedingter Aufwand an Rohrleitungen, Pumpen etc. notwendig ist, wenn also Wärmequellen und -senken möglichst lokal gekoppelt werden. Beim modellhaften Vergleich der externen Abwärmenutzung eines Zellstoffwerks in einem Fernwärmenetz mit der internen Verwendung (Effizienzsteigerungen und Erzeugung elektrischer Energie) wurde insbesondere das Preisverhältnis der Brennstoffe als bestimmend für die Wirtschaftlichkeit der Wärmeauskopplung identifiziert (Svensson u. a. 2008; Jönsson u. a. 2008).

Bei dem hier betrachteten Unternehmen handelt es sich um eine Anlage zur Herstellung von Zellstoff aus Pinien- und Eukalyptusholz in Chile.[198] Nach dem Sulfatverfahren (Kraft-Aufschluss) wird das kleingehäckselte Holz hier

---

[197] Eine Analyse des energiewirtschaftlichen Zielsystems für den Industriesektor der Papier- und Zellstoffherstellung findet sich in Bölle (1994).

[198] Die vereinfachten Prozessdaten entstammen zum Teil der Diplomarbeit (unveröffentlicht) am Institut für Industriebetriebslehre und Industrielle Produktion (IIP) der Universität Karlsruhe: J. Stengel (2008): „Optimierung des Energieverbrauchs mit Hilfe der Pinch-Analyse in einer chilenischen Zellulosefabrik".

chemisch in Zellstoffkochern (engl. digester) aufgeschlossen (Blechschmidt 2010). Dies geschieht unter Wärmezufuhr nach Vermischen mit Schwarzlauge (teilweise im Kreislauf geführtes Endprodukt des Prozesses, welches das abgetrennte Lignin enthält) und Weißlauge (basische Aufschlusschemikalien wie Natronlauge und Natriumsulfit). Die stark basische Flüssigkeit löst das Lignin und die Hemicellulose, wobei sich die Temperatur durch exotherme Prozesse um einige Grad erhöhen kann (Ji u. a. 2010). Die dabei entstehende Schwarzlauge wird nach Abtrennung der Cellulosefasern in Verdampfern aufkonzentriert und im Schwarzlaugenkessel verbrannt, die basischen Chemikalien werden aufbereitet und als Weißlauge zurückgeführt. Die von der Schwarzlauge abgetrennten Cellulosefasern werden gewaschen und in mehreren Schrit-Schritten mit sauren und basischen Chemikalien behandelt, gebleicht und in Bahnen (zuerst mit beheizten Walzen und dann mit Heißluft) getrocknet.

Der Energiebedarf der Anlage wird durch Verbrennung der Abfall- und Nebenprodukte (Äste, Rinde, Schwarzlauge) und fossiler Brennstoffe gedeckt. Dabei wird elektrische Energie in das öffentliche Elektrizitätsnetz eingespeist, welche in Turbinen aus dem erzeugten Hochdruckdampf vor seiner Nutzung im Prozess gewonnen wird. Eingesetzt wird die erzeugte Wärme unter anderem zum Betrieb der Zellstoffkocher, zum Erwärmen von Wasch- und Bleichflüssigkeiten, zur Aufkonzentration von Schwarzlauge durch Verdampfen und zum Trocknen der Zellstoffbahnen.

Anlagen zur Zellstoff- und Papierherstellung nutzen in der Regel Wärmerückgewinnung in internen Wärmeübertragernetzwerken, bieten aber auch zahlreiche Möglichkeiten zum Wärmeaustausch mit externen Akteuren. Im Rahmen des EIPs tritt das Zellstoffwerk als zentraler Akteur mit den größten Wärmeströmen auf, wobei es ohne spezielle Änderungen des eigenen Energiesystems[199] zum einen als großer Abnehmer von Wärme hohen bis mittleren Temperaturniveaus auftritt und zum anderen als Anbieter von Wärme auf eher niedrigem Temperaturniveau. Abbildung 5-1 zeigt ein vereinfachtes Blockfließbild des Zellstoffwerks. Die für die überbetriebliche Wärmeintegration zur Verfügung stehenden Ströme sind mit den relevanten Daten eingetragen.

---

[199] Eine Veränderung der Produktionsprozesse oder Energiebereitstellung selbst zur Anpassung an mögliche Austauschbeziehungen im konzeptionellen EIP wird hier nicht betrachtet, da eine sehr viel detailliertere Betrachtung der internen und globalen Optimierung des Prozessdesigns hierfür notwendig wäre.

Weitere Ströme aus einer internen Pinch-Analyse (s. Fußnote 198) sind hier aus Gründen der Übersichtlichkeit nicht dargestellt.

Strom C1 (vgl. auch Tabelle 5-1 auf Seite 295) stellt Wasser aus verschiedenen Quellen dar, welches für Waschzwecke auf 65 °C erwärmt wird. C2 entspricht der rückgeführten Schwarzlauge welche nach dem Abtrennen vom Zellstoff wieder für das Zellstoffkochen erhitzt wird. Strom C3 entspricht der Aufkonzentration des beim Zellstoffkochen aus dem Celluloseaufschluss anfallenden Gemischs aus Wasser und Schwarzlauge. Hierbei wird bei gleich bleibender Temperatur der Wasseranteil des Gemischs so weit verdampft, bis die Konzentration von ca. 15 % auf ca. 80 % angestiegen ist, um sie danach in einem Rückgewinnungskessel unter Rückgewinnung der Chemikalien zu verbrennen (EIPPCB 2001). Die zugeführte Wärme entspricht der Verdampfungsenthalpie des Wassers. H1 stellt verbrauchtes Wasser dar, welches aus dem ersten Bleichschritt (sauer) stammt und zur weiteren Aufbereitung abgekühlt wird. H2 stellt analog Wasser aus dem zweiten Bleichschritt (basisch) dar, welches ebenfalls vor der Weiterbehandlung abgekühlt wird.

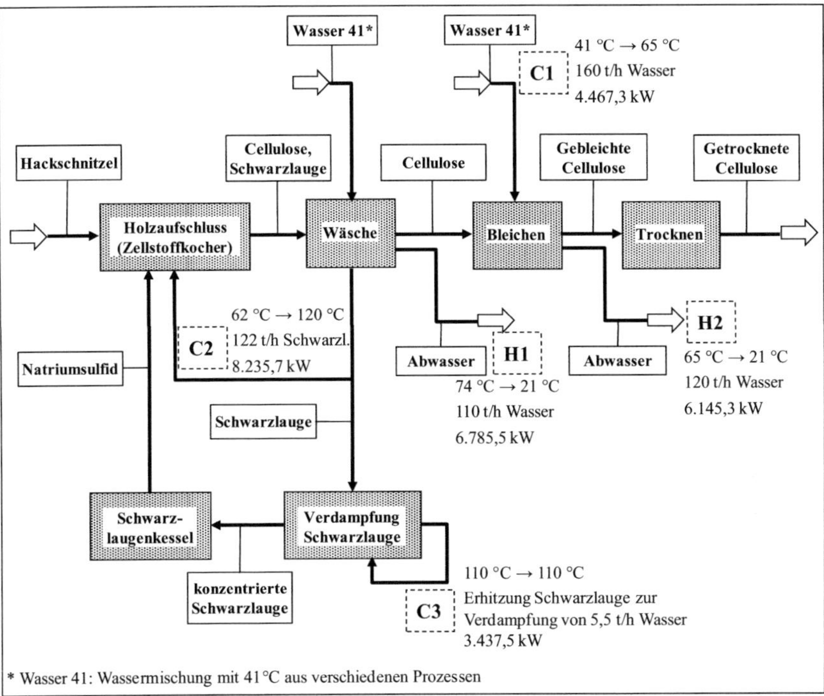

Abbildung 5-1: Blockfließbild der Zellstofffabrik (eigene Darstellung, Datenquelle vgl. Fußnote 198)

Zusätzlich können die Ausgangsstoffe (Holzschnitzel und Sägemehl für die Herstellung von Bio-Öl und Faserplatten) und Nebenprodukte (Rinden und Äste zur Herstellung von Biokohle) des Zellstoffwerks für die weiteren Unternehmen der Fallstudie als Rohstoffe genutzt werden. Dieser Standortvorteil sowie die Synergien durch die gesamte bestehende, auf die Verarbeitung von Holz ausgerichtete Infrastruktur und Logistik werden hier aber nicht genauer quantitativ betrachtet.

5.1.3 Anlage zur pyrolytischen Erzeugung von Bio-Öl

Das zweite Unternehmen des EIP ist eine Anlage zur Herstellung von sogenanntem Bio-Öl aus Sägemehl. Dieses Produkt ist eine Mischung aus über 100 Bestandteilen, die als Brennstoff (trotz eines gewichtsbezogenen Wassergehalts von 20 % bis 40 %) oder zur Herstellung von Feinchemikalien genutzt werden kann (Bridgwater und Grassi 1991; Hiete u. a. 2009a). Dazu gehören etwa Phenole, welche zur Herstellung von Faserplatten eingesetzt werden können (Graham 2003) und Carbonsäuren, welche zum Beispiel als Silageadditiv Verwendung finden können (Jahn 2008). Im Vergleich zu festen Biomassen bietet Bio-Öl eine höhere Dichte (1,2 kg/l) und Energiedichte (18 MJ/kg) und einfachere Transportierbarkeit. Allerdings ist es ohne Additive nicht mit anderen Brennstoffen mischbar und kann bei langer Lagerung seine Zusammensetzung ändern (Soltes und Milne 1988).

Zur Herstellung wird eine schnelle Pyrolyse des Eingangsstoffs angewandt, bei der er unter Luftabschluss innerhalb von Sekundenbruchteilen auf hohe Temperaturen von etwa 500 °C erhitzt und die Zersetzungsprodukte ebenso schnell wieder abgekühlt werden (Bridgwater und Grassi 1991). Dabei stellt die Reaktion in einem Wirbelbett nach Vermischen mit einem Wärmeträger (Sand) das nötige schnelle Aufheizen des Sägemehls (typischerweise < 0,03 Sekunden) sicher (Bridgwater und Peacocke 2000). Durch die Wahl hoher Temperaturen und schneller Aufheiz- und Abkühlvorgänge soll die Ausbeute an Bio-Öl im Vergleich zu ebenso entstehenden und zur Wärmebereitstellung genutzten Pyrolysegasen und Holzkohle maximiert werden. Das schnelle Abkühlen (Quenching, Abschrecken) und Kondensieren des Bio-Öls kann durch Vermischung mit flüssigem Bio-Öl geschehen, welches aufgenommene Wärme über einen Wärmeübertrager abgibt.

Eine Analyse[200] der industriellen Umsetzung einer solchen Anlage ergab eine geeignete Kapazität von 100 kt_{atro}[201] Sägemehl pro Jahr, erste Anlagen im industriellen Maßstab haben eine Kapazität von etwa 700 kt_{atro} Sägemehl pro

---

[200] Die vereinfachten Prozessdaten entstammen zum Teil der Diplomarbeit (unveröffentlicht) am Institut für Industriebetriebslehre und Industrielle Produktion (IIP) der Universität Karlsruhe: N. Dohn (2007): „Techno-Economic Analysis of the Bio-Oil Production from Sawdust by Fast Pyrolysis in Chile".

[201] Atro bezeichnet „absolut trocken" und wird zur Abgrenzung von lufttrocken verwendet.

Jahr[202]. Obwohl in der betrachteten Region Bío-Bío bei der Herstellung von etwa 2,4 Mt Schnittholz pro Jahr etwa 800 kt Sägemehl[203] pro Jahr anfallen, wird im Folgenden von einer eher kleineren ersten Anlage in Chile ausgegangen. Generell wird nach einer Umfrage von Hämäläinen u. a. (2011) davon ausgegangen, dass solche Anlagen zur Erzeugung von neuen biogenen Energieträgern in industriellem Maßstab als integrierte Bestandteile von Standorten der Papier- und Zellstoffindustrie umgesetzt werden. Ein ähnliches Konzept zur pyrolytischen Vergasung von Abfallstoffen eines Zellstoffwerks findet sich beispielsweise im schwedischen Piteå, wo auf dem Gelände des Unternehmens zunächst ein Forschungspark eingerichtet wurde und zukünftig die Produktion von Treibstoffen stattfinden soll (Grip u. a. 2010). Die Daten für diese Anlage basieren auf ersten realisierten Beispielen und einem Upscaling von Pilot- und Forschungsanlagen.

Abbildung 5-1 zeigt ein vereinfachtes Fließbild des Unternehmens Bio-Öl, wobei Zusatzinformationen für die hier relevanten Ströme eingetragen sind. Im Rahmen der Fallstudie tritt die Anlage zur Herstellung von Bio-Öl zum einen als Abnehmer von Niedertemperaturwärme (Strom C4) zur Trocknung der Eingangsstoffe (von massenbezogenen 50 % auf 5 %) auf. Zum anderen kann Wärme (H3) mit vergleichsweise hohem Temperaturniveau aus dem Abkühlprozess des Endprodukts abgegeben werden (vgl. auch Tabelle 5-1 auf Seite 295).

---

[202] www.dynamotive.com

[203] Dieses wird gegenwärtig entweder zur Zellstoffherstellung oder zur Dampferzeugung genutzt (Zaror u. a. 2009).

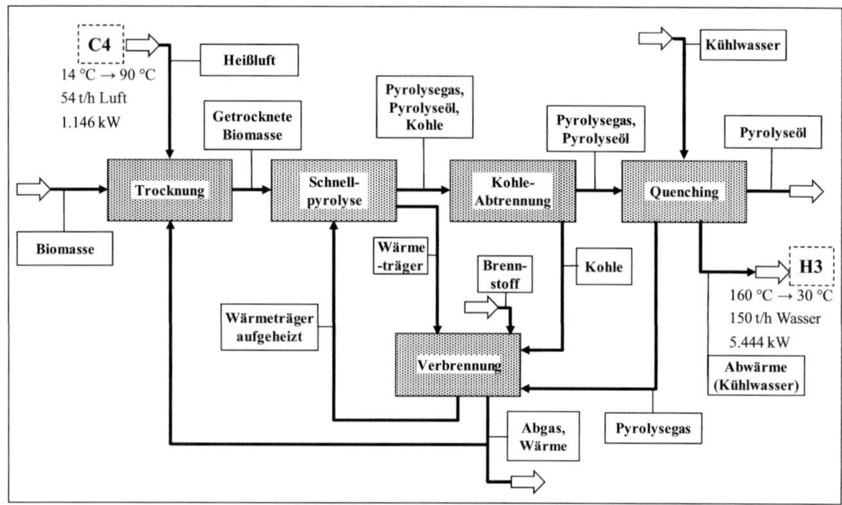

Abbildung 5-2: Blockfließbild der Anlage zur Herstellung von pyrolytischem Bio-Öl (eigene Darstellung, Datenquelle vgl. Fußnote 200, Bridgwater und Peacocke 2000)

5.1.4 Torrefizierung von Holzresten

Eine weitere Anlage, die sich für eine Integration in den forstwirtschaftlichen EIP eignet, hat das Ziel, Holzreste durch sogenannte Torrefizierung (auch Torrefikation, in etwa „Rösten") zu einem hochwertigeren Brennstoff aufzuwerten (Bergman u. a. 2005). Dabei werden die Ausgangsstoffe unter Luftabschluss bei relativ niedrigen Temperaturen von 200 °C bis 300 °C und Atmosphärendruck unter Abwesenheit von Sauerstoff etwa 30 bis maximal 90 Minuten lang thermisch behandelt (Bergman und Kiel 2005). Hierbei findet eine Trocknung und teilweise pyrolytische Zersetzung statt, wobei polymere Molekülstrukturen zerbrechen und diverse Verbindungen mit eher niedrigem Heizwert entweichen. In bisherigen Pilotanlagen wird die Wärme für den Prozess aus den Reaktionsgasen und Hilfsbrennstoffen gewonnen, in Anlagen im industriellen Maßstab[204] soll sie allein aus Reaktionsgasen stammen. Insgesamt entsteht ein Endprodukt,

---

[204] Beispielsweise zwei von der Fa. Thermya gebaute Anlagen mit einer Kapazität von je 20.000 t/a (vgl. www.thermya.com)

welches ähnliche Eigenschaften wie (getrocknete) Braunkohle aufweist. Dabei wird zum einen die Energiedichte (bezogen sowohl auf Masse als auch auf Volumen) gesteigert, da die Masse um etwa 30 % abnimmt, der Energiegehalt aber nur um etwa 10 %. Hierdurch können Logistikkosten verringert werden, welche nach Bergman und Kiel (2005) bei Holzpellets meist zwischen der Hälfte und zwei Drittel der Gesamtkosten ausmachen. Daneben wird durch die Behandlung ein einfacheres Zermahlen ermöglicht und Stoffe entfernt, die beim Verbrennen Luftschadstoffe erzeugen. Insgesamt wird so der direkte Einsatz in Kohlekesseln möglich. Die Nutzung dieser Technologie in Chile könnte damit die Abhängigkeit von importierten fossilen Energieträgern, welche aktuell etwa 75 % des Primärenergiebedarfs decken (Zaror u. a. 2009), verringern. Gleichzeitig kann der direkte Einsatz von Holz als Energiequelle, welches aktuell 20 % des Primärenergiebedarfs deckt, um eine hochwertige Nutzungsformen ergänzt werden, womit Probleme der Luftverschmutzung verringert werden können.

Abbildung 5-3 zeigt ein vereinfachtes Fließbild des Unternehmens *Torrefikation* basierend auf Literaturdaten und Studien zur industriellen Umsetzbarkeit. Im Rahmen des EIPs ist das Unternehmen zum einen ein Abnehmer (C6) von Wärme eher hoher Temperatur von 170 °C zum Vorwärmen der Verbrennungsluft, zum anderen ein Bereitsteller von Abwärme (H6) mit einer Temperatur von 140 °C (Bergman u. a. 2005) aus den Abgasen des Prozesses. Die für eine Prozessintegration relevanten Ströme sind auch in Tabelle 5-1 (auf Seite 295) dargestellt.

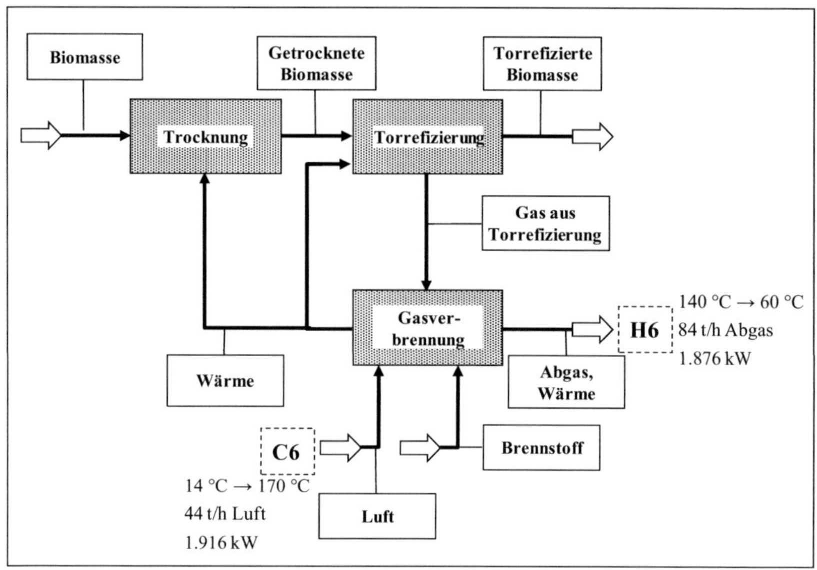

Abbildung 5-3: Blockfließbild der Anlage zu Torrefikation von Biomasse (eigene Darstellung, Datenquelle (Bergman u. a. 2005))

5.1.5 Herstellung von Biokohle durch Pyrolyse von Holzresten

Diese Anlage dient der Herstellung von sogenannter Biokohle, das heißt Kohle aus Biomassen mit geringer Energiedichte (Heizwert <10 MJ/kg) und/oder hohem Wassergehalt (bis 50 %) wie Grünschnitt, Gärresten, Bioabfall, Rinde, Holz, Nadeln und Laub. Diese Materialien sind für energetische Zwecke in kleinen dezentralen Anlagen sonst nicht einsetzbar und ein Transport über größere Strecken lohnt in der Regel finanziell (und energetisch) nicht. Im Szenario des chilenischen EIP können in dieser Anlage nicht stofflich verwertbare Pflanzenteile wie Rinde, Nadeln, Späne usw. neben der reinen Verbrennung einer weiteren sinnvollen Verwertung zugeführt werden. Derartige Materialien (sogenannte Siebreste aus der Waldpflege und Hackschnitzelherstellung) sind auch für die ersten bestehenden Anlagen in Deutschland das wichtigste Ausgangsmaterial.[205] Durch die Aufbereitung zu Biokohle können einige für eine direkte energetische Nutzung problematische Eigenschaften[206] der genannten Biomassen bei der Weiternutzung der Kohle vermieden werden (Sehn 2008). Diese problematischen Eigenschaften insbesondere bei der Nutzung von weniger hochwertigen Biomassen sollen mit der betrachteten Anlage durch die Erzeugung pyrolytischer Kohle in einem speziell angepassten Prozess mit getrennter Verbrennung[207] des Pyrolysegases verringert werden.

Bei der betrachteten Anlage wird die Biomasse über eine gasdichte Dosiereinrichtung dem rohrförmigen Reaktor zugeführt, durch den sie während der Pyrolyse von Förderschnecken transportiert wird. Dieser Reaktor wird von außen rekuperativ von den Abgasen einer nachgeschalteten Gasfeuerung und durch exotherme Zersetzungsprozesse beheizt. Die Gasfeuerung liefert nach Nutzung der Wärme zur Vergasung und Trocknung der Biomasse ein Abwärmepotential, welches thermisch oder zur Erzeugung elektrischer Energie genutzt werden kann (Gerber 2009; Gerber 2010). Ein Scale-Up der Anlage mit vergleichsweise kleiner Leistung (Basis: 3 Reaktoren, Output 500 t/a, Abwärme: 130 kW) kann durch Vervielfachung der Reaktorenanzahl erfolgen, deren Größe durch die Erfordernisse des Wärmetransports in die Biomasse begrenzt ist (Gerber 2011). Das Produkt Biokohle kann als energiereicher Brennstoff (ggf. nach Pelletisierung) oder zur Bodenverbesserung[208] eingesetzt werden (Schmid 2009).

Abbildung 5-4 zeigt ein Fließbild der Anlage zur Herstellung von Biokohle. Diese benötigt (nach dem Anlaufen) keine Zufuhr von Wärme und tritt somit

---

[205] Die verwendeten Informationen entstammen zum Teil aus den Ergebnissen des Forschungsprojekts CarboSolum (2010 - 2013) mit Beteiligung des Deutsch-Französischen Instituts für Umweltforschung des Karlsruher Instituts für Technologie (KIT).

[206] Dazu gehören ein hoher Aschegehalt (bei niedriger Ascheschmelztemperatur) und damit einhergehend Verschlackungsgefahr und Staubemissionen, ein hoher Stickstoff- und Chlorgehalt, der zu Korrosion und Emissionen führt sowie ein eher geringer Heizwert, sodass die Transportkosten eine Nutzung an anderer Stelle oft verhindern.

[207] FLOX-Brenner als flammenlose Verbrennung unter stöchiometrischen Brenngas-Luft-Verhältnissen zur Emissionsreduzierung (BINE 2006).

[208] Diese kann insbesondere bei nährstoffarmen, ariden Böden durch eine Verbesserung der Speicherfähigkeit für Wasser und Nährstoffe, aber auch durch die Steigerung der mikrobiellen Aktivität erreicht werden (Holweg 2010; Lehmann u. a. 2011).

allein als Anbieter von Abwärme auf. Neben der guten stofflichen Integrierbarkeit der Anlage in einen forstwirtschaftlichen EIP (Nutzung von minderwertigem organischem Material, Klärschlämmen) stellt die Anlage im Rahmen der Fallstudie also eine Quelle von Wärme auf hohem Temperaturniveau (H5) als Nebenprodukt der Verbrennung der Pyrolysegase dar. Tabelle 5-1 (auf Seite 295) stellt noch einmal die relevanten Wärmeströme aller Unternehmen dar.

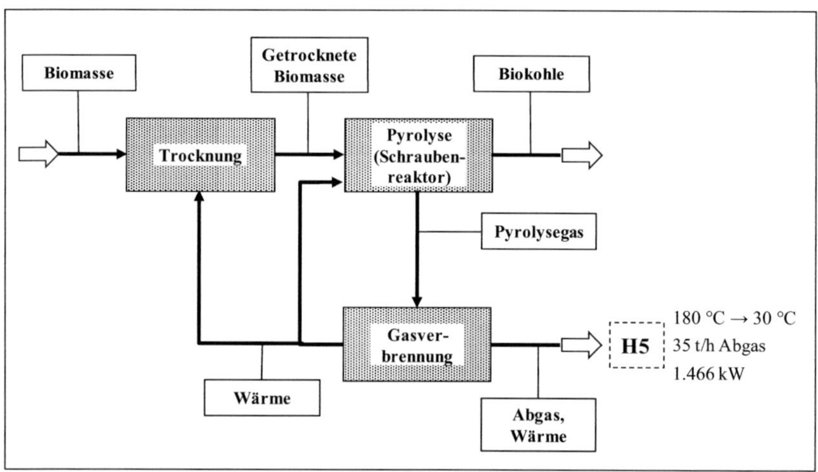

Abbildung 5-4: Blockfließbild der Anlage zur Herstellung Biokohle (eigene Darstellung, Datenquelle (Gerber 2009; Gerber 2010))

5.1.6 Herstellung Holzfaserplatten zur Gebäudedämmung

Aus Holzfasern hergestellte Dämmplatten[209] zählen zu den ältesten industriell hergestellten Naturdämmstoffen. Sie finden in Europa aufgrund ihres Ursprungs aus nachwachsenden Ressourcen und ihrer positiven Eigenschaften für das

---

[209] Holzfaserdämmplatten sind nicht zu verwechseln mit Holzwolle-Leichtbauplatten (HWL-Platten) die aus langfaseriger Holzwolle und Bindemitteln auf mineralischer Grundlage bestehen.

Wohnklima[210] in Europa zunehmend Verbreitung (Danner 2008). In Südamerika liegt der Fokus bei Holzfaserplatten eher auf günstig verfügbaren strukturellen Bauelementen, allerdings wird auch hier die Bedeutung von isolierenden Eigenschaften zunehmen.[211] Für die Anlage der Fallstudie in Chile besteht neben dem nationalen Markt analog zur Zellstoffherstellung die Möglichkeit des Exports. Während derartige Dämmplatten im Vergleich zu anderen Dämmstoffen aus nachwachsenden Rohstoffen relativ vielseitig einsetzbar sind, ist ihre Herstellung jedoch vergleichsweise anlagenintensiv (Mötzl 2000). Hierbei besteht eine große verfahrenstechnische Nähe zur Herstellung von Zellstoff, wobei insbesondere die Ähnlichkeit der Rohstoffe und der logistischen Anforderungen der Fertigprodukte für Synergien bei einem gemeinsamen Standort sprechen.

Im Folgenden wird eine Anlage zur Herstellung von Holzfaserdämmplatten im Nassverfahren betrachtet. Dabei werden Holzhackschnitzel (meist von Nadelhölzern, aus Verarbeitungsresten oder schwachem Rundholz) durch thermomechanische Verfahren aufgeschlossen und anschließend der Faserkuchen unter Hitze zum Abbinden gebracht. Hierfür werden die holzeigenen Bindemittel (Lignin) genutzt, zur Verbesserung der Festigkeit und der wasserabweisenden Eigenschaften werden teilweise noch Zusatzstoffe auf Basis von Harzen zugesetzt. Nach einem mechanischen Auspressen des Wassers werden die Platten bei 160 °C bis 220 °C in einem Trockenkanal getrocknet. Abschließend werden die Platten zugeschnitten und profiliert oder für größere Dicken (einzelne Platten ca. 3 cm, verklebt bis zu 20 cm) verklebt.[212] Ein Kennzeichen der Herstellung aller Arten von Holzfaserplatten ist der hohe Energiebedarf für Trockner, Pressen und Beschichtungen, welcher traditionell oft durch Holz-

---

[210] Diese aus Holz hergestellten Dämmstoffe haben zwar einen höheren spezifischen Wärmedurchgangskoeffizienten als manche andere Dämmstoffe zeichnen sich aber besonders positiv durch ihren hohen Dampfdiffusionskoeffizienten, ihre hohe Rohdichte und Wärmespeicherkapazität aus. Letzteres bietet durch Phasenverschiebung und Amplitudendämpfung von Temperaturschwankungen insbesondere im Sommer in Innenräumen von Gebäuden Schutz vor Wärme (Buschmann 2003). Für einen weiteren Vergleich von Dämmstoffen siehe z. B. Hiete u. a. (2009b).

[211] Nach Zaror u. a. (2009) ist die Wärmeisolierung im Bausektor eine der aktuellen technologischen Herausforderungen in Chile.

[212] Vgl. http://www.holzfaser.org

staubfeuerungen gedeckt wird. Nach Kaier (1990) findet sich in solchen Unternehmen aufgrund von Energiebedarfsreduzierungen ein zunehmender Überschuss an Restholz. Dieser kann entweder die Wärmeerzeugung und Abgabe an Dritte im Rahmen einer industriellen Gemeinschaftsversorgung attraktiv machen oder alternativ innerhalb der hier vorgestellten Typen von Holz verarbeitenden Unternehmen stofflich verwertet werden. Dies und allgemeine logistische Aspekte bei der Bereitstellung von Holz und Holzresten sprechen für die Einbindung eines solchen Unternehmens in einen Holz verarbeitenden EIP. Zu den Energieeinsparmöglichkeiten in solchen Betrieben gehört neben der Nutzung von KWK-Anlagen auch die Mitversorgung externer Abnehmer, da oft eine bedeutende Leistung an Abwärme auf eher niedrigem Temperaturniveau entsteht (Kaier 1990).

Abbildung 5-5 zeigt ein vereinfachtes Fließbild einer Anlage zur Herstellung von Holzfaserplatten (typischer Aufbau wie in der genannten Literatur verwendet), wobei nur für die Fallstudie relevante Wärmeströme eingezeichnet sind. Im Rahmen der Fallstudie wird zum einen für die Trocknung und Aushärtung ein großer Strom an heißer Luft (C5) benötigt, zum anderen ist diese Luft (H4) nach der Nutzung noch auf einem geringeren Temperaturniveau für andere Zwecke verwendbar. Diese im Fallbeispiel relevanten Wärmeströme sind auch in der Gesamtübersicht in Tabelle 5-1 (auf Seite 295) dargestellt.

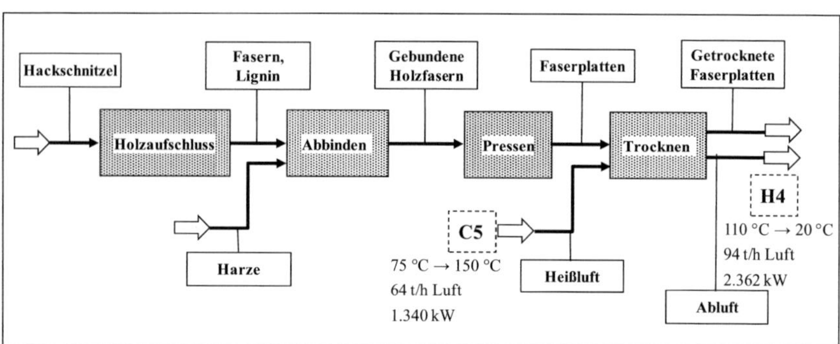

Abbildung 5-5: Blockfließbild der Anlage zur Herstellung Holzfaserplatten (eigene Darstellung, Datenquelle vgl. Mötzl (2000) und Kaier (1990))

5.2 Ökonomische Pinch-Analyse der Fallstudie und Erweiterungen

5.2.1 Ausgangsdaten und klassische Pinch-Analyse

Für die beschriebenen Unternehmen wird im Folgenden die Prozessintegration an einem gemeinsamen Standort betrachtet, wobei neben der Wärmeintegration keine weiteren Synergien betrachtet oder detaillierte Standortplanungen vorgenommen werden. Tabelle 5-1 zeigt die Daten der kalten (C) und heißen (H) Ströme der Unternehmen der EIP-Fallstudie. Der Wärmestrom berechnet sich dabei jeweils nach Gleichung (3-2) auf Seite 66. Eine Ausnahme bildet Strom C3, bei welchem Energie zur Verdampfung des Wasseranteils der verdünnten Schwarzlauge auf konstantem Temperaturniveau zugeführt werden muss. Weitere technische Parameter zur Wärmeintegration finden sich in Tabelle Anhang A-1, allgemeine und ökonomische Daten in Tabelle Anhang A-2.

Tabelle 5-1: Ausgangsdaten der Prozessströme für die EIP-Fallstudie (eigene Darstellung)

Name	Eingangs-temp. [°C]	Aus-gangs-temp. [°C]	Massen-strom [t/h]	Wärme-strom [kW]	Wärme-träger	Bemerkung
C1 (*Zellst.*)	41	65	160	4469	Wasser	
C2 (*Zellst.*)	62	120	122	8236	Schwarz-lauge	
C3 (*Zellst.*)	110	110	6	3438	Schwarz-lauge	Verdamp-fungsprozess
C4 (*Bio-Öl*)	14	90	54	1146	Luft	
C5 (*Faser.*)	75	150	64	1340	Luft	
C6 (*Torr.*)	14	170	44	1916	Luft	
H1 (*Zellst.*)	74	21	110	6786	Wasser	
H2 (*Zellst.*)	65	21	120	6145	Wasser	
H3 (*Bio-Öl*)	160	30	150	5444	Wasser	
H4 (*Faser.*)	110	20	94	2362	Luft	
H5 (*Kohle*)	180	30	35	1466	Abgas	
H6 (*Torr.*)	140	60	84	1876	Luft	

Aus diesen Daten lassen sich zunächst zur Veranschaulichung des Problems die in Abbildung 5-6 links dargestellten heißen und kalten Summenkurven sowie die rechts dargestellte Gesamtsummenkurve bestimmen. Der Pinch-Punkt liegt bei 72 °C (heiße Summenkurve), bzw. 62 °C (kalte Summenkurve). Die Bereiche des maximal einsparbaren Energiestroms und des noch verbleibenden Bedarfs an Kühl- und Wärmeleistung lassen sich im linken Teil von Abbildung 5-6, wie in Abbildung 3-4 auf Seite 67 dargestellt, ablesen. Die Gesamtsummenkurve zeigt den auf dem jeweiligen Temperaturniveau verbleibenden Enthalpiestrombedarf (Zu- und Abführen von Wärme) und wie er ohne Kostenberücksichtigung von den vier Utilityströmen (kaltes Utility CU1: 14 °C (Flusswasser), kaltes Utility CU2: 4,5 °C (mechanische Kälte), heißes Utility HU1: 170 °C (Dampf aus den Reststoffverwertung des Unternehmens *Zellstoff*, nur für dieses verfügbar) und HU2: 200 °C (Dampf, für alle verfügbar)) gedeckt werden kann. Die weiteren Ergebnisse dieser thermodynamischen Pinch-Analyse werden in Tabelle 5-5 (auf Seite 306) zum Vergleich mit den im Fokus stehenden kostenminimierenden Berechnungen dargestellt.

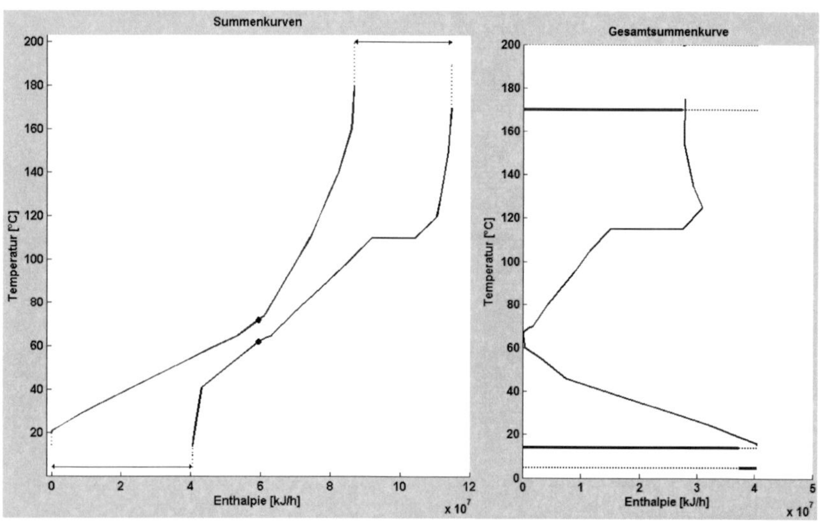

Abbildung 5-6: Heiße und kalte Summenkurve (links) und Gesamtsummenkurve (rechts bei thermodynamischer Pinch-Analyse) für die Fallstudie (eigene Darstellung)

Bei Berechnung der jeweils kostenminimalen Lösung ergibt sich aus den 25 Temperaturintervallen[213] des Beispiels und den 8 heißen und 8 kalten Strömen

---

[213] Die Bestimmung der Temperaturintervalle für die Kostenminimierung ist in Tabelle 3-4 auf Seite 67 für ein Beispiel (Tabelle 3-2 auf Seite 57) dargestellt.

eine Kostenmatrix für die jährlichen Kosten je übertragener Wärmestromeinheit von jedem heißen zu jedem kalten Strom in jeweils jedem Temperaturintervall (und analog eine Matrix der logarithmischen Temperaturdifferenzen) der Größe 200×200. Entsprechend ergeben sich 40.000 Nebenbedingungen für die Optimierung. Diese erfolgt bei der Umsetzung in MATLAB® auf einem Rechner mit 2·2,4 GHz in ca. 10 Sekunden. Allerdings ist mit der Problemgröße in dieser Modellierung in etwa die Speichergrenze für den enthalten Simplex-Algorithmus erreicht.

Die sich bei der ökonomischen Pinch-Analyse (ohne Berücksichtigung von Entfernungen oder Backup-Investitionen, im Folgenden „PA_klassisch") ergebenden Wärmeübertragungen sind in Tabelle 5-2 zum Vergleich mit den folgenden Rechnungen dargestellt. Einzelne Ströme haben in dieser Konfiguration keine Relevanz für die Wärmeintegration (C3), oder gehen nur Verbindungen mit Strömen innerhalb desselben Unternehmens ein (H1, H2). Die Mehrzahl hat jedoch mehrere Verbindungen zu Strömen aus anderen Unternehmen, was sich durch die individuell geeigneten[214] Kombinationen von Temperaturniveaus ergibt.

---

[214] Je größer die nutzbare Temperaturdifferenz bei einer Kombination von Prozessströmen ist, desto geringer sind die benötigten Investitionen in verbindende Wärmeübertrager.

Tabelle 5-2: Übertragene Wärmeströme [kW] ohne Berücksichtigung von Entfernungen (eigene Darstellung)

	H1 (*Zellst.*)	H2 (*Zellst.*)	H3 (*Bio-Öl.*)	H4 (*Faser.*)	H5 (*Kohle*)	H6 (*Torr.*)	HU1 (170 °C, *Zellst.*)	HU2 (200 °C)
C1 (*Zellst.*)	1.548	1.955	284	314	147	221	0	0
C2 (*Zellst.*)	256	0	1.133	244	293	466	5.843	0
C3 (*Zellst.*)	0	0	0	0	0	0	3.438	0
C4 (*Bio-Öl*)	0	0	486	82	0	577	0	0
C5 (*Faser.*)	0	0	609	0	396	75	0	260
C6 (*Torr.*)	0	0	953	98	190	184	0	491
CU1 (14 °C)	4.597	3.771	1.979	1.519	440	352	0	0
CU2 (4,5 °C)	384	419	0	105	0	0	0	0

Insgesamt ergibt sich eine Wärmeintegration, bei der 31 % des gesamten Wärmestrombedarfs durch Weiterverwendung von Prozesswärme[215] gedeckt werden, wobei 18 % des Wärmestrombedarfs durch überbetriebliche Wärmeübertragung gedeckt werden können.

5.2.2 Einbeziehung von Entfernungen

Im Folgenden wird die Prozessintegration mit Berücksichtigung der Entfernungen der Unternehmen untereinander („PA_Entf") betrachtet. Die zugrunde liegenden Entfernungen zwischen den Unternehmen finden sich in Tabelle Anhang A-3. Die wie in Kapitel 4.3.3 beschrieben vorab abgeschätzte Größe des jeweils zwischenbetrieblich übertragenen Wärmestroms als Vorschritt ist in Tabelle Anhang A-4 dargestellt. Die sich daraus ergebenden entfernungsbedingten Kosten je übertragener Wärmestromeinheit, welche in die Kostenminimierung eingehen, finden sich in Tabelle Anhang A-5. Die sich hierbei ergebenden übertragenen Wärmeströme als Ergebnis sind in Tabelle 5-3 dargestellt.

---

[215] Die jährlichen Kosteneinsparungen ergeben sich sowohl aus Reduktionen des Verbrauchs heißer als auch des Verbrauchs kalter Utilities. Da jedoch die Kosten für heiße Utilities dominieren (CU2 mit vergleichsweise hohen Kosten wird in allen Szenarien in geringem Umfang zum Erreichen der untersten Temperaturen benötigt), werden hier beim Vergleich des Utilityverbrauchs nur heiße Utilities genannt.

Tabelle 5-3: Übertragene Wärmeströme [kW] mit Einbeziehung von Entfernungen (eigene Darstellung)

	H1 (*Zellst.*)	H2 (*Zellst.*)	H3 (*Bio-Öl.*)	H4 (*Faser.*)	H5 (*Kohle*)	H6 (*Torr.*)	HU1 (170 °C, *Zellst.*)	HU2 (200 °C)
C1 (*Zellst.*)	1.804	1.955	584	0	126	0	0	0
C2 (*Zellst.*)	0	0	1.818	0	802	237	5.379	0
C3 (*Zellst.*)	0	0	0	0	0	0	3.438	0
C4 (*Bio-Öl*)	0	0	1.146	0	0	0	0	0
C5 (*Faser.*)	0	0	0	262	0	0	0	1.078
C6 (*Torr.*)	0	0	0	0	0	1.291	0	625
CU1 (14 °C)	4.597	3.771	1.896	1.994	537	348	0	0
CU2 (4,5 °C)	384	419	0	105	0	0	0	0

Bei den hier betrachteten Strömen ergeben sich Kombinationen, bei denen das Wärmeträgermedium sowohl beim heißen als auch beim kalten Strom Luft oder Abgas ist. Solche Ströme lassen sich innerbetrieblich in gewissen Grenzen transportieren. Bei einer längeren Strecke wäre der Transport aufgrund der geringen spezifischen Wärmekapazität der hier relevanten Abgase (etwa 1 [J/(g·K)] und der sehr geringen Dichte von etwa 0,008 [kg/l]) unwirtschaftlich (VDI 2004).

Daher wird für solche überbetrieblichen Gas-Gas-Verbindungen eine indirekte Wärmeübertragung modelliert. Hierzu wird ein mineralisches Wärmeträgeröl als Transportmedium gewählt, welches in den betrachteten Temperaturbereichen mit günstigen weil drucklosen Verbindungen betrieben werden kann.[216] Die hierdurch entstehenden zusätzlichen Kosten sind zum einen das Wärmeträgeröl (einmalige Befüllung des Rohrsystems) und zum anderen die benötigte zusätzliche Wärmeübertragerfläche. Diese wird hier für entsprechende Verbindungen vervierfacht, da zum einen nun zwei Wärmeübertrager benötigt werden, und zum anderen der Temperaturunterschied zwischen den

---

[216] Ein solches Wärmeträgeröl besitzt nur etwa zwei Drittel der spezifischen Wärmekapazität von Wasser und ein um etwa ein Drittel höheres spezifisches Volumen. Ein Betrieb mit Wasser verlangt aber zum einen teure druckbeständige Apparate und führt zum anderen zu sicherheitstechnischen Nachteilen (in Deutschland zum Beispiel die Vorgaben der technischen Regeln für Dampfkessel) (VDI 2004).

Prozessströmen für jeden der zwei Übergänge nur zur Hälfte zur Verfügung steht (Cerda u. a. 1983).

In diesem Szenario (PA_Entf) zeigen sich diverse Änderungen zum vorherigen Fall (PA_klassisch), welche in der Regel entweder ein Wegfallen oder eine Verkleinerung überbetrieblicher Austauschströme darstellen. Letzteres verändert zwar nicht die Tatsache, dass der Bau einer Verbindung nötig wird, jedoch lohnt sich bei diesen erhöhten Übertragungskosten der Wärme nur noch der Transport eines kleineren Wärmestroms. Dadurch ergeben sich dann Verschiebungen im Rest des Netzwerks, etwa indem es vorteilhafter wird, Wärme innerbetrieblich zu verwenden (neue Verbindung H4-C5). Die überbetrieblichen Verbindungen werden auf diejenigen zu den kalten Strömen C1 und C2 verringert. Es handelt sich in diesem Szenario also nicht mehr um ein komplexes Netzwerk von Austauschbeziehungen, sondern um eine reine (Ab-)Wärmelieferung der Unternehmen an das zentrale Unternehmen *Zellstoff*. Insgesamt werden 29 % des gesamten Wärmestrombedarfs durch Weiterverwendung von Prozesswärme gedeckt, wobei nur noch 10 % des Wärmestrombedarfs durch überbetriebliche Wärmeübertragung gedeckt werden können. Während die gesamte mögliche Energieeinsparung sich als nur wenig zum Vergleichsszenario ohne Berücksichtigung von Entfernungen geändert hat, zeigt der Vergleich eine deutliche Verschiebung zu innerbetrieblicher Weiterverwendung von Wärme.

5.2.3 Einbeziehung von Prozessrisiken und Schwankungen

Zusätzlich zu den entfernungsbedingten Kosten werden im Folgenden noch solche Kosten mit einbezogen, die durch die Absicherung von Prozessströmen vor Nichtverfügbarkeiten einzelner potentiell mit ihnen kombinierter Prozessströme entstehen (PA_Entf_Backup). Im Folgenden sind, angelehnt an die zugrundeliegenden Produktionsprozesse, zwei Prozessströme als nicht ständig verfügbar modelliert. Strom H3 wird mit einer Verfügbarkeit von 95 % der Betriebszeit modelliert, da es sich bei der Herstellung von Pyrolyseöl um einen komplexen und in der Praxis wenig erprobten Prozess handelt. Für alle mit ihm potentiell verbindbaren Prozessströme anderer Unternehmen (C1, C2, C3, C5, C6) wird hier ein Bedarf an Absicherung gegen diese Ausfälle angenommen. Daher werden wie in Kapitel 4.4.3 beschrieben zusätzliche Redundanz-

300

Investitionen in Wärmeübertrager von den potentiell verbundenen Strömen zu einem heißen Utility benötigt. Diese verteuern durch zusätzliche investitionsabhängige Kosten die übertragenen Wärmeströme bei den betroffenen Prozessstromkombinationen ($y_{1,3}^{HU_1} = 1$, $y_{2,3}^{HU_1} = 1$, $y_{3,3}^{HU_1} = 1$, $y_{5,3}^{HU_2} = 1$, $y_{6,3}^{HU_2} = 1$).[217] Zusätzlich entstehen hier Energiekosten für den Einsatz des Backup-Utilitys während der 5 %-igen Nichtverfügbarkeit von H3 ($t_{1,3}^{HU_1} = 0{,}05$, $t_{2,3}^{HU_1} = 0{,}05$, $t_{3,3}^{HU_1} = 0{,}05$, $t_{5,3}^{HU_2} = 0{,}05$, $t_{6,3}^{HU_2} = 0{,}05$).

Analog verhält es sich beim kalten Strom C2 (Aufheizen von Wasser für Waschzwecke bei der Zellstoffherstellung), welcher eine Verfügbarkeit von nur 50 % aufweist. Entsprechend entstehen zusätzliche investitionsabhängige Kosten für Backup-Wärmeübertrager zum kalten Utility CU1 ($x_{2,3}^{CU_1} = 1$, $x_{2,4}^{CU_1} = 1$, $x_{2,5}^{CU_1} = 1$, $x_{2,6}^{CU_1} = 1$). Ebenso entstehen Kosten durch den zusätzlichen Utilityverbrauch ($t_{2,3}^{CU_1} = 0{,}5$, $t_{2,4}^{CU_1} = 0{,}5$, $t_{2,5}^{CU_1} = 0{,}5$, $t_{2,6}^{CU_1} = 0{,}5$).[218] Tabelle 5-4 zeigt die sich ergebenden übertragenen Wärmeströme des konzipierten EIPs mit Berücksichtigung von Entfernungen und Backup-Investitionen. Dieses Szenario (PA_Entf_Backup) stellt die Basis für weitere Untersuchungen (Gewinnaufteilung) dar und wird im Folgenden mit den anderen Szenarien verglichen.

---

[217] Da HU1 hier als nur verfügbar für Unternehmen *Zellstoff* angenommen wurde, müsste für andere Unternehmen anders als in Kapitel 4.4.3 beschrieben HU2 als Backup gewählt werden. Diese Verbindungen kommen aber im Szenario PA_Entf schon nicht mehr vor.

[218] Dieser zusätzliche Utilityverbrauch geht hier nur durch die verursachten Kosten in die Optimierung ein, weshalb er sich nicht in Tabelle 5-4 wiederfindet. Gleichwohl führt die Verteuerung jeder übertragenen Wärmestromeinheit bei den entsprechenden Verbindungen zu einer Verschiebung hin zu mehr Utilityverbrauch.

Tabelle 5-4: Übertragene Wärmeströme [kW] mit Einbeziehung von Entfernungen und Backups (eigene Darstellung)

	H1 (*Zellst.*)	H2 (*Zellst.*)	H3 (*Bio-Öl.*)	H4 (*Faser.*)	H5 (*Kohle*)	H6 (*Torr.*)	HU1 (170 °C, *Zellst.*)	HU2 (200 °C)
C1 (*Zellst.*)	1.804	1.955	555	0	155	0	0	0
C2 (*Zellst.*)	0	0	1.531	0	774	233	5.698	0
C3 (*Zellst.*)	0	0	0	0	0	0	3.438	0
C4 (*Bio-Öl*)	0	0	1.146	0	0	0	0	0
C5 (*Faser.*)	0	0	0	262	0	0	0	1.078
C6 (*Torr.*)	0	0	0	0	0	1.291	0	625
CU1 (14 °C)	4.597	3.771	2.212	1.994	537	352	0	0
CU2 (4,5 °C)	384	419	0	105	0	0	0	0

Hier führt die Wärmeintegration zur Deckung von etwa 28 % des gesamten Wärmestrombedarfs durch Weiterverwendung von Prozesswärme, wobei 9 % des Wärmestrombedarfs durch überbetriebliche Wärmeübertragung gedeckt werden können. Die für redundante Backup-Anlagen angenommenen Daten führen hier also nur zu geringen Veränderungen des Ergebnisses. Abbildung 5-7 stellt noch einmal graphisch die skizzierten Wärmeströme zwischen den Unternehmen in diesem Szenario im Vergleich zum Referenzszenario ohne Berücksichtigung von Entfernungen und Redundanzinvestitionen und insbesondere die deutliche Verringerung der Austauschbeziehungen dar.

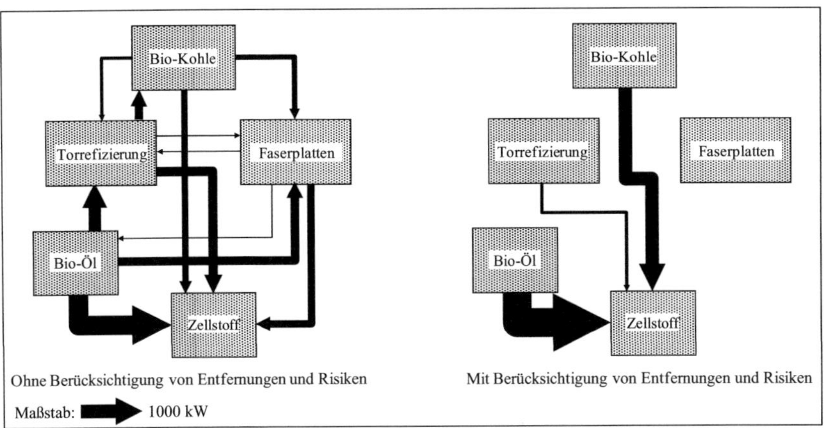

Abbildung 5-7: Skizzierte Wärmeströme zwischen den Unternehmen ohne und mit Einbeziehung von Entfernungen und Redundanzinvestitionen (eigene Darstellung)

Das Unternehmen *Faserplatten* hat im Szenario mit Investitionen für die Überbrückung zwischenbetrieblicher Entfernungen und einzelner Backups (PA_Entf_Backup) keine Austauschbeziehung mit anderen Unternehmen. Dies ändert sich jedoch schon bei einer Erhöhung der Utilitypreise um nur 5 %, welche zu einer Austauschbeziehung mit dem Unternehmen *Zellstoff* (C1-H4) führt. Deshalb sollte das Unternehmen bei zu erwartenden steigenden Energiepreisen nicht grundsätzlich aus der Kooperation ausgeschlossen werden.

Abbildung 5-8 zeigt eine schematische Kombination der Fließbilder der Fallstudie, wobei Stoffströme[219] wie in den Einzelfließbildern als durchgezogene Linien und zusätzlich im Szenario mit Entfernungen und Backup-Investitionen verbleibende Wärmeströme als gestrichelte Linien eingezeichnet sind.

---

[219] Die Beschreibungen der einzelnen Stoffströme sind hier aus Gründen der Übersichtlichkeit nicht dargestellt, (vgl. die einzelnen Fließbilder).

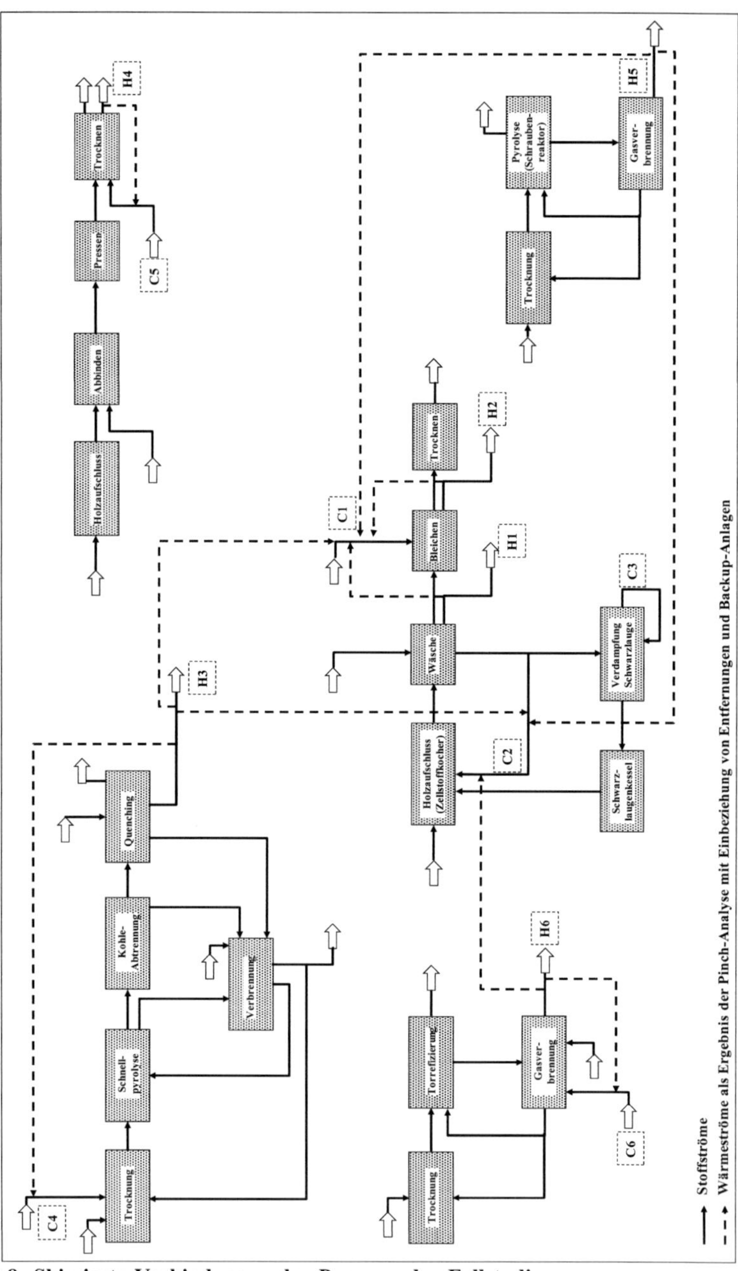

Abbildung 5-8: Skizzierte Verbindungen der Prozesse der Fallstudie (eigene Darstellung)

5.3 Vergleich der Szenarien und Sensitivitätsanalysen

Tabelle 5-5 zeigt eine Übersicht relevanter Vergleichsdaten der einzelnen Szenarien. Die rein thermodynamische Pinch-Analyse ohne jegliche Berücksichtigung von Kostendaten stellt dabei nur einen Vergleichspunkt dar für die maximal mögliche Weiterverwendung von Prozesswärme (hier 40,3 %). Das Szenario der rein betriebsinternen Prozessintegration ohne überbetriebliche Wärmeströme ist die Basis für die Bewertung der ökonomischen und ökologischen Vorteilhaftigkeit der Prozessintegration. Hier finden sich die höchsten Bedarfe an Wärme- und Kälteleistung, welche auch zu den höchsten Gesamtkosten führen.

Die überbetriebliche Prozessintegration ist in diesem Fallbeispiel also ökonomisch vorteilhaft, wobei eine Berechnung ohne jegliche Berücksichtigung von entfernungs- oder redundanzbedingten Kosten hier die Obergrenze der jährlichen Einsparungen von 136 k€ aufzeigt. Dieser Wert stellt jedoch aufgrund nicht berücksichtigter Kostenbestandteile ein zu optimistisches Einsparpotential dar. Die Berücksichtigung der entfernungsbedingten Kosten in der Optimierung verringert diese möglichen Einsparungen, wobei dies hauptsächlich auf den erhöhten Hilfsenergiebedarf (45,8 k€) und weniger auf die investitionsabhängigen Kosten (10,0 k€) für Rohrverbindungen und geänderte Wärmeübertrager (indirekte Wärmeübertragung) zurückzuführen ist. Der zusätzliche Utilitybedarf entsteht durch die Nicht-Auswahl einzelner durch Rohrverbindungen und indirekte Wärmeübertragung verteuerter Verbindungen, welche zu verstärkter Verwendung von Utilities führt. Dabei entfallen nicht nur komplette überbetriebliche Verbindungen, andere werden auch auf den noch ökonomisch vorteilhaften Anteil verringert. Insgesamt stehen dadurch Prozessströme mit weniger gut zueinander passenden Temperaturniveaus gegenüber, was zusätzlich zum erhöhten Utilityverbrauch beiträgt.

Tabelle 5-5: Vergleich der Ergebnisse verschiedener Szenarien (eigene Darstellung)

	Thermo-dynamische Pinch-Analyse	Keine Koopera-tion	Pinch-Analyse ohne Entf.	Pinch-Analyse mit Entf.	Pinch-Analyse mit Entf. und Backups
Benötigter Heizenergiestrom [MW]	7,7	14,1	10,0	10,5	10,8
Benötigter Kühlenergiestrom [MW]	11,3	17,6	13,6	14,1	14,4
Anteil der weiterverwendeten Wärme am Heizbedarf [%]	40 %	17 %	31 %	29 %	28 %
Anteil der überbetrieblich weiterverwendeten Wärme am Heizbedarf [%]	31 %	0 %	18 %	10 %	9 %
Energiekosten [k€/a]	-	731	530	576	589
Investitionsabhängige Kosten [k€/a]	-	397	461	471	473
Erhöhung der investitionsabhängigen Kosten durch Entfernungen (Rohre und Änderungen der Wärmeübertrager) [k€/a]	-	-	-	10,0	10,0[*]
Erhöhung der Energiekosten durch Entfernungen [k€/a]	-	-	-	45,8	45,8[*]
Zusätzliche Kosten durch Berücksichtigung von Backups [k€/a]	-	-	-	-	16[*]
Gesamtkosten [k€/a]	-	1.127	991	1.047	1.063
Einsparung durch Kooperation [k€/a]	-	-	136	81	65

[*] Diese gleichzeitigen Effekte sind im Ergebnis der Optimierung nicht exakt trennbar und deshalb hier nur geschätzt als additive Bestandteile.

Im Szenario mit Berücksichtigung von entfernungs- und redundanzbedingten Kosten (PA_Entf_Backup), welches als das Szenario mit der höchsten Praxisnähe betrachtet wird, ergeben sich durch die redundanzbedingten Kosten nur geringe zusätzliche Änderungen. Die im Vergleich zum Szenario (PA_Entf) gesunkenen Einsparpotentiale sind wiederum hauptsächlich durch zusätzlichen Utilityverbrauch begründet.

Insgesamt wird der Anteil der weiterverwendeten Energie hauptsächlich durch das Verhältnis von Energiekosten zu investitionsabhängigen Kosten bestimmt.

Da beide sowohl mit Unsicherheiten bezüglich ihrer exakten Höhe als auch ihrer zukünftigen Entwicklung behaftet sind, werden in Abbildung 5-9 die Auswirkungen sich ändernder Utilitypreise[220] im Fall PA_Entf_Backup untersucht.

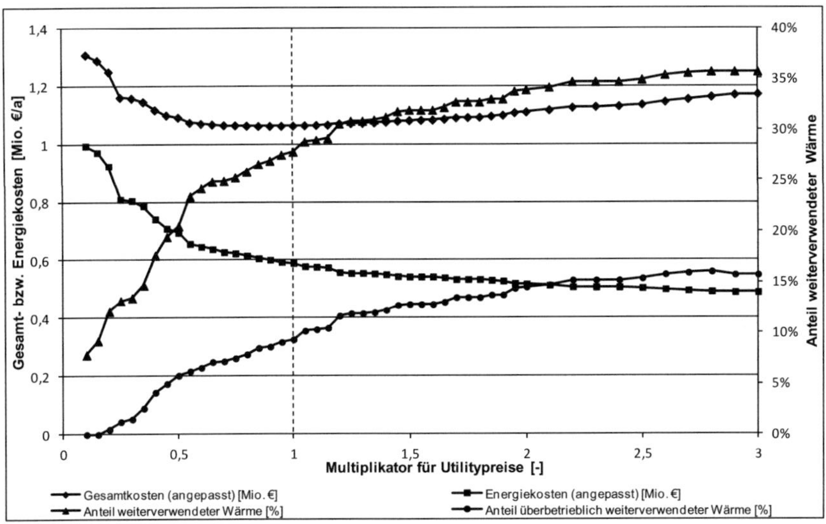

Abbildung 5-9: Auswirkung geänderter Utilitypreise auf die Ergebnisse der Fallstudie (eigene Darstellung)

Die in Abbildung 5-9 dargestellten Hilfsenergiekosten (stets mit den Basis-Utilitypreisen berechnet) fallen mit steigenden für die Netzwerkoptimierung gewählten Hilfsenergiekosten und nähern sich ihrem Minimalwert an. Die Gesamtkosten der Prozessintegration (stets mit den Basis-Utilitypreisen berechnet) haben ihren Minimalwert modellierungsbedingt bei dem Grad der Prozessintegration, der den Basis-Utilitypreisen entspricht. Ihr Anstieg ist in einem weiten Bereich jedoch eher gering. Dies zeigt, dass sich bei Veränderungen der Rahmendaten zwar die weiterverwendete Energie und damit die verbleibenden Wärmestrombedarfe stark ändern, die Gesamtkosten aber nur gering variieren.

---

[220] Diese werden nur variiert, um als Stellhebel den Grad der Prozessintegration bei der Optimierung zu beeinflussen. Damit können dann schwächer und stärker integrierte Szenarien miteinander verglichen werden, wobei die dargestellten Kosten aus den Basis-Hilfsenergiekosten und dem jeweiligen Netzwerk von Übertragungen mit seinem Hilfsenergiebedarf berechnet wurden.

Mit steigenden für die Netzwerkberechnung angenommenen Utilitypreisen (aktueller Wert in der Abbildung bei 1) steigt auch der Anteil der insgesamt bzw. überbetrieblich weiterverwendeten Energie, wobei diese Änderungen als Optimierungsergebnisse nicht immer gleich stark ausfallen, die Kurven also stufenweise ansteigen. Auffällig ist beim Anteil der weiterverwendeten Energie, dass bei Verringerungen der Utilitypreise (Multiplikator <1) eher eine Veränderung der innerbetrieblichen Wärmeweiterverwendung und bei einer Erhöhung der Utilitypreise (Multiplikator >1) fast ausschließlich eine Veränderung der überbetrieblichen Wärmeweiterverwendung stattfindet. Derselbe Effekt ist auch in Abbildung 5-10 festzustellen, in der die Gesamtkosten und der Anteil der überbetrieblich weiterverwendeten Wärme am Wärmebedarf in Abhängigkeit des Anteils der insgesamt weiterverwendeten Wärme am Wärmebedarf dargestellt sind. Der dargestellte Effekt ist durch die mit eher hohen Kosten verbundenen überbetrieblichen Verbindungen begründet und spricht dafür, dass solche zusätzlichen Einsparpotentiale bei zukünftig eher steigenden Energiepreisen an Bedeutung gewinnen.

Wenn verschiedene Szenarien der Prozessintegration verglichen werden sollen, stehen zum einen die jährlichen Gesamtkosten und zum anderen der jährliche Wärmebedarf als Kriterien zur Verfügung. Aus der Kombination von beiden lassen sich bei Kenntnis des Energieträgers und seines spezifischen Emissionsfaktors für die CO_2-Emissionen (nach GEMIS 4.5)[221] deren Vermeidungskosten berechnen.

---

[221] Dabei sind nach GEMIS 4.5 für Holzpellets 35 g CO_2-Äquivalent / kWh Endenergie und für Erdgas 244 g CO_2-Äquivalent / kWh Endenergie angesetzt (Großklos 2009)

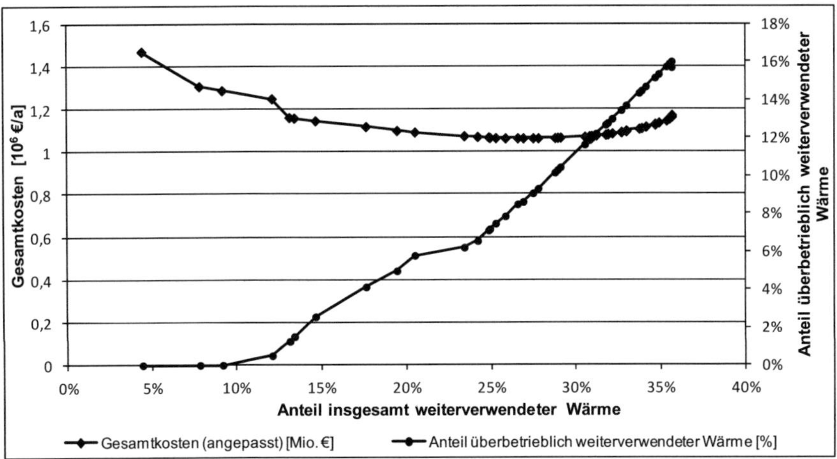

Abbildung 5-10: Gesamtkosten und überbetrieblicher Austausch in Abhängigkeit der insgesamt weiterverwendeten Wärme (eigene Darstellung)

Dies ist in Tabelle 5-6 dargestellt für den Vergleich des Szenarios ohne überbetriebliche Prozessintegration mit dem Szenario PA_Entf_Backup. Letzteres wird zusätzlich mit Szenarien verglichen, deren Intensität der Prozessintegration über unterschiedliche Utilitypreise variiert wird.

Tabelle 5-6: CO_2-Vermeidungskosten für den Vergleich verschiedener Szenarien (eigene Darstellung)

	Nur innerbetriebliche Integration vs. PA_Entf_Backup	PA_Entf_Backup vs. geänderte Integration durch geänderte Utilitypreise			
		+25 %	+50 %	-25 %	-50 %
Δ Gesamtkosten [€/a]	-64.509	11.572	24.864	2.071	40.392
Δ CO_2-Emissionen bei Holzpellets [t CO_2-Äquivalent/a]	-992	-247	-333	216	649
Δ CO_2-Emissionen bei Erdgas [t CO_2-Äquivalent/a]	-6.918	-1.724	-2.318	1.508	4.529
CO_2-Vermeidungskosten bei Holzpellets [€/t CO_2-Äquivalent]	-65,0	46,8	74,8	-	-
CO_2-Vermeidungskosten bei Erdgas [€/t CO_2-Äquivalent]	-9,3	6,7	10,7	-	-

Beim Übergang von rein innerbetrieblicher zu überbetrieblicher Prozessintegration (PA_Entf_Backup) verringern sich sowohl die Gesamtkosten, als auch der Wärmebedarf und damit die jährlichen CO_2-Emissionen. Eine Investitionspolitik zu Vermeidung von CO_2-Emissionen verringert hier also auch die jährlichen Gesamtkosten. Eine intensivere Prozessintegration als im kostenminimalen Fall (PA_Entf_Backup) wird durch Szenarien mit erhöhten Utilitypreisen (+25 %, +50 %) erreicht. Bei diesen entstehen höhere Gesamtkosten (wobei die nur zur Netzwerkbestimmung veränderten Utility-Preise natürlich wieder herausgerechnet wurden) bei verringerten Emissionen. Da in den Unternehmen Holz- und Holzabfälle als Energieträger genutzt werden, sind die spezifischen CO_2-Emissionen eher gering (Holzpellets werden als ähnlicher Energieträger zum Vergleich gewählt) und die CO_2-Vermeidungskosten durch Energiebedarfsreduzierungen dementsprechend eher hoch. Daher werden als Vergleichswert noch die CO_2-Vermeidungskosten bei einer angenommenen Nutzung von Erdgas als Energieträger dargestellt, welche die forcierte Prozessintegration für diesen Fall als kosteneffiziente Maßnahme ausweisen.

Für den Vergleich des Basisszenarios (PA_Entf_Backup) mit einem Szenario mit verringerter Prozessintegration durch günstigere Utilities (-25 %, -50 %) ergeben sich sowohl höhere Gesamtkosten durch die verringerte Prozessintegration als auch erhöhte Emissionen. Diese Szenarien zeigen aber, dass in diesem

Bereich den eher geringen Änderungen der Gesamtkosten große Änderungen bei den Emissionen gegenüberstehen. Eine Entscheidung unter Annahme sinkender Energiekosten (z. B. -25 %) führt also zu nur geringfügig gestiegenen Kosten, aber zu bedeutend höheren CO_2-Emissionen.

Insgesamt ist bei diesen Überlegungen die Pfadabhängigkeit optimaler Lösungen bei veränderten Rahmenbedingungen zu beachten. Änderungen beispielsweise bei den Energiepreisen führen ab einem gewissen Ausmaß zu einer veränderten gesamtkostenminimalen Netzwerktopologie. Diese Änderungen in Form von entfallenden oder neu hinzukommenden Verbindungen sind in Tabelle 5-7 dargestellt. Hieran lässt sich beispielsweise ablesen, dass schon geringe Verteuerungen zu neuen Verbindungen mit dem Unternehmen *Faserplatten* führen. Eine weitere wichtige Information ist, dass die Verbindungen zwischen den Unternehmen *Biokohle* und *Zellstoff* die stabilsten gegenüber Preisreduktionen der Utilities sind.

Tabelle 5-7: Veränderungen des Netzwerks bei Utilitypreisänderungen (eigene Darstellung)

Änderung[*] der Utilitypreise	Entfallende Verbindungen	Hinzukommende Verbindungen
-40 %	H6-C2	
-65 %	H3-C1, H3-C2	
-80 %	H5-C1	
-85 %	H5-C2	
+5 %		H4-C1
+25 %		H4-C2
+90 %		H5-C5
+170 %		H3-C5
[*]Szenarien in 5 %-Schritten berechnet		

Insgesamt ist zu berücksichtigen, dass bereits installierte Wärmeübertrager nur mit gewissem Aufwand neu verschaltet werden können (und noch schwieriger an geänderte verlangte Dimensionen angepasst werden können), wenn durch die Rahmenbedingungen die kostenminimalen Lösungen verändert werden. In diesem Fall kann dann die optimale Lösung bei anderen Rahmenbedingungen nicht mehr erreicht werden.

5.4 Aufteilung der jährlichen Einsparungen auf die Teilnehmer

Für die Bestimmung einer verursachungsgerechten Aufteilung der in der Kooperation zusätzlich erreichten jährlichen Einsparung[222] stehen wie in Kapitel 4.5 beschrieben verschiedene Methoden zur Verfügung. Neben einer klassischen Aufteilung anhand eines Vergleichsschlüssels oder anhand von Preisen der ausgetauschten Energieströme zählen hierzu die in Kapitel 4.5.4 aufgeführten Ansätze aus dem Bereich der kooperativen Spieltheorie. Diese werden im Folgenden auf das Fallbeispiel angewendet und mit preisbasierten Aufteilungen verglichen. Die Motivation für diese Aufteilungsmethoden ist einerseits, dass bei einer klassischen Aufteilungsregel die Wahl der Bezugsgröße willkürlich sein kann, andererseits könnte eine solche Aufteilung Anreize zu individuell vorteilhafteren Teilkoalitionen bieten. Dies soll mit Aufteilungsmethoden aus dem Bereich der kooperativen Spieltheorie verhindert werden, welche explizit Rationalitätspostulate und die Stabilität der Gesamtkoalition berücksichtigen.

Die Basis dieser Aufteilungsmethoden des durch Synergien entstehenden Kooperationserfolgs ist die sogenannte charakteristische Funktion oder Koalitionsfunktion des Spiels (Wiese 2005), die in Tabelle 5-8 dargestellt ist. Das Unternehmen *Faserplatten* hat im hier betrachteten Szenario mit Investitionen für die Überbrückung zwischenbetrieblicher Entfernungen und einzelner Backups (PA_Entf_Backup) keine Austauschbeziehung mit anderen Unternehmen.[223] Deshalb wird das Unternehmen in der Betrachtung der Aufteilung des Kooperationsgewinns nicht berücksichtigt.

---

[222] Im Folgenden wird nur die Aufteilung des Kooperationserfolgs als Differenz zum Szenario ohne Kooperation betrachtet. Die Aufteilung der Investitionen in überbetriebliche Verbindungen, welche in der Betrachtung der jährlichen Gesamtkosten durch entsprechende investitionsabhängige Kosten schon enthalten sind, wird als analog zur Aufteilung der Einsparungen angenommen.

[223] Dies ändert sich jedoch schon bei einer Erhöhung aller Utilitypreise um nur 5 %, weshalb das Unternehmen nicht grundsätzlich aus der Kooperation ausgeschlossen werden sollte.

Tabelle 5-8: Charakteristische Funktion für die Kooperation (Szenario mit Entfernungen und Backups, eigene Darstellung)

Koalition	Einsparung durch Kooperation [€/a]
$\{\emptyset\}$	0
$\{1\}$ (Zellstoff)	0
$\{2\}$ (Bio-Öl)	0
$\{3\}$ (Biokohle)	0
$\{4\}$ (Torrefikation)	0
$\{1, 2\}$	41.942
$\{1, 3\}$	26.189
$\{1, 4\}$	2.602
$\{2, 3\}$	0
$\{2, 4\}$	0
$\{3, 4\}$	0
$\{1, 2, 3\}$	63.760
$\{1, 2, 4\}$	43.211
$\{1, 3, 4\}$	28.619
$\{2, 3, 4\}$	0
$\{1, 2, 3, 4\}$	64.509

Für die übrigen vier Unternehmen sind alle möglichen Koalitionen und die sich ergebenden Einsparungen, welche über rein innerbetriebliche hinausgehen, dargestellt. Dadurch, dass im Szenario (PA_Entf_Backup) nur wenige überbetriebliche Austauschbeziehungen und nur solche mit dem Unternehmen *Zellstoff* vorkommen, kommt es nur bei Koalitionen mit seiner Beteiligung überhaupt zu synergetischen Einsparungen.

Bei der vorliegenden Aufteilungssituation handelt es sich um ein superadditives[224] Spiel, die große Koalition kann also nicht durch zwei besser gestellte Teilkoalitionen gesprengt werden. Das Spiel ist nicht konvex (da zum Beispiel v$\{1, 2, 3\}$-v$\{1, 2\}$<v$\{1, 3\}$-v$\{1\}$), eine größere Koalition profitiert also nicht automatisch mehr von einem neu hinzukommenden Teilnehmer als eine kleinere Koalition. Dies ist dadurch begründet, dass nur ein Austausch mit dem Unternehmen *Zellstoff* stattfindet und kein echtes überbetriebliches Netzwerk vorliegt. Es handelt sich insgesamt also um ein Spiel, bei dem Koalitionsvorteile ohne einen zentralen Teilnehmer nicht möglich sind (sogenanntes Big-Boss-Spiel). Für solche Spiele gelten einige Besonderheiten (Muto u. a. 1988), der

---

[224] Die Einsparung der Koalitionen ist nicht additiv, da beispielsweise v$\{1,3\}$-v$\{3\}$<>v$\{1\}$.

Anwendung formaler Aufteilungsregeln steht dies aber nicht im Weg. Die Berechnung der Aufteilungen anhand der einzelnen Methoden der kooperativen Spieltheorie erfolgt wie in Kapitel 4.5.4 beschrieben, die Ergebnisse sind in Tabelle 5-9 dargestellt.

Tabelle 5-9: Vergleich der Aufteilung des Kooperationsgewinns mit verschiedenen Ansätzen (Szenario mit Entfernungen und Backups, eigene Darstellung)

Methode	Zugewiesener Anteil an der Einsparung			
	Zellstoff	Bio-Öl	Biokohle	Torrefikation
Utopia-Wert	100 %	55,6 %	33,0 %	1,2 %
Alternate Cost Avoided (ACA)	52,7 %	29,3 %	17,4 %	0,6 %
Shapley-Wert	51,7 %	29,4 %	17,8 %	1,1 %
Tijs-Wert	55,0 %	27,8 %	16,5 %	0,6 %
Drohpunkt (minimum rights)	10,1 %	0 %	0 %	0 %
Vergütung über Energiepreis (nur Wärme)	0 %	64,2 %	28,6 %	7,2 %
Vergütung über Energiepreis (Wärme und Kühlung)	11,8 %	56,7 %	25,2 %	6,3 %
Vergütung über angepasste Energiepreise (Wärmepreis 45 % des Ausgangspreises)	53,8 %	29,7 %	13,2 %	3,5 %
Vergütung über angepasste Energiepreise (Wärmepreis 40 % des Ausgangspreises)	52,9 %	30,2 %	13,5 %	3,4 %

Der Utopia-Wert als marginaler Beitrag eines Teilnehmers zur großen Koalition stellt eine für Verhandlungen relevante Obergrenze des beanspruchbaren Anteils am Gesamtgewinn dar. Unternehmen *Zellstoff* etwa, welches an allen überbetrieblichen Beziehungen beteiligt ist, kann in diesem extremen Beispiel durch Ausscheiden aus der Koalition alle Einsparungen verhindern. Da Einsparungen aber hier nur durch die Zusammenarbeit zweier Teilnehmer entstehen, muss der mit dieser Methode bestimmte Anteil weiter reduziert werden um eine zulässige Aufteilung (der aufgeteilte Gewinn darf nicht größer als der insgesamt erwirtschaftete Gewinn sein) zu bestimmen.

Eine solche zulässige Aufteilung stellt die Methode Alternate Cost Avoided dar, welche den marginalen Beitrag jedes Einzelnen noch auf die Summe aller marginalen Beiträge bezieht. Bei diesem Ansatz wird eine ähnliche Aufteilung wie bei den anderen spieltheoretischen Ansätzen berechnet: Der Shapley-Wert, der alle möglichen Teilkoalitionen berücksichtigt, zeigt ein ähnliches Ergebnis der Aufteilung, ebenso der Tijs-Wert als Kompromisslösung zwischen dem Utopia-Wert und den mindestens einforderbaren Werten des Drohpunkts.

Die von den Utopia-Werten und den Drohpunkten begrenzte Hülle (core cover) des Kerns, also der Menge stabiler Lösungen ist in Abbildung 5-11 dargestellt. Dabei stellt jede Ecke des Aufteilungsbereichs eine vollständige Zuteilung des Gewinns zum jeweiligen Unternehmen dar und jede gegenüberliegende Fläche eine Zuteilung von null.

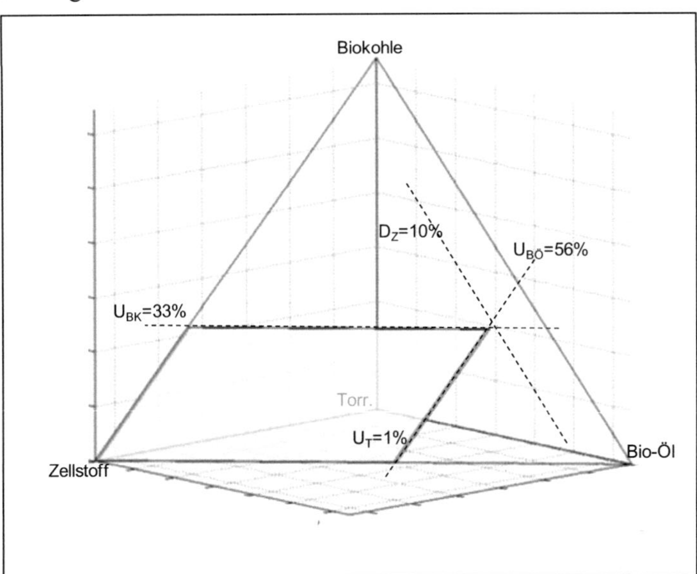

Abbildung 5-11: Utopia-Werte und Drohpunkte als Hülle für den Kern des Spiels als Lösungsmenge (Szenario mit Entfernungen und Backups, eigene Darstellung)

Bei einer Aufteilung des Kooperationserfolgs über die direkte Vergütung der gelieferten Energieströme (vgl. Tabelle 5-9) hängen die den einzelnen Unternehmen zugewiesenen Anteile vom gewählten Preis für die ausgetauschten Energieströme ab. Wird der Preis der jeweils ersetzten Utilities zugrunde gelegt, so ergibt sich eine stark von den spieltheoretischen Lösungen abweichende Aufteilung, da die Gewinne vollständig bei den liefernden (Wärmeströme haben hier höhere Preise als Kälteströme) Unternehmen verbleiben. Eine Annäherung an die spieltheoretisch bestimmten Lösungen lässt sich aber durch Verringern der Energiepreise für überbetriebliche Austausche erreichen. Abbildung 5-12 zeigt die Verteilung des Kooperationsgewinns bei Variation des Preises zwischenbetrieblich ausgetauschter Wärme- und Kälteströme zwischen null und dem vollen Preis der jeweils ersetzten Utilities. In diesem Beispiel führt ein Bewertungsfaktor der überbetrieblichen Energieströme von etwa 45 % des Preises der jeweils eingesparten Utilities zur besten Annäherung an die als Punkte abgebildeten Lösungen spieltheoretischer Konzepte. Es zeigt sich außerdem, dass das Unternehmen *Zellstoff* als Abnehmer der Wärmeströme, die heiße Utilities (mit höheren Kosten als kalte Utilities) ersetzen, von einer eher niedrigen Bewertung profitiert, im Gegensatz zu den übrigen Unternehmen als Anbieter von Wärme. Für den Fall, dass nur Wärmelieferungen bewertet werden, führt eine Vergütung mit 40 % des Utilitypreises (HU1) zu den ähnlichsten Lösungen im Vergleich mit den als theoretisch fair postulierten formalen Aufteilungsmethoden. Die sich damit ergebenden Aufteilungen liegen zwar nicht im Kern des Spiels, dies jedoch nur aufgrund einer Abweichung von unter 2 %-Punkten beim Unternehmen *Torrefikation*.

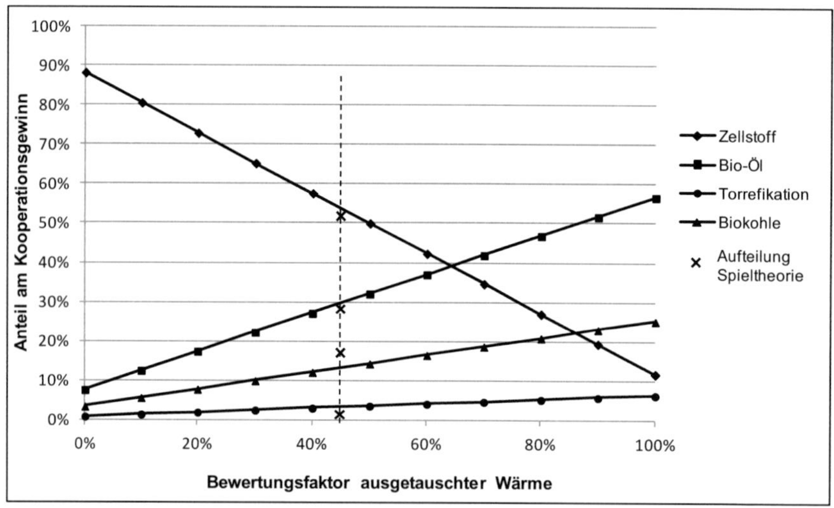

Abbildung 5-12: Verteilung des Kooperationsgewinns in Abhängigkeit der Bewertung ausgetauschter Wärmeströme (eigene Darstellung)

In diesem Fallbeispiel ist also insgesamt eine ungefähre Erfüllung der theoretischen Fairness bei der Aufteilung des Kooperationserfolgs bei gleichzeitiger einfacher Abrechnung über Preise für ausgetauschte Wärmemengen möglich. In der Praxis können sich diese Preise frei nach Angebot und Nachfrage bilden, wobei bei fehlendem Bedarf der Wert eines Wärmestroms auch null sein kann. Bei den hier angenommenen vorhandenen Anbietern und Abnehmern von Heiz- und Kühlströmen jedoch kann die Analyse der Situation über spieltheoretische Konzepte zu einer Kompromisslösung für diesen Preis führen, welcher die langfristige Stabilität der Kooperation unterstützt.

5.5 Fazit aus der Fallstudie

Für einen beispielhaften EIP von Unternehmen, die um einen zentralen Zell- stoffhersteller angesiedelt werden, wurde beispielhaft die Integration ausge- wählter Prozessströme untersucht. Dabei ergab sich ein theoretisches jährliches Kosteneinsparpotential (inkl. zusätzlicher Anlagen) von etwa 9 % (64.509 Euro) der jährlichen Energiekosten durch die Wärmeintegration der ausgewählten Prozesse trotz zusätzlicher Kostenfaktoren für zu überbrückende Entfernungen und Absicherung gegenüber Ausfällen. Während bei einer konkreteren Planung eines solchen Vorhabens noch genauere Kostendaten (Angebote für Wärmeü- bertrager, Rohre und ggf. Energieträger) verwendet werden können, so zeigt das Beispiel aber neben der absoluten jährlichen Gesamteinsparung diverse weitere Erkenntnisse aus der Anwendung der Planungsmethode. Neben diesen Einspa- rungen können bei einer Gesamtplanung noch weitere hier nicht betrachtete Synergien durch den Austausch von Stoffströmen, die Nutzung gemeinsamer Infrastruktur und hierbei insbesondere auch durch die Nutzung einer gemeinsa- men Energiebereitstellung dazugerechnet werden. Allerdings ist die Schaffung eines solchen Standortes auch mit erheblichen Investitionen und gegebenenfalls mit anderen Nachteilen im Vergleich zu einzeln gewählten Standorten verbun- den. Hierzu zählt zum Beispiel das mit einer unsicheren Auslastung[225] und Nutzungsdauer verbundene allgemeine wirtschaftliche Risiko dieser Investitio- nen.

Bei der Prozessintegration selbst führt die Berücksichtigung zusätzlicher Kostenfaktoren durch die zu überbrückenden Entfernungen zwischen den Unternehmen und durch die Absicherung gegenüber Ausfällen verbundener

---

[225] So weist etwa Bölle (1994) auf die ausgeprägte Remanenz der Kosten bei wechselnder Auslastung von Anlagen der Energieversorgung in der Prozessindustrie hin.

Ströme zu niedrigeren Zielwerten für Einsparungen, welche dafür aber als praxisnäher angesehen werden können. Diese zusätzlichen Kosten bestehen bei der Fallstudie zum Großteil nicht aus investitionsabhängigen Kosten der zusätzlichen Anlagen (Rohrverlegung, indirekte Wärmeübertragung, Backup-Wärmeübertrager), sondern aus erhöhten Hilfsenergiekosten. Diese entstehen dadurch, dass durch zusätzliche Kosten bei einzelnen Verbindungen Wärmeströme mit geringerer nutzbarer Temperaturdifferenz im geänderten Netzwerk kombiniert werden. Insgesamt ergibt sich unter den spezifischen Bedingungen des Fallbeispiels bei Berücksichtigung dieser Kostenfaktoren eine besondere Form der Kooperation, bei der nur ein Unternehmen als Abnehmer von Wärme der anderen Unternehmen auftritt.

Beim Vergleich der Szenarien zeigte sich außerdem, dass die Gesamtkosten in einem weiten Bereich stärkerer oder schwächerer Prozessintegration vergleichsweise stabil sind, während der Hilfsenergiebedarf sich stark verändert. Insbesondere um die bei der Kostenminimierung als optimal identifizierte Lösung führt eine stärkere Wärmeweiterverwendung zu starken Einsparungen bei den Utilities. Die Steigerung des Grades der Wärmeweiterverwendung stammt in diesem Bereich hauptsächlich aus überbetrieblichen Verbindungen, da günstigere innerbetriebliche Verbindungen schon vorher ausgeschöpft wurden. Insgesamt lohnt es sich im Fallbeispiel also, zur Absicherung gegenüber steigenden Energiepreisen eine eher stärkere Integration zu planen, als sie bei den aktuellen Rahmenbedingungen kostenminimal ist. Hierbei ist auch die nur mit hohem Aufwand nachträglich zu ändernde Struktur des Netzwerks zu beachten, wenn wie im Fallbeispiel schon eine Erhöhung der Energiepreise um 5 % zur zusätzlichen Aufnahme eines Unternehmens führt. Wird der Energiebedarf nicht nur als ökonomisches Problem, sondern als ökologische Herausforderung betrachtet, so ist die Weiterverwendung von Wärme im Fallbeispiel in einem weiten Bereich eine sehr kosteneffiziente Maßnahme. Hierbei ist zu beachten, dass die Annahme der Wärmebereitstellung im Fallbeispiel aus Holz und Holzabfällen sowohl zu eher geringen Energiekosten als auch zu sehr geringen Emissionen von CO_2 führt, sodass für ein Fallbeispiel aus einem anderen Industriesektor mit Einsatz fossiler Energieträger die Prozessintegration noch positivere Ergebnisse aufweisen würde.

Für die Aufteilung des Kooperationsgewinns liefern Methoden der kooperativen Spieltheorie bei Anwendung auf das Fallbeispiel untereinander sehr ähnliche

Lösungen für eine Gewinnaufteilung. Bei einer in der Praxis verbreiteteren Aufteilung der Einsparungen durch die Festlegung von Preisen für gelieferte (und abgeführte) Wärmeströme ist für das Fallbeispiel eine sehr gute Annäherung an die spieltheoretischen Lösungen möglich. Der sich hierbei ergebende Preis der ausgetauschten Energie von 45 % der Hilfsenergiekosten kann somit zum einen formal als stabile Lösung begründet werden und ist zum anderen nah an den aus der Praxis berichteten Beispielfällen, in denen Abwärme mit der Hälfte der alternativen Wärmeerzeugungskosten bewertet wird.

6 Schlussfolgerungen und Ausblick

6.1 Schlussfolgerungen zur Methodik

Motiviert durch die steigende Bedeutung der Energieeffizienz und der bisher wenig untersuchten Möglichkeit zur überbetrieblichen Anwendung der Pinch-Analyse wurde im Rahmen der vorliegenden Arbeit ein Planungsansatz für die überbetriebliche Wärmeintegration entwickelt, auf ein Fallbeispiel angewendet und zusätzlich allgemeine in der Praxis relevante Rahmenbedingungen untersucht. Dieser Ansatz ist auf der Planungsebene des Targeting angesiedelt, also der Bestimmung eines bestenfalls erreichbaren Einsparpotentials als Basis für eine detaillierte Auslegung des Wärmeübertragernetzwerks und zugehöriger Apparate.

Eine Möglichkeit, die Energieeffizienz in der Industrie zu erhöhen ist die Weiterverwertung von Prozesswärme, welche im selben Prozess, innerhalb eines Unternehmens, aber auch über Betriebsgrenzen hinweg erfolgen kann. Während die gezielte Verknüpfung von Prozessströmen mit dem Ziel der maximalen Wiederverwendung der Ressourcen in großen (Chemie-) Unternehmen seit vielen Jahren umgesetzt wird, besteht bei kleineren Unternehmen intern oft kein ausreichendes Potential für eine ökologisch und ökonomisch sinnvolle Weiterverwendung von Ressourcen. Wenn solche Betrachtungen aber nicht an der Werksgrenze eines Unternehmens enden, sondern zwischenbetriebliche Kooperationen betrachtet werden, ergeben sich neue Möglichkeiten zur weiteren Effizienzsteigerung. Hierfür bieten zum Beispiel Standortgemeinschaften wie EIPs einen passenden Rahmen, da durch die räumliche Nähe eine starke Vernetzung der Stoff- und Energieströme nicht nur ökologisch, sondern auch ökonomisch vorteilhaft werden kann.

Eine Methodik zur Bestimmung der Einsparpotentiale solcher Konzepte findet sich bisher aber ebenso wenig, wie eine weitläufige Umsetzung in der Praxis. Hier kann die systematische Untersuchung der Energie- und Kosteneinsparpotentiale überbetrieblicher Prozessintegrationen mit Hilfe der Pinch-Analyse einen Beitrag dazu liefern, das ökologische und ökonomische Potential solcher Konzepte vorab besser einzuschätzen. Die hier verwendete mathematische Form der Pinch-Analyse erlaubt es, durch die Verbindung von thermodynamischen und ökonomischen Überlegungen ein Netzwerk der Wärmeübertragung mit minimalem Hilfsenergiebedarf oder mit minimalen Gesamtkosten zu bestimmen. Der verwendete lineare Optimierungsansatz stellt ebenso wie alternative nichtlineare mathematische Ansätze den ersten Schritt für das Design des Wärmeübertragernetzwerks dar. Die konkrete Auslegung erfolgt im Allgemeinen manuell (bzw. mit Hilfe spezialisierter Planungssoftware), wobei detaillierte technische Rahmenbedingungen, die abgeschätzten theoretischen Potentiale, aus den Zusammenhängen der konzeptionellen Pinch-Analyse abgeleitete Design-Regeln und nicht zuletzt Ingenieurserfahrung einfließen. Diese Bestandteile zeigen die Grenzen eines allgemeinen mathematischen Planungsansatzes auf, welcher für die Gesamtauslegung nur der erste Planungsschritt sein kann.

Die bisherige Forschung leistet nur begrenzte Unterstützung für solche überbetriebliche Formen der Prozessintegration. Im Rahmen der Forschung zu symbiotischen Netzwerken zwischen Unternehmen finden sich vor allem Ex-post-Betrachtungen der Einsparungen sowie der Erfolgsfaktoren oder Hemmnisse. Außerdem liegt der Fokus oft auf dem Austausch von Stoffströmen mit entsprechend anderen Fragestellungen als beim Austausch von Wärmeströmen. Die Wärme-Pinch-Analyse wird seit vielen Jahren eingesetzt zur Bestimmung des gesamtkostenminimalen Kompromisses zwischen Energiekosten und den zur Weiterverwendung von Wärme notwendigen investitionsabhängigen Kosten für Wärmeübertrager. Bestehende Forschungsarbeiten betrachten aber nicht das Thema der überbetrieblichen Prozessintegration. Die Arbeiten zur Optimierung des Gesamtstandorts (Total Sites, vgl. Ahmad und Hui 1991; Bagajewicz und Rodera 2002) zum Beispiel betrachten eher formale Erweiterungen der graphischen oder mathematischen Pinch-Analyse. Einzelne Konzepte wie etwa die Verbindung von Anlagen über ringförmige Verbindungen (Heat-Belts) oder die gleichzeitige Analyse der standortweiten Bereitstellung elektrischer Energie und Wärme (Fichtner u. a. 2003) erscheinen als mögliche Alternativen bzw. Ergänzungen zur in dieser Arbeit betrachteten direkten überbetrieblichen Prozessintegration. Die in dieser Arbeit als kritische Faktoren direkt in die Prozessintegration einbezogenen Aspekte der Entfernungen zwischen Unternehmen und der Ausfallabsicherung wurden aber bisher nicht explizit modelliert.

Als erster Schritt zur Identifizierung geeigneter Partner für eine einfache Form der betriebsexternen Abwärmenutzung wurde in dieser Arbeit ein Abgleich von verfügbaren Wärmequellen mit einem potentiellen Abnehmer anhand mehrerer Kriterien vorgeschlagen. Dabei soll in einem abgewandelten Vorgehen der Mehrzielentscheidungsunterstützungsmethode PROMETHEE (vgl. Brans u. a. 1986) ein getrennter Abgleich der Über- und Untererfüllung der Abnehmeranforderungen mit den Kriterienausprägungen der Quellen das Auffinden geeigneter Kombinationen von konkreten Unternehmen oder allgemeinen Referenzprozessen unterstützen. Während dieser Abgleich eine starke Vereinfachung des realen Problems der Standortwahl darstellt, so erfordert er aber keine detaillierte technologiebasierte und ökonomische Untersuchung der Alternativen, welche als zweiter Schritt für eine eingegrenzte Lösungsmenge vorgenommen werden kann.

Für eine konkrete Planung einer mehr als einen Wärmestrom umfassenden betriebsübergreifenden Wärmeintegration wird eine realistische Einschätzung der erzielbaren ökonomischen Einsparungen unter Berücksichtigung der technischen Besonderheiten benötigt. Dies soll mit vertretbarem Aufwand und für verschiedene Ausgangslagen umsetzbar sein. Als relevante zusätzliche Faktoren für die Modellierung wurden neben rein thermodynamischen Aspekten und Investitionen in Wärmeübertrager zusätzlich Investitionen in die Verbindungen zwischen den Prozessen (Rohre, Verlegung) sowie wo nötig Investitionen in Anlagen zur Sicherstellung eines ungestörten Betriebs identifiziert. Diese zwei Faktoren lassen sich wie in der Arbeit dargestellt in den Ansatz zur Gesamtkostenminimierung einbeziehen, wodurch sich zwar ein geringeres Einsparpotential bei den Gesamtkosten ergibt, dieses aber einen realistischeren Zielwert für überbetriebliche Fälle darstellt. Das auf diese Weise bewertete Szenario einer Kooperation ist zudem attraktiver für die Teilnehmer, da die Risiken indirekter Schäden (vgl. Merz 2011) durch Ausfälle der Partner abgefangen werden können.

Für die Integration der entfernungsbedingten Kosten in den Optimierungsansatz wurde der zwischen Strömen übertragbare Wärmestrom vorab abgeschätzt. Für die Berücksichtigung von Entfernungen zwischen den Prozessen wurden die Investitionen für das Errichten der Verbindungen betrachtet. Weitere Aspekte wie Temperatur- und Druckverlust werden in diesem Planungsansatz für eine frühe Planungsphase noch nicht berücksichtigt. Für den Umgang mit Störungen durch eingeschränkte Verfügbarkeit oder Schwankungen einzelner Prozessströme wurde als sicherste Gegenmaßnahme die vollständige Absicherung (dort wo nötig) durch redundante Backup-Anlagen gewählt. Bei den zusätzlichen Kosten durch die Absicherung gegenüber Ausfällen ist eine Einschätzung des Absicherungsbedarfs der einzelnen Verbindungen anhand der zugrunde liegenden Prozessdaten erforderlich. Wenn der Ausfall eines Prozessstroms als kritisch für einen potentiell mit ihm verbindbaren Prozessstrom eingeschätzt wird, so wurden zur Absicherung dieser einzelnen Verbindung zusätzliche Backup-Wärmeübertrager zu einem heißen oder kalten Hilfsenergiestrom modelliert. Wenn die prognostizierte Nichtverfügbarkeit eines Stroms einen bedeutenden Anteil der Betriebszeit ausmacht, so wurden die zusätzlich entstehenden Verbrauchskosten der Hilfsenergieströme in die Bewertung mit einbezogen.

Weitere Anwendungsmöglichkeiten der Pinch-Analyse wurden zur Vollständigkeit kurz dargestellt, darunter die Minimierung des Frischwasserbedarfs. In einem Exkurs wurde die Übertragung von Konzepten der Wasser-Pinch-Analyse auf den Bereich der Produktionsplanung bei saisonal schwankender Nachfrage untersucht. Diese sehr einfache graphische Planungsheuristik stellt einen Kompromiss dar zwischen formalen Lösungsansätzen und den in der Praxis verbreiteten einfachen Anpassungsstrategien der Produktion an Nachfrageschwankungen. Als einfache graphische Planungsmethode weist die Übertragung der Pinch-Analyse auf den Bereich der Produktionsplanung eine Reihe von Schwachpunkten auf. So ist die Optimalität der Lösung nicht sichergestellt und die generelle Anwendbarkeit ist auf bestimmte Typen von Problemen beschränkt, welche sich durch prognostizierbare saisonale Nachfrageschwankungen und ähnliche ökonomische Relevanz von Kosten durch Lagerhaltung einerseits und durch Veränderungen der Produktionsrate andererseits auszeichnen. Vorteilhaft ist, dass sie als einfach nachvollziehbarer graphischer Planungsansatz einen Überblick über das Planungsproblem und eine Alternative zu verbreiteten noch elementareren Level- und Chase-Strategien bietet, indem sie den Zeitpunkt einer einmaligen Anpassung der Produktionsrate im Planungszeitraum festlegt. Diese Methode kann einerseits um mehrfache Anpassungen der Produktionsrate erweitert werden (Geldermann u. a. 2007a) sowie, wie hier vorgeschlagen, um die Anwendung auf die Bestimmung der Verarbeitungsrate bei schwankendem Rohstoffangebot (Ludwig u. a. 2009).

Bei marktwirtschaftlich handelnden Unternehmen ist eine Grundvoraussetzung für das freiwillige Eingehen einer Kooperation zur Verringerung der Umweltauswirkungen, dass offensichtliche Vorteile bei dieser Zusammenarbeit im Vergleich zu einer innerbetrieblichen Problembewältigung existieren. Damit solche Kooperationen dauerhaft bestehen, müssen außerdem alle Beteiligten individuell einen dauerhaften wirtschaftlichen Vorteil aus der Kooperation ziehen. Daher kann die Bestimmung einer fairen Verteilung der nur in der Kooperation erzielbaren Einsparungen bei der überbetrieblichen Prozessintegration dafür sorgen, dass das globale Optimum der Kooperation nicht von individueller Gewinnmaximierung verhindert wird. Zu diesem Zweck wurden für die Aufteilung des Kooperationserfolgs Methoden der kooperativen Spieltheorie angewendet (Hiete u. a. 2012). Während in der Praxis preisbasierte Aufteilungsregeln weiterhin dominieren werden, können die Ergebnisse der spieltheoretischen Ansätze als stabilitätsförderndes Element in die Preisfindung oder in die Diskussion von verhandlungsbasierten Aufteilungen eingehen.

6.2 Schlussfolgerungen zur Anwendung auf einen beispielhaften EIP

Bei der Anwendung des entwickelten Planungsansatzes zur überbetrieblichen Prozessintegration in einem Fallbeispiel zeigte sich zunächst, dass die Erweiterungen das abgeschätzte ökonomische Einsparpotential zwar verringern (hier in etwa halbieren), die Kooperation im Beispiel aber wirtschaftlich vorteilhaft bleibt. Ebenso zeigte sich, dass spezifische Randbedingungen des Anwendungsfalls den Gestaltungsspielraum stark einschränken können. So führten die im Beispiel hauptsächlich vorkommenden gasförmigen Prozessströme zu zusätzlichem Investitionsbedarf für Wärmeübertrager und ein Transportmedium, wenn für sie eine außerbetriebliche Verwendung gewählt wurde. Im untersuchten Fallbeispiel verringerten sich bei Einbeziehung aller Erweiterungen die überbetrieblichen Wärmeströme auf einzelne Wärmelieferungen an das fokale Unternehmen. Während die Teilnahme eines der Unternehmen an der gemeinsamen Prozessintegration bei den gewählten Rahmenbedingungen nicht wirtschaftlich war, änderte sich dies schon bei einer geringfügigen Steigerung der Energiepreise. In der Praxis sind hier also genaue Daten den nötigen Investitionen sowie Energiepreisen und deren erwartete Entwicklung entscheidend.

Bei der Betrachtung der Auswirkungen der modellierten Abbildung von Entfernungen zwischen den Unternehmen und der Absicherung gegenüber Ausfällen zeigte sich, dass hier weniger die direkten investitionsabhängigen Kosten selbst die Steigerung der Gesamtkosten verursachen. Relevanter sind Veränderungen des Hilfsenergiebedarfs durch das zusätzliche Verteuern von thermodynamisch gut zueinander passenden Verbindungen des Referenzfalls, die nun nicht mehr gewählt werden. Dieser Aspekt zeigt die Bedeutung der optimierten Auswahl von Prozessverbindungen für eine ökonomisch sinnvolle Weiternutzung von Wärme. Insgesamt können aber im Fallbeispiel trotz eher preiswerter Wärmebereitstellung aus der Verbrennung von Holz und Produktionsabfällen die Gesamtkosten der Wärmebereitstellung durch die überbetriebliche Vernetzung im Vergleich zu individuellen innerbetrieblichen Optimierungen gesenkt werden.

Eine weitere Erkenntnis der Anwendung ist die im untersuchten Fall geringe Auswirkung einer eher stärkeren oder schwächeren Prozessintegration als bei den jeweiligen Rahmenbedingungen als kostenminimal bestimmt auf die Gesamtkosten. Die Gesamtkosten weisen in der Fallstudie um das Minimum einen eher flachen Anstieg auf. Anders verhält es sich aber beim Hilfsenergiebedarf, der sich schon durch kleine Veränderungen des Grades der Prozessintegration (verursacht durch Variation der netzwerkbestimmenden Hilfsenergiepreise) stark verändern kann. Diese für das exemplarische Fallbeispiel festgestellten Unterschiede der Sensitivitäten von Gesamtkosten und Hilfsenergiebedarf lassen die Prozessintegration als kostengünstige Maßnahme zur Absicherung gegenüber steigenden Energiepreisen erscheinen. Dabei ist eine ex ante Betrachtung dieser Sensitivitäten deshalb empfehlenswert, weil das jeweils kostenminimale Netzwerk unterschiedlicher Energiepreisszenarien sich nicht nur durch den Umfang einzelner ausgetauschter Wärmeströme unterscheidet, sondern auch durch den vollständigen Entfall oder das Hinzukommen von Verbindungen zwischen Prozessen. Insgesamt verringert im Beispiel also eine überbetriebliche Prozessintegration das finanzielle Risiko steigender Energiepreise. Sie erhöht allerdings auch das durch sonstige Änderungen der Rahmenbedingungen (zum Beispiel bei Instabilität der Kooperation) begründete finanzielle Risiko durch hohe Anfangsinvestitionen.

Die zur Aufteilung des Kooperationserfolgs verwendeten Methoden der Spieltheorie liefern im Fallbeispiel untereinander sehr ähnliche Lösungen des Aufteilungsproblems, bei welchen kein Teilnehmer einen theoretischen Anreiz zum Ausscheiden besitzt. Eine klassische Verrechnung über Verteilungsschlüssel oder Verrechnungspreise muss in diesem Fall nicht unbedingt anreizkompatibel für eine stabile Kooperation sein. Im speziellen Fall des gewählten EIPs kann aber die in der Theorie für die Stabilität der Kooperation förderlichste Lösung sehr gut durch eine entsprechende Wahl des Preises zur Verrechnung der zwischenbetrieblichen Wärmelieferungen nachgebildet werden.

6.3 Schlussfolgerungen zum Stand der überbetrieblichen Prozessintegration in der Praxis

Symbiotische Netzwerke können sowohl bei der Neuplanung von Industrieparks oder -gebieten als auch bei der gezielten Umgestaltung bestehender Standorte zu einer verbesserten Ressourceneffizienz beitragen. Speziell durch eine Wärmeintegration zwischen mehreren Unternehmen können ein verringerter Energiebedarf und bei geeigneter Ausgangslage auch verringerte Gesamtkosten der Wärmebereitstellung erreicht werden. Die Wirtschaftlichkeit solcher Projekte ist für ihre Realisierung in der Praxis eine notwendige, aber keine hinreichende Bedingung. Die Verbindung von Prozessen unabhängiger Unternehmen führt nämlich sowohl zu technischen Einschränkungen als auch zu organisatorischen Herausforderungen.

Bei der Erforschung der in EIPs realisierten industriellen Symbiosen wurden bisher eher deskriptive Studien durchgeführt, Aussagen über monetäre Folgen sind dagegen selten (Chertow und Lombardi 2005). Der ökonomische Kontext ist jedoch entscheidend für die praktische Verbreitung solcher Konzepte, zu denen auch die überbetriebliche Prozessintegration gehört. Selbst im Musterbeispiel des symbiotischen Netzwerks von Kalundborg berichten Teilnehmer, dass keine einzige Maßnahme umgesetzt wurde, deren Wirtschaftlichkeit nicht vorher aufgezeigt wurde (Wallner 1999). Während stoffliche Symbiosen auch in weitläufigeren regionalen Netzwerken möglich sind, erfordern insbesondere Wärmeintegration und gemeinsame Wärmebereitstellung eine enge Abstimmung zwischen den Partnern sowie beträchtliche Investitionen und möglicherweise Absicherungsmaßnahmen gegen negative Folgen gegenseitiger Abhängigkeit.

Insgesamt sind symbiotische Netzwerke von Stoff- und Energieströmen in der Praxis weniger verbreitet, als es die wissenschaftliche Aufmerksamkeit für das Konzept im Bereich der Industrial Ecology-Forschung vermuten lassen würde. Als in der Praxis kritisch wird in dieser Arbeit vor allem die durch solche Verbindungen entstehende langfristige gegenseitige Abhängigkeit eingeschätzt. Sie kann zum einen zur Ausbreitung von Störungen über Betriebsgrenzen hinweg führen, zum anderen zu Verlusten bei langfristigen Veränderungen der Prozesse oder der Gruppe von Betrieben. Neben technischen Maßnahmen wie Backup-Anlagen können hier der langfristige Aufbau von Vertrauen und klar definierte Schnittstellen zwischen den Unternehmen das Problem verringern. Vertrauen ist insbesondere in der Anfangsphase wichtig, hier sollten die Verantwortlichkeiten des Projektteams klar geregelt sein und regelmäßige Treffen vorgenommen werden.

Ebenso ist die in der Praxis oft große Vorlaufzeit bis zur Umsetzung zu beachten und der Beginn mit eher einfachen, klar abgrenzbaren Projekten zu empfehlen. Außerdem kann eine starre Vernetzung ineffiziente Prozesse innerhalb der Anlagen zementieren. Da ökonomische Systeme in der Regel sehr komplex und selbstorganisierend sind, kann eine Überplanung ein Risiko sein. Generell besteht hier ein Zielkonflikt zwischen einer dynamischen und von Unsicherheiten geprägten wirtschaftlichen Entwicklung der einzelnen Firmen und starren Verbindungen des Energiesystems, zumal dessen Lebensdauer oft über 20 Jahre beträgt (Frank 2003). Daher sind Maßnahmen in diesem Bereich vor allem dann zu untersuchen, wenn sowieso Ersatzinvestitionen anstehen. Zusätzlich sollte die verwendete Technik nicht innovationshemmend bei zukünftigen Entwicklungen (etwa verringerter Wärmebedarf eines Prozesses) wirken (Lowe 1997).

Als wichtigste nicht-technische Hemmnisse wurden lange Amortisationszeiten, mangelnde Informationen und das Fehlen förderlicher Rahmenbedingungen identifiziert. Während die grundsätzliche Wirtschaftlichkeit symbiotischer Kooperationen in jedem Fall vorab sichergestellt sein sollte, kann eine öffentliche Förderung ein teilweise bestehendes Marktversagen durch Finanzierungsprobleme und Risikoaversion der Unternehmen beseitigen. Weiterhin stehen den möglichen Einsparungen ein hoher organisatorischer Aufwand (vertragliche Regelungen, Informationsaustausch) und eine erhöhte Komplexität der Prozessführung durch Einbeziehung fremder Produktionsbereiche gegenüber, welche außerdem im Widerspruch zur oft postulierten Konzentration auf Kernkompetenzen stehen. Für solche Kooperationen fehlt zudem insbesondere in KMU einerseits das Wissen um technische Möglichkeiten und andererseits ein dieses Projekte vorantreibender und von den Unternehmen akzeptierter Moderator. Diese Rolle kann aber von einer unabhängigen Institution oder einem fokalen Unternehmen übernommen werden.

Während eine gesetzliche Verpflichtung zur überbetrieblichen Abwärmenutzung aus praktischen Gründen nicht sinnvoll erscheint, bietet zum einen die Aufnahme zumindest der Prüfung der konkreten Umsetzbarkeit in freiwillige Zertifizierungssysteme oder mit Einschränkungen auch in Kataloge Bester Verfügbarer Techniken (BVT) einen möglichen Ansatzpunkt zur Förderung der praktischen Umsetzung.

Über die generelle zentrale Planbarkeit solcher symbiotischer Netzwerke wird in der Forschung kontrovers diskutiert (Lowe 1997; Cohen-Rosenthal 2000b; Desrochers 2004). Für bereits entwickelte Industrieländer erscheint eher das Unterstützen sich selbst organisierender Netzwerke von Unternehmen mit oder ohne fokalem Unternehmen als aussichtsreich, da völlige Neugestaltungen selten vorkommen. Diese Unterstützung kann durch formale Planungsmethoden, günstige regulatorische Rahmenbedingungen und gezielte Förderung sinnvoller Maßnahmen geschehen. Für schnell wachsende Industrien in Schwellenländern kann eine zentrale Planung von neuen Gemeinschaftsstandorten Vorteile bei der Effizienz und der Umweltfreundlichkeit der Unternehmen bieten. Diese Planungen sind zwar anspruchsvoll, aber umso besser einsetzbar, je weniger Anlagen und damit Restriktionen bereits existieren. In beiden Fällen müssen in Zukunft vor allem erfolgreiche Beispiele als Nachhaltigkeitsinseln (Wallner und Narodoslawsky 1994) für diese Netzwerkkonzepte werben.

Auch wenn sich in der Praxis die bekanntesten Beispiele über viele Jahre aus bilateralen, rein ökonomisch motivierten Beziehungen entwickelt haben, ist eine systematische Bestimmung des Einsparpotentials mit dem hier entwickelten Ansatz neben organisatorischen Aspekten ein grundlegender Erfolgsfaktor.

6.4 Grenzen des Vorgehens und Ausblick

Entwickelte Planungsmethodik

Der verwendete und erweiterte Planungsansatz soll Zielwerte für maximal erreichbare Einsparungen durch die Wärmeintegration liefern (Targeting) und ist damit nur der erste Schritt bei der vollständigen Lösung des Designproblems. Die dem hier verwendeten Ansatz zugrunde liegende Modellierung der gesamt-kostenminimierenden Pinch-Analyse als lineares Optimierungsproblem erlaubt eine Lösungsfindung mit geringem Aufwand der Datenbereitstellung und modelltechnischen Abbildung des Anwendungsfalls. Hinzu kommt eine problemlose Lösbarkeit des Optimierungsproblems. Die Art der Modellierung führt aber auch zu gewissen Grenzen. So sind Größendegressionseffekte nicht vollständig abgebildet und die genaue Anzahl der benötigten Wärmeübertrager, etwa wenn mehrere hintereinander geschaltet werden müssen, ist nicht Teil der Optimierung. Ebenso könnten bei längeren Entfernungen wichtiger werdende Wärmeverluste präziser modelliert werden. Eine Modellierung als nichtlineares, gemischt-ganzzahliges Optimierungsproblem könnte hier genauere Lösungen liefern, allerdings auch bei einem entsprechend höheren Modellierungsaufwand und Herausforderungen bei der grundsätzlichen Lösbarkeit.

Wenn eine komplexere Modellierung vorgenommen wird, könnte ihre Kopplung mit bestehender kommerzieller Software für das Prozessdesign hilfreich sein, da dann zusätzliche Daten zum detaillierteren Design verwendet werden könnten. Hierdurch könnte analog die Genauigkeit der Abbildung des zusätzlichen Aufwands für eine Absicherung gegenüber Ausfällen (redundante Wärmeübertrager oder Speichertanks) erhöht werden. Allerdings erfordert ein solches detailliertes Design einen höheren Aufwand, womit derartige Ansätze für die hier betriebene Potentialabschätzung vom Aufwand her ungeeigneter erscheinen. Außerdem kann keine derartige mathematische Betrachtung des Wärmeübertragernetzwerkdesigns eine anschließende ingenieursmäßige Detailplanung für den konkreten Anwendungsfall ersetzen.

Während in dieser Arbeit nur die überbetriebliche Integration von Wärmeströmen untersucht wurde, bieten verwandte Untersuchungsfelder zusätzliche Einsparpotentiale für Gemeinschaftsstandorte. Hierzu gehören die optimierte Verbindung von Wasserströmen (inklusive gemeinsamer Anlagen zur Aufbereitung, vgl. 3.5.1) und die Bereitstellung von thermischer und elektrischer Energie in gemeinsam betriebenen Kraftwerken (vgl. Fichtner u. a. 2004a).

Prozessintegration und Abwärmenutzung

Das Konzept der symbiotischen Beziehungen in EIPs hat viele offensichtliche Vorteile, die konkrete Umsetzung gelang bisher jedoch nur in Einzelfällen. In der Forschung zur optimalen Gestaltung von Unternehmensnetzwerken mit symbiotischem Energie- und Stoffstromaustausch herrscht Uneinigkeit, inwieweit eine zentrale ex ante Planung für den Erfolg solcher Konzepte überhaupt hilfreich sein kann. Einerseits lassen sich dadurch optimale Kombinationen von Unternehmen schon vor der Ansiedlung in Eco-Industrial Parks identifizieren. Andererseits hat die Praxis gezeigt, dass erfolgreiche symbiotische Stoff- und Energiestromnetzwerke oft spontan aus zweiseitigen ökonomisch motivierten Kooperationen entstanden und dass eine umfassende Planung selten eine entsprechende Realisierung zur Folge hat. Da insgesamt weder eine planwirtschaftliche Überplanung noch ein reines Vertrauen auf den Markt beim Aufdecken ökonomisch und ökologisch sinnvoller Kooperationen erfolgversprechend ist, muss hier ein Mittelweg gefunden werden.

Selbst unter den Begründern des Forschungsgebiets Industrial Ecology gilt die Vorstellung, Nutzer für jeden Abfallstrom zu finden, inzwischen als zu idealisierend (Ayres 2004). Damit EIP-Konzepte aber in der Praxis (dort wo ökonomisch sinnvoll) umgesetzt werden können, sollte die Planung der Belegung mit Unternehmen schon von Anfang an geschehen, da sie über die Wirtschaftlichkeit solcher Konzepte entscheidet. Die Pinch-Analyse kann als Planungsmethode im Bereich der Wärme- oder Wasserintegration solche Vorhaben unterstützen. Hier gilt es aber, neben den vielfältigen technischen Planungsmethoden auch weiterhin nichttechnische Hindernisse zu untersuchen und Maßnahmen zur Überwindung weiterzuentwickeln.

Die Wärmeintegration kann wie viele alternative Maßnahmen zu industrieller Ressourceneffizienz beitragen. In der Praxis können aber als erste Schritte unkritischere Projekte mit einfacheren Schnittstellen als bei der Wärmeintegration geeigneter sein. Generell sollte zuerst der allgemeine Energiebedarf der Prozesse verringert und die möglichst effiziente Bereitstellung von Energie betrachtet werden. Wenn eine Wärmeintegration nicht sinnvoll einsetzbar ist, sollten technisch und organisatorisch einfachere Lösungen, den theoretisch optimalen Lösungsansätzen vorgezogen werden. Neben der Vermeidung von Energiebedarfen selbst kann auch eine einfachere Nutzung der Abwärme eine pragmatischere Lösung darstellen. Diverse Untersuchungen zur Nutzung von Abwärme wurden seit den 70er Jahren durchgeführt. Damals wurde Abwärme jedoch zusätzlich als eine für Natur und Mikroklima schädliche Emission betrachtet, während der Fokus heute vorrangig auf der Verringerung des Verbrauchs fossiler Energieträger und entsprechender Emissionen liegt. Außerdem wurde seither die Energieeffizienz vieler Produktionsprozesse verbessert, sodass heute auch die sinnvolle Nutzung eher kleiner Abwärmequellen und eher geringerer Temperaturniveaus eine Herausforderung darstellt.

Die bisherige Konzentration der Pinch-Analyse auf die Temperatur als einzigem qualitativen Parameter ist eine sehr enge Sichtweise, insbesondere bei überbetrieblichen Problemen, bei denen weitere Parameter wie etwa die Kontinuität der Ströme die Machbarkeit einer Prozessintegration beeinflussen können. Weiterhin existieren für Prozesse zwar meist Mindestanforderungen an die Temperatur, die exergetische Sicht des durch die Temperatur bestimmten Werts eines Stroms ist in der Praxis aber weniger absolut zu sehen: Wenn für die Erzeugung von Niedertemperaturwärme fossile Energieträger eingesetzt werden, so hat jede Energieeinheit dieser Wärme (unter Vernachlässigung möglicher Wirkungsgradunterschiede) die gleichen Energiekosten und die gleichen CO_2-Emissionen verursacht, wie bei einer Energieeinheit eines Stroms mit thermodynamisch hochwertigerer Wärme. Die Nutzung von Abwärme zur Raumheizung und zur Warmwasserbereitung beispielsweise ist eine energetisch eher wenig hochwertige Nutzung von Wärme, da die Temperaturanforderungen hier gering sind. Sie bietet aber den Vorteil, dass eine vielerorts bestehende Infrastruktur von Fern- und Nahwärmenetzen genutzt werden kann und als (trotz saisonaler Nachfrageschwankungen) ständig verfügbarer Abnehmer und gleichzeitig Wärmespeicher weniger exakte Planung verlangt als bei der Verbindung von unabhängigen Produktionsprozessen. Wenn durch geeignete Planung beides kombiniert werden kann, also in kleinen oder größeren Wärmeverbünden sowohl eine industrielle Nutzung als auch eine etwas weniger hochwertige Nutzung als Fernwärme zur Raumheizung realisiert werden kann, kann damit der Verbrauch fossiler Energieträger an verschiedenen Stellen reduziert werden. Daneben bietet die aktive Wärmenutzung durch bedarfsabhängiges Anheben der Temperatur (kalte Fernwärme) Möglichkeiten solche Restpotentiale zu nutzen.

7 Zusammenfassung

Der Energiebedarf der Industrie und die damit verbundenen negativen Umwelt-auswirkungen beruhen zu einem großen Teil auf dem Bedarf an Prozesswärme. Wärmeenergie wird für eine Vielzahl industrieller Prozesse benötigt, wobei sich sowohl die benötigten Temperaturniveaus als auch die benötigten Wärmeleis-tungen unterscheiden. In Großbetrieben der Prozessindustrie mit einer Vielzahl von aufzuwärmenden und abzukühlenden Strömen wie z. B. Raffinerien wird Prozesswärme durch Verschaltung der Prozesse in Wärmeübertragernetzwerken seit vielen Jahren weitergenutzt.

Eine Voraussetzung hierfür ist das Vorhandensein eines grundsätzlichen Bedarfs für Wärme des entsprechenden Temperaturniveaus und der entspre-chenden Leistung. Dabei erhöht eine große Anzahl von aufzuwärmenden und abzukühlenden Strömen die Chancen, gut passende und damit effiziente Kom-binationen zu finden. Aus diesem Grund findet eine Weiternutzung von Pro-zesswärme in kleinen und mittleren Unternehmen (KMU) bisher selten statt. Hier setzt die Idee dieser Arbeit an, eine solche Wärmeintegration nicht an der Werksgrenze eines Unternehmens enden zu lassen, sondern die Möglichkeit zwischenbetrieblicher Kooperationen zu untersuchen. Die These dieser Arbeit ist, dass sich mit diesem Vorgehen real umsetzbare neue Möglichkeiten zu Effizienzsteigerungen in der Industrie erkennen und letztlich erschließen lassen. Einen passenden Rahmen hierfür bieten Standortgemeinschaften wie die auf den symbiotischen Austausch von Reststoffen oder Energieströmen ausgerichte-ten Eco-Industrial Parks, da durch die räumliche Nähe eine starke Vernetzung der Stoff- und Energieströme nicht nur ökologisch, sondern auch ökonomisch vorteilhaft werden kann. Erfolgreiche Einzelbeispiele solcher Standorte werden zwar im Rahmen der Industrial-Ecology-Forschung seit vielen Jahren beschrie-ben, Methoden zur Abschätzung des Einsparpotentials und zur Gestaltung des Austauschs von Energieströmen werden aber im Allgemeinen nicht eingesetzt.

Ziel der Arbeit war es daher, einen Ansatz zur Abschätzung des theoretischen Einsparpotentials durch Wärmeintegration für die Anwendung auf überbetrieb-liche Szenarien zu entwickeln. Dabei wurde neben einer methodischen Erweite-rung und Anpassung der Pinch-Analyse auch die praktische Umsetzbarkeit eines solchen Vorgehens betrachtet. Diese Betrachtung nicht-technischer

Aspekte erfolgte, um den Widerspruch zwischen dem grundsätzlichen Nutzen einer überbetrieblichen Wärmenutzung und der in der Praxis sehr geringen Verbreitung zu erklären. Außerdem wurden durch eine systematische Analyse der Hemmnisse und möglicher Überwindungsmöglichkeiten Ansatzpunkte zur Förderung derartiger Projekte aufgezeigt. Damit wurde erstmals eine Verbindung zwischen der Wärmeintegration aus dem Bereich der Verfahrenstechnik und dem Konzept lokaler symbiotischer Netzwerke der Industrial Ecology-Forschung hergestellt.

Als Ausgangsbasis wurden Verfahren der Pinch-Analyse beschrieben und ein Ansatz für die Weiterentwicklung und Anwendung auf überbetriebliche Probleme ausgewählt. Mit den mathematischen Ansätzen der Pinch-Analyse kann die maximal rückgewinnbare thermische Energie, der verbleibende minimale Energiebedarf sowie zugehörige jährliche (Gesamt-)Kosten für die optimierte Verschaltung der Gesamtheit von Aufheiz- und Abkühlprozessen abgeschätzt werden. Diese Zielwerte können anschließend als Basis für eine detaillierte Auslegung eines konkreten Wärmeübertragernetzwerks und zugehöriger Apparate verwendet werden.

Das in dieser Arbeit ausgehend von bestehenden Modellierungsansätzen weiterentwickelte lineare Optimierungsmodell für die Verschaltung von Prozessströmen basiert auf Kostenfaktoren und liefert dadurch Informationen über den kostenminimalen Kompromiss zwischen Investitionen u. a. für die Wärmeübertrager und Betriebskosten, insbesondere für Energie. Als wesentliche Parameter wurden die thermodynamischen Charakteristika der Prozessströme, der Wärmeübertragung sowie die Hilfsenergiekosten und die investitionsabhängigen Kosten genutzt, um ein gesamtkostenminimales Netzwerk der Wärmeübertragung zu bestimmen.

Neben den Grundlagen und Erweiterungen dieser thermischen Pinch-Analyse wurden weitere Einsatzgebiete der Pinch-Analyse, insbesondere die Minimierung des Frischwasserbedarfs durch die Verschaltung von Prozessen und eine Übertragung auf den Bereich der Produktionsplanung bei saisonaler Nachfrage dargestellt. Letztere wurde in einem Exkurs auf ihre Einsetzbarkeit sowie auf Vor- und Nachteile hin untersucht. Insgesamt stellt diese Übertragung einen sehr vereinfachenden, aber auch einfach nachvollziehbaren Ansatz dar, der in ähnlicher Form für die Planung bei einem saisonalen Rohstoffangebot verwendet werden kann.

Die Idee einer überbetrieblichen Zusammenarbeit bei der Wärmeintegration steht im Fokus dieser Arbeit. Um den Stand des Konzepts zu analysieren, wurden verwandte Forschungsansätze und in der Praxis erzielte Potentiale dargestellt. Als erster Schritt zur systematischen Planung betriebsexterner Abwärmenutzung wurde ein Ansatz zum Abgleich auf Basis eines multikriteriellen Vergleichs von verfügbaren Wärmequellen mit einem potentiellen Abnehmer auf Standortsuche vorgeschlagen. Dieser Ansatz liefert eine erste Auswahl potentiell geeigneter Prozesse für eine einfache Abwärme-Lieferbeziehung ohne die Notwendigkeit detaillierter Kostenberechnungen.

Für die Planung einer mehrere Ströme umfassenden überbetrieblichen Wärmeintegration wurde der Grundansatz zur Modellierung der Pinch-Analyse als Minimierungsproblem der jährlichen Gesamtkosten der Wärmebereitstellung und -abführung erweitert. Als bisher nicht betrachtete und für überbetriebliche Anwendungen besonders relevante Faktoren wurden zum einen zusätzlichen Kosten durch zu überbrückende Entfernungen modelliert. Diese Kosten wurden durch das Abschätzen des zwischen zwei Prozessströmen übertragbaren Wärmestroms und der sich daraus ergebende Investitionsschätzung für die Verrohrung (Investition, Verlegung, Zuschlagfaktoren) bestimmt. Zusätzlich kann die Notwendigkeit einer indirekten Wärmeübertragung z. B. bei Gasströmen mit einem zusätzlichen Wärmeträger die benötigten Wärmeübertragerflächen und damit die investitionsabhängigen Kosten erhöhen.

Die Robustheit des Netzes gegenüber Störungen wurde in dieser Arbeit als weiterer für eine überbetriebliche Prozessverbindung besonders relevanter und bisher nicht betrachteter Faktor identifiziert. Zum einen können die durch die Ausbreitung von Ausfällen entstehenden Schäden um ein Vielfaches höher sein als mögliche Energieeinsparungen, zum anderen beeinträchtigt die Abhängigkeit von externen Prozessen erheblich die Akzeptanz solcher Vorhaben. Deshalb wurde eine vollständige Absicherung gegen Störungen durch eine redundante Utilityversorgung bei entsprechend riskant eingeschätzten Strömen in den Ansatz einbezogen. Für diese Absicherung gegen die Nichtverfügbarkeit einzelner Ströme wurden zusätzliche investitionsabhängige Kosten für Backup-Anlagen und bei absehbarer längerer Nichtverfügbarkeit von Prozessströmen auch zusätzliche Hilfsenergiekosten in die Optimierung einbezogen. Insgesamt führt der durch die zwei genannten Faktoren erweiterte Optimierungsansatz erwartungsgemäß zu geringeren prognostizierten Kosteneinsparungen als ein klassisches Vorgehen. Dafür sind verbleibende abgeschätzte Kosteneinsparpotentiale der überbetrieblichen Zusammenarbeit aber realitätsnäher und überzeugender, da sie Wirtschaftlichkeit mit verbesserter Risikovorsorge verbinden.

Ergänzend zu dieser im Mittelpunkt der Arbeit stehenden formalen Erweiterung der Pinch-Analyse wurden im Hinblick auf die Umsetzung solcher Konzepte in der Praxis zusätzlich nicht-technische Hindernisse untersucht. Eine stabile Kooperation zur optimalen Wärmenutzung hängt nicht nur von der Gewinnmaximierung des Gesamtvorhabens ab, sondern auch von der individuellen Motivation der Unternehmen zur Teilnahme ab. Die Bereitschaft zur Kooperation ist umso größer, je fairer die Gewinnaufteilung empfunden wird. Eine von allen Seiten akzeptierte Lösung lässt zusätzlich eine lange Partnerschaft erwarten, was die Bereitschaft zur Kooperation zusätzlich vergrößert. Daher wurden in dieser Arbeit für die Aufteilung der synergetischen Einsparungen Methoden der kooperativen Spieltheorie angewendet. Die damit bestimmte Aufteilung fördert stabile Kooperationen, da sie eine individuelle Besserstellung durch Abweichen von der Gesamtkoalition unattraktiv macht.

Als weitere nicht-technische Hindernisse für die praktische Umsetzung zeigte sich neben mangelnder Wirtschaftlichkeit, hinderlichen Rahmenbedingungen und Informationsdefiziten vor allem die Bedeutung sozialer Faktoren wie Vertrauen bei der betriebsübergreifenden Kooperation. Als zusätzlich relevante Aspekte für die praktische Umsetzung solcher Kooperationen wurden die Wahl eines geeigneten Betreibermodells sowie eine organisatorische Unterstützung durch Behörden und wissenschaftliche Institutionen diskutiert. Schließlich wurden gesetzliche Rahmenbedingungen und finanzielle Fördermöglichkeiten von öffentlicher Seite betrachtet. Als Alternative zu gescheiterten Gesetzgebungsvorhaben in Deutschland wurden zum einen eine Verbesserung der Informationsbereitstellung und zum anderen eine abgemilderte Pflicht (im Rahmen freiwilliger Umweltmanagementsysteme) zur Prüfung und, dort wo wirtschaftlich, zur Umsetzung vorgeschlagen. Eine staatliche Unterstützung bei der Finanzierung ist sinnvoll, da in der Praxis weniger die Wirtschaftlichkeit, sondern eher der Kapitalbedarf ein Hindernis darstellt.

Der entwickelte Planungsansatz der Pinch-Analyse und die Aufteilung der synergetischen Einsparungen wurde zur Verdeutlichung in einem Fallbeispiel angewendet. Für diesen konzipierten EIP der Forstindustrie wurden die Auswirkungen der Weiterentwicklungen der Pinch-Analyse beispielhaft untersucht. Dabei halbierte sich das ökonomische Einsparpotential durch die Erweiterung um Entfernungen und Risikoabsicherung, während sich die gesamte Energieeinsparung wenig veränderte. Die Ergebnisse zeigten außerdem exemplarisch, dass sich die Erweiterungen weniger über eine Erhöhung der direkten investitionsabhängigen Kosten auswirken. Vielmehr führten diese technischen Hindernisse durch das Verteuern von thermodynamisch gut zueinander passenden Verbindungen zum Ausweichen auf andere Kombinationen von Strömen mit entsprechend höherem verbleibendem Hilfsenergiebedarf und höheren Energiekosten. Dennoch konnten auch in diesem Fall durch die Prozessintegration nicht nur der Hilfsenergiebedarf, sondern auch die Gesamtkosten im Vergleich zu Einzeloptimierungen der Unternehmen gesenkt werden. Die Untersuchung verschiedener Energiepreisszenarien zeigte, dass die Variation des Grades der Wärmerückgewinnung zwar nur geringe Änderungen der Gesamtkosten verursacht, dafür aber große Auswirkungen auf den Hilfsenergiebedarf hat. Daher kann eine stärkere Wärmeintegration als aktuell kostenminimal eine effiziente Strategie zur Absicherung gegenüber Energiepreissteigerungen sein. Die Anwendung der spieltheoretischen Ansätze zur Gewinnaufteilung lieferte eine als theoretisch stabil berechnete Lösung, welche für das konkrete Fallbeispiel auch durch einen reduzierten Energiepreis der zwischenbetrieblichen Wärmelieferungen angenähert werden konnte.

Mit der entwickelten Methodik steht erstmals ein Ansatz zur Planung einer kostenminimalen überbetrieblichen Wärmeintegration zur Verfügung, der es ermöglicht die Entfernungen und die Absicherung des Ausfallrisikos zwischen den Unternehmen zu erfassen. Dies stellt eine wichtige Entscheidungsgrundlage z. B. bei der Planung lokaler symbiotischer Netzwerke an einem gemeinsamen Standort dar. Das entwickelte Vorgehen füllt damit für den Fall der überbetrieblichen Wärmeintegration die Lücke zwischen der klassischen Bestimmung des theoretischen, thermodynamisch möglichen Einsparpotentials einerseits und einer konkreten ingenieurwissenschaftlichen Detailplanung andererseits. Insgesamt bleiben trotz des in dieser Arbeit dargestellten Nutzens einer überbetrieblichen Abwärmenutzung und auch einer überbetrieblichen Pinch-Analyse zur Planung geeigneter Szenarien für eine Wärmeintegration noch viele Hemmnisse. Steigende Energiepreise lassen aber ein zunehmendes Bewusstsein für ressourcenschonende Produktionsprozesse und damit auch für das Thema der Wärmeintegration erwarten.

Literaturverzeichnis

AbwAG, 2005. *Gesetz über Abgaben für das Einleiten von Abwasser in Gewässer (Abwasserabgabengesetz in der Fassung der Bekanntmachung vom 18. Januar 2005 (BGBl. I S. 114), das zuletzt durch Artikel 1 des Gesetzes vom 11. August 2010 (BGBl. I S. 1163) geändert w)*, URL: http://www.gesetze-im-internet.de/bundesrecht/abwag/gesamt.pdf.

Ackoff, R.L., 1981. The art and science of mess management. *Interfaces*, 11(1), S. 20-26.

Agarwal, A., P. Strachan, 2008. Is Industrial Symbiosis only a Concept for Developed Countries? *The Journal for Waste & Resource Management Professionals*, 2008(March), S. 42-43.

AGFW, 2006. *Branchenreport 2006*, Frankfurt a. M.: Der Energieeffizienzverband für Wärme, Kälte und KWK e. V. (AGFW), URL: http://www.agfw.de/oberes-menue/wir-ueber-uns/agfw-report/branchenreport-2006/.

AGROSOLAR, 2008. *Machbarkeitsstudie zur Stromerzeugung aus der Abwärme von Biogasanlagen*, Duckwitz: AGROSOLAR GmbH & Co. KG., URL: http://www.agrosolar.net/prod/Machbarkeitsstudie.pdf.

Ahmad, S., 1985. *Heat Exchanger Networks: Cost Tradeoffs in Energy and Capital*. PhD-Thesis University of Manchester Institute of Science and Technology.

Ahmad, S., C. Hui, 1991. Heat recovery between areas of integrity. *Computers & Chemical Engineering*, 15(12), S. 809-832.

Akbarnia, M., 2009. A new approach in pinch technology considering piping costs in total cost targeting for heat exchanger network. *Chemical Engineering Research and Design*, 87, S. 357-365.

Akisawa, A., Y.T. Kang, Y. Shimazaki, T. Kashiwagi, 1999. Environmentally friendly energy system models using material circulation and energy cascade - the optimization work. *Energy*, 24(7), S. 561-578.

Alexander, B., G. Barton, J. Petrie, J.A. Romagnoli, 2000. Process synthesis and optimisation tools for environmental design: methodology and structure. *Computers and Chemical Engineering*, 24(2-7), S. 1195-1200.

Alicke, K., M. Eley, T. Hanne, T. Melo, 2000. A Heuristic Approach for a Multistage Lotsizing Problem with Dynamic Product Structure. In: Fleischmann, B., R. Lasch, U. Derigs, W. Domschke, U. Rieder (Hrsg.) *Operations Research Proceedings 2000. Selected Papers of the Symposium on Operations Research (OR 2000), Dresden, September 9-12, 2000*, Berlin: Springer, S. 278-283.

Allen, D., N. Behamanesh, 1994. Wastes as raw materials. In: Allenby, B. R., D. Richards, (Hrsg.) *The Greening of Industrial Ecosystems*. Washington DC: National Academic Press, S. 68-96.

Alva-Argáez, A., A.C. Kokossis, R. Smith, 1998. Wastewater minimisation of industrial systems using an integrated approach. *Computers and Chemical Engineering*, 22(Supplements), S. S741-S744.

Amidpour, M., G.T. Polley, 1997. Application of Problem Decomposition in Process Integration. *Chemical Engineering Research and Design*, 75(1), S. 53-63.

Annaratone, D., 2010. *Handbook for heat exchangers and tube banks design*, Berlin: Springer.

APEC, 2009. *Peer Review on Energy Efficiency in Chile*, Singapore: Asia-Pacific Economic Cooperation. URL: http://www.ieej.or.jp/aperc/PREE/PREE_Chile.pdf.

Asante, N.D.K., X.X. Zhu, 1996. An automated approach for heat exchanger network retrofit featuring minimal topology modifications. *Computers & Chemical Engineering*, 20(Supplement 1), S. S7-S12.

Ashton, W., 2008. Understanding the Organization of Industrial Ecosystems. *Journal of Industrial Ecology*, 12(1), S. 34-51.

Atkins, M.J., A.S. Morrison, M.R.W. Walmsley, 2010. Carbon Emissions Pinch Analysis (CEPA) for emissions reduction in the New Zealand electricity sector. *Applied Energy*, 87(3), S. 982-987.

Aumann, R., S. Hart (Hrsg.), 2005. *Handbook of game theory: with economic applications*, Amsterdam [u. a.]: North-Holland.

Aviso, K.B., R.R. Tan, A.B. Culaba, J.B. Cruz Jr., 2010. Bi-level fuzzy optimization approach for water exchange in eco-industrial parks. *Process Safety and Environmental Protection*, 88(1), S. 31-40.

Ayres, R.U., 1989. Industrial Metabolism. In: Ausubel, J., Sladovic, H., (Hrsg.) *Technology and Environment*. Washington D.C.: National Academy Press, S. 23-49.

Ayres, R.U., 2004. On the life cycle metaphor: where ecology and economics diverge. *Ecological Economics*, 48(4), S. 425-438.

Ayres, R.U., L. Ayres, 1996. *Industrial ecology: towards closing the material cycle*, Cheltenham, UK: Edward Elgar Publishing Limited.

Baas, L.W., 1998. Cleaner production and industrial ecosystems, a Dutch experience. *Journal of Cleaner Production*, 6(3-4), S. 189-197.

Baas, L.W., 2000. Developing an Industrial Ecosystem in Rotterdam: Learning by What? *Journal of Industrial Ecology*, 4(2), S. 4-6.

Baas, L.W., 2008. Industrial Symbiosis in the Rotterdam Harbour and Industry Complex: reflections on the interconnection of the techno-sphere with the social system. *Business Strategy and the Environment*, 17(5), S. 330-340.

Baas, L.W., F.A. Boons, 2004. An industrial ecology project in practice: exploring the boundaries of decision-making levels in regional industrial systems. *Journal of Cleaner Production*, 12(8-10), S. 1073-1085.

Baas, L.W., D. Huisingh, 2008. The synergistic role of embeddedness and capabilities in industrial symbiosis: illustration based upon 12 years of experiences in the Rotterdam Harbour and Industry Complex. *Progress in Industrial Ecology*, 5(5/6), S. 399-421.

Bagajewicz, M., H. Rodera, 2000. Energy savings in the total site Heat integration across many plants. *Computers and Chemical Engineering*, 24, S. 1237-1242.

Bagajewicz, M., H. Rodera, 2001. On the use of heat belts for energy integration across many plants in the total site. *The Canadian Journal of Chemical Engineering*, 79(4), S. 633-642.

Bagajewicz, M., H. Rodera, 2002. Multiple plant heat integration in a total site. *AIChE Journal*, 48(10), S. 2255-2270.

Bahadori, A., H. Vuthaluru, 2010. A simple correlation for estimation of economic thickness of thermal insulation for process piping and equipment. *Applied Thermal Engineering*, 30, S. 254-259.

Baldenius, T., 2000. Intrafirm Trade, Bargaining Power, and Specific Investments. *Review of Accounting Studies*, 5(1), S. 27-56.

Ballreich, K.-L., 1986. *Anwendung des Bubble-Konzeptes für Luftreinhaltungsmaßnahmen - Eine empirische Überprüfung der Bubble-Theorie*. Dissertation: Universität Karlsruhe (TH).

Bamberg, G., A.G. Coenenberg, 1994. *Betriebswirtschaftliche Entscheidungslehre*, München: Verlag Vahlen.

Bandyopadhyay, S., J. Varghese, V. Bansal, 2010. Targeting for cogeneration potential through total site integration. *Applied Thermal Engineering*, 30(1), S. 6-14.

Bansal, P., B. McKnight, 2009. Looking Forward, Pushing Back and Peering Sideways: Analyzing the Sustainability of Industrial Symbiosis. *Journal of Supply Chain Management*, 45(4), S. 26-37.

Bartholomäi, G., W. Kinzelbach, 1978. *Methoden zur Erstellung eines Abwärmekatasters und ihre Anwendung auf die Kreise Rastatt, Baden-Baden und Karlsruhe-Stadt*, Karlsruhe: Kernforschungszentrum Karlsruhe, Laboratorium für Aerosolphysik und Filtertechnik. URL: http://bibliothek.fzk.de/zb/kfk-berichte/KFK2647-UF.pdf.

BASF, 2002. *Environment, Health & Safety 2002, Facts and Figures BASF Aktiengesellschaft Ludwigshafen Site*, Ludwigshafen: BASF Aktiengesellschaft. URL: http://www.corporateregister.com/a10723/basf02-ehs@l-de.pdf [Zugegriffen Mai 1, 2011].

Bauer, J., 2008. *Industrielle Ökologie - Theoretische Annäherung an ein Konzept nachhaltiger Produktionsweisen*, Dissertation: Universität Stuttgart. URL: http://elib.uni-stuttgart.de/opus/volltexte/2008/3610/pdf/Dissertation_Bauer_.pdf.

Becker, J., M. Rosemann, 1993. *Logistik und CIM: die effiziente Material- und Informationsflußgestaltung im Industrieunternehmen*, Berlin: Springer.

Bemmann, U., A. Müller, 2000. *Contracting Handbuch*, Köln: Deutscher Wirtschaftsdienst.

Bennett, E., E. Heitkamp, R. Klee, T. Rice, 1999. Clark Special Economic Zone: Finding Linkages in an Existing Industrial Estate. *Yale F&ES Bulletin*, 106, S. 137-165.

Van den Bergh, J., M.A. Janssen, 2004. Introduction and Overview. In: Van den Bergh, J., M. A. Janssen, (Hrsg.) *Economics of Industrial Ecology*. Cambridge (Massachusetts): MIT Press.

Bergman, P.C.A., A.R. Boersma, R.W.R. Zwart, J.H.A. Kiel, 2005. *Torrefaction for biomass co-firing in existing coal-fired power stations „Biocoal"*, Petten (NL): Energy research centre of the Netherlands (ECN). URL: http://www.ecn.nl/docs/library/report/2005/c05013.pdf.

Bergman, P.C.A., J.H.A. Kiel, 2005. *Torrefaction for biomass upgrading*, Petten (NL): Energy research centre of the Netherlands (ECN). URL: http://www.ecn.nl/docs/library/report/2005/rx05180.pdf.

van Berkel, R., E. Willems, M. Lafleur, 1997. The Relationship between Cleaner Production and Industrial Ecology. *Journal of Industrial Ecology*, 1(1), S. 51-66.

Berlin, K., 2011. *Handbuch für Dampf- und Kondensatanlagen*, Karlstein: Online. URL: http://www.dampfundkondensat.de/.

Beyene, A., 2005. Combined heat and power as a feature of energypark. *Journal of Energy Engineering*, 131(3), S. 173-188.

BINE, 2000. *Energieeffiziente Industrieöfen*, Karlsruhe: BINE-Informationsdienst. URL: http://www.bine.info/fileadmin/content/Publikationen/Projekt-Infos/2000/Projekt-Info_03-2000/projekt_0300_internetx.pdf.

BINE, 2002. *Latentwärmespeicher*, Karlsruhe: BINE-Informationsdienst. URL: http://www.bine.info/fileadmin/content/Publikationen/Themen-Infos/IV_2002/themen0402internetx.pdf.

BINE, 2003. *Wärmepumpen*, Karlsruhe: BINE-Informationsdienst. URL: http://www.bine.info/fileadmin/content/Publikationen/Basis_Energie/Basis_Energie_Nr._10/basis10internet_x.pdf.

BINE, 2006. *Flammenlose Verbrennung*, Karlsruhe: BINE-Informationsdienst. URL: http://www.bine.info/fileadmin/content/Publikationen/Projekt-Infos/2006/Projekt-Info_07-2006/projekt_0706_internet-x.pdf.

BINE, 2009. *Effiziente Wärmverfahren optimieren industrielle Produktionsprozesse*, Karlsruhe: BINE-Informationsdienst. URL: http://www.bine.info/fileadmin/content/Publikationen/Projekt-Infos/2009/Projektinfo_15-2009/projekt_1509_internetx.pdf.

BINE, 2010. *Mit solarer Wärme Bier brauen*, Karlsruhe: BINE-Informationsdienst. URL: http://www.bine.info/fileadmin/content/Publikationen/Projekt-Infos/2010/Projektinfo_13-2010/projekt_1310_internetx.pdf.

Blechschmidt, J. (Hrsg.), 2010. *Taschenbuch der Papiertechnik*, München: Fachbuchverlag Leipzig.

Blümig, N., 2001. *Wärmerückgewinnung durch Wärmepumpen*, Stuttgart: DKV.

BMU, 2009. *Energieeffizienz - Die intelligente Energiequelle*, Berlin: Bundesministerium für Umwelt, Naturschutz und Reaktorsicherheit. URL: http://www.bmu.de/files/pdfs/ allgemein/application/pdf/broschuere_energieeffizienz_tipps.pdf.

BMWi, 2008. BMWi - Energiegewinnung und Energieverbrauch. URL: http://www.bmwi.de/BMWi/Navigation/Energie/Statistik-und-Prognosen/Energiedaten/energiegewinnung-energieverbrauch.html [Zugegriffen April 5, 2011].

BMWi, 2010. *Energie in Deutschland - Trends und Hintergründe zur Energieversorgung*, Berlin: Bundesministerium für Wirtschaft und Technologie. URL: http://www.bmwi.de/Dateien/Energieportal/PDF/energie-in-deutschland.pdf.

Böhnisch, H., J. Deuschle, M. Nast, U. Pfennig, 2006. *Nahwärmeversorgung und Erneuerbare Energien im Gebäudebestand - Initiierung von Pilotprojekten in Baden-Württemberg, Hemmnisanalyse und Untersuchung der Einsatzbereiche*, Karlsruhe: Projektträger Karlsruhe (PTKA). URL: http://www.zsw-bw.de/fileadmin/editor/doc/bericht06_de.pdf.

Bölle, C.-D. 1994. *Zur Methodik der Konzeption einer industriellen Energieversorgung unter besonderer Berücksichtigung der Papiererzeugung*. Dissertation: Universität Karlsruhe (TH).

Boons, F.A., L.W. Baas, 1997. Types of industrial ecology: The problem of coordination. *Journal of Cleaner Production*, 5(1-2), S. 79-86.

Bossilkov, A., R. Van Berkel, G. Corder, 2005. *Regional Synergies for Sustainable Resource Processing: a Status Report*, Perth: Centre for Sustainable Resource Processing. URL: http://asdi.curtin.edu.au/csrp/_media/downloads/Bossilkov_etal_3A1_StatusReport_Jun05.pdf.

Boyaci, C., D. Uztürk, A.E.S. Konukman, U. Akman, 1996. Dynamics and optimal control of flexible heat-exchanger networks. *Computers & Chemical Engineering*, 20(Supplement 2), S. S775-S780.

Brand, E., T. de Bruijn, 1999. Shared responsibility at the regional level: the building of sustainable industrial estates. *European Environment*, 9(6), S. 221-231.

Brandstätter, R., 2008. *Industrielle Abwärmenutzung - Beispiele & Technologien*, Linz: Amt der Oberösterreichischen Landesregierung Direktion Umwelt und Wasserwirtschaft. URL: http://www.land-oberoesterreich.gv.at/files/publikationen/us_industrielle_abwaerme.pdf.

Brans, J.-P., B. Mareschal, 2005. PROMETHEE Methods. In: Figueira, J., S. Greco, M. Ehrgott, (Hrsg.) *Multiple Criteria Decision Analysis - State of the Art Surveys*. New York: Springer, S. 163-195.

Brans, J.-P., P. Vincke, B. Mareschal, 1986. How to select and how to rank projects: The PROMETHEE method. *European Journal of Operational Research*, 24, S. 228-238.

Branzei, R., D. Dimitrov, S.H. Tijs (Hrsg.), 2008. *Models in Cooperative Game Theory Second Edition.*, Berlin, Heidelberg: Springer-Verlag Berlin Heidelberg.

Brauns, E., I. Genné, W. Schiettecatte, J. Helsen, 2007. Pragmatic analysis of energy and water flows in industry by pinch. Part B: Water. *Journal of Industrial Ecology (submitted)*.

Bressler, G., H. Kuhn, T. Münzer, S. Kuhn, U. Leis, 1994. *Betriebliche Wärmenutzungskonzepte als Instrument eines integrierten Umweltschutzes*, Berlin: Umweltbundesamt.

Bridgwater, A.V., G. Grassi, 1991. *Biomass Pyrolysis Liquids Upgrading and Utilisation*, New York: Elsevier Science & Technology.

Bridgwater, A.V., G.V.C. Peacocke, 2000. Fast pyrolysis processes for biomass. *Renewable and Sustainable Energy Reviews*, 4(1), S. 1-73.

Briké, F., 1983. *Maßnahmen zur Intensivierung der Abwärmenutzung in der Industrie*, Fichtner Beratende Ingenieure GmbH & Co. KG im Auftrag des Bundesministeriums für Forschung und Technologie. Stuttgart: Selbstverlag.

Briones, V., A.C. Kokossis, 1999. Hypertargets: a Conceptual Programming approach for the optimisation of industrial heat exchanger networks - I. Grassroots design and network complexity. *Chemical Engineering Science*, 54(4), S. 519-539.

Brown, J., D. Gross, L. Wiggs, 2002. *The MatchMaker! System: Creating virtual eco-industrial parks*, Yale, USA: Yale School of Forestry and Environmental Studies. URL: http://environment.research.yale.edu/documents/downloads/0-9/106matchmaker.pdf.

Brüggemann, A., 2005. *KFW-Befragung zu den Hemmnissen und Erfolgsfaktoren von Energieeffizienz in Unternehmen*, Frankfurt a. M.: KFW Bankengruppe, Abteilung Volkswirtschaft. URL: http://www.kfw.de/kfw/de/I/II/Download_Center/Fachthemen/ Research/PDF-Dokumente_Sonderpublikationen/KfW-Befragung_zu_den_Hemmnissen _und_Erfolgsfaktoren_von_..._2005.pdf.

Brundtland, G.H. (Hrsg.), 1987. *Unsere gemeinsame Zukunft* (Bericht der World Commission on Environment and Development), Greven: Eggenkamp.

Brunner, M., 1962. *Planung in Saisonunternehmungen: Zeitliche Abstimmung zwischen Fertigungs- und Absatzvolumen bei saisonalen Absatzschwankungen*, Köln und Opladen: Westdeutscher Verlag.

Bucar, G., D. Schinnerl, 2007. *Technisches und wirtschaftliches Marktpotential der Wärmeenergienutzung aus dem Abwasser in Österreich*, Graz: Grazer Energie Agentur.

Büchel, B., C. Prange, G.J.B. Probst, 1997. *Joint Venture-Management: Aus Kooperationen lernen*, Bern: Haupt.

Buffa, E.S., 1967. Aggregate Planning for Production - Three Approaches, Efficient and Easy to Apply. *Business Horizons*, Fall 1967, S. 87-97.

Burström, F., J. Korhonen, 2001. Municipalities and industrial ecology: reconsidering municipal environmental management. *Sustainable Development*, 9(1), S. 36-46.

Buschmann, R., 2003. *Umweltverträglichkeit von Gebäudedämmstoffen*, Kiel: Selbstverlag.

Buxey, G., 1995. A managerial perspective on aggregate planning. *Int.J.Production Economic*, 41, S. 127-133.

Buxey, G., 2005. Aggregate planning for seasonal demand: reconciling theory with practice. *International Journal of Operations & Production Management*, 25(11), S. 1083-1100.

Calandranis, J., G. Stephanopoulos, 1988. A structural approach to the design of control systems in heat exchanger networks. *Computers & Chemical Engineering*, 12(7), S. 651-669.

Calva, E., M. Núñez, M.A. Toral, 2005. Thermal integration of trigeneration systems. *Applied Thermal Engineering*, 25(7), S. 973-984.

Cao, K., X. Feng, H. Ma, 2007. Pinch multi-agent genetic algorithm for optimizing water-using networks. *Computers & Chemical Engineering*, 31(12), S. 1565-1575.

Cao, K., X. Feng, H. Wan, 2009. Applying agent-based modeling to the evolution of eco-industrial systems. *Ecological Economics*, 68(11), S. 2868-2876.

Cartwright, D., 2002. Chile's forest products markets-a plantation success story. In: *UNECE/FAO Forest Products Annual Market Review*. Genf.

Cerda, J., A. Westerberg, 1983. Synthesizing heat exchanger networks having restricted stream/stream matches using transportation problem formulations. *Chemical Engineering Science*, 38(10), S. 1723-1740.

Cerda, J., A. Westerberg, D. Manson, B. Linnhoff, 1983. Minimum utility usage in heat exchanger network synthesis - A transportation problem. *Chemical Engineering Science*, 38(3), S. 373-387.

Chauvel, A., P. Leprince, Y. Barthel, C. Raimbault, J.-P. Arlie, 1976. *Manuel d'évaluation économique des procédés*, Paris: Editions TECHNIP.

Chen, C.-L., J.-Y. Lee, D.K.S. Ng, D.C.Y. Foo, 2010. Synthesis of resource conservation network with sink-source interaction. *Clean Technologies and Environmental Policy*, 12(6), S. 613-625.

CHERIC, 2010. Chemical Engineering Research Information Center (CHERIC). URL: http://www.cheric.org/research/kdb/.

Chertow, M., 2000. Industrial Symbiosis: Literature and Taxonomy. *Annual Review of Energy & Environment*, 25, S. 313-337.

Chertow, M., 2004. Industrial Symbiosis and Eco-Industrial Parks. In: *Partnership for the Future: 2nd Annual Conference and Workshop for Eco-Industrial Development*. Bangkok.

Chertow, M., 2007. "Uncovering" Industrial Symbiosis. *Journal of Industrial Ecology*, 11(1), S. 11-30.

Chertow, M., W. Ashton, R. Kuppalli, 2004. *The Industrial Symbiosis Research Symposium at Yale: Advancing the Study of Industry and Environment*, Yale School of Forestry & Environmental Studies. URL: http://environment.yale.edu/documents/downloads/o-u/symbiosis.pdf

Chertow, M., D.R. Lombardi, 2005. Quantifying Economic and Environmental Benefits of Co-Located Firms. *Environmental Science & Technology*, 39(17), S. 6535-6541.

Chew, I.M.L., D.C.Y. Foo, D.K.S. Ng, R.R. Tan, 2010a. Flowrate Targeting Algorithm for Interplant Resource Conservation Network. Part 1: Unassisted Integration Scheme. *Industrial & Engineering Chemistry Research*, 49(14), S. 6439-6455.

Chew, I.M.L., D.C.Y. Foo, R.R. Tan, 2010b. Flowrate Targeting Algorithm for Interplant Resource Conservation Network. Part 2: Assisted Integration Scheme. *Industrial & Engineering Chemistry Research*, 49(14), S. 6456-6468.

Chew, I.M.L., R.R. Tan, D.C.Y. Foo, A.S.F. Chiu, 2009. Game theory approach to the analysis of inter-plant water integration in an eco-industrial park. *Journal of Cleaner Production*, 17(18), S. 1611-1619.

Chisholm, R., 1998. *Developing Network Organizations: Learning from Practice and Theory*, Reading, Mass.: Addison-Wesley.

Chiu, A.S.F., 2001. Ecology, Systems, and Networking: Walking the Talk in Asia. *Journal of Industrial Ecology*, 5(2), S. 6-8.

Chiu, A.S.F., G. Yong, 2004. On the industrial ecology potential in Asian Developing Countries. *Journal of Cleaner Production*, 12(8-10), S. 1037-1045.

Chopra, S., P. Meindl, 2007. *Supply chain management: strategy, planning, and operation*. 3. Aufl., Upper Saddle River, NJ: Pearson/Prentice Hall.

Clark, A., V. Armentano, 1995. A heuristic for a resource-capacitated multi-stage lot-sizing problem with lead times. *Journal of Operations Management*, 46, S. 1208-1222.

Coase, R.H., 1963. The nature of the Firm. In: Stigler, G. J., K. E. Boulding (Hrsg.) *Readings in Price Theory*. London: Allen & Unwin, S. 331-351.

Coenenberg, A.G., T. Fischer, T. Günther, 2007. *Kostenrechnung und Kostenanalyse*. 6. Aufl., Stuttgart: Schäffer-Poeschel.

Cohen-Rosenthal, E., 2000a. A Walk on the Human Side of Industrial Ecology. *American Behavioral Scientist*, 44(2), S. 245-264.

Cohen-Rosenthal, E., 2000b. Making sense out of industrial ecology: a framework for analysis and action. *Journal of Cleaner Production*, 12(8-10), S. 1111-1123.

Colberg, R., M. Morari, 1988. Analysis and Synthesis of Resilient Heat Exchanger Networks. *Advances in Chemical Engineering*, 14, S. 1-93.

Corsten, H., 1994. *Handbuch Produktionsmanagement: Strategie - Führung -Technologie - Schnittstelle*, Wiesbaden: Gabler.

Côté, R., 2004. *The Industrial Park as an Ecosystem*, Industrial Ecology Research Group, Dalhousie University, Canada. URL: http://www.mgmt.dal.ca/sres/research/rInpark.html

Côté, R., E. Cohen-Rosenthal, 1998. Designing eco-industrial parks: a synthesis of some experiences. *Journal of Cleaner Production*, 6(3-4), S. 181-188.

Crilly, D., T. Zhelev, 2008. Emissions targeting and planning: An application of CO_2 emissions pinch analysis (CEPA) to the Irish electricity generation sector. *Energy*, 33(10), S. 1498-1507.

Crumbly, I., 1983. Industrial Waste Heat for Greenhouses. In: Sengupta, S., S. Lee, (Hrsg.) *Waste Heat Utilization and Management*. Springer Berlin / Heidelberg, S. 367-380.

Culver, G., 1992. Industrial applications research and current industrial applications of geothermal energy in the United States. *Geothermics*, 21(5-6), S. 605-616.

Danner, H., 2008. *Ökologische Wärmedämmstoffe im Vergleich*, München: Landeshauptstadt München Referat für Gesundheit und Umwelt Bauzentrum München. URL: http://www.muenchen.de/cms/prod1/mde/_de/rubriken/Rathaus/70_rgu/03_beratung_foe rderung/003_bauzentr/pdf/oekolog_waermedaemmstoffe.pdf.

Dantzig, G., A. Jaeger, 1966. *Lineare Programmierung und Erweiterungen*, Berlin: Springer.

Das, S., 2005. *Process heat transfer*, Harrow U.K.: Alpha Science International.

Dejonckheere, J., S.M. Disney, M. Lambrecht, D.R. Towill, 2003. The dynamics of aggregate planning. *Production Planning and Control*, 14, S. 497-516.

Desrochers, P., 2004. Industrial symbiosis: the case for market coordination. *Journal of Cleaner Production*, 12(8-10), S. 1099-1110.

DESTATIS 2003. *Klassifikation der Wirtschaftszweige mit Erläuterungen.* Statistisches Bundesamt, Wiesbaden.

Dhole, V., B. Linnhoff, 1993a. Total site targets for fuel, co-generation, emissions, and cooling. *Computers & Chemical Engineering*, 17(Supplement 1), S. 101-109.

Dhole, V., N. Ramchandi, R. Tainsh, M. Wasilewski, 1996. Make your process water pay for itself. *Chemical Engineering*, 103(1), S. 100-103.

Dhole, V.R., B. Linnhoff, 1993b. Distillation column targets. *Computers & Chemical Engineering*, 17(5-6), S. 549-560.

Diemer, A., S. Labrune, 2007. L'écologie industrielle: quand l'écosystème industriel devient un vecteur du développement durable. *Développement durable et territoires*. URL: http://developpementdurable.revues.org/index4121.html.

DIN EN ISO 10628, 1997. *Fließschemata für verfahrenstechnische Anlagen.* Europäische Norm EN ISO 1628, deutsche Fassung.

Disney, S., I. Farasyn, M. Lambrecht, D. Towill, W.V. de Velde, 2005. Smooth is Smart. Bullwhip, Inventory, Fill-Rates and the Golden Ratio. *Review of Business and Economics*, 2, S. 167-186.

Dold, G., C. Wörner, 1996. Einordnung, Grenzen und Aufbau von Ökobilanzen. In: Krcmar, H., G. Dold, (Hrsg.) *Aspekte der Ökobilanzierung: Ansprüche, Ziele und Computerunterstützung.* Deutscher Universitäts-Verlag / Gabler-Verlag, S. 1-21.

Douglas, J., 1988. *Conceptual design of chemical processes*, New York: McGraw-Hill.

Doyle, W., J. Pearce, 2009. Utilization of Virtual Globes for Open Source Industrial Symbiosis. *Open Environmental Sciences*, 3, S. 88-96.

Driessen, T.S.H., 1988. *Cooperative games, solutions and applications*, Dordrecht [u. a.]: Kluwer.

Dunn, R.F., G.E. Bush, 2001. Using process integration technology for CLEANER production. *Journal of Cleaner Production*, 9, S. 1-23.

Dunn, R.F., M. El-Halwagi, 1994a. Selection of optimal VOC-condensation systems. *Waste Management*, 14(2), S. 103-113.

Dunn, R.F., M. El-Halwagi, 1994b. Optimal design of multicomponent VOC-condensation systems. *Journal of Hazardous Materials*, 38(1), S. 187-206.

Dunn, R.F., M. El-Halwagi, 1996. *Design of cost-effective VOC-recovery systems*, Muscle Shoals, AL: TVA Publications.

Dunn, R.F., M. El-Halwagi, 2003. Review Process integration technology review: background and applications in the chemical process industry. *J Chem Technol Biotechnol*, 78, S. 1011-1021.

Dyer, J., H. Singh, 1998. The Relational View: Cooperative Strategy and Sources of Interorganizational Competitive Advantage. *The Academy of Management Review*, 23(4), S. 660-679.

E&M, 2010. Hintergrund - Gedrosselte Freude. *Energie&Management*, (01.06.2010).

Eastop, T.D., A. McConkey, 1969. *Applied Thermodynamics for Engineering Technologists*, London: Longman, Green and Co. LTD.

EC, 1999. Richtlinie 1999/13/EG des Rates vom 11. März 1999 über die Begrenzung von Emissionen flüchtiger organischer Verbindungen, die bei bestimmten Tätigkeiten und in bestimmten Anlagen bei der Verwendung organischer Lösemittel entstehen.

Ehrenfeld, J., 2000. Industrial Ecology. *American Behavioral Scientist*, 44(2), S. 229 -244.

Ehrenfeld, J., N. Gertler, 1997. Industrial Ecology in Practice: The Evolution of Interdependence at Kalundborg. *Journal of Industrial Ecology*, 1(1), S. 67-79.

EIPPCB, 2000. *BREF Outline and Guide*, Sevilla: European Commission's Joint Research Centre (JRC) Institute for Prospective Technological Studies (IPTS). URL: http://eippcb.jrc.es/pages/Boutline.htm.

EIPPCB, 2001. *Reference Document on Best Available Techniques in the Pulp and Paper Industry*, Sevilla: European Commission's Joint Research Centre (JRC) Institute for Prospective Technological Studies (IPTS). URL: ftp://ftp.jrc.es/pub/eippcb/doc/ENE_Adopted_02-2009.pdf.

EIPPCB, 2003. *Reference Document on Best Available Techniques in the Large Volume Organic Chemical Industry*, Sevilla: European Commission's Joint Research Centre (JRC) Institute for Prospective Technological Studies (IPTS). URL: ftp://ftp.jrc.es/pub/eippcb/doc/ref_bref_0203.pdf.

EIPPCB, 2009. *Reference Document on Best Available Techniques for Energy Efficiency*, Sevilla: European Commission's Joint Research Centre (JRC) Institute for Prospective Technological Studies (IPTS). URL: ftp://ftp.jrc.es/pub/eippcb/doc/ENE_Adopted_02-2009.pdf.

Eldredge, W., 1989. How to stimulate the innovation process. *Chemical Engineering*, 96(7), S. 187-192.

El-Halwagi, M, 1997. *Pollution prevention through process integration: systematic design tools*, San Diego: Academic Press.

El-Halwagi, M., 2009. Targeting cogeneration and waste utilization through process integration. *Applied Energy*, 86, S. 880-887.

El-Halwagi, M., V. Manousiouthakis, 1989. Synthesis of mass exchange networks. *AIChE Journal*, 35(8), S. 1233-1244.

Elmaleh, J., S. Eilon, 1974. A new approach to production smoothing. *International Journal for Production Research*, 12(6), S. 673-681.

Erkman, S., 1997. Industrial ecology: An historical view. *Journal of Cleaner Production*, 5(1-2), S. 1-10.

Ewert, R., A. Wagenhofer, 2008. *Interne Unternehmensrechnung*, Berlin, Heidelberg: Springer-Verlag.

Fancher, R.B., 1984. Probabilistic Production Costing with Load-Shifting Resources using Discrete Approximations. *IEEE Transaction on Power Apparatus and Systems*, 103(8), S. 2089 2097.

Fankhähnel, M., 2008. *Der integrierte Standort - Ein Modell mit Zukunft!*, Ludwigshafen: BASF Aktiengesellschaft. URL: http://www.gdch.de/strukturen/fg/wirtschaft/vcw_va/standort_fankhaenel.pdf.

Fell, H., B. Genath, 2007. Kommt ein „Regeneratives Wärmegesetz"? *Installation - Deutsche Klempner Zeitung (DKZ)*, 127(3), S. 38-42.

Ferris, M., O. Mangasarian, S. Wright, 2007. *Linear Programming with MATLAB*, Philadelphia: SIAM.

Fichtner, W., M. Frank, O. Rentz, 2003. Strategische Planung betriebsübergreifender Energiemanagementkonzepte. *Zeitschrift für Planung und Unternehmenssteuerung*, 14(2), S. 171-196.

Fichtner, W., M. Frank, O. Rentz, 2004a. Inter-firm energy supply concepts: an option for cleaner energy production. *Journal of Cleaner Production*, 12, S. 891-899.

Fichtner, W., I. Tietze-Stöckinger, M. Frank, O. Rentz, 2005. Barriers of inter-organisational environmental management: Two case studies on industrial symbiosis. *Progress in Industrial Ecology*, 2(1), S. 73-88.

Fichtner, W., I. Tietze-Stöckinger, O. Rentz, 2004b. On industrial symbiosis networks and their classification. *Progress in Industrial Ecology*, 1(1-3), S. 130-142.

Fischer-Kowalski, M. (Hrsg.), 1997. *Gesellschaftlicher Stoffwechsel und Kolonisierung von Natur: ein Versuch in sozialer Ökologie*, Amsterdam: G+B Verlag Fakultas.

Floudas, C.A., A.R. Ciric, I. Grossmann, 1986. Automatic Synthesis of Optimum Heat Exchanger Network Configurations. *AIChE Journal*, (32), S. 276-290.

Fohrmann, M., 2000. *Güterverkehrszentren als ein Ansatz zur Gestaltung und Bewältigung des Güterverkehrs vor dem Hintergrund einer konzeptionellen Erweiterung um virtuelle Aspekte*, Frankfurt: Peter Lang.

Foo, D.C.Y., 2009. State-of-the-art review of pinch analysis techniques for Water network synthesis. *Industrial and Engineering Chemistry Research*, 48(11), S. 5125-5159.

Foo, D.C.Y., N. Hallale, R.R. Tan, 2007. Pinch Analysis Approach to Short-Term Scheduling of Batch Reactors in Multi-Purpose Plants. *International Journal of Chemical Reactor Engineering*, 5(94).

Foo, D.C.Y., V. Kazantzi, M. El-Halwagi, Z. Abdul Manan, 2006. Surplus diagram and cascade analysis technique for targeting property-based material reuse network. *Chemical Engineering Science*, 61(8), S. 2626-2642.

Foo, D.C.Y., Z.A. Manan, Y.L. Tan, 2005. Synthesis of maximum water recovery network for batch process systems. *Journal of Cleaner Production*, 13(15), S. 1381-1394.

Foo, D.C.Y., M.B.L. Ooi, R.R. Tan, J.S. Tan, 2008a. A heuristic-based algebraic targeting technique for aggregate planning in supply chains. *Computers and Chemical Engineering*, 32(10), S. 2217-2232.

Foo, D.C.Y., R.R. Tan, D.K.S. Ng, 2008b. Carbon and footprint-constrained energy planning using cascade analysis technique. *Energy*, 33(10), S. 1480-1488.

Fors, J., 2003. *Spillvärme från industri till fjärrvärmenät Sammanfattning av intervjuer på 5 orter* [Abwärme aus der Industrie in Fernwärmenetzen Zusammenfassung der Interviews in fünf Städten], Sollentuna: Energia Konsulterande Ingeniörer AB. URL: http://www.svenskfjarrvarme.se/Global/Rapporter_och_Dokument/Ovriga_rapporter/En ergitillforsel_och_Produktion/Spillvarme-fran_industrin_till_fjarrvarme_2004_5.pdf.

Fraas, A., M. Ozisik 1965. *Heat Exchanger Design*. New York [u. a.]: John Wiley & Sons Inc.

Franca, P., V. Armentano, R. Beretta, A. Clark, 1997. A heuristic method for lot-sizing in multi-stage systems. *Computers in Operations Research*, 24, S. 861-874.

Franck, B., J. Zimmermann, 1997. *Meta-Heuristiken*, Discussion paper 496, Institut für Wirtschaftstheorie und Operations Research, Universität Karlsruhe (TH).

Frank, M., 2003. *Entwicklung und Anwendung einer integrierten Methode zur Analyse von betriebsübergreifenden Energieversorgungskonzepten*. Dissertation: Universität Karlsruhe (TH).

Frank, M., W. Fichtner, M. Wietschel, O. Rentz, 2000. Ein modellgestütztes Instrumentarium zur Analyse und Bewertung von betriebsübergreifenden strategischen Energiemanagementkonzepten. In: Hilty, L. M., D. Schulthess, T. F. Ruddy, (Hrsg.) *Strategische und betriebsübergreifende Anwendungen betrieblicher Umweltinformationssysteme*. Umwelt-Informatik aktuell. Marburg, S. 171-182.

Fratzscher, W. (Hrsg.), 1995. *Abfallenergienutzung: technische, wirtschaftliche und soziale Aspekte*, Berlin: Akademie-Verl.

Friedemann, S., M. Schumann, 2010. *Der Umgang mit Unsicherheit in der Produktion und Nutzung von nachwachsenden Rohstoffen - State of the Art*, Institut für Wirtschaftsinformatik, Universität Göttingen. URL: www2.as.wiwi.uni-goettingen.de/getfile?DateiID=706.

Friege, H., C. Engelhardt, K. Henseling (Hrsg.), 1998. *Das Management von Stoffströmen: geteilte Verantwortung - Nutzen für alle*, Berlin: Springer.

Fromen, B., 2004. *Faire Aufteilung in Unternehmensnetzwerken: Lösungsvorschläge auf der Basis der kooperativen Spieltheorie*, Wiesbaden: Dt. Univ.-Verl.

Frosch, R.A., N.E. Gallapoulos, 1989. Strategies for Manufacturing. *Scientific American*, 261(3), S. 144-152.

Früh, K., W. Ahrens, 2009. *Handbuch der Prozessautomatisierung: Prozessleittechnik für verfahrenstechnische Anlagen*. 4. Aufl., München: Oldenbourg Industrieverlag.

Furman, K.C., N.V. Sahinidis, 2001. Computational complexity of heat exchanger network synthesis. *Computers & Chemical Engineering*, 25(9-10), S. 1371-1390.

Furman, K.C., N.V. Sahinidis, 2002. A Critical Review and Annotated Bibliography for Heat Exchanger Network Synthesis in the 20th Century. *Industrial & Engineering Chemistry Research*, 41(10), S. 2335-2370.

Galli, M., J. Cerda, 1991. Synthesis of flexible heat exchanger networks - III. Temperature and flowrate variations. *Computers & Chemical Engineering*, 15(1), S. 7-24.

Gandert, E., 2008. Neues Kraftwerk im Industriepark Gersthofen: Gegensätze vereinbaren. *Chemie Technik Online*, 2008(08). URL: http://www.chemietechnik.de/texte/anzeigen/ 106556/Management/Management/Neues-Kraftwerk-im-Industriepark-Gersthofen/ MVV-Energie-AG [Zugegriffen März 1, 2011].

Gareis, K., 2003. *Das Konzept Industriepark aus dynamischer Sicht*, Wiesbaden: Gabler.

Gautschi, E., 1983. Heat Transport System from a Swiss Waste Incineration Plant to Industrial Consumers and to a District Hospital. In: Sengupta, S., S. Lee, (Hrsg.) *Waste Heat Utilization and Management*. Springer Berlin / Heidelberg, S. 89-102.

Geary, S., S.M. Disney, D.R. Towill, 2006. On bullwhip in supply chains-historical review, present practice and expected future impact. *Int.J.Production Economics*, 101, S. 2-18.

Geldermann, J., 2006. *Mehrzielentscheidungen in der industriellen Produktion*, Habilitationsschrift: Universität Karlsruhe (TH), Karlsruhe: Universitätsverlag Karlsruhe. URL: http://www.uvka.de/univerlag/volltexte/2006/121/pdf/Geldermann_J..pdf

Geldermann, J., J. Ludwig, 2007. Some thoughts on weighting in participatory decision making and e-democracy. *International Journal of Technology, Policy and Management*, 7(2), S. 178-189.

Geldermann, J., J. Ludwig, M. Treitz, O. Rentz, 2007a. Production Planning in Dynamic and Seasonal Markets. In: Waldmann, K.-H., U. M. Stocker, (Hrsg.) *Operations Research Proceedings 2006*. Berlin: Springer, S. 509-514.

Geldermann, J., O. Rentz, 2004. Decision support through mass and energy flow management in the sector of surface treatment. *Journal of Industrial Ecology*, 8(4), S. 173-187.

Geldermann, J., M. Treitz, O. Rentz, 2010. Technique Assessment for Eco-Industrial Parks in China. *World Review of Science, Technology and Sustainable Development*, 8(1), S. 47-61.

Geldermann, J., M. Treitz, H. Schollenberger, J. Ludwig, O. Rentz, 2007b. *Integrated Process Design for the Inter-Company Plant Layout Planning of Dynamic Mass Flow Networks*, Karlsruhe: Universitätsverlag Karlsruhe.

Geldermann, J., M. Treitz, H. Schollenberger, O. Rentz, 2006. Evaluation of VOC recovery strategies: Multi Objective Pinch Analysis (MOPA) for the evaluation of VOC recovery strategies. *OR Spectrum*, 28(1), S. 3-20.

Geng, Y., J. Yi, 2005. Eco-Industrial Development in China. In: *Sustainable Management of Industrial Parks: Proceedings of the German - Chinese Workshop from October 12 - 16 2004 in Leipzig*, Germany. Berlin: Logos Verlag, S. 51-68.

Gerber, H., 2009. *CO2-Sequestrierung durch Einsatz von Biomasse in einem PYREG-Reaktor mit Dampfschraubenmotor*, Bingen: Forschungsverbund PYREG-Reaktor.

Gerber, H., 2010. *Dezentrale CO2-negative energetische Biomasseverwertung mit dem PYREG-Verfahren*, Interdisziplinäres Forschungszentrum (IFZ), Universität Gießen. URL: [Zugegriffen Mai 18, 2011].

Gerber, H., 2011. Interview am 16.02.2011 bei der Besichtigung Fa. Pyreg in Dörth im Rahmen des Forschungsprojekts Carbosolum.

GfEM, 2004. *Kennziffernkatalog Investitionsvorbereitung in der Energiewirtschaft*, Neuerhagen/Berlin: Gesellschaft für Energiemanagement mbH.

Gianadda, P., C.J. Brouckaert, R. Sayer, C.A. Buckley, 2002. The application of pinch analysis to water, reagent and effluent management in a chlor-alkali facility. *Water Science and Technology*, 46(9), S. 21-28.

Gibbs, D., 2003. Trust and networking in inter-firm relations: the case of eco-industrial development. *Local Economy*, 18(3), S. 222-236.

Gibbs, D., P. Deutz, 2005. Implementing industrial ecology? Planning for eco-industrial parks in the USA. *Geoforum*, 36(4), S. 452-464.

Gilgeous, V., 1988. A Functional Objective Search Approach to Aggregate Planning. *International Journal of Operations & Production Management*, 8(1), S. 48-62.

Giovanini, L., J. Marchetti, 2003. Low-level flexible-structure control applied to heat exchanger networks. *Computers & Chemical Engineering*, 27(8-9), S. 1129-1142.

Glaser, H., W. Geiger, V. Rohde, 1991. *Produktionsplanung und -steuerung: PPS; Grundlagen - Konzepte - Anwendungen*, Wiesbaden: Gabler.

Glatzel, W., 1983. *Abwärme: Auswirkungen, Verminderung, Nutzung; zusammenfassender Bericht über die Arbeit der Abwärmekommission 1974-1982*, Berlin: E. Schmidt.

Gosselin, L., 2009. Review of utilization of genetic algorithms in heat transfer problems. *International Journal of Heat and Mass Transfer*, 52, S. 2169-2188.

Graedel, T., B.R. Allenby, 1993. *Industrial Ecology*, New York: Prentice Hall.

Graham, R., 2003. *Use of Bark-Derived Pyrolysis Oils as a Phenol Substitute in Structural Panel Adhesives, Technical Report DE-FC36-00GO10597*, Boston: Department of Energy (DOE). URL: http://www.osti.gov/energycitations/product.biblio.jsp?osti_id=828163.

Granovetter, M., 1978. Threshold Models of Collective Behaviour. *American Journal of Sociology*, 6, S. 1259-1319.

Gregorig, R., 1973. *Wärmeaustausch und Wärmeaustauscher: Konstruktionssystematik, Serienproduktion, Rohrschwingungen, fertigungsgerechte wirtschaftliche Optimierung aufgrund von Exergieverlusten*, Aarau: Sauerländer.

Gregorzewski, A., W. Pfaffenberger, W. Schulz, M. Blesl, U. Fahl, A. VOS, 2001. *Pluralistische Wärmeversorgung*, Frankfurt: Arbeitsgemeinschaft Fernwärme e.V.

Grimes, L.E., M.D. Rychener, A. Westerberg, 1982. The Synthesis and Evolution of Networks of Heat Exchange that Feature the Minimum Number of Units. *Chemical Engineering Communications*, 14(3), S. 339-360.

Grip, C.-E., E. Sandström, E. Gebard, J. Karlsson, 2010. Industrial Ecology in Northern Areas. Practical Experience and Development. In: *Proceedings of the SAM4 Conference*. 4th International Seminar on Society & Materials. Nancy, France. URL: http://pure.ltu.se/portal/files/5233306/Ind_ecology_LTU.pdf [Zugegriffen Mai 1, 2011].

Groll, M., 2004. *Koordination im Supply Chain Management: die Rolle von Macht und Vertrauen*. Wiesbaden: Deutscher Universitäts-Verlag.

Grönkvist, S., P. Sandberg, 2006. Driving forces and obstacles with regard to co-operation between municipal energy companies and process industries in Sweden. *Energy Policy*, 34(13), S. 1508-1519.

Groscurth, H., 1991. *Rationelle Energieverwendung durch Wärmerückgewinnung*, Heidelberg: Physica.

Großklos, M., 2009. *Kumulierter Energieaufwand und CO2-Emissionsfaktoren verschiedener Energieträger und -versorgungen*, Darmstadt: Institut Wohnen und Umwelt. URL: http://www.iwu.de/fileadmin/user_upload/dateien/energie/werkzeuge/kea.pdf.

Grossmann, I., G. Guillén-Gosálbez, 2010. Scope for the application of mathematical programming techniques in the synthesis and planning of sustainable processes. *Computers & Chemical Engineering*, 34(9), S. 1365-1376.

Gruber, E., K. Ostertag, D. Jansen, S. Barnekow, U. Stoll, 2001. Stadtwerke als Katalysator innovativer Energiekonzepte in mittelständischen Betrieben? *Umweltpsychologie*, 12(1), S. 8-27.

Grunow, M., H.-O. Günther, R. Westinner, 2007. Supply optimization for the production of raw sugar. *International Journal of Production Economics*, 110(1-2), S. 224-239.

Gudszend, T., D. Spath, 2003. *Zusammenarbeit von Instandhaltung und Service im Maschinen- und Anlagenbau*, Stuttgart: IRB-Verlag.

Gunaratnam, M., R. Smith, 2002. Automated design of water networks. In: *Proceedings of the Fifth International Conference on Hydroinformatics*. Hydroinformatics 2002. Cardiff, UK. URL: ftp://ftp.hamburg.baw.de/pub/Kfki/Bib/2002_Hydroinformatics%205th/media/pdf/309.pdf [Zugegriffen Mai 1, 2011].

Gundersen, T., L. Naess, 1988. The synthesis of cost optimal heat exchanger networks: An industrial review of the state of the art. *Computers & Chemical Engineering*, 12(6), S. 503-530.

Gundersen, T., 2002. Process Integration. In: International Energy Agency: *International collaboration in energy technology: a sampling of success stories*. URL: http://www.iea.org/textbase/nppdf/free/1990/sucessstory99.pdf.

Günther, E., S. Kaulich, L. Scheibe, W. Uhr, C. Heidsieck, J. Fröhlich, 2006. *Leistung und Erfolg im betrieblichen Umweltmanagement. Die Software EPM-KOMPAS als Instrument für den industriellen Mittelstand zur Umweltleistungsmessung und Erfolgskontrolle*, Köln: Josef Eul Verlag.

Günther, H.O., D.C. Mattfeld, L. Suhl, 2005. *Supply Chain Management und Logistik*, Berlin, Heidelberg, New York: Springer.

Hack, M., 2003. *Energie-Contracting: Recht und Praxis*, München: Beck.

Hahn, D., G. Laßmann, 1999. *Produktionswirtschaft, Controlling industrieller Produktion, Bd.1/2*, Heidelberg: Physika-Verlag.

Hahn, T., W. Jäger, C. Schiuma, 1998. *Lebensqualität Wasser: Qualitätskriterien der Wasserversorgung - Reinigung von Abwasser*, Stuttgart, Leipzig: S. Hirzel.

Hähre, S., T. Spengler, O. Rentz, 1998. Kopplung von Flowsheeting-Modellen und Petri-Netzen zur Planung industrieller Stoffstromnetzwerke - konkretisiert für den Zinkkreis-lauf in der Metallindustrie. In: *Umweltwirtschaftsforum (Schwerpunktthema Stoffstrom-management) 2/1998*.

Hallale, N., 2002. A new graphical targeting method for water minimisation. *Advances in Environmental Research*, 6, S. 377-390.

Hämäläinen, S., A. Näyhä, H.-L. Pesonen, 2011. Forest biorefineries – A business opportunity for the Finnish forest cluster. *Journal of Cleaner Production*, 19(16), S. 1884-1891.

Hart, O., J. Moore, 1988. Incomplete Contracts and Renegotiation. *Econometrica*, 56(4), S. 755-785.

Häuslein, A., J. Hedemann, 1995. Die Bilanzierungssoftware Umberto und mögliche Einsatzgebiete. In: Schmidt, M., Schorb, A., (Hrsg.) *Stoffstromanalysen in Ökobilanzen und Öko-Audits*. Heidelberg: Springer.

Hawken, P., 1993. *The ecology of commerce*, New York: Harper Business.

Hebecker, D., 1995. Wärmetransformation. In: Fratzscher, W., (Hrsg.) *Abfallenergienutzung: technische, wirtschaftliche und soziale Aspekte*. Interdisziplinäre Arbeitsgruppen - For-schungsberichte der Berlin-Brandenburgischen Akademie der Wissenschaften. Berlin: Akademie-Verl., S. 61-81.

Heeres, R.R., W.J.V. Vermeulen, F.B. de Walle, 2004. Eco-industrial park initiatives in the USA and the Netherlands: first lessons. *Journal of Cleaner Production*, 12(8-10), S. 985-995.

Heggs, P.J., F. Vizcaino, 2002. A Rigorous Model for Evaluation of Disturbance Propagation Through Heat Exchanger Networks. *Chemical Engineering Research and Design*, 80(3), S. 301-308.

Hennicke, M., H. Tengler, 1986. *Industrie- und Gewerbeparks als Instrument der kommuna-len Wirtschaftsförderung. Eine empirische Analyse in der Bundesrepublik Deutschland*, Stuttgart: Poeschel.

Henßen, G., 2004. *Kostenoptimale Gestaltung von Stoffaustauschernetzwerken mit Hilfe der erweiterten Wasser-Pinch-Methode*. Dissertation: Universität Aachen.

Hernandez, S., L. Balcazar-Lopez, J. Sanchez-Marquez, G. Gonzalez-Garcia, 2010. Controllability and Operability Analysis of Heat Exchanger Networks Including Bypas-ses. *Chemical & Biochemical Engineering Quarterly*, 24(1), S. 23-28.

Herwartz, H., 1995. *Analyse saisonaler Zeitreihen mit Hilfe periodischer Zeitreihenmodelle*, Bergisch-Gladbach: Eul.

Heuer, H.-J., A. Hartmann, B. Cordes, C. Ihlenfeldt, 2008. *Abwärmenutzung von Biogasan-lagen*, Uelzen: Landwirtschaftskammer Niedersachsen Bezirksstelle Uelzen Fachgruppe Nachhaltige Landnutzung, Ländliche Entwicklung. URL: www.wendland-elbetal.de/download.php?id=1135458,394,3.

Hewes, A.K., D.I. Lyons, 2008. The Humanistic Side of Eco-Industrial Parks: Champions and the Role of Trust. *Regional Studies*, 42(10), S. 1329 - 1342.

Hiete, M., J. Ludwig, 2009. Framework and goals of an Environmental Testing and Verification (ETV) system. In: *Book of Abstracts*, ACHEMA 2009. Frankfurt a. M.

Hiete, M., J. Ludwig, N. Dohn, K. Nümann, A. Berg, 2009a. Potential for Production and Marketing of Bio-Oil Based Chemicals in Chile. In: Hiete, M., J. Ludwig, C. Bidart, F. Schultmann, (Hrsg.) *Challenges for Sustainable Biomass Utilisation*. Karlsruhe: KIT Scientific Publishing, S. 9-21. URL: http://digbib.ubka.uni-karlsruhe.de/volltexte/1000013555.

Hiete, M., J. Ludwig, M. Merz, V. Bertsch, 2009b. Ökodesign von Gebäuden – Visualisierungstechniken für Mehrzielentscheidungsprobleme. In: Heyde, F., A. Löhne, C. Tammer, (Hrsg.) *Methods of Multicriteria Decision Theory and Applications*. Aachen: Shaker Verlag, S. 57-78.

Hiete, M., J. Ludwig, F. Schultmann, 2010. Heat Recovery Via Inter-Company Process Integration: Techno-Economic Potential and Co-Operation Based on Fairness and Trust. In: *Proceedings of the SAM4 Conference. 4th International Seminar on Society & Materials*. Nancy, France. URL: http://www.sovamat.org.

Hiete, M., J. Ludwig, F. Schultmann, 2012. Inter-Company Energy Integration: Adaptation of Thermal Pinch Analysis and Allocation of Savings. *Journal of Industrial Ecology*, (angenommen).

Hiete, M., J. Stengel, J. Ludwig, F. Schultmann, 2011b. Matching construction and demolition waste supply to recycling demand: a regional management chain model. *Building Research & Information*, 39(4), S. 333-351.

Hirata, K., H. Sakamoto, K.-Y. Cheung, L. O'Young, C.-W. Hui, 2004a. Simultaneous site-wide energy, waste and production optimization - industrial case studies. In: *European Symposium on Computer-Aided Process Engineering-14, 37th European Symposium of the Working Party on Computer-Aided Process Engineering*. Elsevier, S. 925-930. URL: http://www.sciencedirect.com/science/article/pii/S1570794604802207.

Hirata, K., H. Sakamoto, L. O'Young, K.-Y. Cheung, C. Hui, 2004b. Multi-site utility integration - an industrial case study. *Computers & Chemical Engineering*, 28(1-2), S. 139-148.

Hohmann, E., 1971. *Optimum Networks for Heat Exchange*. Dissertation: University of Southern California.

Hollnagel, E., 2008. *Resilience Engineering - Concepts and Precepts*, Aldershot, Hampshire: Ashgate.

Holt, B., M. Morari, 1985. Design of resilient processing plants - V: The effect of deadtime on dynamic resilience. *Chemical Engineering Science*, 40(7), S. 1229-1237.

Holt, C.C., F. Modigliani, H. Simon, 1955. A Linear Decision Rule for Production and Employment Scheduling. *Management Science*, 2(1), S. 1-30.

Holweg, C., 2010. *Abschlussbericht zur Studie Biomasse-Pyrolyse - Machbarkeitsstudie zum Einsatz einer innovativen Technologie zur Bioenergieerzeugung mittels Pyrolyse mit niedrigen Staubemissionen und hohem CO2-Reduktionspotential*, Freiburg im Breisgau: Innovationsfonds Klima- und Wasserschutz badenova AG & Co. KG. URL: https://www.badenova.de/mediapool/media/dokumente/unternehmensbereiche_1/stab_1/innovationsfonds/abschlussberichte/2010_6/2010-12_Biomasse-Pyrolyse_Abschluss.pdf.

Hui, C., 2000. Determining marginal values of intermediate materials and utilities using a site model. *Computers & Chemical Engineering*, 24(2-7), S. 1023-1029.

Hui, C., S. Ahmad, 1994. Minimum cost heat recovery between separate plant regions. *Computers & Chemical Engineering*, 18(8), S. 711-728.

Husar, R., 1994. Ecosystem and the Biosphere: Metaphors for Human-Induced Material Flows. In: Ayres, R. U., U. Simonis, (Hrsg.) *Industrial Metabolism: Restructuring for Sustainable Development*. Tokyo: United Nations University Press, S. 21-29.

Hüttermann, A., 1985. *Industrieparks: Attraktive industrielle Standortgemeinschaften*, Stuttgart: Steiner.

ISO, 2006. *DIN EN ISO 14044:2006-10 Umweltmanagement - Ökobilanz - Anforderungen und Anleitungen*, Genf: International Organization for Standardization.

ISO, 2009. *DIN EN ISO 14040:2009-11 Umweltmanagement - Ökobilanz - Grundsätze und Rahmenbedingungen*, Genf: International Organization for Standardization.

Jacobsen, N.B., 2006. Industrial Symbiosis in Kalundborg, Denmark: A Quantitative Assessment of Economic and Environmental Aspects. *Journal of Industrial Ecology*, 10(1-2), S. 239-255.

Jacobsen, N.B., 2008. Voraussetzungen für eine erfolgreiche industrielle Symbiose. In: Gleich, A., S. Gößling-Reisemann, (Hrsg.) *Industrial Ecology*. Wiesbaden: Vieweg+Teubner, S. 139-152.

Jahn, E., 2008. *Fast Pyrolysis Derived Carboxylic Acids as Silage Additives*, Chillan: Instituto de Investigaciones Agropecuarias.

Jehle, E., F. Stüllenberg, 2001. Kooperationscontrolling am Beispiel eines Logistikdienstleisters. In: Bellmann, K., (Hrsg.) *Kooperations- und Netzwerkmanagement*. Berlin: Duncker und Humblot, S. 209-230.

Jelinski, L.W., T. Graedel, R.A. Laudise, D.W. McCall, C.K. Patel, 1992. Industrial ecology: concepts and approaches. *Proceedings of the National Academy of Sciences of the United States of America*, 89(3), S. 793 -797.

Jezowski, J., R. Bochenek, A. Jezowska, 2000a. Pinch locations at heat capacity flow-rate disturbances of streams for minimum utility cost heat exchanger networks. *Applied Thermal Engineering*, 20(15-16), S. 1481-1494.

Jezowski, J., H.K. Shethna, R. Bochenek, F.J.L. Castillo, 2000b. On extensions of approaches for heat recovery calculations in integrated chemical process systems. *Computers & Chemistry*, 24(5), S. 595-601.

Ji, X., J. Lundgren, C. Wang, J. Dahl, C.-E. Grip, 2010. Process simulation and energy optimization for the pulp and paper mill. *Chemical Engineering Transactions*, 21, S. 283-288.

Jochem, E., E. Gruber, V. Ott, M. Feihl, K. Westdickenberg, K. Weissenbach, 2006. *Modellvorhaben Energieeffizienz-Initiative Region Hohenlohe zur Reduzierung der CO2-Emissionen 2002-2006*, Karlsruhe, Stuttgart, Waldenburg: Fraunhofer-Institut für System- und Innovationsforschung.

Jochem, E., V. Ott, K. Weissenbach, 2007. Lernende Netzwerke - einer der Schlüssel zur schnellen Energiekostensenkung. *Energiewirtschaftliche Tagesfragen*, 57(3), S. 8-11.

Jogwar, S.S., M. Baldea, P. Daoutidis, 2010. Tight energy integration: Dynamic impact and control advantages. *Computers & Chemical Engineering*, 34(9), S. 1457-1466.

Johnsson, J., H. Sköldberg, 2005. *Principer för värdering av Spillvärme Kartläggning och diskussion [Grundsätze für die Beurteilung von Abwärme Darstellung und Diskussion]*, Svensk Fjärrvärme AB. URL: http://www.svenskfjarrvarme.se.

Jones, C.H., 1967. Parametric Production Planning. *Management Science*, 13(11), S. 843-866.

Jönsson, J., M. Ottosson, I.-L. Svensson, 2007. *Överskottsvärme från kemiska massabruk- En socioteknisk analys av interna och externa användningspotentialer* [Überschüssige Wärme aus Zellstofffabriken, eine sozio-technische Analyse der internen und externen Verwendungspotenziale], Universität Linköping. URL: http://www.liu.se/energi/publikationer/tvarprojekt/1.26580/arbetsnotat_nr_38.pdf.

Jönsson, J., I.-L. Svensson, T. Berntsson, B. Moshfegh, 2008. Excess heat from kraft pulp mills: Trade-offs between internal and external use in the case of Sweden - Part 2: Results for future energy market scenarios. *Energy Policy*, 36(11), S. 4186-4197.

Jung, J.Y., G. Blau, J.F. Pekny, G.V. Reklaitis, D. Eversdyk, 2008. Integrated safety stock management for multi-stage supply chains under production capacity constraints. *Computers & Chemical Engineering*, 32(11), S. 2570-2581.

Jüttemann, H., 2001. *Wärme- und Kälterückgewinnung in raumlufttechnischen Anlagen*. 5. Aufl., Düsseldorf: Werner.

Kabst, R., 2000. *Steuerung und Kontrolle internationaler Joint Venture: eine transaktions- kostentheoretisch fundierte empirische Analyse*, München: Hampp.

Kaier, U., 1990. Kombinierte KWK-Prozesse mit Mehrfachnutzung, Beispiele aus der Spanplattenindustrie. In: VDI, (Hrsg.) *Wärmenutzungsverordnung - Konzepte Kosten Konsequenzen*. VDI Berichte Nr. 857. Düsseldorf: VDI, S. 321-328.

Kakaç, S.; L., 2002. *Heat exchangers: selection, rating, and thermal design*. 2. Aufl., Boca Raton, USA: CRC Press.

Kang, J.-su, H.-dong Kim, T.-yong Lee, 2003. Sharing benefits of Eco-Industrial Park by multiobjective material flow optimization. In: Proceedings of *Process Systems Enginee- ring 2003, 8th International Symposium on Process Systems Engineering*. S. 499-504. URL: http://www.sciencedirect.com/science/article/B8G5G-4P40D5N- 2M/2/845efb38e398e6d64f80006894983bc8.

Karl, U., 2003. *Regionales Stoffstrommanagement: Instrumente und Analysen zur Planung und Steuerung von Stoffströmen auf regionaler Ebene*, Habilitationsschrift Universität Karlsruhe (TH).

Karlsson, M., A. Gebremedhin, S. Klugman, D. Henning, B. Moshfegh, 2009. Regional energy system optimization – Potential for a regional heat market. *Applied Energy*, 86(4), S. 441-451.

Kemp, I., 1991. Some Aspects of the practical application of the pinch technology methods. *Transaction of the Institution of Chemical Engineers*, 69a, S. 471-479.

Kemp, I., 2007. *Pinch analysis and process integration: a user guide on process integration for the efficient use of energy*, Oxford: Butterworth-Heinemann.

Kemp, I., A. Deakin, 1989. The cascade analysis for energy and process integration of batch processes. I: Calculation of energy targets. *Chemical engineering research & design*, 67(5), S. 495-509.

Kerdoncuff, P., 2008. *Modellierung und Bewertung von Prozessketten zur Herstellung von Biokraftstoffen der zweiten Generation*. Dissertation: Universität Karlsruhe (TH). URL: http://digbib.ubka.uni-karlsruhe.de/volltexte/1000009255.

Kern, W., 1962. *Die Messung industrieller Fertigungskapazitäten und ihrer Ausnutzung: Grundlagen u. Verfahren*, Köln: Westdeutscher Verlag.

Kilger, W., 1973. *Optimale Produktions- und Absatzplanung: Entscheidungsmodelle für den Produktions- und Absatzbereich industrieller Betriebe*, Opladen: Westdeutscher Verlag.

Kim, J., J. Kim, J. Kim, C. Yoo, I. Moon, 2009. A simultaneous optimization approach for the design of wastewater and heat exchange networks based on cost estimation. *Journal of Cleaner Production*, 17(2), S. 162-171.

Kimm, N., 2008. *Economic and Environmental Aspects of Integration in Chemical Production Sites*. Dissertation: Universität Karlsruhe (TH). URL: http://digbib.ubka.uni-karlsruhe.de/volltexte/1000009071.

Kincaid, J., M. Overcash, 2001. Industrial Ecosystem Development at the Metropolitan Level. *Journal of Industrial Ecology*, 5(1), S. 117-126.

Klamt, S., 1997. Modellierung von Stoffstromnetzen in Umberto. In: Matthies, M., (Hrsg.) *Stoffstromanalyse und -bewertung*. Institut für Umweltsystemforschung der Universität Osnabrück.

Klemes, J., V.R. Dhole, K. Raissi, S.J. Perry, L. Puigjaner, 1997. Targeting and design methodology for reduction of fuel, power and CO_2 on total sites. *Applied Thermal Engineering*, 17(8-10), S. 993-1003.

Klöpffer, W., B. Grahl, 2009. *Ökobilanz (LCA): ein Leitfaden für Ausbildung und Beruf*, Weinheim: Wiley-VCH.

Klugman, S., M. Karlsson, B. Moshfegh, 2008. Modeling an industrial energy system: Perspectives on regional heat cooperation. *International Journal of Energy Research*, 32(9), S. 793-807.

Kobayashi, S., T. Umeda, A. Ichikawa, 1971. Synthesis of optimal heat exchange systems - an approach by the optimal assignment problem in linear programming. *Chemical Engineering Science*, 26, S. 1367-1380.

Kok, H., 2009. *Verification of Combi scrubber 'MagixX' - Use of existing and additional data*, Utrecht: TNO Environment Health and Safety. URL: http://www.eu-etv-strategy.eu/pdfs/06_TNO_presentation_Combi_scrubber.pdf [Zugegriffen Mai 18, 2011].

Korhonen, J., 1999. Industrial ecology of a regional energy supply system: The case of the Jyväskylä region, Finland. *Greener Management International*, (26), S. 57-67.

Korhonen, J., 2001a. Some suggestions for regional industrial ecosystems – extended industrial ecology. *Eco-Management and Auditing*, 8(1), S. 57-69.

Korhonen, J., 2001b. Four ecosystem principles for an industrial ecosystem. *Journal of Cleaner Production*, 9(3), S. 253-259.

Korhonen, J., 2001c. Co-production of heat and power: an anchor tenant of a regional industrial ecosystem. *Journal of Cleaner Production*, 9(6), S. 509-517.

Korhonen, J., 2001d. Regional industrial ecology: examples from regional economic systems of forest industry and energy supply in Finland. *Journal of Environmental Management*, 63(4), S. 367-375.

Korhonen, J., N. Seppala, 2005. Finland: The Strength of a high-Trust Society. In: Habisch, A., J. Jonker, M. Wegner, R. Schmidpeter, (Hrsg.) *CSR Across Europe*. Berlin, Heidelberg: Springer.

Korhonen, J., M. Wihersaari, I. Savolainen, 2004. Industrial ecosystem in the Finnish forest industry: using the material and energy flow model of a forest ecosystem in a forest industry system. *Ecological Economics*, 39(1), S. 145-161.

Körner, H., 1990. Energiesparen in der chemischen Industrie - Vorgehensweise, Ergebnisse, Probleme. In: VDI, (Hrsg.) *Wärmenutzungsverordnung - Konzepte Kosten Konsequenzen*. VDI Berichte Nr. 857. Düsseldorf: VDI, S. 221-236.

Koufos, D., T. Retsina, 2001. Practical energy and water management through pinch analysis for the pulp and paper industry. *Water Science and Technology*, 43(2), S. 327-332.

Kuhn, H.W., 1997. *Classics in game theory*, Princeton, NJ: Princeton Univ. Pr.

Kytzia, S., 1995. *Die Ökobilanz als Bestandteil des betrieblichen Informationsmanagements*, Chur: Verlag Rüegger AG.

Kytzia, S., M. Faist, P. Baccini, 2004. Economically extended MFA: a material flow approach for a better understanding of food production chain. *Journal of Cleaner Production*, 12(8-10), S. 877-889.

LAI, 2004. *Auslegungsfragen zur 31. BImSchV und zur Änderung der 2. BImSchV*, Leipzig: Länderauschuss für Immissionsschutz. URL: http://www.rhein-neckar.ihk24.de/ MAIHK24/MAIHK24/produktmarken/innovation/Anlagen/LAIAusl31BImSchV.pdf [Zugegriffen Mai 1, 2006].

Lakshmanan, R., E.S. Fraga, 2002. Pinch location and minimum temperature approach for discontinuous composite curves. *Computers & Chemical Engineering*, 26(6), S. 779-783.

Lambert, A.J.D., F.A. Boons, 2002. Eco-industrial parks: stimulating sustainable development in mixed industrial parks. *Technovation*, 22(8), S. 471-484.

Lee, H., V. Padmanabhan, S. Whang, 1997. Information distortion in a supply chain: The bullwhip effect. *Management Science*, 43, S. 546-558.

Lee, S.C., D.K.S. Ng, D.C.Y. Foo, R.R. Tan, 2009. Extended pinch targeting techniques for carbon-constrained energy sector planning. *Applied Energy*, 86(1), S. 60-67.

van Leeuwen, M.G., W.J.V. Vermeulen, P. Glasbergen, 2003. Planning eco-industrial parks: an analysis of Dutch planning methods. *Business Strategy and the Environment*, 12(3), S. 147-162.

Lehmann, J., M.C. Rillig, J. Thies, C.A. Masiello, W.C. Hockaday, D. Crowley, 2011. Biochar effects on soil biota - A review. *Soil Biology and Biochemistry*, 43(9), S.1812-1836.

Lenhoff, A., M. Morari, 1982. Design of resilient processing plants - I Process design under consideration of dynamic aspects. *Chemical Engineering Science*, 37(2), S. 245-258.

Levander, T., K. Holmgren, 2008. *Analys av metoder för att öka incitament för spillvärmesamar-beten*, Statens energimyndighet. URL: http://www.swerea.se/DocumentsEnig/ Analys%20av%20metoder%20f%C3%B6r%20att%20%C3%B6ka%20incitament%20f %C3%B6r%20spillv%C3%A4rmesamarbeten.pdf.

Lewin, D.R., 1998. A generalized method for HEN synthesis using stochastic optimization - II.: The synthesis of cost-optimal networks. *Computers & Chemical Engineering*, 22(10), S. 1387-1405.

LfU, 2003. *Klimaschutz durch effiziente Energieverwendung in der Papierindustrie - Nutzung von Niedertemperaturabwärme*, Augsburg: Bayrisches Landesamt für Umwelt-schutz. URL: http://www.ea-nrw.de/_database/_data/datainfopool/papier.pdf.

Lindal, B., 1973. Industrial and other applications of geothermal energy. In: Christopher, H., H. Armstead, (Hrsg.) *Geothermal Energy - Review of research and development*. Earth Sciences. Paris: UNESCO, S. 135-148.

Lindal, B., 1992. Review of industrial applications of geothermal energy and future considerations. *Geothermics*, 21(5-6), S. 591-604.

Linnhoff, B., 1993. Pinch Analysis - A state of the art overview. *Transaction of the Instituti-on of Chemical Engineers*, 71(A), S. 503-522.

Linnhoff, B., 1998. *Introduction to Pinch Analysis*. Unternehmenswebsite LinnhoffMarch International Ltd. Engineering, URL: www.linnhoffmarch.com [Zugegriffen April 1, 2009].

Linnhoff, B., 2004. *Mit der Pinch-Technologie Prozesse und Anlagen optimieren - Eine Methode des betrieblichen Energie- und Stoffstrommanagements*, Karlsruhe: Landesan-stalt für Umweltschutz Baden-Württemberg. URL: www.lubw.baden-wuerttemberg.de/servlet/is/5783/p6-071_zz.pdf.

Linnhoff, B., S. Ahmad, 1986. Supertargeting: Optimum Synthesis of Energy Management Systems. In: Gaggioli, R., (Hrsg.) *Computer Aided Engineering of Energy Systems - Vol. 1 - Optimisation*. Anaheim, California: The American Society of Mechanical Engineers.

Linnhoff, B., S. Ahmad, 1990. Cost optimum heat exchanger networks - 1. Minimum energy and capital using simple models for capital cost. *Computers & Chemical Engineering*, 14(7), S. 729-750.

Linnhoff, B., V. Dhole, 1992. Shaftwork targets for low-temperature process design. *Chemical Engineering Science*, 47(8), S. 2081-2091.

Linnhoff, B., A. Eastwood, 1997. Overall site optimisation by Pinch Technology. *Chemical Engineering Research and Design*, 75(Supplement 1), S. S138-S144.

Linnhoff, B., J. Flower, 1978. Synthesis of Heat Exchanger Networks: I; Systematic Generation of Networks with Various Criteria of Optimality. *AIChE Journal*, 24(4), S. 633-642.

Linnhoff, B., E. Hindmarsh, 1983. The pinch design method for heat exchanger networks. *Chemical Engineering Science*, 38(5), S. 745-763.

Linnhoff, B., D. Manson, I. Wardle, 1979. Understanding heat exchanger networks. *Computers and Chemical Engineering*, 3, S. 295-302.

Linnhoff, B., V. Sahdev, 2005. Pinch Technology. In: Ullmann, F., (Hrsg.) *Ullmann's Chemical Engineering and Plant Design*. Weinheim: Wiley, S. 1075-1081.

Linnhoff, B., T. Tjoe, 1986. Using Pinch Technology in Process Retrofit. *Chemical Engineering*, 93(8), S. 47-60.

Linnhoff, B., J. Turner, 1981. Heat-recovery networks: new insights yield big savings. *Chemical Engineering,* 1981(Nov.), S. 56-70.

Lintz, G., A. Altenburg, 2010. Die räumliche Nähe von Akteuren zählt in der nachhaltigen Entwicklung. *Raumforschung und Raumordnung*, 68(2), S. 127-137-137.

Liwarska-Bizukojc, E., M. Bizukojc, A. Marcinkowski, A. Doniec, 2009. The conceptual model of an eco-industrial park based upon ecological relationships. *Journal of Cleaner Production*, 17(8), S. 732-741.

Lorenz, E., 1988. Neither Friends nor Strangers: Informal Networks of Subcontracting in French Industry. In: Gambetta, D., (Hrsg.) *Trust: making and breaking cooperative relations*. New York: Basil Blackwell, S. 194-210.

Loske, R., 1997. *Zukunftsfähiges Deutschland*, Basel u. a.: Birkhäuser.

Lovelady, E.M., M. El-Halwagi, 2009. Design and integration of eco-industrial parks for managing water resources. *Environmental Progress and Sustainable Energy*, 28(2), S. 265-272.

Lowe, E., 1997. Creating by-product resource exchanges: Strategies for eco-industrial parks. *Journal of Cleaner Production*, 5(1-2), S. 57-65.

Lowe, E., 2001. *Eco-Industrial Handbook for Asian Developing Countries*, Yale: Indigo Development, Yale University. URL: www.indigodev.com/Handbook.html

Lowe, E., L.K. Evans, 1995. Industrial ecology and industrial ecosystems. *Journal of Cleaner Production*, 3(1-2), S. 47-53.

Lowe, E., S. Moran, B. Douglas, 1998. *Eco-Industrial Parks - A handbook for local development teams*, Oakland, CA: Indigo Development, RPP International.

Lowe, E., S. Moran, D. Holmes, 1996. *Fieldbook for the Development of Eco-Industrial Parks*, Oakland, CA: U.S. EPA. URL: www.eidnetwork.com/documents/RTI%20Fieldbook.pdf.

Lowe, E., H. Xiaofen, Z. Mandan, Z. Yuan, 2005. *Shanghai Chemical Industry Park's Plan to Become an Eco-Industrial Park Implementing the Circular Economy*, Yale: Indigo Development, Yale University. URL: www.indigodev.com/documents/SCIP_report06.doc.

Ludwig, J., M. Treitz, O. Rentz, J. Geldermann, 2009. Production planning by pinch analysis for biomass use in dynamic and seasonal markets. *International Journal of Production Research*, 47(8), S. 2079-2090.

Luss, H., 1982. Operations Research and Capacity Expansion Problems: A Survey. *Operations Research*, 30(5), S. 907-947.

Lutz, V., 1993. *Horizontale strategische Allianzen: Ansatzpunkte zu ihrer Institutionalisierung*, Hamburg: Steuer- und Wirtschaftsverlag.

Lygeros, A., Z.B. Maroulis, G.J. Prokopakis, 1996. An integrated software package for total site integration and utilities design. *Computers & Chemical Engineering*, 20(Supplement 2), S. S1607-S1612.

Ma, X., 2008. Synthesis of multi-stream heat exchanger network for multi-period operation with genetic/simulated annealing algorithms. *Applied Thermal Engineering*, 38, S. 809-823.

De Man, R., 1994. Erfassung von Stoffströmen aus naturwissenschaftlicher Sicht und wirtschaftswissenschaftlicher Sicht - Akteure, Entscheidungen und Informationen im Stoffstrommanagement. In: Enquête-Kommission „Schutz des Menschen und der Umwelt", (Hrsg.) *Umweltverträgliches Stoffstrommanagement - Konzepte, Instrumente, Bewertung, Bd. I.* Bonn.

De Man, R., F. Claus, 1998. Kooperationen, Organisationsformen und Akteure. In: Friege, H., C. Engelhardt, K. Henseling, (Hrsg.) *Das Management von Stoffströmen. Geteilte Verantwortung - Nutzen für alle.* Berlin, Heidelberg, New York: Springer.

De Man, R., R. Flatz, 1994. Anforderungen an ein künftiges Stoffstrommanagement - Von der Analyse von Stoffströmen zur Gestaltung von Akteursketten. In: Hellenbrandt, S., F. Rubik, (Hrsg.) *Produkt und Umwelt: Anforderungen Instrumente und Ziele einer ökologischen Produktpolitik.* Berlin: Institut für ökologische Wirtschaftsforschung, Ökologie und Wirtschaftsforschung, S. 169-188.

Manderfeld, M., J. Gehrmann, A. Jentsch, A. Pohlig, C. Dötsch, K. Bohn, S. Richter, 2008. *Leitungsgebundene Wärmeversorgung im ländlichen Raum - Handbuch zur Entscheidungsunterstützung - Fernwärme in der Fläche,* Fernwärmeversorgung Niederrhein GmbH. URL:http://publica.fraunhofer.de/eprints/urn:nbn:de:0011-n-1136251.pdf

Mann, J.G., Y.A. Liu, 1999. *Industrial Water Reuse and Wastewater Minimization*, New York: McGraw-Hill.

Marshall, A., 1938. *Principles of economics: an introductory volume.* 8. Auflage, London: MacMillan.

Martín, Á., F.A. Mato, 2008. HINT: An educational software for heat exchanger network design with the pinch method. *Education for Chemical Engineers*, 3(1), S. e6-e14.

Martin, S., K. Weitz, R.A. Cushman, A. Sharma, R.C. Lindrooth, 1996. *Eco-Industrial Parks: A Case Study and Analysis of Economic, Environmental, Technical, and Regulatory Issues*, Washington D.C.: Research Triangle Institute. URL: http://www.rti.org/pubs/case-study.pdf.

Mason, D., B. Linnhoff, 1979. *Predicting minimum utility requirements in constrained heat recovery problems*, Runcorn, England: ICI Corporate Laboratory.

Matsuda, K., Y. Hirochi, H. Tatsumi, T. Shire, 2009. Applying heat integration total site based pinch technology to a large industrial area in Japan to further improve performance of highly efficient process plants. *Energy*, 34(10), S. 1687-1692.

Mayntz, R., 1987. Politische Steuerung und gesellschaftliche Steuerungsprobleme - Anmerkungen zu einem theoretischen Paradigma. In: Ellwein, T., J. Hesse, R. Mayntz, F. Scharpf, (Hrsg.) *Jahrbuch zur Staats- und Verwaltungswissenschaft*. Baden-Baden: Nomos, S. 89-110.

McNeill, J., R. Glenncross-Grant, W.J.V. Vermeulen, 2005. Integrated biosystems for resource conservation in rural industries: an Australian experience. *Ethics in Science and Environmental Politics*, 5, S. 23-31.

Meng, W., 1995. Rechtliche Regeln über Abwärme in Deutschland. In: Fratzscher, W., (Hrsg.) *Abfallenergienutzung: technische, wirtschaftliche und soziale Aspekte*. Interdisziplinäre Arbeitsgruppen - Forschungsberichte der Berlin-Brandenburgischen Akademie der Wissenschaften. Berlin: Akademie-Verl., S. 233-249.

Mertens, J., 2002. Chapter 58 Some other economic applications of the value. In: Aumann, R., S. Hart, (Hrsg.) *Handbook of Game Theory with Economic Applications*. Elsevier, S. 2185-2201.

Merz, M., 2011. *Entwicklung einer indikatorenbasierten Methodik zur Vulnerabilitätsanalyse für die Bewertung von Risiken in der industriellen Produktion*. Dissertation: Karlsruher Institut für Technologie (KIT). Karlsruhe: KIT Scientific Publishing. URL: http://digbib.ubka.uni-karlsruhe.de/volltexte/1000023856.

Meyer, G., 1989. *Technische Thermodynamik 4*, Leipzig: EB Fachbuchverlag.

Michalek, K., 1995. Wärmenetze. In: Fratzscher, W., (Hrsg.) *Abfallenergienutzung: technische, wirtschaftliche und soziale Aspekte*. Interdisziplinäre Arbeitsgruppen - Forschungsberichte der Berlin-Brandenburgischen Akademie der Wissenschaften. Berlin: Akademie-Verl., S. 158-188.

Van Mieghem, J., 2003. Capacity Management, Investment, and Hedging: Review and Recent Developments. *Manufacturing & Service Operations Management*, 5(4), S. 269-302.

Mikkelsen, J., B. Qvale, 2001. A Combinatorial Method for the Automatic Generation of Multiple, Near-Optimal Heat Exchanger Networks. *Chemical Engineering Research and Design*, 79(6), S. 663-672.

Milchrahm, E., A. Hasler, 2002. Knowledge Transfer in Recycling Networks: Fostering Sustainable Development. *Journal of Universal Computer Science*, 8(5), S. 546-556.

Mirata, M., 2004. Experiences from early stages of a national industrial symbiosis programme in the UK: determinants and coordination challenges. *Journal of Cleaner Production*, 12(8-10), S. 967-983.

Mirata, M., 2005. *Industrial Symbiosis - A tool for more sustainable regions?*, Dissertation: Universität Lund, Schweden. URL: http://www.lu.se/o.o.i.s?id=12588&postid=545354.

Mirman, L.J., Y. Tauman, 1981. Valeur de Shapley et répartition équitable des coûts de production. *Cahiers du Séminaire d'Économétrie*, (23), S. 121-151.

Morand, R., R. Bendel, R. Brunner, H. Pfenniger, 2006. *Prozessintegration mit der Pinch-Methode*, Ittigen: Bundesamt für Energie, F&E Programm Verfahrenstechnische Prozesse VTP. URL: www.energie-schweiz.ch [Zugegriffen April 1, 2009].

Morar, M., P.S. Agachi, 2010. Review: Important contributions in development and improvement of the heat integration techniques. *Computers & Chemical Engineering*, 34(8), S. 1171-1179.

Morari, M., 1983. Design of resilient processing plants III: A general framework for the assessment of dynamic resilience. *Chemical Engineering Science*, 38(11), S. 1881-1891.

Mosler, J., 1987. *Wärmeverlust von Fernwärmeleitungen*. Dissertation: Universität Dortmund.

Mötzl, H. (Hrsg.), 2000. *Ökologie der Dämmstoffe: Grundlagen der Wärmedämmung, Lebenszyklusanalyse von Wärmedämmstoffen, optimale Dämmstandards*, Wien: Springer.

Muggli, C., 2000. Energie-Contracting in der Schweiz. *Gas, Wasser, Abwasser*, 80, S. 114-118.

Mula, J., R. Poler, J.P. Garcia-Sabater, F.C. Lario, 2006. Models for production planning under uncertainty: A review. *Int.J.Production Economics*, 103, S. 271-285.

Müller, E., 1990. Entlastung der Umwelt durch rationelle Energienutzung - Möglichkeiten und Chancen. In: VDI, (Hrsg.) *Wärmenutzungsverordnung - Konzepte Kosten Konsequenzen*. VDI-Berichte Nr. 857. Düsseldorf: VDI, S. 1-10.

Murphy, J.T., 2006. Building Trust in Economic Space. *Progress in Human Geography*, 30(4), S. 427-450.

Muto, S., M. Nakayama, J. Potters, S.H. Tijs, 1988. On big boss games. *The Economic Studies Quarterly*, 39(4), S. 303-321.

Nakamura, S., 1999. An interindustry approach to analyzing economic and environmental effects of the recycling of waste. *Ecological Economics*, 28(1), S. 133-145.

Nam, S., R. Logendran, 1992. Aggregate production planning - A survey of models and methodologies. *European Journal of Operations Research*, 61(3), S. 255-272.

von Neumann, J., O. Morgenstern, 1973. *Spieltheorie und Wirtschaftliches Verhalten*, Würzburg: Physica.

Neumann, K., M. Morlock, 1993. *Operations Research*, München, Wien: Hanser.

Nie, X. R., X. X. Zhu, 1999. Heat Exchanger Network Retrofit Considering Pressure Drop and Heat-Transfer Enhancement. *AIChE Journal*, 45(6), S. 1239-1254.

Nishimura, H., 1980. A theory for the optimal synthesis of heat-exchanger systems. *Journal of Optimization Theory and Applications*, 30(3), S. 423-450.

Noda, M., H. Nishitani, 2006. Flexible heat exchanger network design for chemical processes with operation mode changes. In: *Proceedings of the16th European Symposium on Computer Aided Process Engineering and 9th International Symposium on Process Systems Engineering,* S. 925-930. URL: http://www.sciencedirect.com/science/article/B8G5G-4P37F2K-55/2/f1d308222a6351bb9319a4e67518d53a.

NORDEN, 2007. *Industriell Symbios i Norden, TemaNord 2007:501*, Kopenhagen: Nordiska ministeradet. URL: http://www.norden.org/en/publications/publications/2007-501/at_download/publicationfile.

o.V., 2001. Wärmenutzungsverordnung. *Umweltlexikon-Online.* URL: http://www.umweltlexikon-online.de/RUBbauenwohnen/Waermenutzungsverordnung .php [Zugegriffen April 8, 2011].

Obeng, E.D., G. Ashton, 1988. On pinch technology based procedures for the design of batch processes. *Chemical Engineering Research and Design*, 66, S. 255-259.

Oberschmidt, J., J. Geldermann, J. Ludwig, M. Schmehl, 2010. Modified PROMETHEE approach for assessing energy technologies. *International Journal of Energy Sector Management*, 4(2), S. 183-212.

Oenning, A., 1997. *Theorie betrieblicher Kuppelproduktion*, Heidelberg: Physica-Verlag.

Olesen, S.G., G.T. Polley, 1996. Dealing with Plant Geography and Piping Constraints in Water Network Design. *Process Safety and Environmental Protection*, 74(4), S. 273-276.

Olszewski, M., 1983. Using Industrial Reject Heat for District Heating, A Case Study, Bellingham, Washington. In: Sengupta, S., S. Lee, (Hrsg.) *Waste Heat Utilization and Management*. Springer Berlin / Heidelberg, S. 41-52.

Otten, G.-J., 1993. Characterizations of a game theoretical cost allocation method. *Mathematical Methods of Operations Research*, 38(2), S. 175-185.

Owen, G., 1982. *Game theory*. 2. Aufl., Orlando: Academic Press.

Paikert, P., 1990. Verfahren und Komponenten industrieller Wärmenutzung. In: VDI, (Hrsg.) *Wärmenutzungsverordnung - Konzepte Kosten Konsequenzen*. VDI Berichte Nr. 857. Düsseldorf: VDI, S. 119-148.

Pakarinen, S., T. Mattila, M. Melanen, A. Nissinen, L. Sokka, 2010. Sustainability and industrial symbiosis - The evolution of a Finnish forest industry complex. *Resources, Conservation and Recycling*, 54(12), S. 1393-1404.

Pan, L., B.H. Kleiner, 1995. Aggregate planning today. *Work Study*, 44(3), S. 4-7.

Papoulias, S., I. Grossmann, 1983. A structural optimization approach in process synthesis II: Heat recovery networks. *Computers & Chemical Engineering*, 7(6), S. 707-721.

Parthasarathy, G., M. El-Halwagi, 2000. Optimum mass integration strategies for condensation and allocation of multicomponent VOCs. *Chemical Engineering Science*, 55, S. 881-895.

Peck, S., 2001. When Is an Eco-Industrial Park Not an Eco-Industrial Park? *Journal of Industrial Ecology*, 5(3), S. 3-5.

Peck, S., C. Callaghan, R. Côté, 1999. *EIP Development and Canada: Final Report*, Toronto: Peck & Associates. URL: http://www.p2pays.org/ref/10/09934.pdf.

Pekala, L.M., R.R. Tan, D.C.Y. Foo, J. Jezowski, 2010. Optimal energy planning models with carbon footprint constraints. *Applied Energy*, 87(6), S. 1903-1910.

Pellenbarg, P.H., 2002. Sustainable Business Sites in the Netherlands: A Survey of Policies and Experiences. *Journal of Environmental Planning and Management*, 45, S. 59-84.

Perry, R., D. Green (Hrsg.), 2008. *Perrys chemical engineers handbook*. 8. Aufl., New York: McGraw-Hill.

Perry, S., J. Klemes, I. Bulatov, 2008. Integrating waste and renewable energy to reduce the carbon footprint of locally integrated energy sectors. *Energy*, 33(10), S. 1489-1497.

Peters, M., K. Timmerhaus, R. West, 2003a. *Plant design and economics for chemical engineers*, New York: McGraw-Hill.

Peters, M., K. Timmerhaus, R. West, 2003b. *Equipment Cost - Plant design and economics for chemical engineers (Online)*. URL: http://www.mhhe.com/engcs/chemical/peters/data/ce.html.

Pfaff, D., T. Pfeiffer, 2004. Verrechnungspreise und ihre formaltheoretische Analyse: Zum State of the Art. *Die Betriebswirtschaft*, 64, S. 296-319.

Pfaff, D., U. Stefani, 2006. *Verrechnungspreise im Spannungsfeld zwischen Theorie und Praxis - Ergebnisse einer Unternehmensbefragung unter besondere Berücksichtigung von Synergieeffekten und spezifischen Investitionen*, Zürich: Institut für Rechnungswesen und Controlling der Universität Zürich.

Pfister, G., O. Renn, 1996. *Indikatoren einer regionalen nachhaltigen Entwicklung: Dokumentation der Workshop-Berichte*, Stuttgart: Akademie für Technikfolgenabschätzung in Baden-Württemberg. URL: http://elib.uni-stuttgart.de/opus/volltexte/2004/1741/.

Picot, A., 1981. *Transaktionskostentheorie der Organisation*, Beiträge zur Unternehmensführung und Organisation, Hannover: Universität Hannover.

Picot, A., R. Reichwald, R. Wigand, 2003. *Die grenzenlose Unternehmung: Information, Organisation und Management*, Wiesbaden: Gabler.

Polley, G.T., M.H. Panjeh Shah, F.O. Jegede, 1990. Pressure drop considerations in the retrofit of heat exchanger networks. Trans. IChemE, 68(A), S. 211–220.

Polley, G.T., H.L. Polley, 2000. Design better water networks. *Chemical Engineering Progress*, 96(2), S. 47-52.

Porter, M., 1998a. *On Competition*, Cambridge: Harvard Business Review.

Porter, M., 1998b. Clusters and the New Economics of Competition. *Harvard Business Review*, 6, S. 77-90.

Posch, A., E. Perl, 2005. *Industrielle Nachhaltigkeitsnetzwerke - Umsetzungsorientiertes Konzept zur Implementierung industrieller Nachhaltigkeitsnetzwerke* Wien: Bundesministerium für Verkehr, Innovation und Technologie, URL: http://www.nachhaltigwirtschaften.at/nw_pdf/56b06_innanet_band_2.pdf

Pouraghaie, M., K. Atashkari, S.M. Besarati, N. Nariman-Zadeh, 2010. Thermodynamic performance optimization of a combined power/cooling cycle. *Energy Conversion and Management*, 51(1), S. 201-211.

Pourali, O., M. Amidpour, D. Rashtchian, 2006. Time decomposition in batch process integration. *Chemical Engineering and Processing*, 45, S. 14-21.

Proietti, T., 2000. Comparing seasonal components for structural time series models. *International Journal of Forecasting*, 16, S. 247-260.

Rabie, A.H., M. El-Halwagi, 2008. Synthesis and Scheduling of Optimal Batch Water-recycle Networks. *Chinese Journal of Chemical Engineering*, 16(3), S. 474-479.

Ravagnani, M., A.P. Silva, P.A. Arroyo, A.A. Constantino, 2005. Heat exchanger network synthesis and optimisation using genetic algorithm. *Applied Thermal Engineering*, 25(7), S. 1003-1017.

Reimann, K. 1986. *The Consideration of Dynamics and Control in the Design of Heat Exchanger Networks*. Dissertation: Eidgenössische Technische Hochschule Zürich.

Reiß, M., A. Präuer, 2002. Industrieunternehmen als Netzwerk-Infrastrukturdienstleister: Zulieferparks in der Automobilindustrie. In: Corsten, H., (Hrsg.) *Dimensionen der Unternehmungsgründung: Erfolgsaspekte der Selbständigkeit*. Berlin: Erich Schmidt Verlag, S. 341-365.

Reiß, M., A. Präuer, 2003. Konzerne als Cluster-Manager – Die Zulieferparks in der Automobilindustrie. *Zeitschrift für Unternehmensentwicklung,* (6), S. 250-254.

Remer, D., L. Chai, 1990. Design Cost Factors for Scaling-Up Engineering Equipment. *Chemical Engineering Progress*, 8(86), S. 77-82.

Remmers, J., 1991. *Zur Ex-ante-Bestimmung von Investitionen bzw. Kosten für Emissions-minde-rungstechniken und den Auswirkungen der Datenqualität in meso-skaligen Energie-Umwelt-Modellen*, Dissertation: Universität Karlsruhe (TH).

Rentz, O., 1979. *Techno-Ökonomie betrieblicher Emissionsminderungsmaßnahmen*, Habilitations-schrift: Universität Karlsruhe (TH), Technological Economics Band 4, Berlin: Erich Schmidt Verlag.

Rentz, O., 1981. Chemisch-technische Anlagenplanung und (betriebs-)wirtschaftliche Optimalität. *TIZ - Fachberichte Rohstoff-Engineering*, 105(2), S. 79-85.

Rentz, O., J. Geldermann, C. Jahn, T. Spengler, 1998. *Proposal for an integrated approach for the assessment of cross-media aspects relevant for the determination of „Best Available Techniques" BAT in the European Union*, Karlsruhe: Deutsch-Französisches Institut für Umweltforschung (DFIU), Universität Karlsruhe (TH). URL: http://www.iip.kit.edu/downloads/crossmedia_text.pdf [Zugegriffen Oktober 1, 2007].

Rentz, O., I. Tietze-Stöckinger, 2003. *ReduParks – Entsorgerparks als Option zur Reduktion zwischenbetrieblicher Transportströme – Endbericht*, Karlsruhe: IIP Universität Karlsruhe (TH).

Richards, D., B.R. Allenby, R.A. Frosch, 1994. The Greening of Industrial Ecosystems: Overview and Perspective. In: Allenby, B. R., D. Richards, (Hrsg.) *The Greening of Industrial Ecosystems*. Washington D.C.: National Academy Press, S. 1-23.

Richburg, A., M. El-Halwagi, 1995. A graphical approach to the optimal design of heat-induced separation networks for VOC recovery. *AIChE Symposium Series*, 91(304), S. 256-259.

Riebel, P., H. Paudtke, W. Zscherlich, 1973. *Verrechnungspreise für Zwischenprodukte*, Opladen: Westdeutscher Verlag.

Rix, A., 1998. *Modellierung und Prozessführung wäremintegrierter Destillationskolonnen*, Berlin: VDI.

Roberts, B.H., 2004. The application of industrial ecology principles and planning guidelines for the development of eco-industrial parks: an Australian case study. *Journal of Cleaner Production*, 12(8-10), S. 997-1010.

Rodera, H., M. Bagajewicz, 1999. Targeting procedures for energy savings by heat integration across plants. *AIChE Journal*, 45(8), S. 1721-1742.

Rogers, E., 2003. *Diffusion of Innovations*. 5. Aufl., New York: Free Press.

Rotering, J., 1993. *Zwischenbetriebliche Kooperation als alternative Organisationsform*, Stuttgart: Schäffer-Poeschel.

Roth, H., K. Lucas, W. Solfrian, F. Rebstock, 1996. *Die Nutzung industrieller Abwärme zur Fernwärmeversorgung*, Berlin: Umweltbundesamt.

Roy, B., 1980. Selektieren, Sortieren und Ordnen mit Hilfe von Präferenzrelationen. *Zeitschrift für betriebswirtschaftliche Forschung (zfbf)*, 32, S. 465-497.

Roy, B., D. Bouyssou, 1993. *Aide multicritère à la décision*, Paris: Economica.

Rubio-Castro, E., J.M. Ponce-Ortega, F. Nápoles-Rivera, M. El-Halwagi, M. Serna-González, A. Jiménez-Gutiérrez, 2010. Water Integration of Eco-Industrial Parks Using a Global Optimization Approach. *Industrial & Engineering Chemistry Research*, 49(20), S. 9945-9960.

Rudolph, M., U. Wagner, 2008. *Energieanwendungstechnik: Wege und Techniken zur effizienteren Energienutzung*, Berlin, Heidelberg: Springer-Verlag.

Ruppelt, E., 2003. *Druckluft-Handbuch*. 4. Aufl., Essen: Vulkan.

De Ruyck, J., V. Lavric, D. Baetens, V. Plesu, 2003. Broadening the capabilities of pinch analysis through virtual heat exchanger networks. *Energy Conversion and Management*, 44(14), S. 2321-2329.

Ruz, A.M., 2003. Problems for Applying Industrial Ecology Concepts. In: Second International Society for Industrial Ecology Conference. Ann Arbor, Michigan.

Sakr, D., L.W. Baas, S. El-Haggar, D. Huisingh, 2011. Critical success and limiting factors for eco-industrial parks: global trends and Egyptian context. *Journal of Cleaner Production*, 19(11), S. 1158-1169.

Sarimveis, H., P. Patrinos, C.D. Tarantilis, C.T. Kiranoudis, 2008. Dynamic modeling and control of supply chain systems: A review. *Computers & Operations Research*, 35, S. 3530-3561.

Sasse, H., 2001. *Zur technisch-wirtschaftlichen und umweltgerechten Ausgestaltung von standort- und betriebsübergreifenden Entsorgungsnetzwerken: konkretisiert am Beispiel der thermischen Klärschlammentsorgung.* Dissertation: Universität Karlsruhe (TH).

Savulescu, L., J. Kim, R. Smith, 2005a. Studies on simultaneous energy and water minimisationPart I: Systems with no water re-use. *Chemical Engineering Science*, 60(12), S. 3279-3290.

Savulescu, L., J. Kim, R. Smith, 2005b. Studies on simultaneous energy and water minimisationPart II: Systems with maximum re-use of water. *Chemical Engineering Science*, 60(12), S. 3291-3308.

Schaefer, H., 1995. Energiewirtschaftliche Bedeutung der Nutzung von Abfallenergie. In: Fratzscher, W., (Hrsg.) *Abfallenergienutzung: technische, wirtschaftliche und soziale Aspekte.* Interdisziplinäre Arbeitsgruppen - Forschungsberichte der Berlin-Brandenburgischen Akademie der Wissenschaften. Berlin: Akademie-Verl., S. 42-60.

Schäfer, H., 1990. Technische Kriterien und Grenzen rationeller Energienutzung. In: VDI, (Hrsg.) *Wärmenutzungsverordnung - Konzepte Kosten Konsequenzen.* VDI Berichte Nr. 857. Düsseldorf: VDI, S. 11-34.

Schaltegger, S., A. Sturm, 1995. *Öko-Effizienz durch Öko-Controlling: zur praktischen Umsetzung von EMAS und ISO 14001*, Stuttgart: Schäffer-Poeschel.

Schikarski, W., 1980. *Abwärmeprojekt Oberrhein, Forschungsvorhaben 10407 340*, Berlin: im Auftrag des Umweltbundesamts.

Schinnerl, D., G. Bucar, S. Piller, F. Unger, 2007. *Abwasser Wärme Nutzung - Leitfaden zur Projektentwicklung*, Graz: Grazer Energieagentur GmbH; Berliner Energieagentur GmbH.

Schmid, H.P., 2009. *Vortrag Biokohle*, Wallis, CH: Delinat-Institut für Agro-Ökologie und Klimaforschung. URL: http://www.kompost.ch/anlagen/xmedia/Vortrag_Biokohle.pdf.

Schmidt, D., 1995. *Steinmüller Taschenbuch Rohrleitungstechnik* Steinmüller, L., Steinmüller, C., (Hrsg.), Essen: Vulkan.

Schmölling, J., 1990. Das Wärmenutzungsangebot des Bundes-Immissionsschutzgesetzes. In: VDI, (Hrsg.) *Wärmenutzungsverordnung - Konzepte Kosten Konsequenzen.* VDI Berichte Nr. 857. Düsseldorf: VDI, S. 35-52.

Schneider, E., 1938. Absatz, Produktion und Lagerhaltung bei einfacher Produktion. *Archiv für mathematische Wirtschafts- und Sozialforschung*, 4, S. 99-120.

Schneider, J., M. Rink, 2010. Nutzung industrieller Niedertemperatur-Prozessabwärme durch die Stadtwerke Karlsruhe GmbH zur Wärmeversorgung der Stadt Karlsruhe. In: Energieeffizienz in den Städten und der Industrie von morgen. Karlsruhe: VDI. URL: http://www.vdi.de/fileadmin/vdi_de/redakteur_dateien/geu_dateien/FB3/Rink_vdi.pdf.

Schnell, H., 1991. *Wärmeaustauscher: Energieeinsparung durch Optimierung von Wärmeprozessen Handbuch*, Essen: Vulkan Verl.

Schollenberger, H., M. Treitz, 2005. Application of Multi Objective Pinch Analysis. In: *Challenges for Industrial Production - Workshop of the PepOn Project: Integrated Process Design for Inter-Enterprise Plant Layout Planning of Dynamic Mass Flow Networks*. Karlsruhe: Universitätsverlag Karlsruhe, S. 117-126.

Schorer, K., 1994. *Moderne Gewerbeparks in Deutschland – attraktive Standorte für Unternehmen*, Münster: Lit.

Schotter, A., G. Schwödiauer, 1980. Economics and the Theory of Games: A Survey. *Journal of Economic Literature*, 18(2), S. 479-527.

Schöttle, H., 1998. *Analyse des Least-Cost Planning Ansatzes zur rationellen Nutzung elektrischer Energie*. Dissertation: Universität Karlsruhe (TH).

Schramm, E., 2000. Vernetzung und wissenschaftliche Begleitung regionaler Ansätze nachhaltigen Wirtschaftens: Eine erste Übersicht. In: Liesegang, D., T. Sterr, T. Ott, (Hrsg.) *Aufbau und Gestaltung regionaler Stoffstrommanagementnetzwerke*. Heidelberg: Institut für Umweltwirtschaftsanalysen Heidelberg e. V.

Schreiber, D., 2005. *Netzwerklernen und Kreislaufwirtschaft*, München: Oekom.

Schultmann, F., 2003. *Stoffstrombasiertes Produktionsmanagement: betriebswirtschaftliche Planung und Steuerung industrieller Kreislaufwirtschaftssysteme*. Habilitationsschrift: Universität Karlsruhe (TH), Berlin: Erich Schmidt.

Schultmann, F., M. Hiete, A. Kühlen, J. Ludwig, S. Schulte Beerbühl, J. Stengel, M. Vannieuwenhuyse, 2010. *Collection of background information for the development of EMAS pilot reference sectoral documents: The Construction Sector*, Karlsruhe: French-German Institute for Environmental Research (DFIU).

Schulz, W., S. Heitman, D. Hartman, S. Manske, S.P. Erjewetz, S. Risse, N. Räbiger, 2007. *Verwertung von Wärmeüberschüssen bei landwirtschaftlichen Biogasanlagen*, Bremen: Bremer Energie Institut. URL: http://www.fnr-server.de/ftp/pdf/literatur/pdf_297-handbuch_zusammen_biogaswaerme.pdf.

Schwarz, E.J., K.W. Steininger, 1997. Implementing nature's lesson: The industrial recycling network enhancing regional development. *Journal of Cleaner Production*, 5(1-2), S. 47-56.

Sehn, W., 2008. CO2-Sequestrierung durch Einsatz von Biomasse in einem Pyreg-Reaktor. URL: http://www.stoffstrom.org/fileadmin/userdaten/bilder/Biomasse/CO2-_Sequestrierung_durch_ Einsatzvon_Biomasse_in_einem_PYREG-_Reaktor-_Prof._Dr.-Ing._Winfried_Sehn.pdf [Zugegriffen Mai 18, 2011].

Semlinger, K., 2001. Effizienz und Autonomie in Zuliefernetzwerken – Zum strategischen Gehalt von Kooperationen. In: Staehle, W., J. Sydow, (Hrsg.) *Management von Netzwerkorganisationen*. Wiesbaden: Gabler, S. 29-74.

Seuring, S., 2004. Industrial Ecology, Life Cycles, Supply Chains: Differences and Interrelations. *Business Strategy and the Environment*, 13, S. 306-319.

Shapley, L.S., 1953. A Value for n-Person Games. In: Kuhn, H.,A. W. Tucker, (Hrsg.) *Contributions to the Theory of Games II*. Princeton: Princeton University Press, S. 307-317.

Shelley, M., M. El-Halwagi, 2000. Component-less design of recovery and allocation systems: a functionality-based clustering approach. *Computers and Chemical Engineering*, 24, S. 2081-2091.

Shenoy, U.V., 1995. *Heat exchanger network synthesis: process optimization by energy and resource analysis*, Houston: Gulf Publishing Company.

Shi, H., M. Chertow, Y. Song, 2010. Developing country experience with eco-industrial parks: a case study of the Tianjin Economic-Technological Development Area in China. *Journal of Cleaner Production*, 18(3), S. 191-199.

Sikos, L., J. Klemes, 2010. Reliability, availability and maintenance optimisation of heat exchanger networks. *Applied Thermal Engineering*, 30(1), S. 63-69.

Sillekens, T., 2008. *Aggregierte Produktionsplanung in der Automobilindustrie unter besonderer Berücksichtigung von Personalflexibilität*. Paderborn: Universität Paderborn.

Silva, A.P., M. Ravagnani, E. Biscaia Jr., 2009. Particle Swarm Optimisation Applied in Retrofit of Heat Exchanger Networks. In: *10th International Symposium on Process Systems Engineering: Part A*. Elsevier, S. 1035-1040. URL: http://www.sciencedirect.com/science/article/B8G5G-4XCHJF2-68/2/df677e62a652927066aba1cf1747cbb3.

Simon, H., C.C. Holt, 1954. The Control of Inventories and Production Rates-A Survey. *Journal of the Operations Research Society of America*, 2(3), S. 289-301.

Singhvi, A., K.P. Madhavan, U.V. Shenoy, 2004. Pinch analysis for aggregate production planning in supply chains. *Computers and Chemical Engineering*, 28, S. 993-999.

Singhvi, A., U.V. Shenoy, 2002. Aggregate Planning in Supply Chains by Pinch Analysis. *Transaction of the Institution of Chemical Engineers*, 80 (A), S. 597-605.

Smith, R., 2005. *Chemical process design and integration*, Chichester West Sussex England; Hoboken NJ: Wiley.

Smith, R., M. Jobson, L. Chen, 2010. Recent development in the retrofit of heat exchanger networks. *Applied Thermal Engineering*, 30(16), S. 2281-2289.

Socolow, R., 1994. *Industrial ecology and global change*, Cambridge: Cambridge University Press.

Sokka, L., S. Pakarinen, M. Melanen, 2011. Industrial symbiosis contributing to more sustainable energy use - an example from the forest industry in Kymenlaakso, Finland. *Journal of Cleaner Production*, 19(4), S. 285-293.

Sollesnes, G., H. Helgerud, 2009. *Potensialstudie for utnyttelse av spillvarme fra norsk industry [Potentialstudie für den Gebrauch von Abwärme aus der norwegischen Industrie]*, Trondheim: Enova SF. URL: http://www.nepas.no/Filer/Referanser/Potensialstudie%20-%20spillvarme.pdf [Zugegriffen April 1, 2011].

Söllner, A., 1993. *Commitment in Geschäftsbeziehungen: Das Beispiel Lean Production*, Wiesbaden: Gabler.

Soltes, E., T. Milne, 1988. *Pyrolysis oils from biomass: producing, analyzing, and upgrading*, Washington DC: American Chemical Society.

Sorin, M., S. Bedard, 1999. The global pinch point in water networks. *Process Safety and Environmental Protection: Transactions of the Institution of Chemical Engineers: Part B*, 77, S. 305-308.

Souder, W.E., 1986. *Managing New Product Innovations*, Lexington: Lexington Books Heath.

Stadler, M., W. Krause, M. Sonnenschein, U. Vogel, 2009. Modelling and evaluation of control schemes for enhancing load shift of electricity demand for cooling devices. *Environmental Modelling & Software*, 24(2), S. 285-295.

Staehelin-Witt, E., R. Saner, B. Wagner Pfeifer, 2005. *Verhandlungen bei Umweltkonflikten: Ökonomische, soziologische und rechtliche Aspekte des Verhandlungsansatzes im alpinen Raum*, Zürich: vdf-Hochschulverl. AG a. d. ETH.

Stahl, H.-W., 1992. *Controlling: Theorie und Praxis einer effizienten Systemgestaltung; strategisches Controlling, operatives Controlling, Gemeinkosten-, Produktion-, Vertriebscontrolling, Verrechnungspreise in Profit-Center-Organisationen*, Wiesbaden: Gabler.

Starbek, M., D. Menart, 2000. The optimization of material flow in production. *International Journal of Machine Tools and Manufacture*, 40(9), S. 1299-1310.

Staudt, E., M. Scholl, M. Schwering, 2000. *Praxisleitfaden Stoffstrommanagement - Ein Wegweiser zur Optimierung von Material- und Energieströmen*, Bochum: Institut für Angewandte Innovationsforschung e.V.

Steinmann, W.-D., R. Schulte, P. Scherrer, 2010. *Thermische Energiespeicher zur Verstromung diskontinuierlicher Abwärme*, Stuttgart: Deutsches Zentrum für Luft- und Raumfahrt, Institut für technische Thermodynamik.

Stephan, K., 1988. Der Wärmetransformator – Grundlagen und Anwendungen. *Chemie Ingenieur Technik*, 60(5), S. 335-348.

Stephan, P., F. Mayinger, K. Schaber, K. Stephan (Hrsg.), 2009. *Thermodynamik: Grundlagen und technische Anwendungen; Band 1: Einstoffsysteme*, Berlin, Heidelberg: Springer.

Sterr, T., T. Ott, 2004. The industrial region as a promising unit for eco-industrial development - reflections, practical experience and establishment of innovative instruments to support industrial ecology. *Journal of Cleaner Production*, 12(8-10), S. 947-965.

Storper, M.; W., 1989. *The capitalist imperative: territory, technology, and industrial growth*. 1. Aufl., Oxford [u. a.]: Basil Blackwell.

Straffin, P.D., J.P. Heaney, 1981. Game theory and the Tennessee valley authority. *International Journal of Game Theory*, 10(1), S. 35-43-43.

Strangmeier, R., M. Fiedler, 2011. *Lösungskonzepte zur Allokation von Kooperationsvorteilen in der kooperativen Transportdisposition*, Hagen: Fern-Universität Hagen. URL: www.fernuni-hagen.de/wiwi/forschung/beitraege/pdf/db464.pdf.

Strebel, H. (Hrsg.), 1998. *Kreislauforientierte Unternehmenskooperationen: Stoffstrommanagement durch innovative Verwertungsnetze*, München: Oldenbourg.

Strebel, H., E.J. Schwarz, 1994. Rückstandsverwertung im Rahmen kooperativer Industriesysteme (Verwertungszyklen). *Führung + Organsiation (zfo)*, 62(4), S. 157-161.

Streich, M., H. Kistenmacher, V. Mohr, 1991. Prozeßentwicklung: Von der Exergieanalyse bis zur EDV-gestützten Optimierung. *Chemie Ingenieur Technik*, 63(4), S. 329-335.

Striegel, G., C. Kühne, K.-H. Röhm, S. Hellgardt, 2003. *Branchenspezifische Fragestellungen und Lösungen für ein betriebliches Energie- und Stoffstrommanagement*, Karlsruhe: Landesanstalt für Umweltschutz (LfU) Baden-Württemberg.

Strohrmann, M., 1988. *Zum Wärmeverlust erdverlegter Stahlmantelrohr-Fernwärmeleitungen*. Dissertation: Universität Dortmund.

Strohschein, J., C. Erdmenger, R. Albert, M. Bade, A. Behnke, S. Böhme, A. Hannig, W. Hülsmann, B. Johnke, H. Kaschenz, C. Lohse, A. Miehe, P. Pichl, S. Saupe, A. Schubert, U. Wachsmann, K. Werner, B. Westermann 2007. *Nachhaltige Wärmeversorgung - Sachstandsbericht*, Dessau: Umweltbundesamt (Selbstverlag).

Strommel, H., H. Zadeck, 2002. Collaboration Management. Risikofaktor Mensch. *Technologie & Management*, 50(9-10), S. 18-22.

Svensson, I.-L., J. Jönsson, T. Berntsson, B. Moshfegh, 2008. Excess heat from kraft pulp mills: Trade-offs between internal and external use in the case of Sweden - Part 1: Methodology. *Energy Policy*, 36(11), S. 4178-4185.

Sydow, J., 1992. *Strategische Netzwerke*, Wiesbaden: Gabler.

Taal, M., I. Bulatov, J. Klemes, P. Stehlik, 2003. Cost estimation and energy price forecasts for economic evaluation of retrofit projects. *Applied Thermal Engineering*, 23(14), S. 1819-1835.

Tainsh, R., A.R. Rudman, 1999. Practical techniques and methods to develop an efficient water management strategy. In: *IQPC Conference: „Water Recycling and Effluent Re-Use"*. London.

Tan, R.R., D.C.Y. Foo, 2007. Pinch analysis approach to carbon-constrained energy sector planning. *Energy*, 32(8), S. 1422-1429.

Tantimuratha, L., A.C. Kokossis, F.U. Müller, 2000. The heat exchanger network design as a paradigm of technology integration. *Applied Thermal Engineering*, 20(15-16), S. 1589-1605.

Tellez, R., W.Y. Svrcek, B.R. Young, 2006. Controllability of Heat Exchanger Networks. *Heat Transfer Engineering*, 27(6), S. 38-49.

Tempelmeier, H., M. Derstroff, 1996. A Lagrangean-based heuristic for dynamic multi-level, multiitem constrained lotsizing with setup times. *Management Science*, 41, S. 738-757.

Tempelmeier, H., S. Helber, 1994. A heuristic for dynamic multi-item multi-level capacitated lotsizing for general product structures. *European Journal of Operational Research*, 75, S. 296-311.

Terazono, A., Y. Moriguchi, 2004. International Secondary Material Flows within Asia. *Journal of Industrial Ecology*, 8(4), S. 10-12.

Terrazas-Moreno, S., I.E. Grossmann, J.M. Wassick, S.J. Bury, 2010. Optimal design of reliable integrated chemical production sites. *Computers & Chemical Engineering*, 34(12), S. 1919-1936.

Terrill, D.L., J. Douglas, 1987. Heat-exchanger network analysis. 2. Steady-state operability evaluation. *Industrial & Engineering Chemistry Research*, 26(4), S. 691-696.

Thacker, W., D. Hermann, 2004. Beneficial use of industrial by-products. *BioCycle*, 42(9), S. 63-64.

Thollander, P., I.-L. Svensson, L. Trygg, 2010. Analyzing variables for district heating collaborations between energy utilities and industries. *Energy*, 35(9), S. 3649-3656.

Thomas, W., 1988. *Readings in Cost Accounting, Budgeting and Control*, Cincinnati: South-Western Publ. Co.

Thorhallsson, S., A. Ragnarsson, 1992. What is geothermal steam worth? *Geothermics*, 21(5-6), S. 901-915.

Tietze-Stöckinger, I., 2005. *Kosteneinsparpotenziale durch Erweiterung der Systemgrenzen*, Dissertation: Universität Karlsruhe (TH).

Tijs, S.H., T.S.H. Driessen, 1986. Game Theory and Cost Allocation Problems. *Management Science*, 32(8), S. 1015-1028.

Tijs, S.H., G.-J. Otten, 1993. Compromise values in cooperative game theory. *TOP An Official Journal of the Spanish Society of Statistics and Operations Research*, 1(1), S. 1-36.

Treitz, M., 2006. *Production Process Design Using Multi-Criteria Analysis*, Dissertation: Universität Karlsruhe (TH). URL: http://www.uvka.de/univerlag/volltexte/2006/178/.

Treitz, M., H. Schollenberger, V. Bertsch, J. Geldermann, O. Rentz, 2004. Process Design based on Operations Research: A Metric for Resource Efficiency. In: *Clean Environment for All: 2nd International Conference on Environmental Concerns: Innovative Technologies and Management Options*. Xiamen, P.R. China, S. 842-853.

Tsatsaronis, G., J.J. Pisa, L. Lin, 1990. The effect of assumptions on the detailed exergoeconomic analysis of a steam power plant design configuration, Part 1: Theoretical Development. In: A Future for energy - Flowers '90: Proceedings of the Florence World Energy Research Symposium. Florenz.

TU-Delft, 2010. Industrial Ecology Wiki at TU-Delft. URL: http://ie.tudelft.nl/index.php/Main_Page [Zugegriffen März 3, 2011].

Tudor, T., E. Adam, M. Bates, 2007. Drivers and limitations for the successful development and functioning of EIPs (eco-industrial parks): A literature review. *Ecological Economics*, 61(2-3), S. 199-207.

Tuomaala, M., 2007. *Conceptual approach to process integration efficiency*. Espoo: Helsinki University of Technology Department of Mechanical Engineering.

Umeda, T., T. Harada, K. Shiroko, 1979. A Thermodynamic Approach to the Synthesis of Heat Integration Systems in Chemical Processes. *Computers and Chemical Engineering*, 3, S. 273-282.

Unger, T., 2010. *Lineare Optimierung: Modell, Lösung, Anwendung*, Wiesbaden: Vieweg+Teubner Verlag.

Varbanov, P., S. Perry, Y. Makwana, X.X. Zhu, R. Smith, 2004. Top-level Analysis of Site Utility Systems. *Chemical Engineering Research and Design*, 82(6), S. 784-795.

Varga, E.I., K.M. Hangos, 1993. The effect of the heat exchanger network topology on the network control properties. *Control Engineering Practice*, 1(2), S. 375-380.

Varga, E.I., K.M. Hangos, F. Szigeti, 1995. Controllability and observability of heat exchanger networks in the time-varying parameter case. *Control Engineering Practice*, 3(10), S. 1409-1419.

Vassiliadis, C.G., E.N. Pistikopoulos, 1998. Reliability and maintenance considerations in process design under uncertainty. *Computers & Chemical Engineering*, 22(Supplement 1), S. S521-S528.

VDI, 2004. *VDI- Wärmeatlas*, Heidelberg: Springer.

VDI (Hrsg.), 1999. *Kosten sparen durch Wärmerückgewinnung: Tagung Berlin, 10. Juni 1999*, Düsseldorf: VDI-Verlag.

Vormbaum, H., R. Ebeling, 1992. Die finanzwirtschaftliche Kapazität unter dem Aspekt des finanziellen Gleichgewichts. In: Corsten, H., R. Kohler, H. Müller-Merbach, H. H. Schröder, (Hrsg.) *Kapazitätsmessung, Kapazitätsgestaltung, Kapazitätsoptimierung: eine betriebswirtschaftliche Kernfrage*. Stuttgart: Schäffer-Poeschel, S. 133-148.

Wallner, H.P., 1999. Towards sustainable development of industry: networking, complexity and eco-clusters. *Journal of Cleaner Production*, 7(1), S. 49-58.

Wallner, H.P., M. Narodoslawsky, 1994. The concept of sustainable islands: cleaner production, industrial ecology and the network paradigm as preconditions for regional sustainable development. *Journal of Cleaner Production*, 2(3-4), S. 167-171.

Walter, K., 1990. Wärmenutzungsverordnung aus der Sicht der industriellen Energiewirtschaft - Ergänzung in technisch-wirtschaftlicher Hinsicht -. In: VDI, (Hrsg.) *Wärmenutzungsverordnung - Konzepte Kosten Konsequenzen*. VDI Berichte Nr. 857. Düsseldorf: VDI, S. 371-382.

Wang, Y.P., R. Smith, 1994. Wastewater Minimisation. *Chemical Engineering Science*, 49(7), S. 981-1006.

Wang, Y.P., R. Smith, 1995. Time Pinch Analysis. *Transaction of the Institution of Chemical Engineers*, 73A, S. 905-914.

Watkins, M., S. Passow, 1996. Analyzing Linked Systems of Negotiations. *Negotiation Journal*, 12(4), S. 325-339.

WCED, 1987. *Our Common Future - Report of the World Commission on Environment and Development (WCED)*, Oxford: Oxford University Press.

Weber, A. (Hrsg.), 1929. *Über den Standort der Industrien*, Tübingen: Mohr.

Weder, R., 1989. *Joint Venture: Theoretische und empirische Analyse unter Berücksichtigung der Chemischen Industrie der Schweiz*, Gürsch: Rüegger.

Weinberg, M., G. Eyring, J. Raguso, D. Jensen, 1994. Industrial Ecology: The Role of Government. In: Allenby, B. R., D. Richards, (Hrsg.) *The Greening of Industrial Ecosystems*. Washington D.C.: National Academy Press.

Wiese, H., 2005. *Kooperative Spieltheorie*, München: Oldenbourg.

Wietschel, M., W. Fichtner, O. Rentz, 2000. Zur Theorie und Praxis von regionalen Verwertungsnetzwerken. *Wirtschaftswissenschaftliches Studium*, 29(10), S. 568-574.

Wietschel, M., O. Rentz, 2000. Verwertungsnetzwerke im Vergleich zu anderen Unternehmensnetzwerken. In: Albach, H., D. Specht, H. Wildemann, (Hrsg.) *Virtuelle Unternehmen*. Zeitschrift für Betriebswirtschaft Ergänzungsheft 2. Wiesbaden: Gabler, S. 223-241.

Williamson, O., 1975. *Markets and hierarchies: analysis and antitrust implications: a study in the economics of internal organization*, New York: Free Press.

Windhoff-Héritier, A., 1987. *Policy-Analyse: eine Einführung*, Frankfurt am Main: Campus.

Winters, P., 1960. Forecasting Sales by Exponentially Weighted Moving Averages. *Management Science*, 6(3), S. 324-342.

Wising, U., 2003. *Process integration in model kraft pulp mills: Technical, economical and environmental implications*, Göteborg: Department of Energy and Environment, Division of Heat and Power Technology, Chalmers University of Technology.

Wu, S., M. Erkoc, S. Karabuk, 2005. Managing Capacity in the High-Tech Industry: A Review of Literature. *Engineering Economist*, 50(2), S. 125-158.

Young, H.P. (Hrsg.), 1985. *Cost allocation: methods, principles, applications*, Amsterdam: North-Holland.

Young, R., S. Baker Hurtado, 1999. By-Product Synergy: A Case Study of Tampico, Mexico. *Journal of Business Administration and Policy Analysis*, 1999(1), S. 459-474.

Yuan, Z., J. Bi, Y. Moriguichi, 2006. The Circular Economy: A New Development Strategy in China. *Journal of Industrial Ecology*, 10(1-2), S. 4-8.

Zaror, C., A. Berg, N. Bidart, 2009. Forestry Biomass as a Feedstock for Energy Production in Chile: Challenges and Opportunities. In: Hiete, M., J. Ludwig, C. Bidart, F. Schultmann, (Hrsg.) *Challenges for Sustainable Biomass Utilisation*. Karlsruhe: KIT Scientific Publishing, S. 1-8. URL: http://digbib.ubka.uni-karlsruhe.de/volltexte/1000013555.

Zelewski, S., 2007. Faire Verteilung von Effizienzgewinnen in Supply Webs. In: Corsten, H., H. Missbauer, (Hrsg.) *Produktions- und Logistikmanagement*. München: Vahlen, S. 574-593.

Zeng, S.X., C.M. Tam, V. Tam, Z.M. Deng, 2005. Towards implementation of ISO 14001 environmental management systems in selected industries in China. *Journal of Cleaner Production*, 13(7), S. 645-656.

Zentes, J. (Hrsg.), 2005. *Kooperationen, Allianzen und Netzwerke: Grundlagen - Ansätze - Perspektiven* 2. Aufl., Wiesbaden: Gabler.

Zhang, G., B. Hua, Q. Chen, 2000. Exergoeconomic methodology for analysis and optimization of process systems. *Computers and Chemical Engineering*, 24(2-7), S. 613-618.

Zhelev, T., 2002. Wastewater treatment management using combined water-oxygen-thermal pinch analysis. In: Grievink, J., J. van Schijndel, (Hrsg.) *European Symposium on Computer Aided Process Engineering-12, 35th European Symposium of the Working Party on Computer Aided Process Engineering*. Elsevier, S. 391-396.

Zhelev, T., 2005. On the integrated management of industrial resources incorporating finances. *Journal of Cleaner Production*, 13(5), S. 469-474.

Zhelev, T., 2007. The conceptual design approach - A process integration approach on the move. *Resources, Conservation and Recycling*, 50(2), S. 143-157.

Zhelev, T., N. Bhaw, 2000. Combined water-oxygen pinch analysis for better wastewater treatment management. *Waste Management*, 20(8), S. 665-670.

Zhelev, T., K.A. Semkov, 2004. Cleaner flue gas and energy recovery through pinch analysis. *Journal of Cleaner Production*, 12, S. 165-170.

Zheng, A., R.V. Mahajanam, 1999. A Quantitative Controllability Index. *Industrial & Engineering Chemistry Research*, 38(3), S. 999-1006.

Zhu, Q., R. Côté, 2004. Integrating green supply chain management into an embryonic eco-industrial development: a case study of the Guitang Group. *Journal of Cleaner Production*, 12(8-10), S. 1025-1035.

Zhu, Q., E. Lowe, Y.-an Wei, D. Barnes, 2007. Industrial Symbiosis in China: A Case Study of the Guitang Group. *Journal of Industrial Ecology*, 11(1), S. 31-42.

Zhu, X.X., B.K. O'Neill, J.R. Roach, R.M. Wood, 1995. A new method for heat exchanger network synthesis using area targeting procedures. *Computers & Chemical Engineering*, 19(2), S. 197-222.

Zhu, X.X., L. Vaideeswaran, 2000. Recent research development of process integration in analysis and optimisation of energy systems. *Applied Thermal Engineering*, 20(15-16), S. 1381-1392.

Zimmermann, H., 2008. Umwelt-Contracting für die Industrie. In: Klotz, K., (Hrsg.) *Energy 2.0 Kompendium 2008*. München: Publish-Industry Verlag, S. 40-42.

Zimmermann, J., L. Gutsche, 1991. *Multi-Criteria Analyse, Einführung in der Theorie der Entscheidungen bei Mehrfachzielsetzungen*, Berlin, Heidelberg: Springer.

Anhang A. Daten der Fallstudie

Tabelle Anhang A-1: Technische Daten zur Wärmeintegration der Fallstudie (eigene Darstellung)

Bezeichnung	Wert	Bemerkung
Minimale Temperaturdifferenz ΔT_{min} [K]	10,0	
Wärmeübergangskoeffizient $\alpha \left[\frac{kW}{m^2 \cdot K}\right]$	0,055	für Luft und Abgase
	2	für Wasser und Schwarzlauge
	10.000	für Utility-Dampf (HU1 und HU2)
Spezifische Wärmekapazität c_p [J/(g·K)]	4,19	für Wasser
	3,9	für verdünnte Schwarzlauge
	1,005	für Luft und Abgase[226]
Dichte ρ [g/l]	1000	für Wasser und verdünnt Schwarz-
	0,8	lauge
		für Luft und Abgase
Temperatur der Utilities [°C]	14	CU1
	4,5	CU2
	170	HU1
	200	HU2

Tabelle Anhang A-2: Allgemeine Daten zur Wärmeintegration der Fallstudie (eigene Darstellung)

Bezeichnung	Wert	Bemerkung
Betriebsstunden [h/a]	8760	[h/a]
Abschreibungsdauer [a]	10	[a]
Kalkulationszinssatz r [%]	8	[1/a]
Jährlicher Instandhaltungskostensatz der Wärmeübertrager [% der Investition]	10	für Schwarzlauge
	5	für andere Wärmeträger

---

[226] Aufgrund nur minimaler Unterschiede der Werte für Luft und Verbrennungsabgase wird bei diesem Parameter auf eine Unterscheidung verzichtet.

Investitionsfaktor [%]	121	41 % für Installation (c_1), 33 % für Engineering und Überwachung (c_2), 47 % für Unvorhergesehenes (c3); vgl. Gleichung (3-10)
Auslieferungs-Faktor (*d*) [%]	10	
Größendegressionskoeffizient (*e*) der Wärmeübertragerpreise [-]	1	Rohrbündelwärmeübertrager
Wärmeübertragerpreise *pw* [€/m]	571 286 286 143	Flüssigkeit-Flüssigkeit Gas-Flüssigkeit Utility Gas-Gas
Utilitypreise $\sigma \left[\frac{\text{€}\cdot h}{MJ\cdot a}\right]$	1,43 17,86 10,71 17,86	CU1 CU2 HU1 HU2

Tabelle Anhang A-3: Angenommene Entfernungen zwischen den Unternehmen[m] (eigene Darstellung)

	Zellstoff	Bio-Öl	Faserplatten	Bio-Kohle	Torrefikation
Zellstoff	0	300	450	450	450
Bio-Öl		0	450	300	225
Faserplatten			0	225	300
Bio-Kohle				0	300
Torrefikation					0

Tabelle Anhang A-4: Abgeschätzter übertragbarer Wärmestrom[MW] (eigene Darstellung)

	H1 (Zellst.)	H2 (Zellst.)	H3 (Bio-Öl.)	H4 (Faser.)	H5 (Kohle)	H6 (Torr.)
C1 (Zellst.)	4,47	2,61	4,47	4,47	4,47	1,88
C2 (Zellst.)	0,28	0,00	8,24	5,40	8,24	8,24
C3 (Zellst.)	0,00	0,00	1,68	0,00	0,59	0,47
C4 (Bio-Öl)	6,40	5,73	5,44	1,73	1,47	1,88
C5 (Faser.)	0,00	0,00	3,14	0,66	1,34	1,29
C6 (Torr.)	6,40	5,73	5,44	2,26	1,47	1,88

Tabelle Anhang A-5: Entfernungsbedingte Kosten der Energieströme [€/(a·(MJ/h))] (eigene Darstellung)

	H1 (Zellst.)	H2 (Zellst.)	H3 (Bio-Öl.)	H4 (Faser.)	H5 (Kohle)	H6 (Torr.)
C1 (Zellst.)	0,00	0,00	10,07	17,34	7,55	35,98
C2 (Zellst.)	0,00	0,00	7,29	14,36	4,71	11,84
C3 (Zellst.)	0,00	0,00	27,58	0,00	46,30	147,73
C4 (Bio-Öl)	10,15	10,48	0,00	46,40	31,52	21,42
C5 (Faser.)	0,00	0,00	25,59	0,00	25,85	35,81
C6 (Torr.)	12,55	12,10	8,68	15,35	31,52	0,00

Die Werte sind bestimmt aus den gesamten Verbindungskosten und Durchflussmenge je nach Rohrdurchmesser, bei überbetrieblichen Gas-Gas-Verbindungen inklusive Thermoöl. Die Werte entsprechen Null falls keine Entfernung zwischen den Prozessen zu überwinden ist oder thermodynamisch keine Wärmeübertragung möglich ist.